U0241262

"十三五"国家重点图书出版规划项目

中国河口海湾水生生物资源与环境出版工程

庄 平 主编

国家出版基金项目
NATIONAL PUBLICATION FOUNDATION

Biology and Conservation of
Chinese Sturgeon in the Yangtze Estuary

长江口中华鲟
生物学与保护

赵峰 庄平 张涛 等 著

中国农业出版社

北 京

图书在版编目（CIP）数据

长江口中华鲟生物学与保护 / 赵峰等著 . —北京：
中国农业出版社，2018.12
中国河口海湾水生生物资源与环境出版工程 / 庄平
主编
ISBN 978-7-109-24916-5

Ⅰ.①长… Ⅱ.①赵… Ⅲ.①长江口－中华鲟－动物
学－研究②长江口－中华鲟－保护－研究 Ⅳ.
①Q959.46

中国版本图书馆 CIP 数据核字（2018）第 262640 号

中国农业出版社出版
（北京市朝阳区麦子店街 18 号楼）
（邮政编码 100125）
策划编辑　郑　珂　黄向阳
责任编辑　杨　春

北京通州皇家印刷厂印刷　新华书店北京发行所发行
2018 年 12 月第 1 版　2018 年 12 月北京第 1 次印刷

开本：787mm×1092mm　1/16　印张：21.5
字数：440 千字
定价：150.00 元
（凡本版图书出现印刷、装订错误，请向出版社发行部调换）

内容简介

　　中华鲟被誉为水中"活化石"，是研究鱼类演化的重要参照物，也是长江中的"旗舰物种"，能够反映长江生态系统的健康程度，具有生态风向标作用，生态价值和社会价值重大。长江口是中华鲟成鱼溯河生殖洄游和幼鱼降海索饵洄游的唯一通道，也是幼鱼索饵肥育和完成入海前生理适应的关键栖息地，在中华鲟生活史中具有十分重要的地位。

　　本书是作者20余年来聚焦长江口中华鲟生物学与保护研究工作的凝练和总结，内容涉及形态特征、早期发育、个体发育行为、生长、摄食、渗透压调节、生态毒理、种群动态、救护放流和保护管理等诸多方面，不仅丰富了中华鲟生活史知识，而且为物种保护技术研发和管理政策制定提供了科学依据。本书可供水产工作者、鱼类研究者、渔业管理者及有关科研工作者和高等院校师生参考。

丛书编委会

本书编写人员

赵　峰　庄　平　张　涛　章龙珍　刘鉴毅

王　妤　冯广朋　罗　刚　顾孝连　宋　超

杨　刚　王思凯

丛书序

中国大陆海岸线长度居世界前列，约 18 000 km，其间分布着众多具全球代表性的河口和海湾。河口和海湾蕴藏丰富的资源，地理位置优越，自然环境独特，是联系陆地和海洋的纽带，是地球生态系统的重要组成部分，在维系全球生态平衡和调节气候变化中有不可替代的作用。河口海湾也是人们认识海洋、利用海洋、保护海洋和管理海洋的前沿，是当今关注和研究的热点。

以河口海湾为核心构成的海岸带是我国重要的生态屏障，广袤的滩涂湿地生态系统既承担了"地球之肾"的角色，分解和转化了由陆地转移来的巨量污染物质，也起到了"缓冲器"的作用，抵御和消减了台风等自然灾害对内陆的影响。河口海湾还是我们建设海洋强国的前哨和起点，古代海上丝绸之路的重要节点均位于河口海湾，这里同样也是当今建设"21世纪海上丝绸之路"的战略要地。加强对河口海湾区域的研究是落实党中央提出的生态文明建设、海洋强国战略和实现中华民族伟大复兴的重要行动。

最近20多年是我国社会经济空前高速发展的时期，河口海湾的生物资源和生态环境发生了巨大的变化，亟待深入研究河口海湾生物资源与生态环境的现状，摸清家底，制定可持续发展对策。庄平研究员任主编的"中国河口海湾水生生物资源与环境出版工程"经过多年酝酿和专家论证，被遴选列入国家新闻出版广电总局"十三五"国家重点图书出版规划，并且获得国家出版基金资助，是我国河口海湾生物资源和生态环境研究进展的最新展示。

　　该出版工程组织了全国 20 余家大专院校和科研机构的一批长期从事河口海湾生物资源和生态环境研究的专家学者，编撰专著 28 部，系统总结了我国最近 20 多年来在河口海湾生物资源和生态环境领域的最新研究成果。北起辽河口，南至珠江口，选取了代表性强、生态价值高、对社会经济发展意义重大的 10 余个典型河口和海湾，论述了这些水域水生生物资源和生态环境的现状和面临的问题，总结了资源养护和环境修复的技术进展，提出了今后的发展方向。这些著作填补了河口海湾研究基础数据资料的一些空白，丰富了科学知识，促进了文化传承，将为科技工作者提供参考资料，为政府部门提供决策依据，为广大读者提供科普知识，具有学术和实用双重价值。

中国工程院院士　唐启升

2018 年 12 月

前　言

中华鲟是地球上最古老的脊椎动物之一，被誉为"水中大熊猫"和"活化石"，具有十分重要的科学研究价值；作为长江水生生物的"旗舰物种"，中华鲟的自然种群状况可以反映出长江生态系统的健康程度，具有生态风向标作用，生态价值和社会价值难以估量。

中华鲟是典型的江海洄游性鱼类，成鱼溯河生殖洄游至长江中上游产卵繁殖，之后仔鱼、幼鱼降海索饵洄游经长江口至海洋中生长。20 世纪 80 年代以来，在水利工程、航运、捕捞和污染等多重因素的共同影响下，中华鲟自然种群数量急剧下降，2010 年被世界自然保护联盟（IUCN）评估为极度濒危（CR）物种。2013 年年底，多家科研机构的联合调查显示，在现存已知的葛洲坝下唯一产卵场未监测到中华鲟自然繁殖活动。2014 年，中国水产科学研究院东海水产研究所等单位在长江口水域也未监测到野生中华鲟幼鱼。中华鲟第一次出现了自然繁殖中断现象，一时间牵动了无数人的心。2015 年 4 月 16 日，中国水产科学研究院东海水产研究所的科研人员在长江口水域发现了当年第 1 尾野生中华鲟幼鱼，这是继 2013 年中华鲟自然繁殖中断后的首次发现，而且当年监测到长江口出现的野生幼鱼达到了 3 000 余尾，使人们重燃了希望和信心。然而，2015 年和 2017 年冬季在葛洲坝下产卵场又出现了中华鲟自然繁殖活动中断现象。中华鲟自然种群由每年的连续产卵繁殖变为隔年的间断产卵繁殖成为了不争的事实，中华鲟正在走向灭绝的边缘。

中华鲟的保护工作引起了全社会的广泛关注。2015 年 9 月 28 日，农业部发布了《中华鲟拯救行动计划（2015—2030 年）》（农长渔发〔2015〕1 号），就 2015—2030 年中华鲟保护的指导思想、基本原则和行动目标提出了意见，制定了具体的保护行动措施。2016 年 5 月 21 日，"中华鲟保护救助联盟"在上海成立，相关科研单位、高等院校、企事业单位以及社会公益组织和国外非政府组织（NGO）等 30 余家成员单位积极投入到了中华鲟的保护事业之中。"拯救国宝中华鲟、共促长江大保护"已成为全社会的共识和奋斗目标。

保护中华鲟对于发展和合理利用野生动物资源、维护生态平衡有着深远意义，已经成为长江生态保护的一张名片，也是加快长江生态文明建设的生动实践。要做好中华鲟的拯救保护工作，必须了解其整个生命周期的生活史特征及其不同生活史阶段的栖息生境需求。长江口是中华鲟成鱼溯河生殖洄游和幼鱼降海索饵洄游必经的"生命通道"，也是幼鱼生活史阶段栖息时间最长的"育婴场""幼儿园"和由江入海前完成生理适应调节的关键栖息场所，在整个生活史中具有十分重要的地位和作用。作者及其研究团队聚焦长江口中华鲟，历经 20 余年的科学研究和保护实践，积累了大量的第一手研究资料和科研成果，涉及形态特征、早期发育、个体发育行为、生长、摄食、渗透压调节、生态毒理、种群动态、救护放流和保护管理等诸多方面。这些成果丰富了中华鲟生活史知识，希望能对物种保护技术研发和管理政策制定有所裨益，为崇明世界级生态岛建设和长江大保护贡献一份力量。

本书在研究和编写过程中得到了国家自然科学基金"长江口中华鲟幼鱼鳃应对盐度变化的适应性调节机制（31101881）"、农业部财政专项"长江口重要水生生物及其产卵场、索饵场调查"和"长江口渔业资源与环境调查"、香港海洋公园保育基金（FH14.15 和 FH17.18）等科研项目的资助。由衷地感谢黄晓荣、张婷婷、耿智、李大鹏、何绪刚、侯俊利、段明、石小涛、毛翠凤、马境、屈亮、封苏娅、吴贝贝、屈艺、孙丽婷、纪严、杨琴、苗中博等在研究和本书编写过程中的辛勤付出。

　　本书作为庄平研究员任主编的"中国河口海湾水生生物资源与环境出版工程"丛书的一部，被遴选列入"十三五"国家重点图书出版规划，并且获得国家出版基金资助和中国农业出版社的全力支持，在此表示衷心感谢。

　　本书力图实现学术和实用双重价值，希望能为科技工作者提供参考资料，为政府部门提供决策依据，为广大读者提供科普知识。但由于水平所限，书中难免有不足和错误之处，祈盼广大读者予以指正。

2018 年 8 月

目　录

第一章

绪　　论

中华鲟（*Acipenser sinensis* Gray，1834）是地球上最为古老的脊椎动物之一，被称为水中"活化石"，具有十分重要的科学研究价值。另外，作为长江水生生物"旗舰物种"，中华鲟能够反映长江生态系统的健康程度，具有生态风向标作用，生态和社会价值难以估量。本章对鲟类的起源、分类和分布进行了简要介绍，概述了中华鲟的生物学特征及其研究和保护简史。

第一节　鲟类的起源、分类和分布

一、鲟类的起源与进化

鱼类的起源很早，在世界上还没有人类的时候，鱼类就生活在海洋里了。虽然在数亿年的演化过程中有一些古老的种类已经灭绝，但另有其他新兴的种类继之产生。目前已知最早的鱼类化石，发现于距今约 5 亿年前的寒武纪（Cambrian period）晚期地层中，但所得到的鱼类化石是不完整的，仅是一些零散的鳞片；完整的鱼类化石发现于距今约 4 亿年前的志留纪（Silurian period）晚期；到 3.5 亿年前的泥盆纪（Devonian period）时，各种古今鱼类均已出现。

各种古今鱼类可以分为四大类：无颌类（Agnatha）、盾皮类（Placoderma）、软骨鱼类（Chondrichthyes）和硬骨鱼类（Osteichthyes）。无颌类和盾皮类中的绝大多数都已经灭绝，仅无颌类中的圆口类（Cyclostomes）延续至今。在泥盆纪，软骨鱼类已分为板鳃类（Elasmobranch）和全头类（Holocephalan），到晚古生代二叠纪（Permian period），第三次冰川期的发生导致大量软骨鱼类灭亡。到了中生代侏罗纪（Jurassic period），板鳃类逐渐兴盛，演化出鲨类和鳐类 2 支，全头类却衰落，仅留下银鲛类的少数种类。硬骨鱼类最早出现于泥盆纪的淡水沉积中，最古老的硬骨鱼类为古鳕类，由此演化出辐鳍鱼类（Actinopterygii）的软骨硬鳞类（Chondrostei）、全骨类（Holostei）和真骨鱼类（Teleostei）。在这 3 个类群中，软骨硬鳞类最原始，鲟类就是残存至今的重要代表。至今，鲟类还保留着许多原始的特征，如骨骼除头颅骨外，绝大多数为软骨，上颌中的前颌骨与上颌骨相连，并且与头骨分离，脊索延续到成年期，消化道具螺旋瓣，歪尾型，染色体为多倍体且存在大量微型染色体等（庄平 等，2017）。

鲟类是古棘鱼类（Aceanthodiformes）的一支后裔，根据古棘鱼类化石出现的地质年代（古生代的志留纪到二叠纪）及其体型结构特点，推断古棘鱼类是现代硬骨鱼类的共同祖先。由于古代的造山运动、海浸和海退引起的地质、地貌变迁，古棘鱼类的生态类群发生了分化：有留于江河湖泊中的淡水鱼类；有移到海洋中的海水鱼类；有栖息于咸淡水近岸的河口性鱼类；还有生活在沼泽和水溪地带的肺鱼和总鳍鱼类等。各种类群的生活条件在不断的交替变化之中，因而形成了现有科学记录和命名的 2 万余种鱼类。鲟类是最早的典型过河口性鱼类类群（四川省长江水产资源调查组，1988）。

鲟类与恐龙起源于同一时期，然而恐龙早已灭绝，鲟类仍然存在，它们有何独特之处？这是科学家十分感兴趣的科学问题。鲟类介于软骨鱼类和硬骨鱼类之间，是鱼类进化史上的一个重要节点。近年来，围绕着有"活化石"之称的鲟类进化历史开展了大量研究，并且取得了许多新进展。有学者认为长着一副史前面孔的鲟类在数百万年里没有发生任何变化；然而，美国密歇根州立大学研究人员的研究显示，至少在一种进化变异——体型的变化上，鲟类已经是地球上进化最快的鱼类了（Rabosky et al，2013）。关于鲟类进化问题仍然是今后长期研究的热点。

二、鲟类的分类

鲟类是鲟形目（Acipenseriformes）鱼类的总称，隶属于脊索动物门（Chordata）、脊椎动物亚门（Vertebrata）、硬骨鱼纲（Osteichthyes）、辐鳍亚纲（Actinopterygii）、软骨硬鳞总目（Chondrostei）。按照地质年代的划分，鲟类分为古代鲟类和近代鲟类两大类。生活在白垩纪地质年代之前的为古代鲟类，包括软骨硬鳞科和北票鲟科 2 科 6 属。古代鲟类均已灭绝，目前仅见化石种类。生活在白垩纪地质年代之后的为近代鲟类，包括匙吻鲟科和鲟科 2 科 7 属，其中原白鲟属和古白鲟属种类也已经灭绝（图 1-1）。

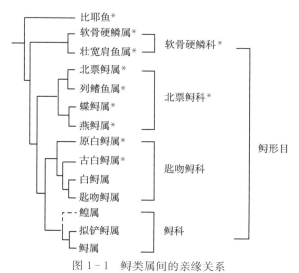

图 1-1　鲟类属间的亲缘关系

虚线示 Birstein et al（1999）运用分子手段证实鳇属鱼类归于鲟属
* 为化石种类
（仿 Bemis and Kynard，1997）

目前，世界现存的鲟类共 27 种。其中，匙吻鲟科有匙吻鲟属 1 属 1 种和白鲟属 1 属 1 种。鲟科有鲟亚科和铲鲟亚科 2 个亚科，鲟亚科有鳇属和鲟属 2 属 19 种，铲鲟亚科有铲鲟属和拟铲鲟属 2 属 6 种。现存鲟类的分类及其亲缘关系可以归纳如下（图 1-2）：

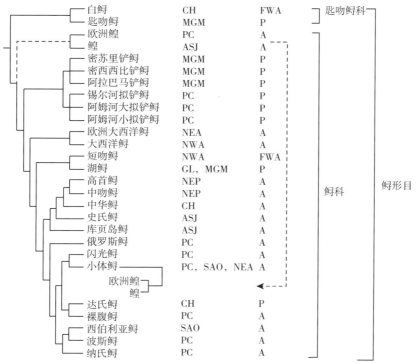

图 1-2 现存鲟类种间的亲缘关系、生物地理学分布与生活史特征

虚线示 Birstein et al（1999）运用分子手段证实鳇属鱼类归于鲟属

（仿 Billard and Lecointre，2001）

200 多年来，鲟类的分类问题还存在着一些争论，但将鲟类划归为硬骨鱼纲在分类学家中已经达成了共识。随着现代细胞学和分子生物学的深入开展，鲟类的分类必然会出现一些新的讨论和观点，其分类体系也必将得到进一步完善。

三、鲟类的分布

全世界的鲟类基本都分布在北半球，涉及亚洲、欧洲和北美洲 3 个密集分布区，现存的鲟类可以划分为 9 个生物地理学分区（Bemis and Kynard，1997），即中国长江、珠江和东南沿海区（China；CH）；黑龙江、鄂霍次克海和日本海区（Amur R.，Sea of Ok-hotsk & Sea of Japan；ASJ）；西伯利亚和北冰洋区（Siberia & Arctic Ocean；SAO）；泛里海区，包括地中海、爱琴海、黑海、里海和咸海（Ponto-Caspian，including Mediter-ranean，Aegean，Black，Caspian & Aral seas；PC）；东北大西洋区，包括白海、波罗的海和北海（North Eastern Atlantic，including White，Baltic & North seas；NEA）；西北大西洋区（North Western Atlantic；NWA）；密西西比河和墨西哥湾区（Mississippi R. & Gulf of Mexico；MGM）；五大湖区，包括哈德逊湾和圣劳伦斯河（Great Lakes，including Hudson Bay & St. Lawrence River；GL）；东北太平洋区（North Eastern Pacific；NEP）。图 1-2 列出了世界现存鲟类 27 个种的地理分布。

上述生物地理学分区的划分是基于不同种类产卵繁殖的河流和摄食的海区范围，有些种类的分布不仅只是出现在一个生物地理学分区。东欧和亚洲是鲟类的高度密集区，分布有现存鲟类 4 属中的 3 属，其中东欧和中亚的里海、黑海、咸海和亚速海是鲟类最为集中分布的区域，历史上该区域的天然鲟类捕获量曾占到全球的 90%。里海是全球鲟类资源最为丰富的水体，面积 38.4 万 km²，众多河流注入，为鲟类的繁衍生息提供了极其优越的环境条件，仅在里海就分布有鲟类的 6 个种，资料记载在 17 世纪里海鲟类的捕捞量曾经达到 5 万 t/a。

第二节　中华鲟生物学概述

一、分类地位与形态特征

1. 分类地位

中华鲟（*Acipenser sinensis* Gray，1834），别名：鳇鱼、腊子，隶属于脊索动物门（Chordata）、脊椎动物亚门（Vertebrata）、硬骨鱼纲（Osteichthyes）、辐鳍亚纲（Actinopterygii）、软骨硬鳞总目（Chondrostei）、鲟形目（Acipenseriformes）、鲟亚目（Acipenseroidei）、鲟科（Acipenseridae）、鲟属（*Acipenser*）。

2. 主要形态特征

中华鲟（图 1-3），体延长呈梭形，幼鱼体表光滑，成鱼体表粗糙。身被 5 纵列骨板，侧骨板高大于宽。吻部分布有梅花状感觉器——陷器。口横裂。吻下部具须 2 对，近口部，呈圆柱形。鳃膜不相连，鳃耙呈短棒状。背鳍条数为 49～59。和其他鲟形目鱼类一样，中华鲟的骨骼除头颅骨和硬鳞骨板外，绝大多数为软骨，脊索延续至成年期，颌

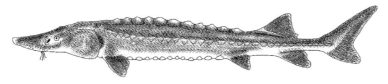

图 1-3　中华鲟

（庄平 等，2017）

部结构原始，消化道具有螺旋瓣，尾为歪尾形，这些都是较原始的性状。

二、地理分布与生态特征

1. 地理分布

历史上，中华鲟的地理分布十分广泛，北起黄海北部的海洋岛，南至珠江、海南省万宁县近海均有分布，以东海的长江口渔场和舟山渔场水域分布最多；在淡水中，沿长江可溯河洄游至金沙江下游，沿珠江可达广西浔江，在黄河、闽江和钱塘江等河流也有分布的记载（伍献文 等，1963；朱元鼎 等，1963；四川省长江水产资源调查组，1988）。朝鲜半岛西南部和日本九州西部海域也有中华鲟洄游分布的记录。目前，黄河、闽江、钱塘江和珠江中均已无中华鲟的分布，仅在长江中还有中华鲟分布。

世界上现存的27种鲟中，除了中华鲟以外，都分布于北回归线以北的北半球，唯有中华鲟在珠江中的分布记录跨过了北回归线。

2. 主要生态特征

中华鲟是典型的江海洄游型鱼类，在近海栖息和摄食肥育，性成熟后洄游至长江上游，秋季产卵繁殖。中华鲟为动物性饵料为主的杂食性鱼类，幼鱼在长江中上游主要以水生昆虫及植物碎屑为食，在长江口主食虾、蟹及小型鱼类，进入近海大陆架海域后则以捕食虾蟹类和中下层鱼类为主。

中华鲟生长较快，体型硕大，最大个体体长可达 400 cm，体重可达 560 kg。生命周期长，最长寿命可达 40 龄。性成熟较晚，初次性成熟年龄为雌性 14～26 年，雄性 8～18 年。属一次产卵类型鱼类，长江中的产卵季节是 10—11 月，产卵间隔至少 2 年。

在长江葛洲坝截流以前，性成熟个体每年 7—8 月经过长江口开始溯河生殖洄游，其间停止摄食，依靠体内的脂肪储备提供洄游的能量和完成性腺成熟转化所需的营养。翌年 10—11 月产卵群体洄游至长江上游金沙江段的产卵场繁殖，此地距离长江口约 3 000 km。繁殖的仔鱼随江水漂流而下，于第二年的 6 月抵达长江口，在长江口停留肥育数月后，陆续洄游至大海，在海洋中生长发育 10 多年至性腺成熟后，再进入长江上游繁殖。长江葛洲坝工程于 1981 年截流，阻断了中华鲟的生殖洄游通道，性成熟个体不能洄游至长江上游金沙江段的产卵场进行生殖繁育。1982 年，在葛洲坝下游江段发现了中华鲟小规模的产卵活动。经多年调查研究，明确葛洲坝下存在一个中华鲟的小型产卵场，此地距离长江口约 1 700 km，中华鲟在长江中的生殖洄游距离缩短了超过 1 000 km，产卵时间也推迟了，而幼鱼到达长江口的时间为 4—5 月，较从前提前了约 1 个月（图 1 - 4）。由于长江上游梯级水电开发的叠加影响，致使葛洲坝下中华鲟产卵场的生态环境发生了变化，从而对中华鲟产卵繁殖造成了严重的影响，出现了产卵频率下降和产卵期推迟等现象。

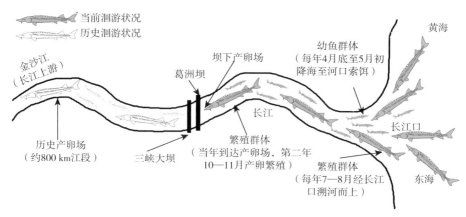

图 1-4　长江葛洲坝截流前后中华鲟洄游简图

(仿 Zhuang et al，2016)

三、资源现状与变动趋势

历史上，中华鲟资源量较大，曾经是主要渔业捕捞对象之一。长江葛洲坝修建以前，大量成熟中华鲟洄游至长江中上游进行产卵繁殖。由于中华鲟洄游期间群体大，捕捞季节集中，在四川和湖北渔业中占有较高的产量和产值。据统计，1972—1980 年，长江全流域中华鲟成体的年捕获量在 394～636 尾，年平均 517 尾，产量为 60～75 t，相对较为稳定。长江葛洲坝截流初期，大量中华鲟在坝下江段聚集，形成了长江中华鲟的年捕捞高峰。据不完全统计，1981 年秋冬两季在湖北省境内捕捞的中华鲟有 800 多尾，捕捞量相当于建坝前的湖北省多年平均数量 145 尾的约 5.5 倍，1982 年捕捞量更高达 1 163 尾（肖慧，2012）。

1983—1984 年，洄游至葛洲坝下产卵的繁殖群体达到了历史上最高的 2 176 尾。从那以后，中华鲟繁殖群体的数量逐年下降。如图 1-5 所示，1996—2001 年，葛洲坝下繁殖群体的数量为 292～473 尾，年均约 363 尾。直到 2005 年以前，中华鲟繁殖群体的数量还保持在 300 尾左右的水平（Wu et al，2015；中华人民共和国环境保护部，2017）。近 10 多年来，中华鲟资源的下降趋势愈加严重。除了 2007 年、2010—2012 年还能在葛洲坝下产卵场监测到 130～190 尾中华鲟繁殖群体外，其他年份均不足 100 尾，2015 年以后已经不足 50 尾（中华人民共和国环境保护部，2017）。更为严重的是，2013 年、2015 年和 2017 年的繁殖季节，均未在葛洲坝下产卵场监测到中华鲟自然繁殖活动的发生；同时，2014 年、2016 年和 2018 年春季，也未在长江口水域监测到野生中华鲟幼鱼。中华鲟自然种群由原来的连续产卵发展到了目前的间断性产卵繁殖，种群状况堪忧。

20 世纪 60 年代，中华鲟幼鱼也曾经是长江口崇明水域的重要渔业资源，捕获量较大。葛洲坝截流后，由于亲鱼产卵洄游通道受阻，幼鱼数量急剧衰退，3 年内资源量减少97％左右。1981—1999 年的 18 年间，中华鲟幼鱼和亲鱼的补充群体数量分别减少了 80％和 90％左右。研究表明，1998—2001 年中华鲟幼鱼资源量 18.3 万～86.5 万尾，而2004—2008 年的评估数据显示，长江口幼鱼数量仅为 1.2 万～10 万尾，10 年间减少了1 个数量级（庄平 等，2009）。

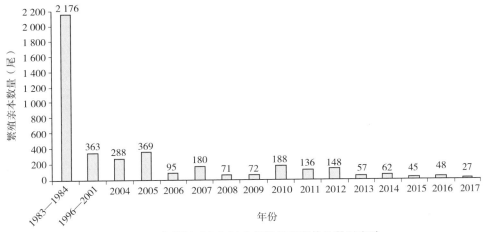

图 1 - 5　葛洲坝下产卵场中华鲟繁殖群体的数量变动

鉴于中华鲟天然资源衰退的趋势，1983 年，中国政府全面禁止了中华鲟的商业捕捞，并严格限制人工繁殖科研用鱼。1988 年，中华鲟被列入了国家一级重点保护野生动物名录，禁止一切商业利用。中华鲟的身份从此由名贵的大型经济鱼类转变为国家一级重点保护的濒危动物。1996 年，世界自然保护联盟（International Union for Conservation of Nature，IUCN）从物种总数及其下降速度、地理分布和群族分散程度等方面进行评估，评定中华鲟为濒危（endangered，EN）级别，列入濒危物种红色名录；2010 年经重新评估，中华鲟物种已然处于极度濒危（critically endangered，CR）状态。

第三节　中华鲟研究和保护简史

一、研究简史

在中国，从西周一直到清末，对鲟类的名称、形态、生活习性、捕捞方式、食用价值等方面都有文献资料记载。古人对鲟类的认识基本上是依据外部形态、生活习性、产地分布和经济价值来区分的，由于同物异名或同名异物等原因，仅长江中 3 种鲟类的名称

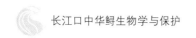

就达 30 余个。《本草纲目》等古代著作中对于鲟类的栖息活动、分布情况和药用价值均有大量记述（庄平 等，2017）。

古代记述中对于鲟类的描述都很笼统，属于鲟属（Acipenser）的范畴，不可能研究到种的水平。民国初年徐珂著的《清稗类钞·动物志》中提到，"鳇鲟，一名鳣，产江河及近海深水中，无鳞，状似鲟……"，记述了鲟类的江海洄游习性，这可能是近代最为接近中华鲟生活习性的记述了（四川省长江水产资源调查组，1988）。

1834 年，英国动物学家 John Edward Gray 将在中国采集的鲟类新物种进行了形态描述，定名为 Acipenser sinensis（中华鲟），发表在《伦敦动物学会会刊》（Proceedings of the Zoological Society of London）第 2 期（Part 2，P.122）上。尽管后来有学者对中华鲟的种名问题进行过考证和探讨，但学名中华鲟（Acipenser sinensis Gray，1834）一直沿用至今。

20 世纪 70 年代以前，关于中华鲟的研究仅局限于形态和分类学方面，没有系统的研究。随后，由于长江葛洲坝工程建设的需要，中华鲟的调查研究和保护工作逐渐得到广泛重视。到目前为止，中华鲟保护研究的历程大体可以分为以下 3 个阶段：

（1）中华鲟保护研究的初期阶段（20 世纪 80 年代以前） 该阶段开展了长江中华鲟的专项调查，掌握了中华鲟的形态、生态、产卵、洄游、食性和繁殖等特征，初步开展了中华鲟移养和繁殖技术探索。代表性工作或事件有：

1963 年，伍献文著《中国经济动物志·淡水鱼类》，对中华鲟的形态特征和生活史习性等进行描述，命名中文名；

1964 年，重庆市长寿湖水产研究所开展金沙江下游中华鲟产卵场调查研究，对中华鲟移养和繁殖进行了探索；

1971 年，野生中华鲟实验性人工繁殖首获成功；

1972 年，农林部下达"长江鲟专项调查"科研专项，对长江鲟的形态、生态、产卵、洄游、食性和繁殖等开展系统调查研究；

1972—1975 年，四川省水产研究所和西南师范大学组成四川省长江水产资源调查组，对长江上游中华鲟繁殖群体及其产卵场进行了全面调查，撰写出版了《长江鲟类生物学与人工繁殖研究》（1988 年）。

（2）中华鲟保护研究的大发展阶段（1980—2009 年） 该阶段对中华鲟的种群结构与变动、自然繁殖生态、人工繁育与养殖、增殖放流与效果评估、产卵场与索饵场调查等方面开展了大量系统研究，"中华鲟物种保护技术研究"荣获国家科技进步二等奖。代表性工作或事件有：

1981 年，长江葛洲坝截流，中华鲟生殖洄游通道被阻断；

1982 年，调查发现中华鲟在葛洲坝下形成新的产卵场，并进行了自然产卵繁殖；

1983 年，"全国葛洲坝下中华鲟人工繁殖协作组"首次获得了葛洲坝下中华鲟人工繁殖成功，开始进行中华鲟人工增殖放流；

1985 年，采用人工合成激素催产中华鲟获得成功；

1993 年，开始利用遥测追踪技术研究中华鲟繁殖群体分布及其自然繁殖生态；

1995 年，中华鲟苗种培育技术获得突破，可规模培育出 10 cm 以上幼鱼；

2000 年，科技部社会公益研究专项"长江鲟类物种保护技术研究"启动；

2004 年，国家自然科学基金重大项目"大型水利工程对长江流域重要生物资源的长期生态学效应"启动，深入系统地开展中华鲟等重要生物类群对水域环境胁迫的生态学响应研究；

2004 年，上海市长江口中华鲟自然保护区生态环境调查监测与中华鲟幼鱼保护生物学研究工作全面启动，经连续 5 年调查研究，撰写出版了《长江口中华鲟自然保护区科学考察与综合管理》（2009 年）。

2007 年，"中华鲟物种保护技术研究"成果荣获国家科技进步二等奖；

2009 年，第 6 届鲟类国际研讨会（The 6th International Symposium on Sturgeon，ISS6）在中国湖北省武汉市成功举办；

2009 年，中华鲟全人工繁殖技术首获突破，成功获得中华鲟子二代苗种。

（3）中华鲟拯救性保护研究阶段（2010 年至今） 该阶段由于中华鲟自然繁殖出现间断现象，对于自然繁殖群体和产卵场调查、"陆—海—陆"接力保种研究以及海洋生活史的研究已经并将持续成为重点关注方向。代表性工作或事件有：

2010 年，中华鲟被世界自然保护联盟（IUCN）列为极度濒危（CR）物种；

2013 年，首次未监测到野生中华鲟自然繁殖活动，中华鲟自然繁殖出现中断；

2015 年，长江口发现大量野生中华鲟幼鱼，推断可能出现新的中华鲟产卵场，中华鲟自然繁殖与产卵场调查研究得到进一步关注；

2015 年，国家重点基础研究发展计划（973 计划）项目"可控水体中华鲟养殖关键生物学问题研究"立项启动；

2015 年，野生中华鲟再次出现自然繁殖中断现象；

2015 年，农业部印发《中华鲟拯救行动计划（2015—2030 年）》；

2016 年，中华鲟"陆—海—陆"接力保种研究项目启动；

2017 年，再次未监测到野生中华鲟自然繁殖活动。

迄今为止，中华鲟保护研究的重点集中在中华鲟繁殖群体上，系统研究了中华鲟自然繁殖生态及其对环境变化的响应，突破了全人工繁育技术，开展了人工增殖放流，对中华鲟的生活史研究和物种保护提供了大量宝贵资料。然而，对于中华鲟这一亿万年进化来的物种，我们对其生活史的了解还十分有限。对于中华鲟自然种群出现的异常现象（如 2014 年产卵场之谜和后续的间断产卵现象），以及洄游入海后的生活习性等还有很多研究空白。

面对当前中华鲟濒临灭绝的境地，今后我们应该进一步加强中华鲟拯救性保护研究，亟须开展以下五个方面的研究：一是开展全生活史周期生活习性的基础研究，重点关注中华鲟幼鱼及其入海洄游后生活史阶段的研究；二是开展关键生活史阶段生境需求及其关键生境生态修复研究，重点关注中华鲟产卵场和索饵场生境需求及其生态修复研究；三是开展中华鲟"陆—海—陆"接力保种繁育研究，海水驯化和保种繁育应成为今后研究的重点；四是开展人工增殖放流基础与应用技术研究，重点关注增殖放流要素与效果评估研究；五是开展遗传资源保护研究。

二、保护概况

20 世纪 80 年代以前，中华鲟是名贵的大型经济鱼类，生殖洄游期间群体大，捕捞季节集中，是四川和湖北两省重要的渔业捕捞对象，在长江渔业中也占有一定的比重。1981 年，由于葛洲坝工程的修建阻隔了中华鲟洄游到上游产卵的通道，对中华鲟的救护被推向前台。中华鲟保护工作的发展历程大体可以分为以下 3 个阶段：

（1）起步阶段（1981—1990 年）　该阶段的主要特征是中华鲟被列为国家一级重点保护野生动物，其生物学研究和资源保护工作得到重视。主要措施有：全面禁止商业捕捞，严格控制科研用鱼捕捞（100 尾/年以内）；设立中华鲟保护站或拯救站，救治放流误捕中华鲟；成立专门研究机构，开展人工繁殖和增殖放流工作。重大事件及保护举措有：

1981 年，葛洲坝截流，中华鲟系统保护工作开始；

1982 年，中华鲟研究所成立；

1983 年，中华鲟商业捕捞全面禁止，科研用鱼严格控制；

1983 年，中华鲟人工繁殖获得成功并开始增殖放流；

1988 年，国家颁布《中华人民共和国野生动物保护法》；

1988 年，上海市成立崇明中华鲟暂养保护站；

1988 年，中华鲟被列为国家一级重点保护野生动物。

（2）发展阶段（1991—2004 年）　该阶段的主要特征是沿江中华鲟保护管理机构逐步成立，保护工作得到进一步加强。随着对中华鲟自然繁殖生态和产卵条件等研究的加深，以及中国有关野生动物保护法规的建立和完善，建立自然保护区已成为保护物种资源的一项重要措施。在这一阶段，中国先后建立了 3 个中华鲟自然保护区，即湖北省宜昌中华鲟自然保护区（省级，1996 年）、江苏省东台中华鲟自然保护区（省级，2000 年）和上海市长江口中华鲟自然保护区（省级，2002 年）。重大事件及保护举措有：

1992 年，上海市崇明中华鲟幼鱼抢救中心成立；

1996 年，湖北省人民政府批准建立宜昌中华鲟自然保护区；世界自然保护联盟（IUCN）将中华鲟列入濒危物种红色名录；

2000年，江苏省东台市建立中华鲟自然保护区，福建省厦门市成立厦门中华鲟繁育保护基地；

2002年，上海市人民政府批准建立长江口中华鲟自然保护区。

（3）深化阶段（2005年至今） 该阶段的主要特征是保护区的管理规范化，逐步开展保护管理的立法研究，全民保护意识得到进一步加强。主要措施有：中华鲟自然保护区管理办法的制定、颁布和实施，以及管理办法的立法研究和升级；增殖放流及科普教育活动的大力推进；国家出台行动计划，加强保护等。重大事件及保护举措有：

2005年，《上海市长江口中华鲟自然保护区管理办法》审议通过；

2008年，上海市长江口中华鲟自然保护区被列入国际重要湿地名录；中华鲟赴港，香港海洋公园参与中华鲟保育；

2010年，中华鲟等保护物种进驻北京市水生野生动物救治中心；

2012年，全国水生野生动物保护分会和上海市长江口中华鲟自然保护区管理处联合举办保护中华鲟等珍稀水生生物公益活动；

2014年，全国累计增殖放流各种规格的中华鲟800余万尾；

2015年，农业部印发《中华鲟拯救行动计划（2015—2030年）》；

2016年，农业部和上海市人民政府在长江口共同举办"拯救国宝中华鲟，共促长江大保护"长江口珍稀水生生物增殖放流活动；

2016年，"中华鲟保护救助联盟"在上海成立；

2017年，上海市人民政府发展研究中心组织开展"中华鲟保护管理对策研究"，标志着《上海市长江口中华鲟自然保护区管理办法》升级及相关立法工作启动。

30多年来中华鲟的保护管理工作在中华鲟物种生存和延续上发挥了重要作用；同时，人工增殖放流与科普教育等活动的开展提高了全民的环境保护意识，对于国家生态文明建设和落实"长江大保护"起到了一定的助推作用。但也要清醒地认识到，随着长江流域经济社会的不断发展，各种不利环境变化和人类活动的影响仍然存在，中华鲟野生群体急剧下降的趋势还未得到有效缓解，物种延续仍然面临严峻挑战，中华鲟保护工作任重道远。

在深入贯彻落实国家生态文明建设战略部署和长江经济带发展要"共抓大保护，不搞大开发"有关要求的背景下，中华鲟保护管理工作应该以《中国水生生物资源养护行动纲要》《中国生物多样性保护战略与行动计划（2011—2030年）》《中华鲟拯救行动计划（2015—2030年）》为指导，通过进一步完善管理制度、加强基础理论和应用技术研究、强化保护措施、改善水域生态环境、提高公众参与等措施，实现中华鲟物种延续和恢复，进而维护长江水生生物多样性，促进人与自然和谐共处。

第二章
形态特征

　　鱼体形态是鱼类在长期进化过程中，逐渐适应周围环境而形成的特殊形体，与生存环境密切相关。各种鱼类都有其固有的形态，即使在同种鱼的不同种群间、不同个体及不同的发育阶段，形态上也会有一定的差异，这是遗传因子和环境因子共同作用的结果。本章介绍长江口中华鲟幼鱼的基本形态特征、可量性状与可数性状，以及不同环境条件下幼鱼形态发育及其形态生态学的研究进展。

第一节　外形与性状

　　鱼类不同种群或同一种群的不同发育阶段，在形态上均具有明显特征。中华鲟幼鱼阶段，尤其是在长江口及其临近水域索饵肥育期间是整个生命周期中的重要生活史阶段，该阶段幼鱼的外形特征有与其生境适应的独特性。

一、外部形态

　　长江口的中华鲟幼鱼，体呈长梭形，前端略尖，躯干部横切面呈五角形，向后渐细，腹部较平（图 2-1）。

图 2-1　长江口中华鲟幼鱼

　　头部呈三角形，略为扁平，侧面观呈楔形，背面具有骨板。吻较尖，头部腹面及侧面有许多梅花状排列的小孔，称为陷器或罗伦氏器，这是鱼类特有的一种感觉器官。

　　鳃孔位于头之两侧，有喷水孔 1 对位于鳃盖前上方，呈新月形，其内与咽相通处尚可见残存的鳃丝。皮须 2 对，位于吻的腹面。眼 1 对，较小，呈椭圆形，无眼睑及瞬膜。口腹位横裂，上下颌具有乳突，口角和下颌两侧有唇褶。鳃盖位于头之两侧。

　　躯干部具 5 行骨板，背中线 1 行，左右体侧各 1 行，左右腹侧各 1 行。尾部具 4 行骨板，背中线及腹中线各 1 行，左右体侧各 1 行。体前面腹侧有胸鳍 1 对，扁平呈叶状，水平地向后侧伸展。后部具腹鳍 1 对，较胸鳍小，略向两侧平展。在腹鳍后缘腹中线可见两孔，前者为肛门，后者为尿殖孔。尾部背面有背鳍 1 个，前基与腹面的尿殖孔相对斜向伸。臀鳍位于尾部腹面，前基位于尿殖孔之后方，与背鳍上下相对应，较背鳍小而色浅。尾鳍歪形，上叶大，由两侧紧密排列的棘状菱形硬鳞支持，下叶小，由鳍条支持。

　　体色在侧骨板以上为青灰色、灰褐色或灰黄色，侧骨板以下逐步由浅灰过渡到黄白色，腹部为乳白色。各鳍呈灰色而边缘较浅。

二、可数性状

可数性状主要包括鳃耙数、背鳍条数、胸鳍条数、腹鳍条数、臀鳍条数、尾鳍条数、背骨板数、侧骨板数（左、右侧）和腹骨板数（左、右侧）。长江口中华鲟幼鱼处于快速生长阶段，可数性状随着体长增长而呈现出一定变化。

1. 鳃耙数

鳃耙数变动范围为12～23，集中在16～18，不同体长组间存在一定差异（表2-1）。幼鱼随着体长的增长，鳃耙数略有增加。与成体相比，中华鲟幼鱼的鳃耙数略偏低。但无论是成体还是幼鱼，中华鲟的鳃耙数均较少，这与其从小到大均为肉食性为主的食性相关。

2. 鳍条数

中华鲟幼鱼各鳍的鳍条数存在着一定的差异，背鳍条数为46～71，胸鳍条数为34～59，腹鳍条数为30～57，臀鳍条数为23～49，尾鳍条数为72～102（表2-1）。

3. 骨板数

背骨板1行10～16块；侧骨板左右各一行，左侧为27～44块，右侧为28～45块；腹骨板左右各1行，左侧为7～16块，右侧为6～15块（表2-1）。

表2-1　长江口中华鲟幼鱼的可数性状

性状	体长组							
	0～10 cm ($N>10$)		10～20 cm ($N>150$)		20～30 cm ($N>400$)		30～40 cm ($N>50$)	
	范围	众数	范围	众数	范围	众数	范围	众数
鳃耙数	—	—	13～19	17	14～21	16	12～23	18
背骨板数	10～15	13	10～16	14	10～16	13	11～15	13
左侧骨板数	29～44	32/36/38/39	27～44	36	27～42	36	30～40	37
右侧骨板数	28～41	31	28～45	36	28～43	36	30～42	33
左腹骨板数	7～11	11	7～16	11	7～16	11	8～15	12
右腹骨板数	6～13	11	8～15	11	6～15	11	8～15	11/12
背鳍条数	61～69	65	46～71	58/63	46～71	58	47～70	60
臀鳍条数	33～45	33/37	23～49	36	23～49	38	23～49	40
左胸鳍条数	36～52	36	35～56	39	35～56	49	38～54	48
右胸鳍条数	36～50	47	34～59	43	34～59	40	38～54	40/47
左腹鳍条数	36～52	39	32～50	38	32～56	40	34～52	42
右腹鳍条数	32～45	39	30～56	38/40	30～57	40	33～57	40
尾鳍条数	86～95	86/95	72～102	96	72～102	88/92	72～102	92/93

三、可量性状

参照四川省长江水产资源调查组（1988）的方法，对长江口中华鲟幼鱼的全长、体长、体宽、体高和头长等11个可量性状进行了测量，精确到0.1 cm。测量指标及其标准见图 2-2 和图 2-3。

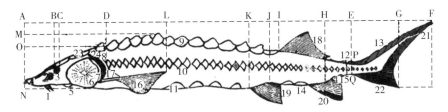

图 2-2 中华鲟幼鱼的形态测量位点

1. 吻须 2. 左侧的前后鼻孔 3. 眼 4. 吻 5. 唇部 6. 下鳃盖 7. 鳃膜 8. 外露的鳃部

9. 背骨板 10. 左侧骨板 11. 左侧腹骨板 12. 背鳍后骨板 13. 尾鳍上棘状鳞 14. 臀鳍前骨板

15. 臀鳍后骨板 16. 胸鳍 17. 胸鳍硬棘条 18. 背鳍 19. 腹鳍 20. 臀鳍 21. 尾鳍上叶

22. 尾鳍下叶 23. 头顶部骨板 24. 喷水孔

A—B. 吻长 B—C. 眼径 A—D. 眼后头长 D—L. 胸鳍长 A—E. 体长 A—F. 全长

E—F. 尾鳍上叶长 H—I. 背鳍基长 E—G. 尾鳍下叶长（交点处斜量） E—H. 尾柄长

J—K. 腹鳍基长 M—N. 体高 O—N. 头高 P—Q. 尾柄高

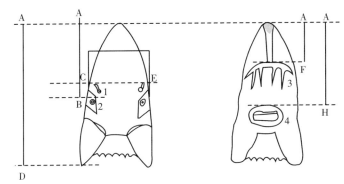

图 2-3 中华鲟幼鱼头部形态测量位点（左：背面观；右：腹面观）

1. 前后鼻孔 2. 眼 3. 吻须 4. 口

A—D. 头长 A—B. 吻长 A—C. 鼻前吻长

C—E. 鼻基宽 A—F. 须前吻长 A—H. 口前吻长

1. 月际间可量性状的分布频率

（1）全长 在统计的 653 尾长江口中华鲟幼鱼中，4 月共 4 尾，占总数的 0.61%，全长范围为 60~120 mm，主要集中在 80~100 mm；5 月共 34 尾，占总数的 5.21%，全长范围为 80~240 mm，主要集中在 120~200 mm；6 月共 80 尾，占总数的 12.25%，全长范围为 120~300 mm，主要集中在 160~260 mm；7 月共 418 尾，占总数的 64.01%，全长范围为 160~480 mm，主要集中在 240~340 mm；8 月共 117 尾，占总数的 17.92%，全长范围为 200~480 mm，主要集中在 300~400 mm（图 2-4）。

（2）体长 在统计的 768 尾长江口中华鲟幼鱼中，4 月共 4 尾，占总数的 0.52%，体长范围为 40~100 mm，主要集中在 60~80 mm；5 月共 38 尾，占总数的 4.95%，体长范围为 80～180 mm，主要集中在 100～120 mm；6 月共 98 尾，占总数的 12.76％，体长范围为 100～260 mm，主要集中在 140～200 mm；7 月共 489 尾，占总数的 63.67％，体长范围为 60～400 mm，主要集中在 180～280 mm；8 月共 139 尾，占总数的 18.10％，体长范围为 160～400 mm，主要集中在 240～300 mm（图 2-5）。

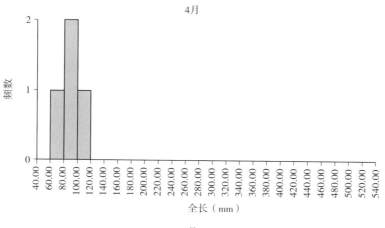

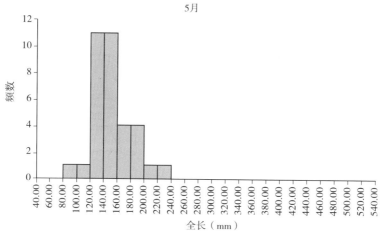

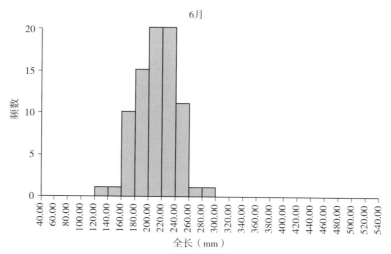

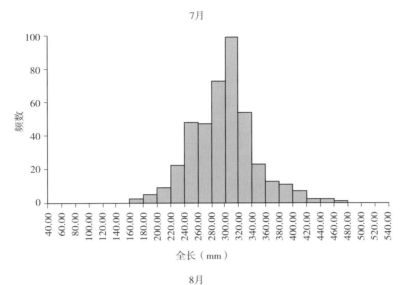

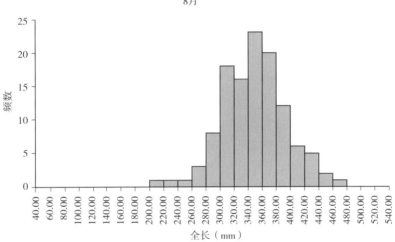

图 2-4 中华鲟幼鱼 4—8 月全长频数图

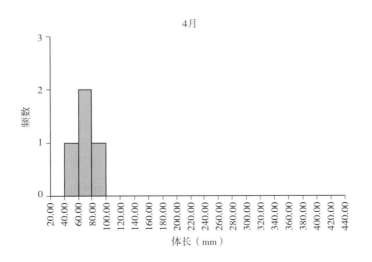

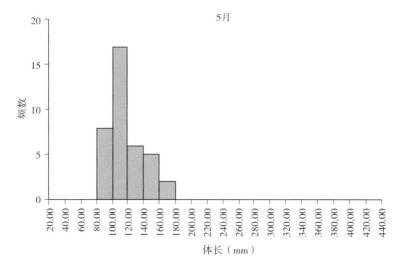

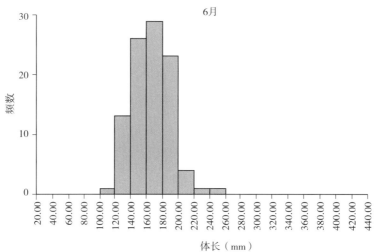

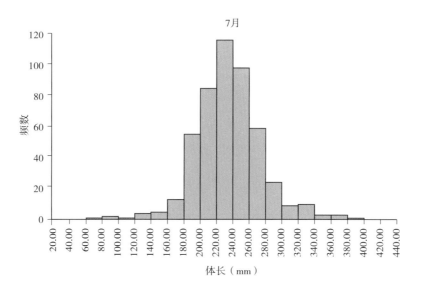

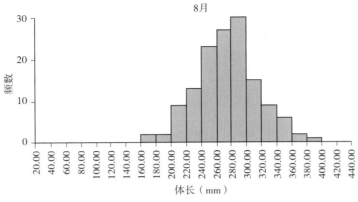

图 2 - 5　中华幼鱼 4—8 月体长分布频数图

（3）体高　在统计的 773 尾长江口中华鲟幼鱼中，4 月共 4 尾，占总数的 0.52%，体高范围为 6～12 mm，主要集中在 6～9 mm；5 月共 38 尾，占总数的 4.92%，体高范围为 6～21 mm，主要集中在 9～15 mm；6 月共 97 尾，占总数的 12.55%，体高范围为 12～30 mm，主要集中在 15～24 mm；7 月共 493 尾，占总数的 63.78%，体高范围为 12～57 mm，主要集中在 21～39 mm；8 月共 141 尾，占总数的 18.24%，体高范围为 21～57 mm，主要集中在 27～48 mm（图 2 - 6）。

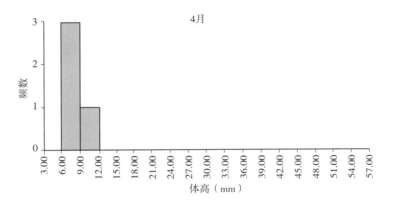

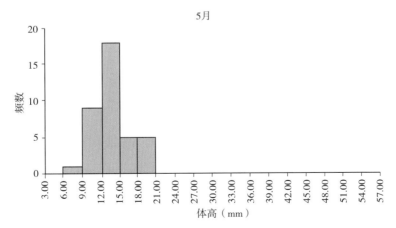

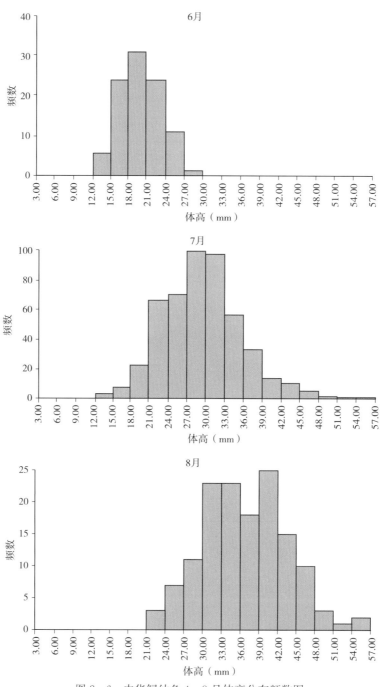

图 2-6　中华鲟幼鱼 4—8 月体高分布频数图

（4）头长　在统计的 769 尾长江口中华鲟幼鱼中，4 月共 4 尾，占总数的 0.52%，头长范围为 10～40 mm，主要集中在 20～30 mm；5 月共 38 尾，占总数的 4.94%，头长范围为 20～70 mm，主要集中在 30～50 mm；6 月共 96 尾，占总数的 12.48%，头长范围为 30～90 mm，主要集中在 50～70 mm；7 月共 494 尾，占总数的 64.24%，头长范围为

20～130 mm，主要集中在 70～100 mm；8 月共 137 尾，占总数的 17.82%，头长范围为 50～130 mm，主要集中在 80～110 mm（图 2-7）。

（5）体重　在统计的 765 尾长江口中华鲟幼鱼中，4 月共 4 尾，占总数的 0.52%，体重范围为 0～25 g，体重最小为 0.97 g；5 月共 38 尾，占总数的 4.97%，体重范围为 0～50 g，体重最小为 4.49 g，主要集中在 0～25 g；6 月共 98 尾，占总数的 12.81%，体重范围为 0～75 g，体重最小为 10.30 g，主要集中在 25～50 g；7 月共 487 尾，占总数的 63.66%，体重范围为 0～325 g，体重最小为 17.82 g，主要集中在 25～125 g；8 月共 138 尾，占总数的 18.04%，体重范围为 0～375 g，体重最小为 14.24 g，主要集中在 75～150 g（图 2-8）。

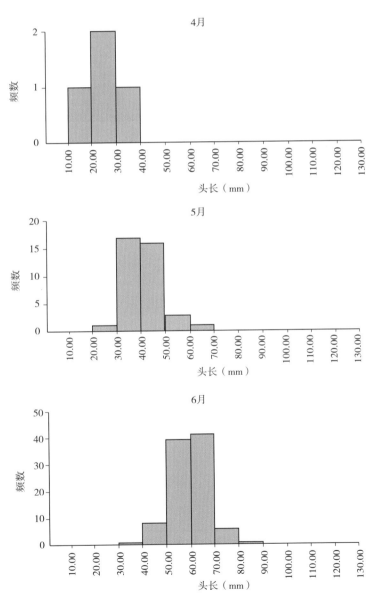

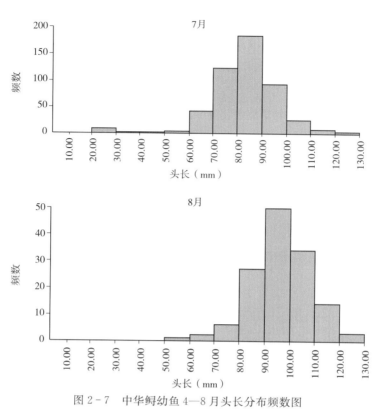

图 2-7　中华鲟幼鱼 4—8 月头长分布频数图

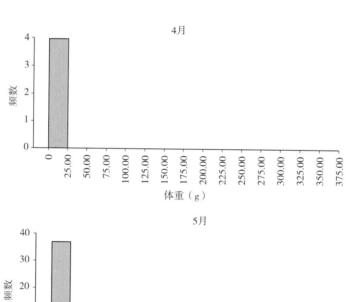

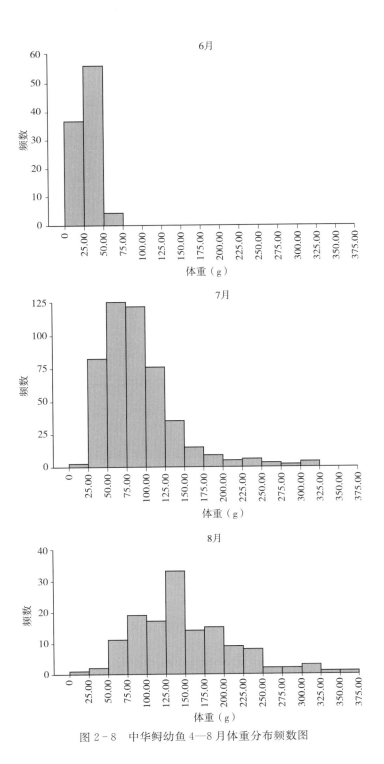

图 2 - 8 中华鲟幼鱼 4—8 月体重分布频数图

2. 体长组间比例性状差异

长江口中华鲟幼鱼随着体长的增长，鱼体各部分间的比例性状发生相应的变动（表 2 - 2）。

表 2-2 长江口中华鲟幼鱼比例性状比较

比例性状	体长组			
	0~10 cm (N>10)	10~20 cm (N>170)	20~30 cm (N>440)	30~40 cm (N>50)
体长/体高	8.49±1.01	8.46±0.87a	7.88±0.80b	7.57±0.83c
体长/头长	2.88±0.23	2.73±0.20a	2.80±0.16b	2.99±0.25c
体长/尾柄长	9.19±1.15	9.09±1.30a	8.88±1.08b	8.72±1.21b
体长/尾柄高	23.52±3.68	30.52±4.54a	31.27±3.47a	30.37±4.08a
头长/吻长	1.74±0.17	1.92±0.15a	1.95±0.10b	1.99±0.09b
头长/眼径	12.37±2.00	18.12±2.83a	21.47±2.81b	23.25±3.46c
头长/眼间距	3.29±0.26	3.56±0.26a	3.58±0.27a	3.59±0.27a
头长/眼后头长	2.41±0.22	2.29±0.18a	2.20±0.17b	2.13±0.10c
头长/吻—须距	2.90±0.20	2.84±0.22a	2.87±0.23ab	2.93±0.27b
吻长/眼后头长	1.40±0.21	1.20±0.16a	1.13±0.11b	1.07±0.08c
口宽/吻—须距	0.68±0.09	0.63±0.12a	0.64±0.08a	0.66±0.11a
尾柄长/尾柄高	2.57±0.36	3.41±0.63a	3.57±0.56b	3.52±0.47ab
背鳍基长/头长	0.40±0.06	0.34±0.05a	0.33±0.05b	0.35±0.05a

注：1. 表中数据为平均值±标准差。

2. 同一行中参数右上角字母不同表示有显著性差异（P<0.05），相同则表示无显著性差异。

3. 体长组 0~10 cm 样本量较少，没有与其他体长组进行显著性分析。

随着体长的增长，长江口中华鲟幼鱼体长比体高、体长比尾柄长、头长比眼后头长、吻长比眼后头长等比例性状均由大到小，各体长组之间差异显著（P<0.05），这表明在中华鲟幼鱼的生长过程中，体高、尾柄长、眼后头长等性状要相对地增长较快，其中尤以眼后头长更为明显。

随着体长的增长，中华鲟幼鱼的头长比吻长、头长比眼径、头长比眼间距、头长比吻—须距等比例性状均由小到大。这表明在中华鲟幼鱼的生长过程中，其吻长、眼径、眼间距、吻—须距等相对地增长缓慢些，其中尤以眼径更为明显。这是因为中华鲟从幼鱼到成鱼的转变过程中，吻由尖长变为较短而钝圆，眼睛相对变小导致整个头部的比例都发生了变化。

随着体长的增长，中华鲟幼鱼的口宽比吻—须距、体长比尾柄高变化不显著，这表明长江口中华鲟幼鱼随着体长的增长，其口宽与吻—须距、体长与尾柄高保持着比例较为稳定地增长。

通过对长江口中华鲟幼鱼的形态研究发现：中华鲟幼鱼的可量性状中，其体长比头长、体长比尾柄长、头长比吻长、头长比眼径、头长比吻—须距、背鳍基长比头长、口宽比吻—须距的值远小于其成鱼的比值，而体长比体高、体长比尾柄高、头长比眼间距、头长比眼后头长、尾柄长比尾柄高的比值远大于其成鱼的比值。

第二节　形态的生态适应

在长期进化过程中，鱼类的外部形态结构会随着栖息地生态条件的变化而发生改变，以适应新的栖息地环境，这是自然选择的结果。长江口是中华鲟重要的育幼和索饵栖息地，幼鱼到达长江口后，在不断的生长发育过程中，形成了与栖息地生态条件相适应的形态特征。

一、游泳能力与形态

中华鲟具有修长的体形和软鳍条、歪尾等外形和结构，在长期进化过程中，为了抵抗水流、减少阻力还形成了附底游泳的行为。由于大部分鱼类缺少防御捕食者的器官，游泳成为了逃避攻击的主要生存方式。研究表明，最大持续游泳能力显著影响着鱼类的觅食、求偶、避险和摆脱不适环境等方面。因此，游泳能力是影响适合度的主要表现特征（Drucker，1996）。

1. 游泳能力

利用改装的 Brett 式游泳水槽（图 2-9），对 12 尾体长（57.9±4.7）cm 的中华鲟进行了有氧游泳能力测定。结果显示，中华鲟的临界游泳速度（U_{crit}）的绝对值和相对值分别为（79.5±1.8）cm/s 和（1.4±0.0）BL/s（表 2-3），均与体长无相关性（$r^2=0.24$，$P=0.11$；$r^2=0.31$，$P=0.062$）。

图 2-9　改装的 Brett 式游泳水槽

表 2-3　中华鲟的临界游泳速度

序号	1	2	3	4	5	6	7	8	9	10	11	12	平均值
绝对值（cm/s）	72.0	77.0	95.0	82.5	82.5	78.7	75.6	72.8	80.6	75.3	76.5	85.0	79.5±1.8
相对值（BL/s）	1.2	1.3	1.5	1.3	1.3	1.3	1.5	1.4	1.6	1.4	1.3	1.5	1.4±0.0

2. 影响游泳能力的形态因素

体长是影响鱼类游泳能力的一个重要因素。鲟的 U_{crit} 与体长之间是否存在线性关系，可能与体长规格有关系，通常体长小于 20 cm 的个体，其游泳速度（或者耐受力）与体长之间都具有显著线性相关性（Hoover et al，2011；Peake，2004）。在不同流速下，像其他鲟一样，中华鲟通过附着、贴底游泳、猝发游泳和随流滑行等不同步态来改变其游泳行为（Peake，2004）。附着是用来保持自身在水流中位置的一种策略，通常发生在中等流速的环境条件下，而在低流速（<20 cm/s）和高流速（>50 cm/s）水体环境中，则表现为自由游泳状态。附着行为可以使鲟利用较少的能量消耗占据高流速中的微生境，有利于同其他鱼类竞争。

利用几何形态测量法（图 2-10）对整体形态的分析发现，中华鲟的吻长、吻高、背鳍后缘长和躯干的背腹向轻微弯曲度与游泳能力呈负相关，而躯干前段高、臀鳍长、尾鳍下叶长、尾鳍后缘垂直度到尾柄距离与游泳能力呈正相关（庄平 等，2017）。

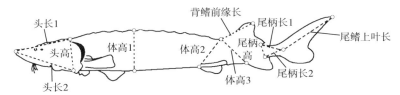

图 2-10 中华鲟形态测量标记点布局及形态特征度量

头部、躯干前段、背鳍、臀鳍和尾鳍的形态变化显著影响中华鲟的游泳能力，这些形态变化也包含着简单的生物流体力学的原理。头部形状影响附着能力。作为底栖鱼类，中华鲟能够通过抓附底质而无需主动游泳保持自身在水流中的位置，以此节约能量消耗（Webb，1989）。吻腹面的增长增厚导致水流主要作用于头部腹面而产生顺时针转矩，作用于前额和躯干前段背面的压力不足以使腹部皮肤、胸鳍与底质产生足够的摩擦力。中华鲟头部相对大小的变化表明对摩擦阻力的适应。鱼类暴露在水中的表面积越大，所要克服的摩擦阻力就越多。中华鲟的头部布满骨质突起，要远比躯干表皮粗糙，头部相对表面积的增加，也意味着表皮能够分泌黏液减少摩擦阻力的躯干相对表面积的减少。中华鲟躯干的轻微背腹向弯曲使得腹部皮肤与底质的接触面积减少，也限制了附着能力。

躯干前段高度、背鳍后缘、臀鳍和尾鳍形态变化趋势导致了类似的力学功能和运动效应。躯干前段高度的增加使得中华鲟的体型更加接近流线型，以此有效减少压力阻力（Vogel，1994）。虽然因为在推进中的功能被称为"第二尾"，但背鳍后缘长度增加导致背鳍更大的相对面积并不利于推进，背鳍仅仅在低流速下起到推进作用。尾鳍上下叶的扩张和垂直度的增加都增加了尾鳍后缘高度，尾鳍所能驱动的水体质量与其后缘高度的平方成正比。尾鳍后缘的垂直程度影响反作用力的方向（Liao and Lauder，2000），也许与中华鲟附着时的整体力矩平衡相关。

二、形态的异速发育

异速发育是不同器官贯穿鱼体整个发育过程的整合现象，随着生长发育阶段或栖息环境的不同呈现出不同的生长特征，不同的部位还存在着发育异时性（Russo et al，2009）。研究异速发育的一个重要目的是揭示生长过程中形态变化引起的生态学意义。生态与形态之间的联系通常以生物力学的方法来证明，即"功能形态学"（Vecsei and Peterson，2004），个体形态的异速发育对其运动和生态适应具有重要影响。

1. 异速发育

对 98 尾长江口中华鲟幼鱼样本（体长 10.73～68.03 cm）进行了形态分析。利用 22 个标记点进行几何形态测量（图 2-11）。标记点的质心距作为体长度量，质心距的多元回归生成广义线性模型预测幼鱼体型的变化。为了表示幼鱼的生长曲线，接近模型中平均体型的两个体型作为样本添加到 98 尾样本中，并进行相对扭曲分析（relative warp analysis）（Rohlf，1993）。幼鱼样本的相对扭曲（relative warp，RW）得分通过薄板样条可视化（Bookstein，1989）。

图 2-11　用于几何形态测量的 22 个标记点布局

相对扭曲解释了个体发育的形态变化。前两个相对扭曲（RW_1 和 RW_2）分别解释了 53.08% 和 13.53% 的总方差，所以能代表大部分个体发育的形态变化（图 2-12a）。两个空心圆点为多元回归中接近平均体型的两个附加过渡样本。经过空心圆点的直线表示幼鱼在图中从左到右的生长曲线，且因 RW_1 的高解释率而几乎平行于横轴。但图中样本的分布表明 RW_2 并未随体长单向变化。RW_2 得分从正值区域到负值区域，最终回到正值区域。因为 RW_2 从正值（图 2-12b 上）到负值（图 2-12b 下）主要体现了尾鳍相对于体轴的方向变化，所以 RW_2 得分的变化趋势表明了因尾鳍下叶发育引起的方向变化。观察发现，早期尾鳍上叶因下叶的开始发育而逐渐转向垂直于体轴方向，并随下叶的逐渐成熟而顺时针回落。薄板样条显示的多元回归预测体型表明，中华鲟幼鱼的头部和尾鳍上叶出现负异速发育，而躯干、背鳍、臀鳍和尾鳍下叶为正异速发育（图 2-12c）。随着体长的增加，幼鱼的吻沿着体轴相对收缩并轻微上扬，尾鳍上叶也相对于体长收缩，而躯干更为丰满，背鳍和臀鳍高度增加，尾鳍下叶发育使尾鳍逐渐接近正尾。

中华鲟幼鱼样本在生长曲线图（图 2-12a）中的分布表明，RW_2 在实验的幼鱼期内并未随着体长单向变化。RW_2 得分从正值变为负值，最终又回到正值区间。因为 RW_2 从正值到负值主要解释了尾鳍相对体轴的方向变化（图 2 - 12b），所以 RW_2 暗示了尾鳍发育所带来的某些变化。与此类似，RW_2 表达的变化可能与上下叶的骨化相关。尾鳍上叶随着骨化而逐渐偏向垂直于体轴，直到下叶开始发育。随着下叶的发育和骨化，上叶又重新顺时针回落。这一现象的功能意义还需探索。

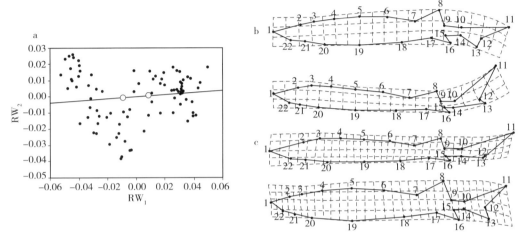

图 2 - 12　长江口中华鲟幼鱼的个体发育异速生长

a. 前两个相对扭曲 RW_1 和 RW_2 分别解释了 53.08% 和 13.53% 的总方差；经过空心圆点的直线表示幼鱼在图中从左到右的生长曲线　b. RW_2 正值（上）和负值（下）在薄板样条上的映射　c. 多元回归预测体型在薄板样条上的映射（上为小个体幼鱼，下为大个体幼鱼），中华鲟幼鱼的头部和尾鳍上叶出现负异速生长，而躯干、背鳍、臀鳍和尾鳍下叶为正异速生长

2. 不同部位发育的异时性

通过偏最小二乘回归（PLS）分析头部、躯干和尾鳍等不同部位的发育异时性（或整体性）。PLS 解释了头部、躯干和尾鳍之间形态变化的关系。在三组两两配对分析中，头部和尾鳍发育形态变化的相关性最为显著（$r^2 = 0.818$，$P < 0.001$；图 2 - 13a），其他两组配对的相关性稍弱但依然显著［$r^2 = 0.726$，$P < 0.001$，头部和躯干（图 2 - 13b）；$r^2 = 0.635$，$P < 0.001$，尾鳍和躯干（图 2 - 13c）］。分段回归表明，以体长 24.4 cm 为界，躯干发育的前后两个阶段与头部发育形态存在相关性（图 2 - 13b，早期 •，$r^2 = 0.423$，$P < 0.001$；晚期 。，$r^2 = 0.545$，$P < 0.001$）；以体长 22.1 cm 为界，躯干发育的前后两个阶段与尾鳍发育形态存在相关性（图 2 - 13c，早期 •，$r^2 = 0.209$，$P < 0.05$；晚期 。，$r^2 = 0.496$，$P < 0.001$）。

生物体的形态变化是一个随着体长和不同部位有序变化而变化的整合过程，最终使生物体成为一个功能性整体（Klingenberg et al，2001）。中华鲟幼鱼 3 个部位之间的相关性表现了幼鱼期的发育整合性。作为运动功能器官，头部和尾鳍分别与阻力和推进力有关（Qu et al，2013），所以猜想两者之间可能存在力学功能的权衡。头部和尾鳍的发育体现了整合性，而躯干的发育速率不一致则体现了异时性，但这种关系是基因表达模式的结果还是有独立的诱因（比如躯干形态很大程度取决于摄食水平）都仍需研究。

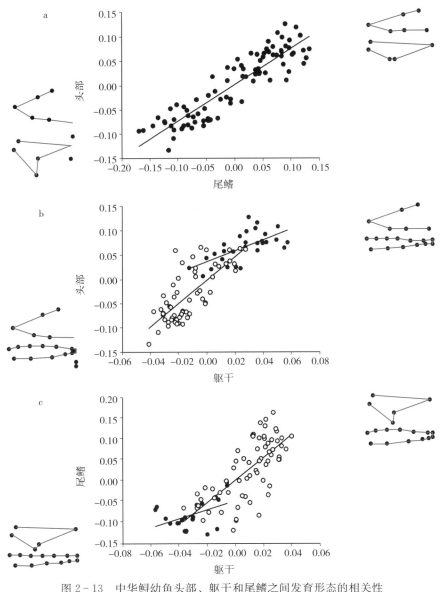

图 2 - 13　中华鲟幼鱼头部、躯干和尾鳍之间发育形态的相关性

a. 头部与尾鳍　b. 躯干与头部　c. 躯干与尾鳍

● 示早期，○ 示晚期

3. 体型的流线性变化

鱼类体型经常与指定翼型比较以评估其流线性（Qu et al，2013）。这种方法表明了体型匹配于某种流线型的程度而不是体型的流线性。将样本与一系列翼型（美国航空咨询

委员会 NACA 分类的翼型）比较以选出每个样本最匹配的流线型。16 个标记点通过平移和缩放与翼型对齐。除尾叉标记点外的所有标记点与翼型上同横坐标点的距离之和作为评价匹配程度的量值，越小则说明体型越接近某一型号翼型（图 2-14）。

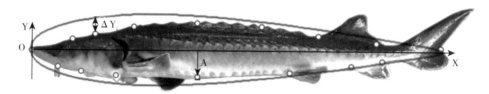

图 2-14　中华鲟幼鱼体型与 NACA00XX 系列翼型的比较

异速生长导致体高的增加，且最大体高处由头部变为躯干中部。这些变化使不同阶段的幼鱼体型分别接近于 NACA 0009～0014 等 6 种不同类型翼型。翼型型号与标记点质心距的对数成正相关（$r^2=0.503$，$P<0.001$，图 2-15），表明随着体长的增加，幼鱼的体型更加接近于大厚度对称翼型。

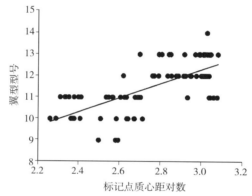

图 2-15　中华鲟幼鱼体型最匹配翼型型号与标记点布局质心距对数的相关性

三、特定形态变异

鱼类在早期发育阶段，很容易受到特定环境条件的影响而在形态上发生一定的变异。在科学研究和保护实践的过程中发现，由于人工养殖环境的影响，导致幼鱼在鼻孔和骨板等形态和数量上均发生了一定的变异。

1. 鼻孔形态变异

野生中华鲟的鼻孔位于头部两侧的眼前方，由鼻隔分为上下 2 个鼻孔，上鼻孔较小偏圆形，下鼻孔较大偏椭圆形，鼻孔内彼此相通（图 2-16a）。然而，在养殖条件下，大多数人工繁育中华鲟幼鱼的鼻孔发生了显著变异，可分为 2 种类型：一是鼻孔总数减少了 1 个的单鼻孔缺失型，即表现为左侧单鼻孔而右侧双鼻孔，或左侧双鼻孔而右侧单鼻孔（图 2-16b，c）；二是鼻孔总数减少 2 个的双鼻孔缺失型，即表现为左右两侧均为单鼻孔（图 2 - 16 d）。发生变异的单鼻孔放大后，可以清楚看到鼻孔中的嗅囊结构及鼻孔边缘上未能形成鼻隔的表皮结构（图 2 - 16 e），长期培育后始终表现为单鼻孔状态(图 2 - 16 f)。

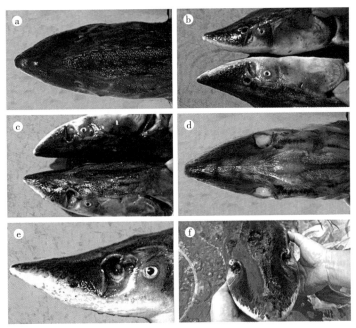

图 2 - 16　中华鲟幼鱼的鼻孔形态

a. 左右两侧均为双鼻孔　b、c. 同一尾鱼一侧为双鼻孔而另一侧为单鼻孔

d. 左右两侧均为单鼻孔　e. 鼻孔中的嗅囊　f. 人工培育 6 年后放流的中华鲟，单鼻孔

2004—2006 年，长江口野生中华鲟幼鱼（体长 29～53 cm）中鼻孔形态变异率平均为 6.47%，2012 年和 2015 年（体长 22～36 cm）的变异率平均为 1.55%；然而，人工繁育中华鲟幼鱼（体长 30～66 cm）中鼻孔形态的变异率高达 83.23%（表 2 - 4）。2004—2006 年幼鱼鼻孔形态变异率高于 2012 年和 2015 年，分析原因可能是：2004—2006 年，长江口误捕中华鲟幼鱼中可能存在人工繁育的放流个体。鼻孔形态的变化，可以作为自然繁殖群体和人工培育群体的区分标志。

与长江口野生中华鲟幼鱼相比，人工繁育幼鱼的鼻孔无论从数量上或形态上都发生了显著的变化，可能存在的原因是：①人工催产及授精过程中，精、卵质量以及最佳授精时机的差异可能会导致受精卵在发育过程中出现畸形。②受精卵在孵化过程中，环境因子如光照、温度、水流、pH 值及养殖密度等可能会引起畸形。③孵化设备如孵化器、幼鱼培育缸、水泥池等的不适可能会引起畸形。人工培育中华鲟幼鱼鼻孔高比例畸形，可能与孵化设备粗糙摩擦、幼鱼之间互相碰触有关。

目前，还无法弄清楚人工培育中华鲟幼鱼中如此高变异率鼻孔形态的真正原因，需要进一步开展胚胎发育和幼苗培育过程中各个环节的深入细致的研究，弄清楚单鼻孔发生的机理，改善培育环节，保持中华鲟鼻孔原有的正常形态。

表2-4 长江口中华鲟幼鱼与人工繁殖培育幼鱼鼻孔形态比较

来源	年份	样本数量（尾）	左双/右双		左单/右单		左单/右双		左双/右单	
			样本数量（尾）	占比（%）	样本数量（尾）	占比（%）	样本数量（尾）	占比（%）	样本数量（尾）	占比（%）
野生幼鱼	2004	275	269	97.8	3	1.1	3	1.1	0	0
	2005	50	46	92	2	4	0	0	2	4
	2006	235	213	90.6	6	2.5	11	4.6	5	2.1
	平均值	—		93.47	—	2.53	—	1.90	—	2.03
	变异率							6.47		
	2012	41	41	100	0	0	0	0	0	0
	2015	768	744	96.9	6	0.8	12	1.5	6	0.8
	平均值			98.45	—	0.40	—	0.75	—	0.40
	变异率							1.55		
繁育幼鱼	2004	93	14	15.1	58	62.4	12	12.9	9	9.7
	2005	93	11	11.8	58	62.4	14	15.1	10	10.7
	2006	379	89	23.5	203	53.5	45	11.9	42	11.1
	平均值			16.80		59.43		13.30		10.50
	变异率							83.23		

2. 骨板形态变异

与自然水域相比，养殖水体通常较小，且内设有许多的养殖设施，不可避免地会对中华鲟体表面的骨板产生一定的影响。

分别对人工繁育和野生中华鲟幼鱼的骨板进行了形态观察和棘长测定，测量骨板底部边缘至骨板顶部最前缘长度 L_1，骨板底部边缘至骨板顶部最凹处的长度 L_2，计算骨板棘长为 $L_3 = L_1 - L_2$（图2-17）。

研究发现，野生中华鲟幼鱼5行骨板的骨板棘非常尖锐和锋利，没有受到任何磨损（图2-18a，b，c），在腹骨板和侧骨板的后侧还有3～4个锯齿状的小棘（图2-18 d，e）。然而，人工培育幼鱼的骨板棘平而无锋利感（图2-18f，g，h），腹骨板和侧骨板的后侧仅有1个小棘（图2-18i，j）。野生与人工繁育幼鱼骨板棘长比较见表2-5。野生与人工繁育中华鲟幼鱼的侧骨板棘长具有显著

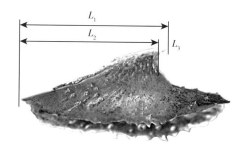

图2-17 中华鲟幼鱼骨板棘长
测量示意图

性差异，而背骨板和腹骨板棘长均存在极显著性差异。与野生幼鱼相比，人工繁育幼鱼背骨板、腹骨板和侧骨板的棘长均较小。

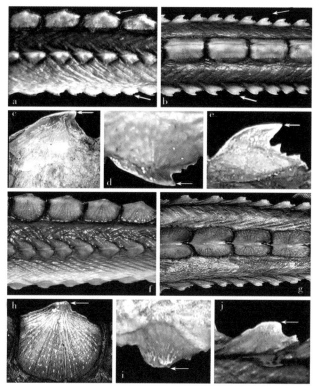

图 2-18　中华鲟幼鱼骨板的形态特征

a. 自然繁殖中华鲟幼鱼侧面照，箭头示背、腹骨板　b. 自然繁殖中华鲟幼鱼背面照，箭头示侧骨板

c. 箭头示背骨板棘　d. 箭头示腹骨板棘　e. 箭头示侧骨板棘　f. 人工繁殖中华鲟幼鱼侧面照，箭头示背、腹骨板

g. 人工繁殖中华鲟幼鱼背面照，箭头示侧骨板　h. 箭头示背骨板棘　i. 箭头示腹骨板棘　j. 箭头示侧骨板棘

表 2-5　野生与人工繁育中华鲟幼鱼骨板棘长比较

项目		频数（尾）								平均值
		0	0～0.1	0.1～0.2	0.2～0.3	0.3～0.4	0.4～0.5	0.5～0.6	0.6～0.7	0.7～0.8	
背骨板	野生	0	0	4	12	12	17	3	1	1	0.37±0.02[a]
	人工	16	17	9	4	2	1	1	0	0	0.09±0.02[b]
侧骨板	野生	0	1	15	15	11	5	2	1	—	0.28±0.02[a]
	人工	12	10	11	4	4	3	2	2	—	0.17±0.03[b]
腹骨板	野生	1	21	16	9	2	1	—	—	—	0.14±0.01[a]
	人工	38	9	3	0	0	0	—	—	—	0.01±0.01[b]

注：同一列中参数右上角字母不同表示有显著性差异（$P<0.05$），相同则表示无显著性差异。

人工繁育的中华鲟幼鱼，由于在人工条件下培育（水泥池、玻璃缸、高密度），幼鱼身体与缸壁及幼鱼之间相互的长期摩擦导致 5 行骨板的棘受损变平。野生中华鲟幼鱼由于生长在长江及长江口，大水体环境和江底松软的底泥没有对骨板棘造成磨损，保持 5 行骨板棘无比锋利，除背骨板棘外，在侧骨板的后侧，还有 3～5 个锯齿状的小棘，腹骨板后侧有 2～3 个锯齿状的小棘未受到磨损，然而，人工繁育个体由于磨损只有 1～2 个不太明显的小棘。野生中华鲟幼鱼 5 行锋利无比的棘与人工繁育个体形成鲜明对照。当用手抓鱼时，轻易地就会被这些棘划破手指，这些锋利的棘对中华鲟幼鱼在逃避敌害的捕食中起到很好的保护作用。这提示在人工培养中华鲟幼鱼的过程中，应改善培养条件，使人工增殖放流的中华鲟能够保持锋利的骨板棘，提高其保护作用。

第三节　形态生态及其实践意义

鱼类形态（表型）和它的现实生态位是其所处的环境和内在因子之间相互作用的产物。对于许多外部的形态性状而言，环境的影响可以改变内在因子的表型表达，或者通过在特定环境条件下诱发表型变化而间接地起作用。总之，鱼类外部形态特征往往与其生活环境具有高度的适应性。

一、形态发育的生态学意义

鱼类形态发育与运动和捕食密切相关。大量研究表明，近海硬骨鱼类早期发育阶段的体型属于典型的适应于浮游生活的流线型体型，而到了成鱼阶段则发育成更为丰满的体型，以利于机动性（Webb，1986；Russo et al，2009）。鲟类的形态发育过程中体长与游泳能力有关，但是发育形态和游泳能力之间的关系还不明确（Allen et al，2006；He et al，2013）。中华鲟幼鱼在刚抵达长江口的早期阶段，体型修长，而经过在长江口水域的摄食肥育，至入海前身体变得越加丰满。入海幼鱼因为尾鳍的发育，主动游泳及其机动性都变得更强。相对于大个体，小个体幼鱼因为奇鳍较小而主动游泳的能力不足。同时，大个体的体重在推进时也可以提供更多的动量帮助幼鱼远距离巡航（McHenry and Lauder，2006）。体型的流线型与所受水流的上升力有关，所以对鲟类的附着行为产生影响。NACA 00XX 系列翼型的风洞实验表明流线型的阻力系数随其厚度增加而增加，但同时前段顶流部分阻力系数却随之减小。所以，因为小个体幼鱼更接近小厚度翼型，从而承受了更小的整体阻力，但头部却面临更大的阻力，这意味着小个体幼鱼易于在更小的整体阻力下有效附着。

长江口水域的流态同时受到潮汐和径流相互作用的强烈影响，近底流速可以达到 2 m/s（郝嘉凌 等，2007）。长江口的流速远高于中华鲟幼鱼的 U_{crit}（Qu et al，2013），所以实验条件得出的 U_{crit} 无法预测自然流态中幼鱼耐受水流的能力。附着行为对于高流速下保持在水中的位置十分重要。虽然小个体幼鱼的体型接近于低 U_{crit} 的个体，但个体异速发育的力学意义表明它们的头部形态和体型利于附着行为，而且较小的体长也是底栖鱼类利用底质边界层流的优势（Carlson and Lauder，2011）。所以，小个体幼鱼能够耐受长江口的高流速。相反，大个体幼鱼虽然体型接近于高 U_{crit} 的个体，但力学功能上并不适合复杂的长江口流态。这可能是幼鱼随着个体增长逐步进入深水水域和大陆架海域的原因之一。东海沿岸海流流速小于 0.4 m/s（连展 等，2009），大个体幼鱼适于在相对缓慢的水体中游泳和巡航。头部和尾鳍在体长达到 22～24 cm 前的缓慢发育可能是对长江口流态在功能上的响应，利于幼鱼在崇明岛东滩水域生存和摄食。

游泳能力的测量为中华鲟保护，尤其是在洄游通道保护上提供了重要数据。鱼道是洄游性鱼类穿越迁徙障碍的人为途径，鱼道的设计和建造需要更多准确的鱼类游泳能力和行为信息。鱼道建设时，首先要考虑鱼类的体长、游泳行为和游泳能力（Schwalme et al，1985）。中华鲟的一些独特行为在鱼道设计时应该成为一个重要考量。从目前的研究来看，中华鲟体长规格较大，其形态不利于游泳，那么在鱼道设计时如何确保中华鲟能够像其他小体型、自主游泳能力强的鱼类一样通过高流速的鱼道呢？这就必须加强中华鲟体长和游泳行为关系研究，并充分考虑进鱼道的设计建造中去（Kynard，1998）。

二、头部与尾鳍形态的运动功能权衡

中华鲟头部和尾鳍的形态存在着共变性。研究显示，头部形态与游泳步态下的附着能力（D_{hold}）显著相关，且下压形态吻的个体具有更高的 D_{hold}；尾鳍形态与游泳步态下的净游泳能力（D_{swim}）呈显著正相关，且更宽阔的下叶伴随着更高的 D_{swim}。D_{swim} 的尾鳍形态变化趋势与 D_{hold} 相关的头部形态变化趋势呈显著负相关，表明两者之间存在形态功能的权衡。当中华鲟的吻轻微下压且尾鳍下叶收缩时，其附着能力更强，但游泳能力减弱，反之亦然。

栖息地环境变化引发中华鲟幼鱼随水流流态变化而出现的功能性需求，所以头部和尾鳍的形态功能转变异常重要。小个体的野生中华鲟幼鱼形态接近于拥有较高 D_{hold} 和较低 D_{swim} 的个体。小个体幼鱼的吻和头部沿体轴纵向拉伸，吻略微下压。长江口近底水流达到 2 m/s，这导致幼鱼头部前额面的承压面积增大，能够提高附着的效率以保持高流速下的位置。尾鳍后缘因下叶未发育而更加接近体轴方向。发育未全的尾鳍及其指向，减小了高流速高斯特劳哈尔数条件下的阻力。大个体野生中华鲟幼鱼头部和尾鳍的特征则相反，更接近具有较高 D_{swim} 和较低 D_{hold} 的个体。大个体幼鱼的头部沿体轴方向收缩，吻略微上扬，躯干和奇鳍显著发育，特别是下叶的生长导致尾鳍接近正尾。中国东部沿岸海流流速小于 0.4 m/s，对高流速耐受行为—附着的功能性形态需求也随之减少。因为尾鳍后缘高度的平方正比于驱动的水体体积，所以当大个体幼鱼入海后，宽大的尾鳍满足了其在缓流中巡航的需求。

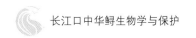

三、鼻孔和骨板形态变异的应用

野生和人工繁育中华鲟幼鱼在鼻孔和骨板的形态和数量上发生了一定的变异，这些特征可直接应用于野外中华鲟幼鱼的来源判别，亦可对当前增殖放流的效果进行评估。因此，建立了2种野生和人工繁育中华鲟幼鱼的鉴别方法。

（1）通过鼻孔数和形态的观察区分人工养殖和野生群体　人工繁殖和培育的中华鲟幼鱼，其鼻孔数和形态与野生的中华鲟幼鱼比较发生了改变。人工培育的鼻孔数比野生的减少1～2个，表现为左右两侧各2个鼻孔变成了左侧1个，右侧2个，或者左侧2个，右侧1个，或者左右两侧各1个等3种类型。形态由上下鼻孔组成的双鼻孔（在上鼻孔和下鼻孔中间有鼻隔分开，上鼻孔小，下鼻孔大），变成中间无鼻隔的大鼻孔。通过鼻孔数和形态的观察可以区分野生的中华鲟幼鱼和人工培育的中华鲟幼鱼。

（2）通过5行骨板棘的观察区分人工养殖和野生群体　人工繁育的中华鲟幼鱼，由于在人工条件下培育（水泥池、玻璃缸、高密度），幼鱼身体与缸壁和相互之间的长期摩擦，导致5行骨板棘变平，与野生中华鲟幼鱼的背骨板（除骨板顶部尖锐的骨棘以外，在骨板的后侧，还有3～5个锯齿状的小棘），5行锋利无比的骨板棘与人工繁育个体形成鲜明的对照。

综合采用鼻孔和骨板形态变化鉴别方法，对野生和人工繁育中华鲟幼鱼的鉴别率可达100％，能够非常快速地将两者区分开。

第三章
早期发育

鱼类的生活史 (life history)，也称生命周期，包含了从精卵结合直至衰老死亡的整个生命过程，可以分为胚胎期、仔鱼期、稚鱼期、幼鱼期、性未成熟期和成熟期等若干个不同的发育时期。通常，将鱼类的胚胎、仔鱼和稚鱼 3 个发育期统称为早期生活史阶段。在早期生活史阶段，鱼类在形态和生理上将发生巨大的变化；同时，这也是一个高死亡率发生的时期，野外仅有不到 1% 的鱼能渡过这一关。自然条件下，中华鲟的早期发育阶段发生在长江中上游的产卵场附近水域，为了呈现相对完整的生活史特征，本章着重讲述中华鲟胚后发育阶段的形态特征、异速生长和骨骼发育，以及幼鱼头骨的结构组成与特征等方面的研究成果。

第一节 早期发育分期及其特征

鱼类在早期生活史阶段，形态和生理上都会发生很大的变化，无论外部形态还是内部结构都有明显的阶段特征。目前，一般将鱼类早期生活史 (early life history of fish，ELHF) 阶段划分为卵（胚胎）、仔鱼和稚鱼 3 个基本发育期，有时也包括当年幼鱼，但其研究重点还是仔鱼阶段。根据仔鱼器官发育顺序和形态特点，仔鱼期同样可以分成许多不同的发育期。目前，国内外学术界主要以孵化作为区分胚胎 (embryo) 和仔鱼 (larva) 的界限，以开口时间区分卵黄囊期仔鱼 (yolk‑sac larva) 与晚期仔鱼 (late‑stage larva)，以鳞片出现作为划分仔鱼和稚鱼的重要特征。其中，卵黄囊期仔鱼指从出膜直到开口摄食前，也称早期仔鱼 (early‑stage larva)，此时期为内源性营养期；晚期仔鱼指从初次开口到器官发育基本完善，此时期包括内外源混合营养期和外源营养期，之后进入稚鱼期 (juvenile stage)。

不同于卵黄囊期仔鱼，晚期仔鱼和稚鱼期的划分目前还存在很大争议（表 3‑1）。有些学者将晚期仔鱼定义为从卵黄完全吸收完毕到奇鳍褶开始退化，软骨性鳍条开始形成为止，此时鳞片尚未形成，有些学者称此期为稚鱼期（楼允东，2006）。目前，晚期仔鱼期与稚鱼期的区分一般以鳍条的发育完整和鳞片的出现作为划分仔鱼和稚鱼的重要特征，从卵黄囊和油球耗尽到鳍条发育完整，鳞片开始出现为晚期仔鱼期；鳞片完全和变态完成标志着稚鱼期的结束（殷名称，1991）。还有学者指出将外部形态变化和内部器官发育情况相结合来对鱼类生长阶段进行区分，较单一按外形变化区分更合理（杨瑞斌 等，2008）。

在鲟类仔稚鱼的划分上也存在类似问题，比如林小涛等（2000）将鲟孵化后至开口摄食的阶段称为仔鱼期，将开口摄食至鱼体表上五行骨板形成的阶段称为稚鱼期；杨明生等（2005）以吻的发育特征为标准来划分匙吻鲟 (*Polyodon spathula*) 晚期仔鱼期和稚鱼期。宋炜和宋佳坤（2012）等在参考其他鲟发育分期的基础上，结合西伯利亚鲟（*A. baevii*）外部形态变化及食道、胃、视网膜、味蕾、嗅囊和壶腹等主要器官的组织结构特点和细胞学特征，将西伯利亚鲟胚后发育分为早期仔鱼、晚期仔鱼和稚鱼期。然而，开口摄食和骨板开始出现仍然是划分早期仔鱼和晚期仔鱼，以及晚期仔鱼与稚鱼期的主要标志。四川省长江水产资源调查组（1988）将中华鲟从仔鱼孵出至五行骨板形成和肛前鳍褶（奇鳍褶）退化称为仔鱼期，卵黄囊消失前为前仔鱼阶段，以后为仔鱼阶段，也就是将晚期仔鱼和稚鱼期统称为仔鱼阶段。

表 3-1　鱼类早期生活史阶段命名

（殷名称，1991）

基本发育期	卵			仔鱼					稚鱼	
过渡期和亚期	早期	中期	晚期	卵黄囊期	弯曲前期	弯曲期	弯曲后期	变形期	浮游期	稚鱼期
其他命名	胚胎			前期仔鱼	后期仔鱼				前期稚鱼	稚鱼
	卵			卵黄囊仔鱼	仔鱼				后期仔鱼	
	胚胎			仔鱼					性未成熟鱼	
	卵			前期仔鱼	仔鱼				稚鱼	
	卵	胚胎		自由胚	原鳍仔鱼	鳍条期仔鱼			稚鱼	
	卵			初期仔鱼		中期仔鱼	变态仔鱼		稚鱼	
分期界限和标志	产卵	胚孔封闭	尾芽游离	孵化	卵黄吸收	脊索弯曲	弯曲完成	变态开始	鳞片出现	1	2

注：1 表示体型、色素、习性等均符合稚鱼特点；2 表示体型、色素、习性等完全与成鱼相似。

第二节　胚后发育

鱼类的胚后发育是指受精卵孵化以后的发育过程。大多数鱼类都属于卵生类型，出膜后的仔鱼都是先以卵黄作为营养来源。胚后发育持续时间的长短主要取决于种类差异、仔胚孵化时的分化程度、卵黄囊大小和以温度因子为主的环境条件（殷名称，1991）。

一、形态特征

在 18 ℃培育条件下，中华鲟的卵黄囊仔鱼期，从仔鱼出膜至 10 日龄仔鱼开口摄食；晚期仔鱼，从仔鱼开口至器官基本发育完善，约至 40 日龄（马境，2007）。各发育阶段的形态特征如下：

1. 卵黄囊期仔鱼

0 日龄：刚孵出仔鱼全长（14.10±0.79）mm，肌节 52～60 个，卵黄囊长径（5.68±0.24）mm（图 3-1a）。刚出膜的仔鱼纤细透明呈淡青色，卵黄囊很大、呈椭圆形，囊的背面色素深，向下逐渐变淡，腹面呈黄色。仔鱼头部较小，向腹面弯曲，靠近卵黄囊。眼囊部位颜色较淡，仅有较少的色素沉积。后方可见鳃原基，已出现鳃弓。刚孵出的仔鱼尾部发达，为正形尾，有宽大的鳍褶，是主要的运动器官。

1 日龄：仔鱼全长（15.67±0.70）mm，肌节数 54～62 个，卵黄囊长径（5.75±0.14）mm（图 3-1b）。圆形嗅囊上出现长方形鼻孔，听囊不明显，头部眼睛的部位色素沉积有增多（图 3-1b′），鳃分化出鳃盖，三角形口凹出现。卵黄囊腹面分化出肝脏细胞团。胸鳍隆起，背鳍稍有隆起。血液呈淡红色。卵黄囊上可见发达的毛细血管网，除此之外血管还分布于鳍褶基部和尾部基节间，体表毛细血管是仔鱼鳃呼吸前的主要呼吸器官。瓣肠中从后开始积累黑色胎粪。

2 日龄：仔鱼全长（16.88±0.69）mm，肌节数 55～60 个，卵黄囊长径（5.95±0.15）mm（图 3-1c）。仔鱼整个眼睛呈黑色，视网膜全部着色（图 3-1c′），出现哑铃形状鼻孔，中间部分已变得很细。口前形成 4 根呈圆片状的须，周围有颗粒状的小点分布。口部已分化出上下颌。胸鳍扩展为半月形。瓣肠处黑色的早期胎粪积得更多。尾部鳍褶下方同时出现凹陷。

3 日龄：仔鱼全长（19.02±1.23）mm，肌节数 56～63 个，卵黄囊长径（6.00±0.63）mm（图 3-1 d）。眼部增厚，眼上方、头上、鳃盖上出现少许色素，尾鳍亦有少数色素沉积。须增长，呈椭圆形，须表面及周围的颗粒状小点仍明显。血液呈红色，鳃盖边缘可见血管。肝脏开始形成两叶，并逐步向躯干方向上移动。卵黄囊后方开始由上开始出现凹陷，后部开始发育为十二指肠。背鳍出现支鳍软骨，14～16 根，腹鳍出现。

4 日龄：仔鱼全长（20.67±1.50）mm，肌节数 57～63 个，卵黄囊长径（5.76±1.11）mm（图 3-1e）。圆形嗅囊上的鼻孔仍呈哑铃状（图 3-1e′），上下颌上出现齿。肝两叶增大很多，白色位于躯干下方。卵黄囊后方十二指肠部变小。臀鳍出现支鳍软骨，9～12 根。瓣肠中螺旋形的黑色物质积累增多。

5～6 日龄：仔鱼 5 日龄全长（21.83±0.78）mm，卵黄囊长径（4.71±0.29）mm（图 3-1f），6 日龄全长（23.16±0.97）mm，卵黄囊长径（4.64±0.35）mm（图 3-1g）；肌节数 57～60 个。眼睛的视网膜部分开始分化出现金黄色色素（图 3-1f′）。吻板上的罗伦氏囊开始逐渐形成。胸鳍增大逐渐移至鳃正后方，呈扇状。肝两叶仍位于腹面，继续增大，并向前移。十二指肠完全分离出来，可见其内金黄色的油滴。胃内仍含较多的卵黄物质，但很多转化成脂肪滴，此时肛门形成，肛门前段肠道无螺旋瓣，是为直肠。直肠短小向下弯曲。

8 日龄：仔鱼全长（24.90±1.13）mm，卵黄囊长径（5.56±0.53）mm（图 3-1h）。

鼻孔未愈合，但哑铃型的上鼻孔中间的部分向下突出并继续向下生长，头部色素增多，胸鳍移向腹面，胸鳍、腹鳍皆出现支鳍软骨，身体两侧的肝脏均移至背侧躯干部位。仔鱼背部鳍褶中开始出现背骨板的原基。臀鳍和尾部完全形成。尾鳍鳍褶后部分开始出现凹陷，呈"y"形，尾鳍为歪形尾。

10 日龄：仔鱼全长（27.86±1.06）mm（图 3 - 1i），鼻孔上方向下突出的部分已成小长条形（有的愈合有的未愈合），吻板上罗伦氏囊增加（图 3 - 1i'），卵黄囊继续减少，腹部基本变平，肌节部位开始大量沉积色素，身体上色素增加。10 日龄开始开口摄食。

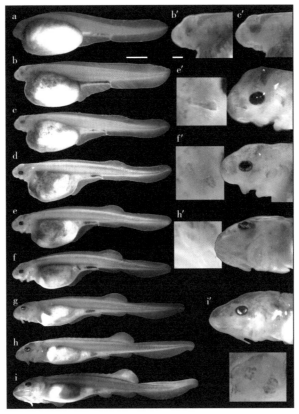

图 3-1 卵黄囊期仔鱼

a. 0 日龄 b. 1 日龄 b'. 头部放大 c. 2 日龄 c'. 头部放大 d. 3 日龄 e. 4 日龄 e'. 头部放大

f. 5 日龄 f'. 头部放大 g. 6 日龄 h. 8 日龄 h'. 头部放大 i. 10 日龄 i'. 头部放大

a～i 标尺为 1 mm b'～i'标尺为 0.5 mm

2. 晚期仔鱼和稚鱼期

开口后的仔鱼进入晚期仔鱼阶段。

12～17 日龄：身体上色素增加，罗伦氏囊布满吻板，背骨板开始露出鳍褶并向后生长，背骨板 11～12 个（图 3 - 2a～c）。

21 日龄：侧骨板、腹骨板开始出现（图 3 - 2d）。

　　20～34 日龄：仔鱼，背、侧、腹骨板继续发育，骨板逐渐形成增多，吻部、尾部等部位均基本达到与幼鱼相似；40 日龄仔鱼全长（46.2±4.09）mm，仔鱼肛门前鳍褶完全消失，背骨板 12～13 个，体侧骨板达 33～36 个，腹面骨板 8～9 个，此时仔鱼器官分化完全，外形与成体接近（图 3-2e～f）。

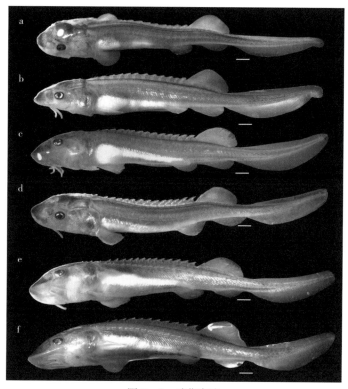

图 3-2　晚期仔鱼

a. 12 日龄　b. 14 日龄　c. 17 日龄　d. 21 日龄　e. 27 日龄　f. 34 日龄

标尺为 1 mm

二、异速生长

　　鱼类仔鱼期生长比较复杂，既有发育又有生长，仔鱼发育期的生长是与分化相关的生长，称为异速生长（不等速生长）。通常，都是以幂函数方程（$y=ax^b$）作为异速生长模型；在该模型中，以仔鱼全长作为自变量 x，y 为 x 相对应的不同器官长度，a 为 y 轴截距，b 为异速生长指数。当 b＝1 时为等速生长，此时仔鱼器官的生长与全长等比例增长；b＞1 时为快速生长，此时器官的生长要比全长增长快；b＜1 时为慢速生长。生长模型中若含有不同生长阶段，以拐点分开，不同生长阶段由不同方程表达：$y=a_1x^{b_1}$，$y=a_2x^{b_2}$，拐点是两方程被分开时的 x 值，图中拐点处是仔鱼全长及其对应的日龄。对

b_1、b_2 进行 t 检验，检测两个 b 值是否差异显著；对 b_2 是否等于 1 做 t 检验。

中华鲟仔鱼随日龄增长，个体差异也逐渐增大，日龄全长拟合方程为 $y = 13.41x^{0.33}$，$R^2 = 0.949$（图 3-3）。

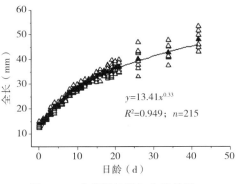

图 3-3 中华鲟日龄与全长关系

1. 头部器官

眼径（图 3-4a）：中华鲟仔鱼眼径从 0 日龄晶状体部位沉积黑色素开始，到 2 日龄全长 17 mm 的拐点处，表现出极为明显的异速生长，$b_1 = 5.429$，此时眼径相对于全长增长非常快；相应的拐点之后 $b_2 = 1.203 > 1$（$P < 0.05$），亦为快速生长，但异速生长指数明显减小。

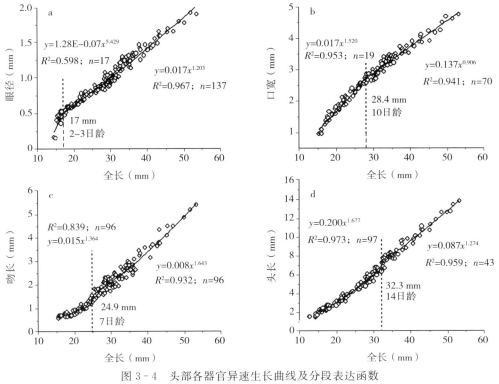

图 3-4 头部各器官异速生长曲线及分段表达函数

虚线为生长拐点值

口宽（图 3-4b）：从仔鱼 2 日龄形成可测量的口凹开始，至 10 日龄全长 28.4 mm 的拐点期间，属于口宽的快速生长阶段，$b_1 = 1.520$（$P < 0.05$），其后的发育阶段 $b_2 = 0.906$，为慢速生长。

吻长（图 3-4c）：眼前吻长的异速生长拐点均在 7 日龄左右、仔鱼全长 24.9 mm 处，拐点前后均为快速生长，但拐点前的异速生长指数（$b_1 = 1.364$）显著小于拐点后的异速生长指数（$b_2 = 1.643$）。

头长（图 3-4 d）：头长的异速生长拐点出现在 14 日龄左右、仔鱼全长 32.3 mm 处，拐点前后均为快速生长，但与吻长相反，拐点前的异速生长指数（$b_1 = 1.677$）明显大于拐点后的异速生长指数（$b_2 = 1.274$）。

2. 身体其他部分

肛门前体长、肛门后体长（图 3-5a）：异速生长拐点分别出现在仔鱼全长为27.9 mm 和 27.8 mm 处，为 9～10 日龄仔鱼开口时期。肛门前体长由图可见，拐点之前的异速生长指数 $b_1 = 0.665$，肛门前体长增加比全长增长慢，为慢速增长，拐点之后的异速生长指数 $b_2 = 1.131$，肛门前体长增长比全长增长快，为快速增长。肛门后体长在拐点之前 $b_1 = 1.400$，为快速生长，拐点之后的异速生长指数 $b_2 = 0.878$，变为慢速增长。

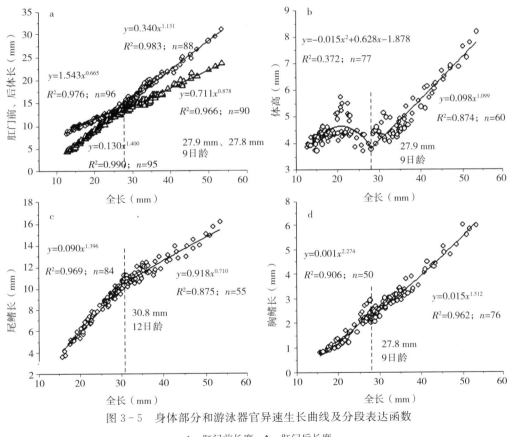

图 3-5　身体部分和游泳器官异速生长曲线及分段表达函数

◇：肛门前长度　△：肛门后长度

体高（图 3-5b）：刚出膜的仔鱼，体高随日龄的增长逐渐增加，直至 4～5 日龄全长 20 mm 左右，之后体高下降，并随全长的增加反而缩小，直至约 9 日龄全长 27.9 mm 时，体高重新开始逐渐增加，此时异速生长指数 $b = 1.099$，约为 1，体高随仔鱼全长进行等速生长。在对体高进行分段曲线拟合时，前段使用二元一次方程、后段使用异速生长方程，

得到的 R^2 值最小。拟合得到拐点值为 27.9，即全长为 27.9 mm。

尾鳍长（图 3 - 5c）：从 2 日龄臀鳍、尾鳍中间出现凹陷开始测量尾长，至 12 日龄期间为快速生长，$b_1 = 1.396$；生长拐点之后 $b_2 = 0.710$，生长缓慢。

胸鳍长（图 3 - 5 d）：胸鳍从 1 日龄开始测量，至 9 日龄、全长 27.8 mm，为快速生长，$b_1 = 2.274$；生长拐点之后 $b_2 = 1.512$，亦为快速生长。

三、生态学意义

1. 形态发育的生态学意义

中华鲟卵黄囊期仔鱼没有摄食能力，以防御敌害捕食为主。仔鱼利用卵黄营养，一方面迅速完成运动相关器官的功能发育，比如初孵仔鱼仅能靠宽大的尾鳍摆动做垂直运动，以躲避敌害；仔鱼的呼吸完全靠卵黄囊上密布毛细血管网作用，随着鳃的出现并生长，卵黄囊减小及胸鳍不断扩大，促使仔鱼携氧能力增强，平衡性提高，游泳能力增强。另一方面迅速完成了摄食相关器官的功能发育，如嗅囊、触须、口裂、齿等。

在晚期仔鱼和稚鱼期，各鳍及其支鳍软骨发育逐渐完善，这使其游泳能力大大提高，躲避敌害、主动摄食的能力也随之提高。吻须上味蕾小颗粒数量逐渐增多，这可能与其摄食方式密切相关，仔鱼开口摄食后，逐渐转为底栖生活，口腹位，吻须上的味蕾小颗粒能够帮助其感知底部食物。壶腹器官由凹穴状逐渐开口成小孔状，并在稚鱼期时可见吻部腹面 3～4 个壶腹器官聚集在一起，成"梅花状"，吻部腹面侧线下颚管在表皮开口清晰可见（梁旭方，1996），这些形态变化说明了侧线系统不断发育完善，丰富了感觉功能，提高了稚鱼适应环境的能力，生存能力大大提高。

仔鱼开口摄食时，功能性的消化系统已形成，嗅囊、味蕾、壶腹等感觉器官相继发育成熟，保证了仔鱼具备向外界搜索和摄取饵料生物的能力。随着仔鱼的开口摄食，稚鱼期感觉器官陆续发育完全，使仔鱼拥有更复杂的辅助摄食系统，提高了仔鱼在各种环境下的摄食能力。

仔稚鱼发育是鱼类早期生活史的重要组成部分，是鱼类自然资源繁殖保护和养殖业苗种培育的基础。中华鲟仔稚鱼外部形态和内部器官的变化，均与其早期对环境适应性密切相关，具有较为重要的生态学意义。

2. 异速生长的生物学意义

异速生长普遍存在于仔鱼的早期发育中。在仔鱼生长期间，许多器官的发育都存在不同的生长阶段，这些器官在仔鱼的早期发育中都具备比仔鱼本身更快的生长速度，直至器官发育完全或发育至某一阶段后，生长明显减慢或对比整体进行等速生长。这种异速生长特征确保最重要的器官优先发育，因此通过对仔鱼早期发育和生长模型的研究，可以探讨器官发育的优先性，推测各器官在不同的发育阶段所起的重要作用，解释其在生存环境中某些行为出现的原因，具有重要的生态学意义。

中华鲟在 40 日龄内，与感觉、摄食、游泳相关的器官都分别存在 2 个生长阶段，在不同生长阶段中表现出的不同生长力显示了器官发育的优先性。在前一阶段有较大异速生长指数的，说明在这一阶段仔鱼为了提高其某种能力而自身使这一器官快速发育，使这一器官尽早达到可以行使功能的程度，这对仔鱼提高生存能力有着重要意义。

（1）眼径的异速生长在早期生活史中的作用　中华鲟器官发育最早达到平衡的是眼睛，眼径的异速生长拐点出现在 2～3 日龄，表明眼睛即视觉的发育在仔鱼早期生活史中具有重要作用。已有研究表明，眼径的异速生长与仔鱼的趋光性行为以及视网膜的发育是紧密联系的。鲟类的初孵仔鱼均具有强烈的趋光性行为，此阶段也是眼睛晶状体发育以及视网膜感受强光的视锥细胞分化发育的阶段（柴毅 等，2007；王念民 等，2006），此时视觉细胞已具备较好的感光能力，而其他感觉器官尚未发育完善，表明视觉在仔鱼摄食初期中作用较大。在仔鱼发育的后期，中华鲟视网膜感受弱光的视杆细胞数量占绝对优势，仔鱼也进入底栖生活并表现出避光性，与此同时其他感觉器官（如陷器）不断完善，表明在完成了早期视网膜的迅速发育后，视觉器官在摄食时已不是主要感觉器官。

（2）口宽的异速生长及其与摄食行为的相关性　中华鲟仔鱼口宽的生长拐点发生在仔鱼 10 日龄，发生在开口附近，口宽在此时的转变具有重要意义，说明仔鱼在此时已具有相对足够大的摄食器官，为开口摄食做好准备。开口摄食后，仔鱼进入混合营养阶段，此时仔鱼向外界摄食的压力随着体内卵黄的逐渐消失而增大，口在此期间仍继续生长，以适合食物大小，直至卵黄完全消化（Fuiman，1983）。

（3）头长的异速生长及其与感觉器官的发育相关性　头部的生长包括吻和鳃的增长，及其上其他嗅觉、触觉、味觉等感官系统的发育。中华鲟仔鱼头长的生长拐点出现在 14 日龄，拐点之前的异速生长指数大于拐点后的异速生长指数。出现生长拐点的日期卵黄囊基本已消化完全，仔鱼此时已完全需要依靠外源摄食，早期仔鱼的摄食基于视觉、嗅觉、触觉、味觉等各方面的辅助，相关器官在仔鱼期的迅速发育形成了复杂的辅助摄食系统，使仔鱼在各种环境下都能捕捉到食物，提高生存机会，因此感官的发育对于提高早期摄食能力起到了重要作用。

鱼类鳃的发育和完善是在仔鱼孵化后经过一段时间才完成的。在鳃发育未开始或完善之前，仔鱼依靠鳍褶、皮肤和卵黄囊上分布的丰富微血管吸收氧气，从 2～3 日龄起中华鲟仔鱼分化出鳃丝，并露于鳃盖之外，鳃盖边缘也在此时可见红色的血管通过，此后鳃继续分化增长，直到开口后 20 日龄前鳃盖完全盖过鳃丝。

（4）鳍的异速生长及其与游泳能力的相关性　中华鲟胸鳍生长拐点出现在 9 日龄，发生在开口摄食附近，因此胸鳍生长拐点的出现可能与开口相关。鲟类通过抬高或降低平

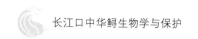

展的胸鳍以形成一定角度来控制在水流中运动的身体，这种作用对于仔鱼、幼鱼的游泳和摄食都起到了重要作用（Osse and Boogaart，1999）。中华鲟在开口摄食日龄附近具备了足够可以控制身体的胸鳍，提高了仔鱼控制身体的能力。

中华鲟仔鱼尾鳍的异速生长拐点为 12 日龄，出现在开口后。此时，仔鱼游泳能力已经得到极大的提高，躲避敌害和主动寻找食物、攻击被捕食者的能力均随之而提高（Webb and Weihs，1986）。

第三节　骨骼系统发育

像其他硬骨鱼一样，鲟类的骨骼也分为外骨骼和内骨骼。外骨骼指的是骨板、真皮颅骨、骨质鳍条等；内骨骼多为软骨，有局部骨化现象，亦有少数膜质硬骨（Hilton et al，2011；Ma et al，2014）。四川长江水产资源调查组（1988）对中华鲟成鱼骨骼进行过研究，本节主要介绍中华鲟早期阶段的骨骼发育及其幼鱼头骨的形态结构。

一、仔鱼骨骼发育

利用 Wassersug（1976）的方法，对中华鲟仔鱼的骨骼进行染色观察，软骨被染液染为浅蓝色，硬骨被染液染为紫红色。

1. 发育进程

0 日龄［全长（14.10±0.79）mm］：身体呈琥珀色，具有体积较大的椭圆形卵黄囊 1 个。视觉和嗅觉器官分化较差，在圆形嗅觉器官前面只有少量的暗色素斑点。鳃弓开始出现。身体后端的躯干和尾部出现中度分化的鳍褶（图 3 - 6a）。骨骼系统未发育，不存在软骨或骨。

1 日龄［全长（15.67±0.70）mm］：出现三角形口凹，口腔处已出现空腔（图 3 - 7a）。眼部黑色素增大。嗅觉器官形成长方形的开口（图 3 - 7a）。透明状的鳃盖、鳃耙和胸鳍褶开始出现。卵黄囊腹侧的肝叶开始发育。骨骼系统未发育，不存在软骨或骨。

2 日龄［全长（16.88±0.69）mm］：眼部完全被黑色素覆盖，嗅觉器官出现哑铃形开口，开口的前后凹陷两侧出现间隔相连，上下颌软骨分化明显（图 3 - 7b）。胸鳍在卵黄囊背侧扩展成半圆状，身体上方的背鳍略微突出，尾鳍基变窄与肛门分离。

3 日龄［全长（19.02 ± 1.23）mm，图 3 - 6b］至 4 日龄［全长（20.67±1.50）mm］：眼睛色素进一步变深，触须和鳃丝也进一步变长；头部、鳃盖和尾鳍等部分均出现黑色素沉淀。肝脏出现 2 个肝叶，卵黄囊变小，出现十二指肠。4 日龄仔鱼的牙齿开始骨化，上颌的前颌齿 14 个，下颌齿 10 个（图 3 - 7c）。

5 日龄［全长（21.83±0.78）mm，图 3 - 6c］至 6 日龄［全长（23.16±0.97）mm］：鼻孔仍然呈哑铃状，壶腹器出现在腹侧边缘。肛门在 6 日龄发育完全，与外界贯通。前颌齿 20～22 个，下颌齿 12～14 个。

7 日龄［全长（24.90±1.13）mm］至 9 日龄［全长（27.86±1.06）mm］：鼻间隔进一步发育，但仍未发育完全（图 3 - 7e）。吻部延长、腹面变平。卵黄囊进一步缩小。身体腹面变平。背部前方背鳍褶处开始出现背骨板，但尚未钙化；背鳍变大，背、臀和尾部鳍褶开始分化（图 3 - 6d）。7 日龄，上颌和齿开始钙化（图 3 - 7d）。8 日龄，鳃盖上出现三角形骨化区，另外胸鳍的肩带软骨开始出现硬骨化的上匙骨（图 3 - 7e）。9 日龄，肩带上匙骨下方的匙骨也开始骨化。上颌内表面的上颌骨和上颌齿出现骨化，位于与上颌齿相对位置的舌齿也开始骨化。

10 日龄［全长（28.53±0.90）mm；图 3 - 6e］：卵黄囊几乎消失，可以开口摄食，进入晚期仔鱼阶段。身体上的黑色素含量大大增加，尤其是在头和躯干的背侧、鳃盖边缘和尾鳍。鳃丝全部被鳃盖覆盖。一对顶骨和一对翼耳骨上开始出现较淡的线形的骨化带，上匙骨前方与其相连的后颞骨出现骨化。上匙骨和匙骨骨化增加，并已相互连接呈线形，贴近鳃边缘（图 3 - 7f）。背骨板区域的骨板鳍褶已开始分化出来，有 3～4 个骨板由中间开始骨化（图 3 - 6e）。前颌齿增至 22～24 个，下颌齿 14 个。

11 日龄［全长（29.45±0.93）mm，图 3 - 6f］：背骨板已全部骨化，并且头部顶骨、翼耳骨、后颞骨、上匙骨和匙骨骨化都有所增加。

12 日龄（图 3 - 7g，h，h′）：顶骨和翼耳骨前端开始骨化，眼后眶的顶骨和颧骨骨化，翼耳骨和后颞骨外侧的肩胛骨轻度骨化。肩带腹面的锁骨骨化开始出现，吻部腹面的最前端出现两个原点状的骨化。一对额骨开始骨化，背鳍最前端的一小块骨板骨化。

14 日龄（图 3 - 7i）：眶上骨、眶下骨、间鳃盖骨开始骨化。锁骨骨化继续增加，胸鳍上出现一点骨化。

18 日龄（图 3 - 6g，g′）：侧线部位开始出现侧骨板骨化，只有 8～10 个侧骨板有少量骨化。腹面吻板的软颅"凸"形部位开始每隔一小段出现硬骨细胞，呈小圆点状，眶下骨骨化继续增加，腹面的左右锁骨相夹的中间区域开始出现硬骨化的间锁骨（图 3 - 7j）。胸鳍鳍条开始骨化（图 3 - 7j′）。

20 日龄（图 3 - 7k～m）：眼眶后骨开始骨化。腹面吻板上基吻骨骨化，位于"凸"形软颅的中间，呈水滴状。鳃盖骨下方延伸到腹面的下鳃盖骨出现骨化。两锁骨延长与间锁骨相连。腹鳍、臀鳍的前端出现一点骨化，尾柄上下的第一节棘状鳞骨化。

21 日龄至 40 日龄［全长（47.62±4.09）mm；图 3 - 6h，图 3 - 8a～c］：吻部变尖，鱼体形态和比例都接近于幼鱼和成鱼，骨化程度继续逐渐增加。25 日龄时，腹骨板骨化。

40 日龄时，背骨板、侧骨板和腹骨板进一步发育，数量分别为 12～13 个、33～36 个和 7～9个（图 3-6h，图 3-8a），腹鳍、臀鳍、背鳍、尾鳍鳍条均骨化。吻部背面出现几块背吻骨，颅骨后端和背骨板前端之间出现外肩胛骨（图 3-8b）。40 日龄时，吻部腹侧的中部出现部分骨化（图 3-8c）。牙齿在 25 日龄后开始脱落，至 40 日龄时上下颌全部脱落完毕。

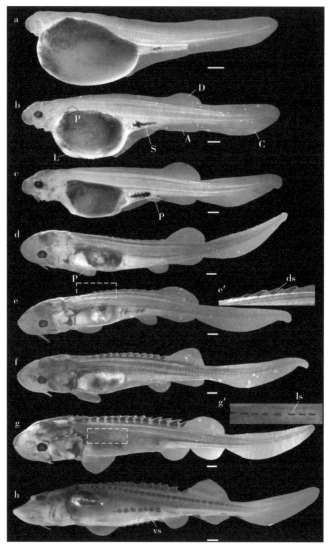

图 3-6　外骨骼

a. 0 日龄　b. 3 日龄　c. 5 日龄　d. 8 日龄　e. 10 日龄　e′. e 图中虚框部分放大图

f. 11 日龄　g. 18 日龄　g′. g 图中虚框部分放大　h. 40 日龄

A. 臀鳍　C. 尾鳍　D. 背鳍　L. 肝　P. 胸鳍　S. 螺旋瓣

ds. 背骨板　ls. 侧骨板　vs. 腹骨板

a～g 标尺为 1 mm　h 标尺为 2 mm

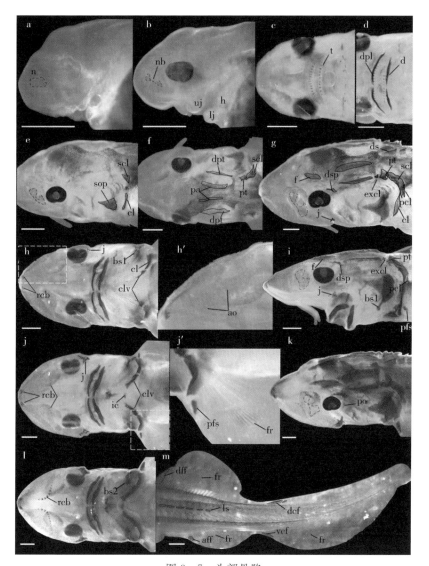

图 3-7 头部骨骼

a. 1 日龄　b. 2 日龄　c. 4 日龄　d. 7 日龄　e. 8 日龄　f. 10 日龄　g. 12 日龄　h. 12 日龄

h'. h 图中虚框部分放大　i. 14 日龄　j. 18 日龄　j'. j 图中虚框部分放大　k. 20 日龄　l. 20 日龄　m. 20 日龄

a、b、e、g 和 k 图中的黑色虚线表示鼻间隔；e、f、g 和 m 图中的黑色实线表示开始骨化

aff. 臀鳍基　ao. 壶腹器　bs. 鳃盖条　cl. 匙骨　clv. 锁骨　d. 齿骨　dcf. 背部尾鳍基　dff. 背鳍基

dpl. 上颌骨　dpt. 翼听骨　drb. 背吻板　ds. 背骨板　dsp. 膜质蝶耳骨　excl. 肩胛外骨　excm. 肩胛中骨

f. 额骨　fr. 鳍条　h. 舌颌骨　ic. 间锁骨　j. 面颊骨　lj. 下颌　ls. 侧骨板　n. 鼻孔　nb. 鼻间隔　pa. 顶骨

pcl. 后匙骨　pff. 腹鳍基　pfs. 胸鳍棘　po. 后颞骨　pt. 膜质翼耳骨　rcb. 吻管骨　scl. 上匙骨

sop. 下鳃盖骨　t. 齿　uj. 上颌　vcf. 腹部尾鳍基　vrb. 腹吻板　vs. 腹骨板

标尺为 1 mm

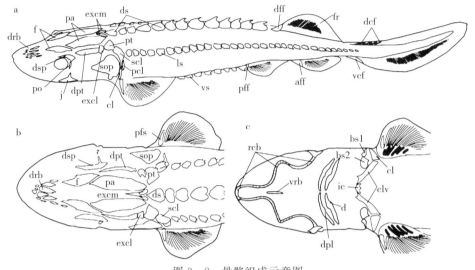

图 3 - 8　骨骼组成示意图

a. 侧面图　b. 背面图　c. 腹面图

图中字母示骨骼名称，含义同图 3 - 7

2. 软骨及其骨化特征

仔鱼从 1 日龄开始身体即被染为蓝色，一直持续至稚鱼期，这说明软骨细胞的分布很广，主要分布在头部和躯干部，头部的软骨主要为脑颅和咽颅（包括颌弓、舌弓、鳃弓），躯干部的软骨主要为脊柱和部分鳍骨。中华鲟内骨骼中软骨硬骨化时程表见表3-2。

（1）口部　1～4 日龄仔鱼咽颅逐渐形成，2 日龄时上颌和下颌以及起支持舌和悬系颌弓功能的舌弓已分化出来；前颌齿和下颌齿从 4 日龄开始先出现，其附着在的前颌骨和齿骨则在 6～7 日龄才开始骨化。25 日龄下颌齿开始退化，至 40 日龄时上下颌齿已经全部消失。前颌骨、齿骨、上颌骨、舌弓的硬骨化都出现在开口前，因此推测仔鱼口部分骨化对仔鱼开口摄食是有一定辅助作用的，前颌骨和齿骨的硬骨化使仔鱼口唇部分有了很好的支撑，有利于中华鲟捕食。

（2）脑颅　脑颅主要是包围脑和感觉器官的软骨脑盒，位于前述头部外骨骼各骨板之下，去掉这些骨板便可见整个脑颅呈锥形，可划分为若干区域，脑盒最前端为吻软骨，其后又包括了嗅囊、眼囊、耳软骨囊等由于头部基本全部着色为蓝色，说明软骨细胞分布于整个头部，中华鲟脑颅腹面的边缘是在吻尖部先出现两点骨化，而后沿脑颅边缘形成点状断续的硬骨化，向口部延伸最后与下眶骨相连，至 40 日龄时可以清晰见其形状呈锥形（更确切地说像松树顶形）。仔鱼在吻的腹面吻沟中形成了硬骨质的脑颅边缘，在成鱼解剖骨骼中未见报道。

（3）肩带　肩带骨的发育特征是由背侧的上匙骨最早开始硬骨化，随后出现匙骨的骨化。随着上匙骨和匙骨骨化的增加，腹面的锁骨开始硬骨化，在其将近结束时，间锁骨骨化，之后锁骨与间锁骨相连。

（4）鳍　胸鳍和腹鳍骨骼分为3部分，即鳍基软骨、辐状软骨和鳍条；而背鳍和臀鳍只具有辐状软骨和鳍条，其中鳍条属于外骨骼，为硬骨，而胸鳍、腹鳍、背鳍和臀鳍分别在鳍基部的最前方都出现软骨硬骨化，其骨化的形成增加了仔鱼在向前游泳时鳍对水的抵抗作用，能更好地保护鳍褶。

表3-2　中华鲟内骨骼中软骨硬骨化时程表

部位	发生事件	日龄（d）
咽颅	前颌齿和下颌齿开始骨化	4
	前颌齿和下颌齿骨化完全	10
	前颌骨、齿骨	6～7
	颌骨及上颌骨、舌齿骨化	9
	前颌齿和下颌齿开始退化	25
	前颌齿和下颌齿退化完全	40
脑颅	脑颅腹面边缘形处逐渐骨化	18
附肢骨骼——肩带	肩带上匙骨	8
	匙骨	9
	锁骨	12
	间锁骨	18
	锁骨与间锁骨相连	20
附肢骨骼——鳍骨	背鳍的钙化支鳍骨	12
	胸鳍的钙化支鳍骨	14
	腹鳍的钙化支鳍骨	20
	臀鳍的钙化支鳍骨	20

3. 外骨骼发育特征

外骨骼为硬骨，染液将其染为紫红色，包括头部颅骨的一些骨板、鳃盖、骨板、鳞鳍条。软骨发育中，口部分的硬骨骨化、上匙骨和匙骨骨化发生在开口前，而硬骨的骨骼只有前鳃盖骨出现三角形的骨化，其他所有硬骨骨化大都出现在开口后，这也进一步说明了仔鱼开口前重要的功能器官优先分化的特性。

晚期仔鱼由于已开始外源摄食和身体各机能的提高，使得此时的发育不再像卵黄囊期仔鱼有那么大的生存压力，因此此时期的发育也变得漫不经心。在晚期仔鱼阶段，一方面各器官仍继续发育并完善以提高功能，另一方面从骨骼发育的角度来看，除口部骨的硬化，其余的软骨硬化及硬骨的发育都基本发生在这一时期，此时骨的硬化有助于进一步增强对头部和身体的保护。

头顶颅骨的发育顺序依次为后颞骨、顶骨、翼耳骨、额骨，其中随着骨骼的发育翼耳骨始终保持较细的状态，而顶骨则较宽。对骨骼发育的研究结果显示，仔鱼的骨骼分为外骨骼和内骨骼。内骨骼多为软骨，被染液染为浅蓝色。软骨发育较早，优先于硬骨，卵黄囊期仔鱼明显的软骨发育主要集中在头部和各鳍支骨的发育，其分别起到了支撑头部脑组织和分化咽颅以使其具备开口摄食的能力，以及支持各鳍褶以增强其在水流中的强度，这也正说明了卵黄囊期仔鱼为达到其生存目的而做出的巨大努力。

尽管在晚期仔鱼结束时已具备和成鱼基本相同的骨骼，但仔鱼骨化程度还是不如成鱼。中华鲟仔鱼外骨骼部分发育时程见表3-3。

表3-3 中华鲟仔鱼外骨骼部分发育时程表

部位	发生事件	日龄（d）
颅骨	顶骨	10
	翼耳骨	10
	额骨	12
	后颞骨	10
	眶下骨	14
	眶上骨	15
	眶后骨	25
	基吻骨骨化	20
鳃盖骨	前鳃盖骨	8
	间鳃盖骨	14
	下鳃骨	20
骨板	背骨板开始	10
	背骨板完全骨化	11
	侧骨板开始骨化	18
	腹骨板开始骨化	20
鳍条	胸鳍鳍条	18
	背鳍鳍条	—
	臀鳍鳍条	—
	尾鳍鳍条	20
鳞	棘状鳞	20

二、幼鱼头骨的形态结构

幼鱼头部的背面、侧面、腹面都有许多由真皮骨化而成的硬骨覆盖在脑壳（软颅）表面，称为颅骨。颅骨各骨骼彼此相接处是平滑的或被厚厚的皮肤所覆盖，不相接表面呈锯齿状。颧骨、膜质蝶耳骨、膜质翼耳骨、后颞骨、顶骨、中外肩骨、第一背骨板表面都有中脊，但不同骨骼中脊发育程度不同，大部分骨块的中脊在骨骼中央部分，后颞骨中脊在侧边缘，颧骨中脊在其水平臂的侧边缘。随着中华鲟年龄的增加，中脊逐渐减弱直至消失。

1. 颅骨

幼鱼颅骨骨化，背部表面完整，无松果孔，存在许多细沟和沟道，呈网格状排列（图3-9）。

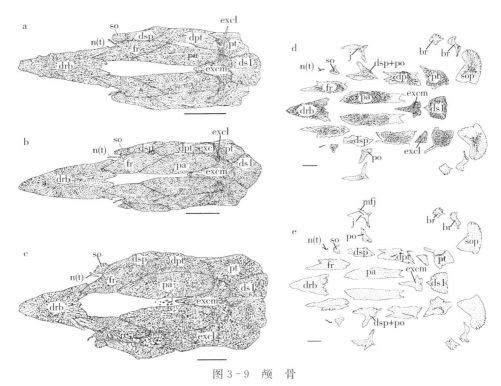

图3-9　颅　骨

a. 侧面观　b. 侧面观　c. 腹面观　d. 颅骨拆分背面观　e. 颅骨拆分腹面观

br. 鳃条骨　drb. 背吻骨　dpt. 膜质翼耳骨　ds1. 第一背骨板　dsp. 膜质蝶耳骨　excl. 侧外肩骨

excm. 中外肩骨　fr. 额骨　n(t). 鼻前管状骨　pa. 顶骨　pt. 后颞骨　so. 眶上骨　sop. 下鳃盖骨

标尺为20 mm

背吻骨：1块或多块，呈三角形，后缘不规则。5月龄幼鱼背吻骨由多块独立的骨骼组成，10～12月龄合并成1块。有的幼鱼背吻骨前端有1个或2个侧吻骨，有的没有。

额骨：1对，略似菱形，位于背吻骨之后左右各一块，被中央囟门分隔。后端与膜质翼耳骨和顶骨相接，侧面与膜质翼耳骨和眶上骨相接。

鼻前管状骨：1对，管状，位于前后鼻孔之间。中华鲟的鼻前骨为管状，而其他鲟为板状。

膜质蝶耳骨：1对，左右各1块，细长形。前端与眶上骨相接，后端与膜质翼耳骨相接，侧面一侧与额骨相接，另一侧面后半侧边缘与眶后骨相接。

膜质翼耳骨：1对，左右各1块，形状不规则。前端与膜质蝶耳骨和额骨相接，后端与后颞骨和侧外肩骨相接。侧面一侧与顶骨相接，在一些有囟门的个体中，部分相接处被囟门分隔。另一侧形成了头骨顶部到眶部的大部分侧边缘。膜质翼耳骨的腹面有一小骨板与脑颅侧面相接。

顶骨：1对，近似菱形，左右各1块，被中央囟门分隔。前端与额骨相接，后端与中外肩骨和侧外肩骨相接，侧面靠近中央囟门的侧边缘较为平滑，另一侧与膜质翼耳骨相接。顶骨是迄今为止发现的颅骨中最大的一块骨骼。

外肩骨：由1块中外肩骨和几块数量不等的侧外肩骨组成，因个体而异。有的个体有侧外肩骨，但数量、形状、排列各不相同，即使在同一个个体中，左右两侧的侧外肩骨也会存在数量、形状、排列的区别，有的个体左右两侧侧外肩骨数量一致，而形状和排列不同。所有幼鱼均有1块中外肩骨，形状差异不大，前端有一个尖锐的突起，向中央囟门延伸，将左右顶骨的后半部分隔，后端较宽，与第一背骨板相接，中间部位有一个小凹陷，侧面分别与左右两块后颞骨相接。

后颞骨：2块，左右各1块，大致呈矩形，边缘不规则，沿侧边缘有不同程度的延伸。排列在中外肩骨的侧后方和第一背骨板的侧前方。前端与膜质翼耳骨和侧外肩骨相接，侧前面与中外肩骨相接，侧后面与第一背骨板相接。腹面有一块发育良好的小骨板与脑颅侧面相接。

第一背骨板：1块，形状因个体而异，有的近似矩形，有的近似五角形，有的近似菱形。前端中间部分有一个小突起，嵌入到中外肩骨后端的小凹陷处，前端其余部分与中外肩骨后端相接，侧前面与后颞骨相接。

2. 软颅骨

幼鱼头部去除外层的膜质硬骨，便可见被其覆盖的脑壳，即软颅骨（图3-10），包围脑和感觉器官。

从背部观（图3-10a，a'），脑壳可划分为4个区域，从前到后依次为：吻部、眶部、耳部和枕部。

吻部：从吻端到鼻腔后壁。背面和侧面观均呈三角形，侧面观呈楔形。背部有许多小沟槽和射线，腹部有一个中央脊，中央脊左右两侧有一对深的凹槽。不同规格幼鱼吻部形状存在个体差异，小个体幼鱼吻端略尖，大个体吻端略圆。

眶部：从鼻咽后壁到副蝶骨升支，容纳眼球。背面和腹面观呈圆形，眶部形状存在个体差异，小个体幼鱼眶骨边缘为平滑的圆形，大个体幼鱼眶骨圆形更大。

耳部：位于眶部的后背侧，容纳内耳，与眶部由副蝶骨升支分界。

枕部：包括前椎骨系统（背基骨软骨和腹基骨软骨等）和至少5块（或7块）椎骨组成。侧边缘发育良好，可能与腹骨板从后颞骨向后延伸有关。

从腹部观（图3-10c，c'），脑颅由膜质副蝶骨和腹喙骨所覆盖。

副蝶骨：1对，被主动脉沟分开（图3-11）。前端有一个被软骨覆盖的突起，与吻骨背面相接。侧前方沿脑颅腹面外延伸形成副蝶骨升支。中间表面较平坦，仅腹面有2条小突起，是与鳃弓的相接处，中间有 2 个小孔，容纳鳃动脉。后部被主动脉沟隔成左右两部分，向后延伸，支撑前几对肋骨。

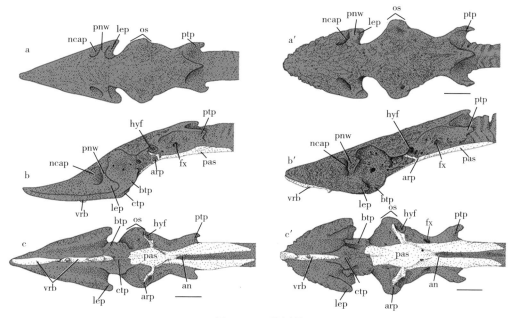

图 3 - 10　软颅骨

a 和 a'. 背面观　b 和 b'. 侧面观　c 和 c'. 腹面观　左侧为小个体幼鱼，右侧为大个体幼鱼　an. 主动脉沟

arp. 副蝶骨升支　btp. 脑颅基颞骨　ctp. 脑颅中央骨小梁　fx. 第十（迷走神经）颅神经孔　hyf. 舌骨下颌弓侧

lep. 颅骨侧筛骨　ncap. 脑颅嗅囊　os. 眶骨　pas. 副蝶骨　pnw. 鼻咽后壁　ptp. 脑颅后颞骨　vrb. 腹喙骨

标尺为 20 mm

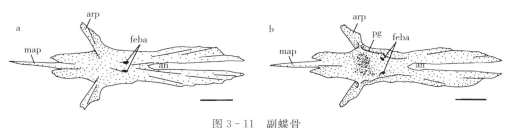

图 3 - 11　副蝶骨

a. 侧面观　b. 腹面观

map. 副蝶骨前端突起　arp. 副蝶骨升支　feba. 鳃动脉孔　an. 主动脉沟　pg. 副蝶骨与鳃弓相接处

标尺为 10 mm

腹喙骨：位于吻部中线位置，腹侧表面不光滑，前端有小突起，后面被厚厚的组织所覆盖。不同规格个体腹喙骨数量、大小和形状均可能不同（图 3 - 12）。有的个体腹喙骨有 2 块（图 3 - 12a），有的个体有 1 块（图 3 - 12b）；有的个体腹喙骨后半段有 1 个小突起，有的没有。

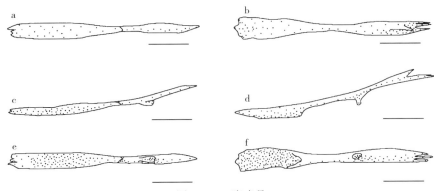

图 3 - 12　腹喙骨

a 和 b. 背面观　c 和 d. 侧面观　e 和 f. 腹面观

a、c 和 e 为同一尾鱼　b、d 和 f 为同一尾鱼

标尺为 10 mm

3. 鳃盖骨

位于头两侧鳃的外部，每侧鳃盖骨由 1 块下鳃盖骨和 2 块鳃条骨组成（图 3 - 13）。

下鳃盖骨：1 块，形状有个体差异。一般来说，为前窄后宽的扇形结构，前面圆形，后面为不规则的圆扇形，腹面为更明显的圆扇形。前边缘和背前边缘平滑，其他边缘为不规则的锯齿状。下鳃盖骨是支撑鳃盖的主体。

鳃条骨：2 块。靠近背部的鳃条骨较大，近似方形，左右两侧略有凹陷，背侧与下鳃盖骨腹侧相接；靠近腹面的鳃条骨较小，呈近似方形或卵圆形，不同个体形状差异较大，边缘不平滑，后侧具有数量不等的锯齿。

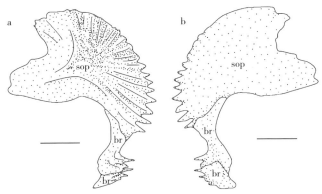

图 3 - 13　鳃盖骨

a. 侧面观　b. 内侧面观

br. 鳃条骨　sop. 下鳃盖骨

标尺为 20 mm

4. 颌骨

颌骨包括上颌骨和下颌骨，上颌骨包括腭方软骨、膜骨和后腭复合体（图 3 - 14），下颌骨包括麦克尔氏软骨、齿骨和前关节骨（图 3 - 15）。

腭方软骨：2 块，中间相接，左右对称。腭方软骨有一个明显的方骨，未骨化。

膜骨：包括上腭骨、外翼骨、内翼骨和方腭骨。上腭骨位于上颌前缘，左右各 1 块，2 块上腭皮骨内侧端在上腭中线处彼此相接，后缘略有弯曲。上腭骨后部内侧是外翼骨，左右各 1 块，外翼骨另一侧与内翼骨的前外臂相接。内翼骨左右各 1 块，有明显的前外侧臂和前内侧臂，前外侧臂与外翼骨相接，后侧与后腭复合体相接，相接处略呈圆形。中华鲟幼鱼内翼骨的前内侧臂比其他鲟宽。方腭骨覆盖在方骨表面，前端与上腭骨后端相接。

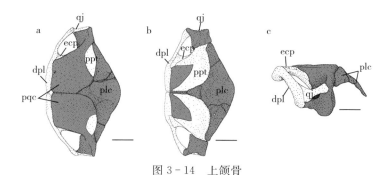

图 3 - 14 上颌骨

a. 背面观　b. 侧面观　c. 腹面观

dpl. 上腭骨　ecp. 外翼骨　plc. 后腭复合体　ppt. 内翼骨　qj. 方腭骨　pqc. 腭方软骨

标尺为 10 mm

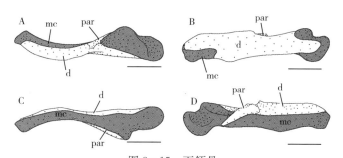

图 3 - 15 下颌骨

A. 背面观　B. 侧面观　C. 腹面观　D. 内侧面观

d. 齿骨　mc. 麦克尔氏软骨　par. 前关节骨

标尺为 10 mm

后腭复合体：位于腭方骨后面，由一系列形状不规则、大小不等的小骨骼组成。中华鲟幼鱼的后腭复合体比其他鲟窄。

麦克尔氏软骨：后部比前部宽，且后部有较大的关节后突，内侧弯曲。在麦克尔氏软骨背面有一条前后与前关节骨和齿骨相接的深沟，是下颌内收肌的附着点。中华鲟幼鱼的麦克尔氏软骨没有颐骨。

前关节骨：一条短的比较坚固的带状骨，靠近齿骨中间位置。

齿骨：呈细长形，覆盖在麦克尔氏软骨内侧表面上。

5. 舌弓

舌弓由5对软骨组成，互相连接呈弧形（图3-16）。包括舌颌软骨、舌间软骨、前角舌软骨、后角舌软骨和下舌软骨。只有舌颌软骨和下舌软骨部分骨化。

舌颌软骨：前端与脑颅副蝶骨升支相接，后端靠近下鳃盖的内侧表面，横向支撑外舌颌软骨。前端近圆形，后端近扇形，后下角与舌颌软骨相接，相接处呈45°角。腹边缘较扁平，背边缘和后边缘较尖锐。舌颌软骨中段骨化，形成一个骨颈。

舌间软骨：后上端与舌颌软骨相接，后下端与后角舌软骨相接，与腭方软骨的相接，下巴的张合是通过舌间软骨传递舌颌骨的扭转力来实现的。

后角舌软骨：近似矩形，上端与间舌软骨的后下端相接，下端与前角舌软骨的内侧延伸处相接。

前角舌软骨：中段骨化。前内侧延伸面与后角舌软骨相接，后端与下舌软骨相接。

下舌软骨：近矩形，前端与第一鳃下软骨前的基鳃软骨相接，后端与前角舌软骨相接。

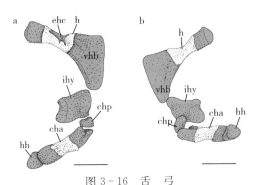

图3-16 舌 弓

a. 侧面观 b. 内侧观

cha. 前角舌软骨 chp. 后角舌软骨 ehc. 外舌颌软骨 h. 舌颌软骨 hh. 下舌软骨

ihy. 舌间软骨 vhb. 腹面舌颌软骨叶

标尺为20 mm

6. 鳃弓

位于舌弓之后，由5对弓形骨骼组成。鳃弓腹面包括基鳃软骨、下鳃软骨、角鳃软骨。鳃弓背面包括上鳃软骨、上咽鳃软骨、下咽鳃软骨（图3-17）。

基鳃软骨：2块，位于中间，前面一块较大，支撑舌弓和第一、第二、第三鳃弓，后面一块较小，位于第三、第四鳃弓之间。基鳃软骨未骨化。

下鳃软骨：3对，连接到基鳃软骨两侧，从前到后逐渐变小。第三对下鳃软骨在基鳃软骨腹面相接，其他两对不相接。

　　角鳃软骨：5 对，中段骨化，5 对角鳃软骨骨化长度基本相同。软骨部分由前到后逐渐变细。第四、第五对角鳃软骨左右两块软骨在中线处相接，第四对角鳃软骨的前侧软骨部分各背面有一深凹。

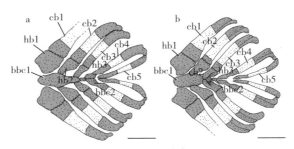

图 3 - 17　鳃弓腹面

a. 背面观　　b. 腹面观

bbc. 基鳃软骨　　hb. 下鳃软骨　　cb. 角鳃软骨

标尺为 20 mm

　　上鳃软骨：每侧 4 块，由前到后逐渐变小。第一上鳃软骨中段骨化（图 3 - 18）。第四上鳃软骨与其他三块不同，背部无明显凹面，仅有一个轻微的凹陷。

　　上咽鳃软骨：每侧 3 块，分别与第一、第二、第三上鳃软骨背部相接。

　　下咽鳃软骨：每侧 2 块，分别与第一、第二上鳃软骨背部相接。

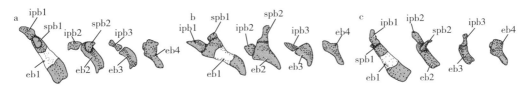

图 3 - 18　鳃弓背面

a. 背面观　　b. 侧面观　　c. 腹面观

eb. 上鳃软骨　　ipb. 上咽鳃软骨　　spb. 下咽鳃软骨

标尺为 20 mm

　　鳃耙：呈三角形，部分尖端略有弯曲，附着在第一到第四鳃弓的前缘和后缘以及第五角鳃软骨后缘（图 3 - 19）。

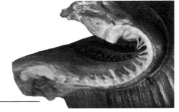

图 3 - 19　鳃　耙

标尺为 10 mm

第四章
个体发育行为

鱼类的个体发育行为（ontogenetic behavior）是一门新兴交叉学科，研究范围涉及鱼类行为学和早期生活史两个研究领域，其研究对象的生活史时期是处于早期发育阶段，但研究方法和原理是行为学的范畴。早期发育阶段鱼类行为的最大特征是鱼类的行为模式在快速变化，变化的时间是以天或小时计算。刚受精的卵是不会行动的，而成鱼的行为是经过一个复杂的过程对环境作出反应，是一些适应性的行为模式。鱼类个体发育行为学就是要解释在这两个生活史时期之间，行为是怎样发生的，何时发生的，受到哪些因子影响以及在鱼类的早期生活史中的作用和生态学意义等。本章聚焦中华鲟仔鱼和幼鱼2个重要的生活史阶段，重点介绍其发育过程中对栖息地环境因子的选择行为特征及其生态学意义。

第一节　仔鱼发育的趋性行为

自由运动的动物受到外界物理或化学因素的刺激，朝一定方向运动，这种反应称为趋性。趋性是适应性行为的最简单方式。趋性有两种，一种是目标比较明确的趋性运动，另一种是无定位性的趋性运动。通常所说的趋性运动，一般是指后者。由于刺激因素不同，趋性有多种类型，如趋光性、趋化性、趋触性、趋动性、趋温性、趋流性、趋音性、趋电性，等等。根据趋性的方向，又可把趋性分为两种：向着刺激源运动的称为正向趋性，背离刺激源运动的称为负向趋性（何大仁和蔡厚才，1998）。

一、趋性行为特征

鱼类的趋性行为在栖息地选择方面起着重要的作用，早期生活史阶段栖息地环境因子的选择主要涉及：底质类型选择、底质颜色选择、栖息地光照强度选择、隐蔽物选择、水深选择等。对趋性的研究通常采用选择（choice）或称为喜好（preference）实验进行。

1. 趋光性行为

鱼类的趋光性是鱼类对光刺激产生定向运动的特性。通常所说的趋光性是指正趋光性，即鱼类朝着光源方向的定向运动，而负趋光性则是指鱼类远离光源的定向运动。不同鱼类的趋光行为有很大的差别，有趋强光的，有趋弱光的，还有呈负趋光性的。即使是同一种鱼，在不同的发育阶段其趋光性也有截然不同的反应。趋光性强的鱼类在脑的各部分中以作为视觉中枢的视叶部分最大，在其侧面产生了凹陷，甚至还形成了发达的旁侧皱纹，而脑视叶没有此特点的鱼类通常只有弱的趋光性或者基本没有趋光性，但是脑视叶不具凹陷或旁侧皱纹的鱼类，在稚、幼鱼阶段也有趋光性。对于趋光性的理论解释有多种，有些学者认为鱼类的趋光性是一种非适应性行为，而有许多学者又提出了各种假设用来解释鱼类趋光性的适应性理论。与鱼类在早期发育阶段的其他行为特征一样，其趋光性行为特征也有明显的变化过程。

趋光性行为的测试装置非常简单，通常为一个四周不透光的水箱，根据实验鱼大小调整水箱大小规格。仔鱼用水箱为 50 cm×38 cm。水箱正上方用 3 个 40 W 的日光灯作为光源，用遮光板盖住箱口一部分，调整遮光板和灯光位置，将水体基本分成相等面积的亮区、暗区和过渡区 3 个区，亮区和暗区每组实验结束后、下一组实验之前调换位置，避免受试鱼因对水箱的位置的喜好性造成实验误差。实验水箱内水温要与受试鱼暂养水温一致，相差小于 1 ℃（下同）。实验水深 20 cm。调整日光灯亮度使亮区的照度为 1 200～1 500 lx，暗区的照度为 35～50 lx，过渡区的照度为 250～300 lx（图 4-1）。

图 4-1　趋光性实验箱平面图

从胚胎脱膜开始，即 0 日龄，对中华鲟从胚胎到稚鱼进行了为期 21 d 的早期发育阶段趋光性行为实验，每天测试 10 尾鱼。实验期间的水温控制在 18.4～21.2 ℃。图 4-2 是仔鱼趋光性行为的变化模式。

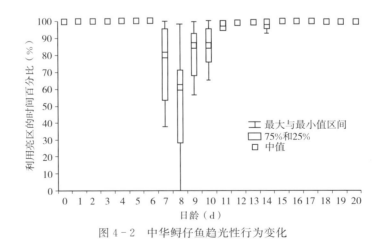

图 4-2　中华鲟仔鱼趋光性行为变化

从图中可以看出，中华鲟出膜后 5 d 内（即 4 日龄以前）100%趋光（$P=1.0$），在 5 日龄和 6 日龄 2 天（F=0.00，$P>0.99$）有极少数的鱼趋光性不强烈，与 0～4 日龄有极显著性差异（$t=3.16$，$P=0.002$）。7 日龄是一个转折点，平均趋光性由近 100%，陡然降至平均约 80％，最低值达 37％，大多数在 52％～94％，与 5～6 日龄差异极显著（$t=3.63$，$P=0.001\,5$）。8 日龄选择亮区的概率最低，平均为 63％，最低值为 0，大多数为 20％～72％，与 7 日龄差异不显著（$t=1.54$，$P=0.15$），但与 5～6 日龄差异极显著（$t=5.43$，$P=0.000\,02$）。9 日龄趋光性开始回升，平均值为 87％，最低限也在 56％以上。10 日龄基本上与 9 日龄持平，最低值还略为上升达到 65％，9～10 日龄与 8 日龄差异显著（$t=2.35$，$P=0.028$）。在 11～14 日龄之间（$F=0.52$，$P=0.67$），基本上已恢复完全趋光，平均达到了 98％以上，与 7～10 日龄差异极显著（$t=5.04$，$P=0.000\,004$），只是偶尔出现一些离散值，说明只有极个别鱼不趋光。在 15 日龄以后，完全恢复到了与刚出膜时一样，100％趋光，往后中华鲟的趋光性趋于稳定，没有出现任何显著性变化。

2. 底质颜色选择

物体的颜色和亮度这两个特征是以一定的形式相联系的，所以鱼类的趋光和对颜色的选择也是有联系的。研究证实，除极少数鱼类是色盲外，大多数硬骨鱼类都有区别颜色的能力。这些鱼类能感觉的光谱有 3 段，即色觉段（中段）和 2 个色盲段（感受光谱的边缘段）。中段的光波波长可以辨别，并与边缘段的波长有所差异，边缘段的光波波长彼此没有差别。不同的鱼类对光的强度及光谱的组成反应不同，国外在利用不同颜色的光诱捕不同鱼类方面做了一些研究工作，发现石鲷（*Oplegnathus fasciatus*）的幼鱼以绿光和蓝光诱集效果好，鳗鲡（*Anguilla japonica*）对蓝、绿、靛、黄等颜色均无反应，而对紫光和红光有明显的反应（周应祺，2011）。鱼类对栖息地的选择是先天性行为之一，而栖息地的底质颜色是栖息地的重要特征。

同上述趋光实验一样，底质颜色选择实验使用一个四周不透光的水箱，可根据实验鱼大小调整水箱大小规格。仔鱼实验用水箱为 50 cm×38 cm。分别用黑、白颜色的实验板铺满水箱底部，使水箱内形成面积相等的黑色和白色的栖息地，并保持两块不同颜色栖息地的照度相同且均匀，控制在 850～1 000 lx。每组实验后调换 2 种颜色的位置，以减少误差（图 4-3）。

图 4-3 底质颜色选择性实验装置平面图

从 0 日龄开始，到 20 日龄为止，对中华鲟早期发育阶段对栖息地底质黑白两种颜色的选择进行了连续 21 d 的实验观察，每天随机选择 10 尾鱼实验。每天实验时，保持两块不同颜色栖息地的光照照度相同且均匀。温度控制在 18.4～21.2 ℃。图 4-4 是仔鱼对栖息地底质颜色选择的变化模式。

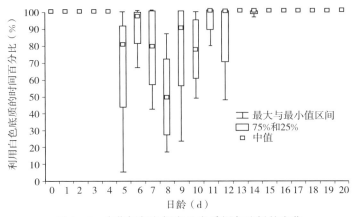

图 4-4　中华鲟仔鱼栖息地底质颜色选择的变化

从图中可以看出，中华鲟早期发育阶段明显地对栖息地底质的颜色具有选择性。从 0 日龄到 4 日龄的 5 d 时间内，100% 的中华鲟选择白色栖息地。从第 5 日龄开始选择性突然变化，并且这天统计的数据特别地分散，最大值达到了 100%，最小值仅 5%，说明鱼类的行为在这天高度地不统一，有一部分鱼开始选择黑色栖息地，选择白色栖息地的平均值在 67%。第 6 日龄选择白色的又有所增加，为 87%，第 7 日龄下降到 77%，5～7 日龄无显著性差异（F=1.0，P=0.39）。第 8 日龄选择白色栖息地的概率下降到最低，平均值为 50%，且大多数维持在 26%～70% 的水平，与 5～7 日龄有显著性差异（t=2.36，P=0.025）。第 9 日龄开始，选择白色栖息地的概率又回升，一直到第 12 日龄，这 4 d 是选择白色栖息地的回升时期，9～12 日龄差异不显著（F=0.45，P=0.72），与第 8 日龄差异极显著（t=3.0，P=0.005）。在第 13 日龄以后，中华鲟对栖息地底质颜色的选择性维持稳定（F=1.54，P=0.2），一直选择白色。

3. 藏匿行为

藏匿于砾石间的缝隙中，是鲟类早期发育阶段行为学的特征之一，这一特征在其早期生活中有着重要的生态学意义。测试鲟类藏匿行为的实验水箱同趋光性行为水箱一样，在水箱底部以直径 5～8 cm 的卵石堆积成为洞穴状，为受试鱼提供藏匿场所，在箱内布置若干个卵石堆，按棋盘状排列，没有堆积卵石的区域则形成开阔栖息地，使整个箱底的藏匿场所和开阔区域面积大致相等（图 4-5）。

从 0 日龄开始，对中华鲟仔鱼的藏匿性行为特征持续了 31 d 的实验观察，到 30 日龄结束。研究发现，在 0～6 日龄，100% 的仔鱼不选择洞穴（即藏匿物）（图 4-6）。7 日龄开始有少量的仔鱼选择藏匿物，中值为 15%。8 日龄选择藏匿物的比例突然增多达到最高峰，中值为 88%（P=0.002 3），并持续到 10 日龄（9 日龄中值=90%，P=0.004 5；10

日龄中值＝78.6％，$P＝0.000\ 5$）。11～17日龄选择藏匿物的穴居行为逐渐减少，即11日龄对藏匿物和开阔环境无明显选择（中值＝50.0％，$P＝1.000\ 0$），12日龄选择开阔环境的中值为39.3％（$P＝0.012\ 5$），13～17日龄选择藏匿物的穴居行为继续减少。18日龄全部仔鱼选择开阔环境，并一直持续到30日龄。

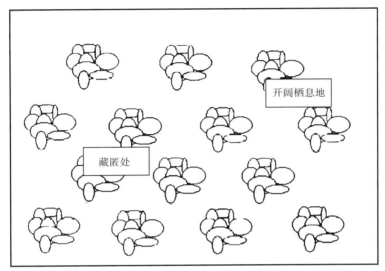

图 4-5　藏匿性实验装置平面图

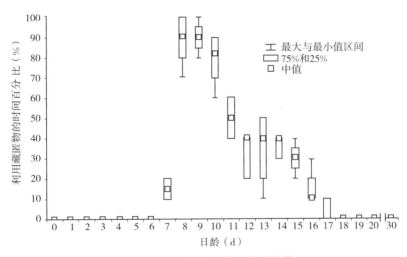

图 4-6　中华鲟仔鱼藏匿行为变化

4. 栖息水层选择

许多鱼类在早期发育阶段都有一个栖息水层变化的过程。多年来，人们认为刚出膜的仔鱼是被动地随着水流而上下漂游（Williams et al，1984）。仔鱼可通过自己的身体与水环境的相对密度的关系，控制在某一垂直分布位置，例如，含油量高的卵和卵黄囊期的仔鱼可以轻易地随水漂流，并能容易地出现于水的表层。仔鱼为什么要栖息一定的水层，到目前为止还不完全清楚，目的可能是通过向上游动来达到水平移动，最终是要达到另一栖息地，也可能是寻找食物或逃避敌害。

栖息水层选择实验装置为一个高160 cm、直径15 cm的透明有机玻璃圆筒，底部密封，留有一个排水管道，在圆形筒的中间套有一根同样高160 cm、直径2.5 cm的有机玻璃轴，轴上纵向对称安装了2片宽为2 cm的叶片，轴的下端与圆筒底部相连，另一端（圆筒的上口端）安装一个变速马达，当马达开动时，带动轴和叶片转动，使圆筒内的水形成水流，如同在河流中的水流一样（图4-7左）。在叶轮上附加一根内径5 cm的软塑料管，从顶端一直延伸到底部，受试鱼通过这条管道放入圆筒底部。在圆筒的外部从上到下标出刻度，以便观察记录受试鱼的位置。在圆筒底部放置卵石，以便提供像自然条件下一样的藏匿场所。圆筒外罩上一个深色布做成的幕帘，使圆形筒的上下的光线一致而柔和。

实验用鱼为0～16日龄，共进行17 d的连续观察。实验时，随机选取8尾鱼进行测试，每次1尾，从下面提到的受试鱼导入管中导入圆形筒底部（因为受试鱼是底栖性的），然后开始转动叶轮，使筒内形成水流，受试鱼适应2 min，连续记录受试鱼1～2 min、5～6 min和9～10 min所停留的水层的位置及各位置所停留的时间，同时观察受试鱼是顺水游动，还是逆水游动。如果受试鱼沉到底部，则看它是否钻洞穴。

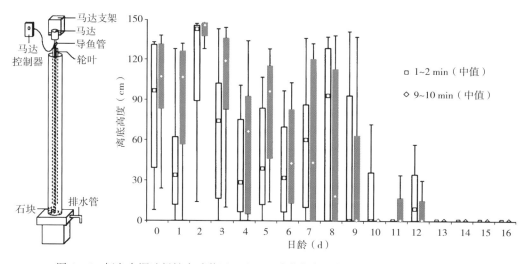

图4-7　栖息水深选择性实验装置（左）和中华鲟仔鱼栖息水深选择行为变化（右）

0～1日龄中华鲟仔鱼游离水底而居于水体中上层（图4-7右），第9～10 min时，离底高度为107 cm。2～3日龄仔鱼离底更高，甚至有的个体到达水面（中值＝140.0 cm）。4～8日龄仔鱼离底高度逐渐降低，但这期间水层选择行为较为分散，有些个体仍然到水面游动。大部分9日龄仔鱼停留在水底附近，全部10日龄仔鱼选择贴底。少量11～12日龄个体游离水底很小的高度，此后至实验结束，仔鱼一直贴底或近底活动。

5. 洄游习性和昼夜活动规律

鱼类的洄游是其生活史中重要的行为特征。鱼类的洄游有广义的和狭义的解释，我们使用广义的解释，即任何从一个生境到另一个生境的群体行动，而这种行动在时间上有特定的规律性或遵从某一生活史阶段。这个解释既包括主动的群体行动又包括被动的群体行动，既包括大规模的一年一次的或几年一次的生境变更又包括短期的或短距离的迁移。

一般认为，鱼类洄游的目的有 3 个，即索饵、生殖和越冬，这只是笼统的归纳。鱼类在某个发育阶段也发生生境的改变，如一些胚胎和仔稚鱼的被动洄游，其方向和路线是由水流影响的，但这种洄游又常常是成鱼期主动洄游的根源，多种鲟即是这样。洄游种类有很多，大体可归纳为江海间洄游（diadromous）、溯河洄游（anadromous）、降海洄游（catadromous）和双向洄游（amphidromous）等几种类型。

洄游行为实验装置为玻璃钢制作的椭圆状环形水槽，称为洄游槽，洄游槽深度为 20 cm，宽为 15 cm，保持水深 15 cm。洄游槽环形总长度为 500 cm，槽内水流速度可以通过调节水泵转速控制，在洄游槽两端放置若干卵石，以便在受试鱼寻找洞穴时提供栖息场所。在洄游槽上方架设一个红外线摄像机，记录受试鱼在洄游槽内的活动情况，在镜头正下方洄游槽内壁上粘贴一块红外线反光板，以增强镜头的鉴别力，使摄像头在夜间黑暗时能够分辨出细小的鱼苗（图 4-8）。

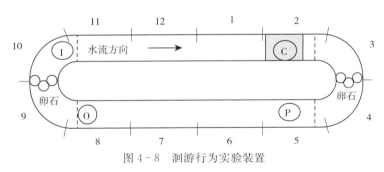

图 4-8　洄游行为实验装置

C. 红外摄像机和光源　I. 进水孔　O. 出水孔　P. 潜水泵

摄像头由电脑程序控制，每小时记录 5 min，每天 24 h 不间断。实验期间采用自然光照。当中华鲟刚脱膜孵化时，随机挑选 15 尾刚脱膜的仔鱼放入洄游槽中，将水流速度调节到 3 cm/s，随着仔鱼的长大逐渐加大水流速度。当仔鱼开口摄食时直接将饵料投喂到洄游槽中，刚开口摄食时，投喂几天卤虫无节幼体，以后投喂人工饲料。实验从 0 日龄开始共进行 30 d。实验结束后统计录像记录的每天顺流游动和逆流游动数据，以净顺流数（顺流数－逆流数）来描述中华鲟早期发育阶段的洄游行为特征。对日间和夜间记录的平均数进行平均数的 t 检验，以此作为昼夜活动节律的指标。

统计结果表明，0 日龄的中华鲟仔鱼出膜后便随水流漂游（图 4-9），每 5 min 的顺流次数（以下简称顺流数）为 53 尾次，是顺流尾次出现最多的一天。1 日龄有下降，为 44 尾次，与 0 日龄无显著性差异（$t=2.07$，$P=0.051$）。2～7 日龄顺流尾次逐天下降为 0～1 日龄的 50%，2 日龄 23 尾次，3 日龄 29 尾次，4 日龄为 22 尾次，5～7 日龄 3 d 内平均只有 10 尾次左右。8 日龄以后，顺流数与逆流数的差几乎为 0，说明仔鱼此时已停止了洄游，但总体趋势为顺流数大于逆流数，即中华鲟仔鱼顺水洄游。

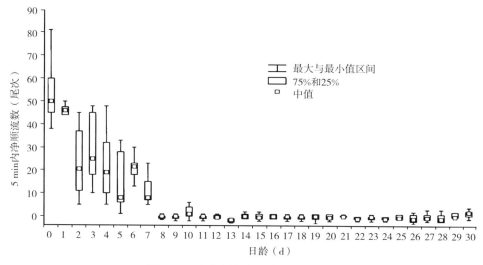

图 4 - 9　中华鲟仔鱼洄游行为的变化

0～1 日龄，中华鲟仔鱼每小时净顺流数（顺流数－逆流数）白天多于夜间（图 4 - 10），但差异不显著（0 日龄 $P=0.563\,5$；1 日龄 $P=0.584\,8$）。2～7 日龄，白天的净顺流数更多，特别是 2 日龄（$P=0.000\,05$）、3 日龄（$P=0.000\,1$）和 4 日龄（$P=0.000\,0$）。8 日龄之后仔鱼在白天和夜间的净顺流数（几乎等于 0）无显著差异。

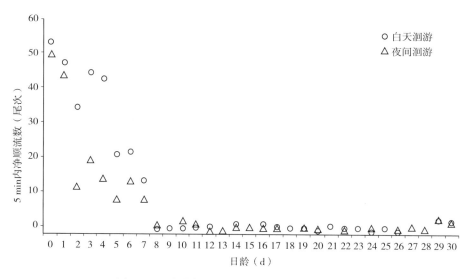

图 4 - 10　中华鲟仔鱼昼夜洄游活动频率的变化

二、在进化与实践上的意义

鱼类的行为是进化的产物。人们之所以能够在地球上几乎所有的水环境中发现鱼类，是因为鱼类在身体结构、生理和行为上存在着极大的多样性，而这些多样性正是长期的进化和自然选择的结果（Keenleyside，1979；Pitcher，1986）。Dawkins（1977）指出，在进化过程中，从基因水平上来看，利他行为必然被自然选择所淘汰，而自私行为必定被保存。其本质就是为了生存所表现出的行为对环境的适应性。在达尔文看来，适应性是一个很明显的事实，如动物的眼睛适于辨别物体，四肢适于奔走，翅膀适于飞翔等。达尔文毕生试图解释生物的适应性是如何产生的，并提出了自然选择进化理论。我们这里要讨论的是行为是如何适应鱼类的生存环境的。

鱼类与其他动物一样，其行为策略主要是解决以下基本生存问题：①寻找和获得适当的食物；②逃避敌害；③生殖繁衍。行为进化就是为了不断地满足上述目的。鱼类是低等的脊椎动物，鱼类的行为主要是本能、非条件反射和趋性行为。鱼类完全没有推理行为，只有少量的学习行为。本能、非条件反射和趋性行为是鱼类早期个体发育行为的研究重点，尤其是趋性行的研究。鲟类的趋性相关行为是纯粹的先天性行为，是由神经系统的遗传性所决定的，不随经验和学习过程而变化。鱼类在进化过程中形成并遗传固定下来的先天性行为，对个体和种族的生存有重要的意义，在同种动物中表现基本相同。我们可以通过鱼类个体发育行为学与系统进化之间存在的一些联系，研究鱼类的系统发育关系，这是利用形态学和分子生物学研究物种系统发育以外的又一个新的研究领域。

通过中华鲟早期个体发育行为研究，可以推测其早期发育阶段在自然条件下的行为生态学习性，探究早期个体发育行为对其生境的适应性和进化上的适应性意义。

1. 自然条件下早期行为生态学分析

（1）孵出期（0 日龄） 刚脱膜的中华鲟仔鱼全长 12～14 mm。表现为趋光性。脱膜后靠尾部的激烈摆动立即向水体的上层游动，呈头部在上、尾部在下的垂直姿势，尾部的摆动是间歇性的，在水体上层坚持一段时间后，尾部短暂停止摆动，接着鱼体头部向下自由下沉，然后又迅速地摆动尾部向上游，使鱼体保持于水体的上层，如此循环往复。与此同时，仔鱼随着江水的流动开始向下游洄游。四川省长江水产资源调查组（1988）观察发现，"脱膜仔鱼侧卧水底，偶尔做烛焰式向上倾斜运动"。

（2）前期仔鱼（1～11 日龄） 开口前期的仔鱼全长 12～32 mm。1 日龄和 2 日龄的仔鱼继续向水体上层游动，尤其是 2 日龄几乎全部仔鱼停留在水面上，与栖息水层相应的是，1 日龄和 2 日龄的仔鱼继续随江水向下游洄游。从 3 日龄开始，仔鱼的栖息水层有所下降，洄游仔鱼的数量逐步减少，到 8 日龄所有的仔鱼全部停止了洄游，这说明从 3～8 日龄的 5 d 时间内，沿途都有仔鱼停留下来，洄游最远的可达到长江中下游地区，仔鱼栖息在这些地区摄食，直到第 2 年，开始第 2 次洄游时，再游向海洋。余志堂等（1986）和四川省长江水产资源调查组（1988）报道，在长江中下游地区都可捕获中华鲟仔稚鱼，即证明了这一点。

仔鱼的趋光性一直延迟到第 6 日龄，所以 6 日龄以前仔鱼基本是不贴江底，更谈不上寻找洞穴了。从第 7 日龄开始，仔鱼趋光的比例下降了，同时伴随着有些仔鱼沉到了江底，并有少数的仔鱼钻入了洞穴，四川省水产资源调查组（1988）也观察到第 8 d（第 7日龄）的中华鲟仔鱼喜底栖生活。第 8、9、10 日龄是仔鱼钻洞的高峰期，沉底的仔鱼数量也增多，趋光的比例下降。从 11 日龄开始有些仔鱼开始出洞，趋光的比例又恢复到以前的水平，几乎 100% 趋光，但这时仔鱼几乎全部贴底，这或许是由于仔鱼到了浅水区，浅水区的底层有足够的光线。这一天仔鱼也从喜爱黑色底质的栖息地转向了喜爱白色底质的栖息地（从第 5 日龄开始的喜爱黑色栖息地可能与寻找洞穴有关），这一切似乎为开口摄食做好了充分的准备。

实验室观察发现大多数仔鱼在 12 日龄开口摄食，这也证明了 11 日龄时的离开洞穴、趋光行为、选择白色底质等行为与开口摄食有关。

仔鱼在洞穴中生活到出洞的这几天是身体发育快速变化的时期，Bemis 和 Grande（1992）观察到在 15～17 ℃时，8～12 d 的短吻鲟（*A. brevirostrum*）正是从自由胚发育到开口摄食仔鱼的时期，这个时期仔鱼的感觉、摄食和游动系统得到了快速的发育。仔鱼已具备了发育很好的眼睛，开放的电感觉器官（吻部腹面罗伦氏囊），长出了牙齿的口部以及能够维持仔鱼正常游泳的鳍条。

（3）后期仔鱼（13 日龄以后）和幼鱼（37 日龄以后）　开口摄食后便进入后期仔鱼时期，这是仔鱼阶段的一个重要转折期，这时中华鲟仔鱼全部贴底，全部选择白色底质栖息地，全部趋光，与趋性相关的行为特征已趋于稳定。13～17 日龄还有少量仔鱼呆在洞穴中，但比例逐日减少，18 日龄以后全部出洞。出洞不久的仔鱼，在摄食场要停留一段时间。30 日龄以后，有少数个体顺水洄游，继续向下游洄游，但洄游的比例不大，一直观察到 160 日龄，没有出现刚出膜的前 3 天那样高比例的洄游。有相当一部分仔稚鱼较长时间地停留在长江中下游的一些摄食场。余志堂等（1996）报道，1982 年 3 月 27 日在湖北沙市江段采集到全长 7.8～9.4 cm 的中华鲟幼鱼 10 尾，这证明有些 11 月初产卵孵出的中华鲟，经过了近 5 个月的时间，仍停留在长江中游。四川省长江水产资源调查组（1988）报道在长江下游也分布有中华鲟幼鱼。

2. 早期个体发育行为学与生存策略

在中华鲟的新、老产卵场均有大量的吞食中华鲟卵和仔鱼的敌害鱼类，主要为圆口铜鱼（*Coreius guichenoti*）、铜鱼（*C. heterodon*）、黄颡鱼（*Pelteobagru fulvidraco*）、鮈类、长吻鮠（*Leiocassis longirostris*）、鲇类等底栖鱼类，这些鱼类在中华鲟的产卵季节大量集中在产卵场，而平常很难捕到（虞功亮 等，2002）。1963 年 10 月 26 日在金沙江的金堆子产卵场，中华鲟产卵后的 3～4 d 内，渔民曾捕获敌害鱼类 800 余尾，而在产卵场的下游则很少捕到这些敌害鱼类，但当鱼卵出苗之后，则在产卵场下游可捕到较多的敌害鱼类（四川省水产资源调查组，1988）。胡德高等（1992）记载，1984 年葛洲坝下中华鲟新产卵场自然产卵总数约为 1 500 万粒，9 d 之内敌害鱼类共吞食中华鲟卵 1 297.56 万粒，占 86.6%。1988—1998 年，在葛洲坝下产卵场，中华鲟年产卵数量为 857 万～4 148.5 万粒（平均为 2 441.1 万粒），其中 90% 以上被敌害鱼类吞食（常剑波，1999）。以上研究说明敌害鱼类吞食是影响这一时期中华鲟存活率的主要因素。

那么，中华鲟早期发育阶段的行为学特征是怎样反映出逃避敌害的呢？

第一，中华鲟产黏性卵，粘于江底的石块上孵化（湖北省水生生物研究所，1976），吞食中华鲟卵的敌害鱼类也都是底栖性鱼类，这些敌害鱼类既吞食鱼卵，也吞食鱼苗。因此，中华鲟刚孵化出膜的仔鱼的第一反应便是迅速地逃离底层空间奋力游向水体的表层，这一点从我们的研究中已得到了证实，研究中观察到 0～1 日龄的仔鱼游离水底而居于水体中上层，离底高度为 107 cm。2～3 日龄仔鱼离底更高，甚至达水面表层（中值 ＝140.0 cm）。这一结果说明随着 2 日龄仔鱼游泳能力的增强，它们便尽可能地远离水底危险区域。这一逃离行为（包括洄游行为）的机制可能源于仔鱼趋光行为的结果，因为趋光行为可以使仔鱼离开昏暗江底而到达水体中上部有一定亮度的水层，中上部水层具有较高的流速，这有利于仔鱼迅速离开产卵场，逃离聚集在产卵场的捕食者。

四川省长江水产资源调查组（1988）对葛洲坝截流以前坝上原产卵场中华鲟的产卵条件研究表明，中华鲟产卵要求一定的含沙量，含沙量与鲟卵的光照条件有关，同时指出以水位结合透明度判断中华鲟的产卵日期是可靠的。但是该研究并没有给出产卵时水体不同深度的光照强度数值，因此，产卵所需要的光照条件值得进一步深入研究。

第二，从洄游习性上也可以分析中华鲟早期发育阶段的生存策略。每当中华鲟产卵季节，铜鱼、黄颡鱼、长吻鮠等吞食中华鲟卵的敌害鱼类在中华鲟产卵场江段高度集中。因此，中华鲟仔鱼只是逃离底层还不够，必须继续远离高危险江段。对中华鲟仔鱼洄游习性的观察发现，0～1 日龄的中华鲟便随水流漂游，是仔鱼向下游洄游的高峰期（0 日龄的顺流数为 10.6 尾次/min，1 日龄为 8.8 尾次/min）。之后顺流尾次逐渐下降，第 8 日龄以后，顺流数与逆流数的差接近为 0，说明中华鲟此时已停止了洄游。所以在仔鱼出膜后的一周内，是在不停地远离危险区。

鲟类早期生活史阶段开始洄游的时间与产卵的捕食压力有关，如果来自产卵场的捕食压力大，则自由胚期开始洄游（孵化后即开始洄游）；若来自产卵场的被捕食压力小，则自由胚会停留一段时间，仔鱼期或幼鱼期才开始洄游。中华鲟早期仔鱼即开始洄游，但是否存在二次洄游以及何时开始，现在仍然不清楚，值得进行进一步研究。

第三，仔鱼分布高度地分散。中华鲟成鱼个体大，繁殖力高，产出的卵虽被敌害鱼类大量吞食，但还是有一些幸存者，因此需要在长江中更大范围地分散仔鱼，使其获得充足食物的机会多一些，另外，分散分布后，被敌害鱼类吞食的机会也会相对减小。集中产卵，分散育苗，是中华鲟的繁殖策略之一。我们研究中华鲟仔鱼和洄游特征的观察结果显示，从 0 日龄开始，参加洄游仔鱼的数目是逐日地下降，到第 8 日龄所有仔鱼都停止洄游，说明仔鱼离开产卵场以后前往下游江段，沿途都有分布，不断地有仔鱼停止洄游寻找栖息地。

第四，中华鲟早期发育阶段的藏匿行为，或许也是其生存策略的一部分。中华鲟仔鱼短期洄游结束以后（第 8 日龄以后），便迅速地寻找藏匿处，并在洞中待一段时间。研究表明第 7 日龄开始钻洞，第 8、9 日龄两天是钻洞的高峰期，第 10 日龄钻洞的概率开始缓慢下降，一直到第 17 日龄钻洞结束，18 日龄以后不再钻洞了。这说明自然条件下，当中华鲟逃离产卵场的危险区以后，洄游到某一区域（或许这一区域是较好的摄食场）便停留下来，这时仔鱼还未开口摄食，生存的主要问题还是穴居以逃避敌害。当仔鱼出洞时便是它们开口摄食的时期，当仔鱼摄食以后，其体质和游泳能力便达到了质的飞跃，逃避敌害能力大为增强，已不再藏匿了。

3. 对自然繁殖和保护的启示

中华鲟的个体发育行为特征对早期生活史阶段的保护具有以下几点有益的启示：

第一，在产卵场，中华鲟产卵后，卵和仔鱼需要保护 1 周以上，包括孵化期 5 d 和出膜后 2 d，这之后仔鱼已离开产卵场。但是考虑到亲鱼到达产卵场的时间和产卵有早有晚，中华鲟产卵场的保护时间重点应该从亲鱼聚集于产卵场准备产卵的 10 月上旬开始，到仔鱼脱膜后离开产卵场的 12 月上旬为止。中华鲟的产卵大多在 11 月中下旬结束（余志堂，1986；胡德高 等，1992），所以在 12 月上旬中华鲟仔鱼基本全部离开了产卵场。

第二，仔鱼向下洄游期间，应该保护其洄游区间的水域环境免遭污染。在摄食区间的水域，要注意保护仔鱼稚鱼免遭误捕，同时保护其生境不受干扰和破坏，特别是挖沙作业不仅直接造成仔鱼死亡，同时还会破坏其摄食生境。中华鲟仔稚鱼的主要摄食场所应该在葛洲坝下 100～200 km。

第三，产卵场并非 2 月龄中华鲟的最佳放流地点，这是因为产卵场并不是稚幼鱼的摄食栖息场所，放流地点应该选择在中华鲟稚幼鱼育肥江段。因为这些放流的稚幼鱼处于非洄游阶段，因此，不应该在主河道的急流中放流，而应该放流在岸边浅滩水域。同时，为了避免放流的稚幼鱼对栖息激烈竞争，应该在相对较长的江段水域进行放流。

第四，不论是中华鲟的人工增殖放流，还是发展鲟类养殖业，都需要大量的鱼苗。中华鲟在脱膜期有趋光行为、向上游泳和洄游习性，所以在鱼苗脱膜时，在鱼苗培育池应提供适当的光照和水流刺激。随着鱼苗的发育，仔鱼沉底，钻洞穴居数日，此时要在池底铺一定数量的鹅卵石或其他材料供鱼苗隐蔽之用。鱼苗从钻洞到出洞这一时期，是发育的关键时期，胚后的许多关键发育过程是在这一阶段完成的，提供洞穴隐蔽场所是非常必要的。

第五，当鱼苗出洞时，开始开口摄食，对于鱼苗来说这是死亡高峰期，渡过这一难关的关键是尽可能地创造有利于鱼苗开口摄食的环境条件。中华鲟仔鱼这一阶段喜好白色底质，这一习性或许与摄食有直接关系，鲟类仔鱼的开口饵料是浮游动物、底栖寡毛类、摇蚊幼虫等，它们体积细小，通过视力难以辨认，加之这一时期其他感觉器官尚未发育完善，所以仔鱼要寻找有利于发现食物的环境条件。白色环境反差大，有利于仔鱼辨别细小的食物。据此，这一时期培育池底色应以浅色为好。

第二节　幼鱼的栖息地选择行为

长江口是中华鲟性成熟亲鱼溯河生殖洄游和幼鱼降海索饵洄游的唯一通道，对中华鲟物种生存意义重大。葛洲坝截流以前，中华鲟的产卵场分布在长江上游和金沙江下游，下起四川泸州地区的合江县，上止宜宾地区的屏山县，绵延超过 800 km。葛洲坝截流以后，新产卵场位于坝下，范围狭小，仅限于长约 4 km 的江段里。中华鲟受精卵孵化后，仔稚鱼随江漂流，经超过 1 700 km 的降海洄游，于第 2 年的 4 月中下旬到达长江口，随后在长江口停留 4 个多月时间进行摄食肥育和完成入海前的生理适应性调节。

长江口的栖息地环境在流速、底质、盐度和食物等方面，均与长江里有较大差异。随着鱼体的发育，幼鱼阶段中华鲟的感觉器官已经发育完善，游泳能力大幅提高，行为调节能力和可塑性增强。本节主要介绍长江口中华鲟幼鱼的趋光性行为、底质颜色选择、底质类型选择、隐蔽物选择（即藏匿行为）等行为特征。

一、对栖息地环境因子的选择

研究所用中华鲟幼鱼共计 850 尾，为长江口渔民插网误捕个体，全长 25.5～37.5 cm。被误捕幼鱼于 2 500 L 水箱中暂养一段时间，待正常游动及进食后进行实验。养殖用水取自长江口，连续充气，每天换水 1/4 左右。暂养期间水温 26～29 ℃，自然光照周期。实验时随机选取实验所需要数量的幼鱼，根据行为学实验要求，同一幼鱼不重复实验，以防止实验用鱼产生适应而影响实验结果的可靠性（何大仁，1998）。

1. 实验装置和方法

（1）实验装置　趋光性实验水槽：如图 4 - 11 所示玻璃钢水槽，测试区长 4 m，宽 1 m，高 0.5 m。实验水深 30 cm（实验水深除特别说明外，下同）。光源由 3 支 40 W 日光灯提供，距水面约 2 m 高，均匀排列于水槽测试区域上方。趋光实验时，用遮光板在水槽上方近灯管处遮光，调整遮光板的位置，直至在水槽测试区域内形成面积相等的 3 个光照强度不同的区域，光照强度分别为 1.4～2.2 lx（暗区）、10.4～12.3 lx（过渡区）和 200.2～209.1 lx（亮区）。光照强度用 ZDS-10 水下照度计测量，每组实验结束后，调换暗区和亮区的位置，以消除实验误差。为了避免干扰，实验水槽测试区域周围用不透明幕布隔离，观察和记录由监视器和红外摄像机完成。

图 4-11 中华鲟幼鱼趋光性实验装置平面图

底质颜色选择水槽：与趋光行为实验为同一水槽，以网隔在中间隔成 2 m 长的区域用于实验，底部铺以白色和黑色瓷砖，形成实验所需白色底质和黑色底质各 1 m² 区域（图 4-12）。

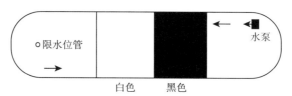

图 4-12 中华鲟幼鱼底质颜色选择实验装置平面图

藏匿性实验装置：利用上述水槽中间 2 m 长用于实验，水深 45 cm，以支架支起 5 块面积相等的水泥板（各 0.2 m²）作为藏匿场所，水泥板距离水底 25 cm，距离水面 15 cm，总面积 1 m²，形成藏匿区和开放水域各 1 m² 的区域（图 4-13）。

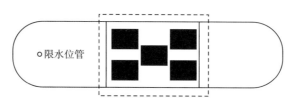

图 4-13 中华鲟幼鱼藏匿性实验装置平面图

底质类型选择装置：同样隔取上述水槽中间 2 m 长用于实验，在水槽内的底部放置 8 个木方盘，规格为：长×宽×高＝50 cm×50 cm×1 cm，盘内分别装沙（直径＜0.02 cm）、小砾石（直径 1～2 cm）、中砾石（直径 4～5 cm）、大砾石（直径 13～15 cm，占方盘面积的 1/2，其余空隙用小砾石铺满），面积各为 0.5 m²（图 4-14）。

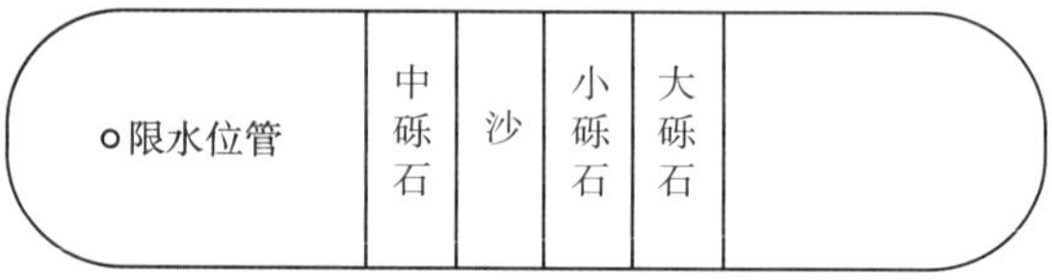

图 4-14 中华鲟幼鱼底质类型选择实验装置平面图

（2）实验方法　实验期间水温 26～29 ℃，实验水槽内温度与暂养水箱内温度相差小于 1 ℃。为了避免干扰，整个水槽测试区用幕布与周围隔离，观察记录通过监视器和红外摄像机进行。个体实验时，每次从水槽中间位置放入 1 尾鱼，适应 5 min，然后利用红外摄像机连续记录 5 min 鱼的活动情况，每组 10 尾鱼，共 3 组。个体实验时，将受试鱼在各栖息生境内的时间换算成时间百分比，以此作为受试鱼对某种生境的选择指标。群体实验时，将各观察时刻的各个生境的数量，换算为数量百分比，作为受试鱼群体对某种生境的选择指标。趋光性实验和底质类型实验，统计实验鱼在各个区域活动的时间的百分比平均数，用 Kruskal‐Wallis 检验各区域内活动时间百分比是否存在显著性差异（Peak，1999）。底质颜色选择实验和藏匿性实验，求出受试鱼在某种颜色或某种区域（藏匿区域或开放区域）中时间百分比平均数的 95% 的置信区间（CI），如果这个区包括 50%，则不具有显著性的选择，如果 CI＞50%，则显著性地选择该颜色或区域（Zhuang et al，2002）。显著水平为 $P=0.05$。

（3）盐度选择行为实验装置与方法　采用何绪刚（2008）的"六分室"盐度选择实验装置（图 4‐15）。该装置为圆形，高 1 m，直径 6 m；分室之间的隔墙长 2 m，高 1 m。中央区域六边形，中间为圆锥体（坡度 50°），以利于受试鱼上浮和下潜。中央区域墙高 50 cm，各分室与中央区域的通道（门）高 40 cm。各分室外侧底部设一出水口，下接 PP 水管，管道末端安装活动的限水位的垂直水管，用于各分室排水。在各分室通往中央区域的门前设活动隔板，用于各分室配制不同盐度梯度时关闭通道。盐度配好后，去掉此活动隔板，使各分室与中央区域相通。

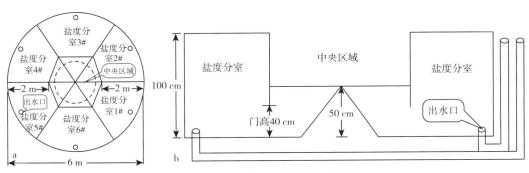

图 4‐15　六分室盐度选择实验装置

a. 俯视图　b. 侧视图

运行该实验装置，首先用活动隔板将各分室通向中央区域的通道门全部封闭，然后向各分室分别注入实验设定的不同盐度的水，向中央区域注入实验设定的最低盐度的水，并保持各分室及中央区域水位高度相同，且水位高度大于中央区域圆锥体高度。接着去掉封闭各分室与中央区域之间门的活动隔板，使各分室与中央区域相通。经数分钟扩散，便形成具有 6 个稳定的不同盐度的区域分室。中央区域为过渡区域，水体盐度呈垂直分层状态：从门顶部水平面起以上水体盐度最低，等于实验要求的 6 个盐度梯度中的最低盐度；门顶水平面以下水体盐度，等于各个分室的盐度。在这个过渡区域里，受试鱼只要下潜至门前，即使没有进入盐度分室，也能在各个分室门前感觉到盐度的不同。实验开始时，可将实验鱼从中央区域这个过渡区域放入实验装置，也可以在各盐度分室中分别放入数量相等的实验鱼。一定时间后，从受试鱼主动选择的盐度分室（或者在各盐度分室里活动频率、时间上的差异）即可直观地了解鱼类喜好的盐度为多少。该装置在静态下可维持各分室盐度 10 d 以上不变，具有很强的盐度稳定性，并具有较高的均匀性。在人工不间断曝气和受试鱼活动情况下，一次实验的持续时间以不超过 1 d 为宜。

该实验装置形成稳定盐度分室的关键在于各分室通往中央区域的门高度小于中央区域圆锥体及隔墙高度。由于各分室水体盐度大于或等于中央区域水体盐度，故各分室水的相对密度大于或等于中央区域。在打开通向中央区域的门之后，各分室较高相对密度的水便分别经各自的门向中央区域扩散，并形成垂直分层，其界面位于门的上缘水平面。因为门的高度小于中央区域圆锥体及隔墙高度，从分室中扩散过来的较重水便被局限于中央区域圆锥体及隔墙所构成的狭小区域，而不能继续扩散到其他分室中；同样，由于门顶部墙体的阻止，中央区域较低相对密度的水不能扩散进入任何一个分室中，由此最终形成了每个分室一种盐度的盐度选择实验装置。中央区域的圆锥体结构形成了一定的坡度，坡面结构有利于从分室方向进入中央区域的受试鱼上浮到高于中央区域隔墙的水体中，也利于受试鱼下潜进入其他分室。这种构造有助于受试鱼自由活动于各分室及中央区域，便于受试鱼选择喜好的盐度区域。

2. 栖息地选择行为变化

（1）趋光性行为　中华鲟幼鱼被放入水槽后，很快游向亮区，围绕亮区做圆周形环绕游泳。在个体实验中，全部实验鱼（100%）均出现绕光源的圆周运动行为。整个实验记录期间完全绕亮区圆周游泳的幼鱼占全部实验鱼数的 63.3%（19/30）。其余的幼鱼除了在亮区停留并做圆周运动外，偶尔也游入过渡区和暗区，进入过渡区的鱼的比例为 36.7%（11/30），进入暗区的鱼的比例为 23.3%（7/30）。

中华鲟幼鱼在 3 个区域内的时间百分比分别是暗区内 1.32%±3.50%，过渡区内 7.17%±13.5%，亮区内 91.52%±14.9%（图 4-16）。中华鲟幼鱼在亮区活动的时间多于过渡区和暗区，且差异显著（$P < 0.05$）。

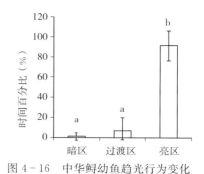

图 4-16　中华鲟幼鱼趋光行为变化

图中字母不同表示有显著性差异（$P < 0.05$），相同则表示无显著性差异

（2）底质颜色选择　中华鲟幼鱼对白色底质和黑色底质利用时间百分比分别为

80.9％±16.5％和19.1％±16.5％（$n=30$），在白色底质中时间百分比平均数的95％的置信区间为71％～87％，此区间不含50％（图4-17），因此，中华鲟幼鱼对白色底质的选择具有显著性。

（3）藏匿性行为　中华鲟幼鱼在开阔水域和藏匿物下的时间百分比分别为98.8％±2.2％和1.2％±2.2％（图4-18）。在开阔水域时间百分比的95％的置信区间为93％～100％，此区间不含50％，中华鲟幼鱼显著地选择开阔水域。

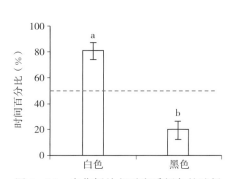

图4-17　中华鲟幼鱼对底质颜色的选择

图中误差线表示95％CI，如果95％CI不包含50％（虚线）则选择具有显著性，以不同字母（a、b）表示差异具有显著性

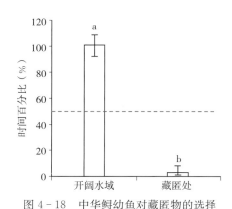

图4-18　中华鲟幼鱼对藏匿物的选择

图中误差线表示95％CI，如果95％CI不包含50％（虚线）则选择具有显著性，以不同字母（a、b）表示差异具有显著性

（4）底质类型的选择　个体实验时，中华鲟幼鱼在沙、小砾石、中砾石、大砾石4种类型底质中活动时间的百分比，分别是51.50％±21.20％、20.27％±9.70％、18.03％±6.17％和10.20％±11.20％（图4-19）。经 Kruskal-Wallis 检验，$\chi^2=23.14>\chi^2_{(3)0.05}$，$P=0.00$。因此，在4种底质类型中，中华鲟幼鱼选择利用时间存在显著差异。中华鲟幼鱼在沙质底质中的时间多于其他3种底质，且差异显著（$P=0.00$）。

群体（$n=10$，重复3次）中华鲟幼鱼在4种底质中分布数量的百分比分别是沙46.25％±8.06％，小砾石19.38％±7.72％，中砾石18.75％±7.19％，大砾石15.63％±8.92％（图4-20）。经 Kruskal-Wallis 检验，在4种底质中数量百分比差异显著（$\chi^2=37.24$，$df=3$，$P<0.01$），中华鲟幼鱼对沙底质有明显的选择性，这与单尾鱼实验的时间百分比分析结果一致。

在群体实验中，按实验鱼的活动情况将实验鱼划分为2种类型：活动鱼（active fish），表现为在水层中游动，不贴底；非活动鱼（inactive fish），表现为贴底游动或静止。结果显示，活动鱼在沙、小砾石、中砾石、大砾石4种底质间无显著性差异，经 Kruskal-Wallis 检验，$\chi^2=1.38<\chi^2_{(3)0.05}$，$P=0.71$，差异不显著；而非活动鱼4种底质间差异极显著，$\chi^2=57.18>\chi^2_{(3)0.01}$，$P<0.01$（图4-21）。

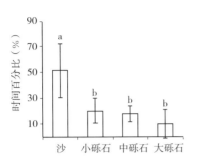

图 4-19 中华鲟幼鱼个体对 4 种底质的选择

图中字母不同表示有显著性差异（$P<0.05$），相同则表示无显著性差异

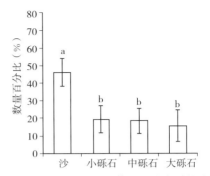

图 4-20 中华鲟幼鱼群体对 4 种底质的选择

图中字母不同表示有显著性差异（$P<0.05$），相同则表示无显著性差异

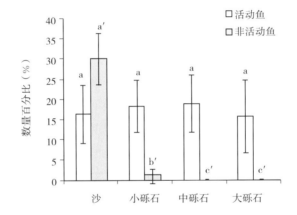

图4-21 群体中华鲟幼鱼在 4 种底质类型中的活动鱼与非活动鱼的数量百分比

图中字母不同表示有显著性差异（$P<0.05$），相同则表示无显著性差异

（5）盐度选择 对盐度的主动选择反映了中华鲟幼鱼不同生活史阶段对栖息水域盐度条件的需求。为比较不同月龄以及偶然的盐度刺激是否会引起盐度喜好性的改变，实验选取 8 月龄和 11 月龄人工繁养中华鲟幼鱼及盐度 10 驯养 20 d 的幼鱼进行研究。如图 4-22A 所示，8 月龄组和 11 月龄组幼鱼在淡水中的出现率分别极显著地高于同龄组幼鱼在其他盐度中的出现率。这说明，一直生活在淡水环境中的中华鲟幼鱼是喜好淡水的，并不喜好咸水。人工繁养的淡水中华鲟幼鱼在盐度 10 环境中驯养 20 d 以上后，其在盐度 10 分室中的出现率极显著地高于其他盐度分室中的出现率，表明咸化幼鱼最喜好的是盐度 10 环境。而这个盐度正好是其咸化环境的盐度，并且咸化幼鱼在进行咸化之前是喜好淡水环境的。这一结果提示，幼鱼生活的水环境盐度可以改变其原有盐度喜好性，并使之建立起新的与环境盐度相适应的盐度喜好性。从图 4-22B 中还可以看出，咸化幼鱼盐度喜好性排序为盐度 10＞盐度 15＞盐度 20＞淡水＞盐度 5＞盐度 25，虽然咸化幼鱼在对盐度 15、盐度 20 和淡水的盐度喜好性上并未表现出显著性差异，但这一现象已经显示出

了咸化幼鱼喜好更高盐度的趋势。

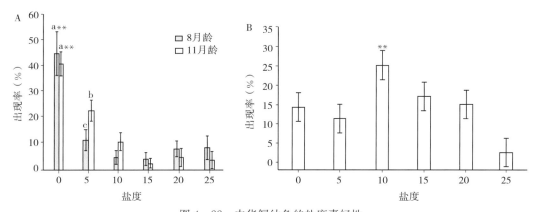

图 4-22　中华鲟幼鱼的盐度喜好性

A. 淡水养殖组　B. 盐度驯化组

图中字母不同表示年龄组间有显著性差异（$P<0.05$），相同则表示无显著性差异

相同数量"＊"表示盐度组间无显著性差异（$P<0.05$），不同则表示有显著性差异

图 4-23 为长江口天然水域野生中华鲟幼鱼在不同盐度下的出现率。野生中华鲟幼鱼在盐度 5 分室中的出现率极显著地高于其他盐度分室中的出现率，其盐度喜好性排序为盐度 5＞淡水＞盐度 10＞盐度 25＞盐度 15＝盐度 20。表明野生中华鲟幼鱼最喜盐度为盐度 5，次好盐度为淡水和盐度 10。野生中华鲟幼鱼在次好盐度中的出现率均极显著地高于其他高盐度环境中的出现率。这一结果表明，在长江口活动的中华鲟幼鱼正在改变着原有喜淡水的习性，其盐度喜好性朝着喜咸水的方向转变。

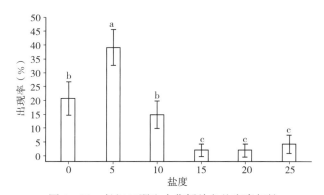

图 4-23　长江口野生中华鲟幼鱼盐度喜好性

图中字母不同表示有显著性差异（$P<0.05$），相同则表示无显著性差异

中华鲟幼鱼盐度喜好性并不是一成不变的，存在着明显的变化规律，即随着外界盐度增加，喜好盐度也随之增加；从未接触过咸水的淡水幼鱼，极其显著地表现为趋淡水行为；生活在长江口，还未完成渗透生理转变的野生中华鲟幼鱼，最喜好盐度为 5；而驯养于盐度 10 环境中一定时间的中华鲟幼鱼，就最喜好其驯化盐度 10。

二、栖息地选择行为的生态学意义

长江口中华鲟幼鱼具有趋光、选择白色底质、选择开阔水域和选择沙底质等行为特征，这与后期仔鱼的行为特征基本一致，但生态学意义却不完全相同。

1. 趋性行为的生态学意义

长江口中华鲟幼鱼具有趋光行为。此时的趋光行为与仔鱼期（早期仔鱼和晚期仔鱼）的趋光行为的意义有所不同。早期仔鱼阶段的趋光行为，是为了使仔鱼能够离开水底，从而逃避聚集在产卵场和孵化场的捕食性鱼类；早期仔鱼未开口，所以趋光行为与摄食无关，此时趋光行为的主要作用是逃离捕食者。晚期仔鱼（12 日龄以后，已经开口摄食）具有趋光行为，但与早期仔鱼不同的是，晚期仔鱼开始贴底活动，认为这一趋光行为与摄食行为有关，推测此时的仔鱼已经分散至产卵场下游一定距离的江边浅滩，而且这些江滩水深较浅，水底有一定的光照。中华鲟幼鱼的趋光行为与摄食行为有关，但是我们的实验证明，中华鲟幼鱼的摄食效率在光照条件下和完全黑暗条件下并无明显差异（见第六章），这表明幼鱼摄食行为本身可以不依靠视觉。因此，我们推断中华鲟幼鱼趋光的意义可能在于明亮的水域意味着水层较浅，水底光线充足，这样的水域生产力高，食物的种类和数量丰富，光线起到寻找摄食场的信号作用。

中华鲟在亮区环绕式圆周运动也符合鱼类趋光性行为机制中的"信号—适应"假说。关于鱼类趋光性行为机制，主要有以下几种假说：强制运动论（又称机械说）、适宜照度论、适应性理论、信号说、信号—适应假说（又称阶段论）（殷名称，1995；何大仁，1998）。前 4 种假说都有一定的局限性，而信号—适应假说综合了各学说，能够很好地解释趋光性行为机制。此学说认为，鱼类趋光由 2 个阶段组成，即：生物学阶段和生理学阶段。在生物学阶段，光是作为形成鱼群、摄食、逃避敌害的信号，在这个阶段中，鱼离光源较远，照度较低，光线开始吸引鱼类，这时光具有信号作用。在生理学阶段，鱼类进入强光区后，鱼眼很快对它产生适应，而鱼原来所在弱光区对鱼来说将变得更暗了，结果它们移近光源，由于视觉适应机制的结果，强光线对鱼类造成强烈的吸引作用。鱼类的视野大，能看到前面，也能看到后面，强光从前方照亮，鱼的后视野则变成黑暗的了。鱼类在强光区活动，突然落入超强的单侧光刺激的作用场内，它的平衡则被破坏，行为成为病理状态，于是就开始围绕光源做圆周运动。

幼鱼中华鲟在选择明亮栖息环境（趋光和白色底质）和开阔的水域方面，常表现出高度的一致性，即：如果中华鲟幼鱼具有趋光性，则常具有选择白色底质和开阔水域的习性（Zhuang et al，2002）。中华鲟幼鱼具有趋光性行为这一事实，提示我们在养殖或救助中华鲟幼鱼时，要提供适当的光照，以减少其应激反应。

长江口中华鲟幼鱼不具有藏匿习性，这与后期仔鱼的行为特征一致。其适应意义可以从以下 2 个方面来理解：一方面，长江口的中华鲟幼鱼体长一般至少已经在 10 cm，具备一定的游泳逃避能力；另一方面，可能与长江口区的水域内中华鲟幼鱼少有捕食天敌有关。根据《上海鱼类志》的记载：长江口水域内，除中国花鲈（*Lateolabrax macuma-tus*）外，几乎不存在其他凶猛鱼类（庄平 等，2009）。中华鲟幼鱼具备很好的游泳能力，同时又没有被捕食的压力，因此，自然选择不可能使其进化出无意义的藏匿行为。

中华鲟幼鱼选择沙底质的行为动机和生态学意义，一般认为与食物因素有关。食性研究表明，中华鲟、大西洋鲟（*A. sturio*）和闪光鲟（*A. stellatus*）幼鱼的食物主要是鰕虎鱼类、寡毛类、甲壳类、多毛类等小型身体柔软的生物，这些生物通常分布在沙底质上或在沙底质中（黄琇和余志堂，1991；Brosse et al，2000；Johnson et al，1997；Beamish et al，1998；Kempinger，1996）。另外，中华鲟为下位口，摄食呈吮吸式，摄食时必须以吻部触须接触底质，进行缓慢地搜索，且只能摄食底质上的食物，而不能摄食水层中的食物（梁旭方，1996）。因此，中华鲟幼鱼在摄食时必须贴近底质，沙底质相比于砾石更平坦和柔软，在沙底质中贴底觅食可以避免鱼体擦伤。栖息地的沙底质对于鲟类的生存具有重要意义。野外调查表明，长江口中华鲟幼鱼的分布主要集中在崇明岛东滩团结沙周围的长 8～10 km，宽 3～5 km 的范围内（易继舫，1994），此区域内主要以泥沙底质为主（陈伊俊和葛建平，1994）。因此，对中华鲟幼鱼的保护，应该重视其分布区内底质环境的保护；在人工救护和养殖时，也应尽量使用沙底质。

长江口的中华鲟幼鱼与长江上游的早期仔鱼相比，其面临的主要生存压力已经发生变化，早期仔鱼的生存压力主要为捕食鱼类的捕食，其趋性行为的作用主要是逃离捕食者；长江口中华鲟幼鱼的被捕食压力很小，这与长江口水域捕食性鱼类较少有关，其趋性行为的主要作用是寻找食物，从而有利于幼鱼生存。

2. 盐度选择的生态学意义

鱼类的盐度喜好性是其渗透生理状态的外在表现。对盐度的主动选择，可以使鱼类生活在适宜的渗透环境中，免受不良渗透环境对鱼类内环境稳定性的破坏，以利于鱼类的生存。

中华鲟幼鱼刚从长江干流洄游到长江口时，无一例外都表现为趋淡水行为，并不喜好咸水。但在长江口摄食肥育过程中，中华鲟幼鱼接触到咸水，在外界盐度的刺激下，引起体内渗透调节器官和组织发生结构和功能上的调整。在组织器官调整期间，幼鱼基本不具备适应过高渗透压力环境的能力。中华鲟幼鱼的趋淡水行为此时正好为机体提供了必要的保护，它保证了幼鱼被局限在较低的盐度水域中，回避高盐度海水区域，从而避免了过高盐度水环境给身体带来的危害，这是中华鲟幼鱼盐度喜好性第一个生态学意义。

当渗透调节器官完成了调整后，机体对栖息水环境的盐度要求随之发生了相应转变，其盐度喜好性发生根本转变，表现为主动选择不同渗透压力的水环境。也就是说，随着渗透调节器官的功能由适应淡水低渗环境逐渐转变为适应高渗咸水环境过程中，中华鲟幼鱼的盐度喜好性也从喜好淡水逐渐转变为喜好不同盐度的咸水。正是这种盐度喜好性的转变驱动着中华鲟幼鱼最终从河口半咸水水域进入到大海之中。中华鲟幼鱼入海洄游机制之一是其盐度喜好性发生了根本变化，从原有的趋淡水性转变为趋咸水性，喜好咸水驱使幼鱼主要选择了海水，从而离开有着丰富食物种类和数量的河口半咸水水域。这也是中华鲟盐度喜好性的第二个重要生态学意义。

总之，中华鲟盐度喜好性主要有以下 2 个方面的生态学意义：一是使幼鱼始终处于适宜的渗透环境中，有利于生存；二是驱动幼鱼离开河口半咸水水域进行入海洄游。

第五章
生　　长

鱼类的生长（growth）通常是指鱼体长度和重量的增加，这是鱼在不断代谢过程中合成新组织的结果。生长是极其复杂的生命现象，每一种鱼都具有特定的生长方式、过程和特点，这是由遗传所决定的生长潜力与鱼在生长过程中遇到的复杂环境条件之间相互作用的结果。鱼类的生长具有阶段性特点，每一个生长阶段往往都有各自特定的生长特征，本章将聚焦中华鲟幼鱼阶段，重点介绍该阶段的生长特征、生理生化指标变化及其生长的环境调控。

第一节　生长特征

一般情况下，鱼类生长最迅速的阶段是在性成熟前，主要表现为体长和体重的大幅度增长。该阶段生长幅度大，变动性也大，主要是与食物保证程度密切相关。长江口是中华鲟进行江海洄游的唯一通道，也是幼鱼的重要索饵和生长场所。中华鲟幼鱼在长江口摄食肥育、迅速生长，同时也为进入海洋生活进行必要的生理适应性调节，这是种群维持和延续的重要生态适应。

一、野生幼鱼的生长

通常，每年4月末5月初，中华鲟幼鱼开始进入崇明岛东滩水域，经过4个多月的摄食肥育，至8月中下旬逐渐洄游入海。该时期，由于气温和水温的逐渐回升，天然饵料生物增多，幼鱼摄食旺盛，生长十分迅速。

葛洲坝截流以前，有关中华鲟幼鱼体重和体长等生长数据仅见于捕捞数据，并未见相关报道。葛洲坝截流30多年来，中国科学院水生生物研究所、中华鲟研究所、中国水产科学研究院东海水产研究所等单位先后对长江口中华鲟幼鱼资源及其生长状况进行了调查监测，积累了丰富的基础数据资料（表5-1）。

1. 生长速度

赵燕等（1986）在连续4年（1982—1985年）对长江口中华鲟幼鱼资源调查的基础上，选取1982年和1985年同一时期中华鲟幼鱼全长和体重数据，对比分析了葛洲坝建坝前后长江口中华鲟幼鱼的生长差异。结果发现，建坝后出生于坝下产卵场的中华鲟幼鱼，其生长显著优于建坝前原产卵场出生的中华鲟幼鱼，即坝下产卵场出生的中华鲟幼鱼生长更快一些，这可能是由于坝下出生的中华鲟幼鱼能够较早地进入饵料丰富的河口水域摄食生长（葛洲坝的建立导致中华鲟产卵场由距长江口约2 884 km的长江上游的屏山至宜宾江段迁移至距长江口约1 851 km的坝下宜昌产卵场，下移超过了1 000 km，致使幼鱼提前约1个月到达长江口）。

表5-1 1982—2018年长江口中华鲟幼鱼的体长和体重及其变化

年份	5月			6月			7月			8月		
	样本数(尾)	体长(cm)	体重(g)	样本数(尾)	体长(cm)	体重(g)	样本数(尾)	体长(cm)	体重(g)	样本数(尾)	体长(cm)	体重(g)
1982	采样时间: 6月上旬至7月中旬; 样本134尾; 全长16.0~36.0cm, 平均25.8cm; 体重22.0~149.0 g, 平均58.4g											
1983	采样时间: 5月中旬至7月中旬; 样本22尾; 全长13.8~41.0cm, 平均28.6cm; 体重7.3~231.0 g, 平均86.8g											
1985	采样时间: 5月上旬至8月下旬; 样本455尾; 全长15.0~45.0cm, 平均27.7cm; 体重4.0~298.0 g, 平均74.0g											
1992	46	12.7	12.0	821	17.1	30.6	82	24.8	107.7	—	—	—
2004	27	16.7±3.2	28.7±16.7	60	21.2±2.1	72.5±21.0	60	26.3±4.8	146.0±34.8	10	31.9±3.2	236.8±25.9
2005	—	—	—	36	22.0±5.1	78.2±23.9	28	25.2±6.1	122.8±26.1	—	—	—
2006	11	15.2±2.3	30.1±10.9	88	22.6±2.1	86.2±16.3	184	24.7±1.5	119.2±29.3	—	—	—
2012	14	10.5±1.9	8.4±3.8	57	14.2±2.5	21.2±10.7	29	23.7±4.1	96.8±33.4	18	28.1±4.2	168.0±74.7
2013	18	12.9±2.1	14.6±6.2	5	19.2±3.0	41.2±16.0	7	25.4±3.0	121.3±49.1	2	28.6±0.4	159.9±33.6
2015	38	11.8±2.2	10.9±6.2	100	16.7±2.3	29.7±12.1	491	23.5±4.0	92.6±55.0	139	27.4±4.1	152.3±69.3
2017	6	13.4±1.3	16.5±6.1	22	20.8±4.9	61.8±49.1	52	30.9±6.2	223.6±152.6	29	35.4±6.8	335.6±186.6

注: 1. 数据来源: 历史数据引自赵燕等 (1986)、易继舫 (1994) 和毛翠凤等 (2005) 的文献资料; 其他均为本书作者研究团队在长江口水域的调查监测数据。
2. 2014年、2016年和2018年均未在长江口水域监测到野生中华鲟幼鱼。

中华鲟幼鱼在长江口的生长十分迅速，年际间存在差异，且同一月份中个体间的规格也存在较大差异（表5-1），表明中华鲟幼鱼群体生长具有不均衡性。1990—1992年，中华鲟幼鱼在长江口停留期间的体长和体重分别增加了2.2倍和12.7倍（易继舫，1994），而2004年同期，体长和体重分别增加了1.91倍和8.25倍（毛翠凤 等，2005）。可见，1990—1992年长江口中华鲟幼鱼的生长速度优于2004年长江口的中华鲟幼鱼，这在生长率上也得以体现（表5-2）。2012年以来，长江口中华鲟幼鱼的生长速度基本保持相对稳定，体长和体重增长分别超过了2.4倍和15倍（表5-2）。

从统计结果来看，长江葛洲坝截流以来，长江口中华鲟幼鱼在6月和7月集中索饵期，体长的绝对生长率、相对生长率和特定生长率分别为0.21 cm/d、1.5%和1.08%/d，而体重的绝对生长率、相对生长率和特定生长率分别为2.15 g/d、11.05%和3.37%/d。

表5-2 长江口中华鲟幼鱼的生长速度

年份	绝对生长率		相对生长率		特定生长率	
	体长（cm/d）	体重（g/d）	体长（%）	体重（%）	体长（%/d）	体重（%/d）
1990—1992	0.19	1.64	1.55	14.67	1.01	3.18
2004	0.16	1.96	0.96	6.81	0.76	2.71
2006	0.16	1.49	1.04	4.93	0.81	2.29
2012	0.22	1.47	2.10	17.54	1.36	4.07
2013	0.21	1.78	1.61	12.18	1.13	3.53
2015	0.20	1.36	1.65	12.49	1.15	3.57
2017	0.34	5.37	1.62	8.70	1.32	4.23
平均	0.21	2.15	1.50	11.05	1.08	3.37

注：仅统计6月和7月长江口中华鲟幼鱼监测数据，该时期是幼鱼在长江口集中摄食肥育期。

2. 体长与体重关系

鱼类体长和体重之间有一定的相关关系。同样长度的鱼，体重越大，表明鱼体越丰满，营养状况和环境条件越佳。探讨鱼类在生长过程中体长和体重生长的关系以及相关系数，对于鱼类生态学基础理论研究和渔业生产具有重要意义。

（1）体长—体重相关式 中华鲟幼鱼在长江口水域停留摄食期间，总体上呈现出等速生长的状态，即体长和体重接近匀速生长（表5-3）。不同月份间，中华鲟幼鱼体长和

表5-3 长江口中华鲟幼鱼生长的月变化

月份	a			b			相关系数		
	2004年	2015年	2017年	2004年	2015年	2017年	2004年	2015年	2017年
5月	0.014 2	0.017 7	0.000 6	2.675 6	2.603 4	3.925 4	0.976 7	0.921 2	0.913 2
6月	0.009 9	0.007 0	0.011 6	2.902 2	2.953 0	2.772 2	0.885 8	0.837 5	0.802 8
7月	0.004 6	0.004 2	0.006 3	3.124 8	3.139 7	3.006 2	0.983 9	0.922 4	0.838 1
8月	0.021 0	0.005 5	0.004 2	2.662 3	3.075 7	3.130 1	0.928 6	0.899 5	0.882 0
全部	—	0.004 6	0.005 1	—	3.112 4	3.065 1	—	0.969 3	0.932 5

注：1. a和b为体长—体重关系式 $W = aL^b$ 中的常数，其中 W 表示体重，L 表示体长。
2. "全部"指5—8月所有的鱼放在一起计算。

体重生长存在一定差异，即从刚到长江口时的异速生长转变为后期的等速生长（表5-3，图5-1）。5月，中华鲟幼鱼体长—体重相关式中幂指数 b 值为 2.6 左右，小于 3，呈异速生长，即体长生长速度大于体重生长速度；而 6—8 月中华鲟幼鱼体长—体重相关式中幂指数 b 值接近于 3，呈等速生长，即体长和体重接近匀速生长。

（2）肥满度　中华鲟幼鱼到达长江口后，肥满度呈现出逐月上升的趋势，这表明长江口索饵场为中华鲟幼鱼生长提供了充足的饵料资源。长江口中华鲟幼鱼的肥满度在年际间存在一定的变化，最低值出现在 1990—1992 年（0.56），最高值出现在 2006 年（0.80）（表5-4）。

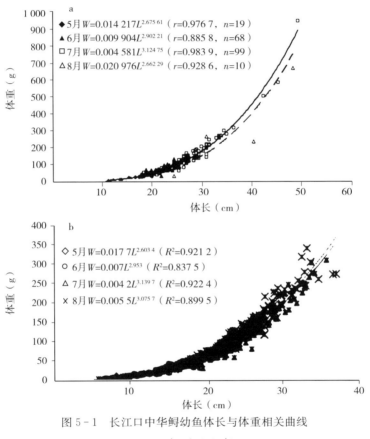

图5-1　长江口中华鲟幼鱼体长与体重相关曲线

a. 2004 年　b. 2015 年

表5-4　长江口中华鲟幼鱼的肥满度

月份	1990—1992 年	2004 年	2006 年	2012 年	2013 年	2015 年	2017 年
5月	0.52	0.57	0.86	0.73	0.68	0.66	0.69
6月	0.50	0.74	0.75	0.74	0.58	0.64	0.69
7月	0.67	0.69	0.79	0.73	0.74	0.71	0.76
8月	—	0.63	—	0.76	0.68	0.74	0.76
平均	0.56	0.66	0.80	0.74	0.67	0.69	0.73

3. 生长特征

鱼类生长具有阶段性，性成熟以前是快速生长期。中华鲟生活史较长，通常雄性 8 年、雌性 14 年以上才能达到性成熟。在性成熟以前，中华鲟的生长随着年龄的增加，生长速度逐渐下降。据统计，长江口中华鲟幼鱼的生长最为迅速，尤其是体长的生长。据四川省长江水产资源调查组（1988）监测，1 龄后中华鲟体长生长的年增长量最高为 18.1 cm（0.05 cm/d），仅为长江口幼鱼体长生长的 1/4～1/3。

中华鲟幼鱼在长江口生长 4 个月左右，基本属于等速生长（体长—体重关系式中幂指数 b 值在 3 左右），即体长和体重同步生长。体长—体重关系（包含肥满度）不仅可以体现鱼类的生长特征，同时也可以反映出鱼类生活的环境条件优劣和营养条件丰歉。从调查监测结果来看，尽管年际间长江口中华鲟幼鱼的肥满度有所差异，但总体上每年的 6—7 月是中华鲟幼鱼生长最为稳定的时期，反映出长江口在 6—7 月为中华鲟幼鱼生长提供的适口饵料最为丰富。

二、误捕抢救幼鱼的生长

崇明东滩的浅滩水域是中华鲟幼鱼的集中索饵场，在其摄食肥育期间极易被插网和深水网等渔具误捕。若不及时抢救，极易造成死亡。吴建辉等（2007）利用 2.0 m× 1.2 m×0.8 m 的 PVC 养殖水槽，对体长 15 cm、体重 26 g 抢救成活的野生中华鲟幼鱼开展了人工养殖条件下的生长实验，养殖周期为 90 d，期间按鱼体重 1% 投喂水蚯蚓。

1. 生长速度

在夏季（6—8 月）的驯化暂养期间，误捕野生中华鲟幼鱼的生长速度随着养殖时间增加，生长速度呈现下降趋势（表 5 - 5）。驯养期间体长和体重特定生长率分别为 0.71%/d 和 1.58%/d。

表 5 - 5　误捕抢救中华鲟幼鱼的生长情况

月份	水温（℃）	绝对生长率		相对生长率		特定生长率	
		体长（cm/d）	体重（g/d）	体长（%）	体重（%）	体长（%/d）	体重（%/d）
6 月	25.4	0.22	1.60	1.41	6.15	1.17	3.49
7 月	27.3	0.13	0.60	0.61	0.81	0.56	0.73
8 月	28.5	0.11	0.53	0.42	0.58	0.40	0.53
平均	27.1	0.15	0.91	0.81	2.51	0.71	1.58

2. 体长与体重关系

误捕中华鲟幼鱼暂养期间体长与体重的关系为：$W = 0.121\,5L^{2.031\,3}$（$r = 0.945\,7$），幂指数系数 b 小于 3，呈异速生长，即体长生长速度大于体重生长速度。6—8 月暂养期间的

肥满度分别为 0.73、0.58 和 0.44，也呈现出逐月下降的趋势。

3. 生长特征

误捕抢救中华鲟幼鱼的生长状况并不良好，明显劣于长江口野生中华鲟幼鱼。可能存在三点原因：一是误捕受伤，误捕造成的外伤、缺氧以及人为操作引起的应激反应等导致中华鲟幼鱼体质较弱，且恢复较慢；二是生长环境不适，小水体、纯淡水养殖是中华鲟幼鱼生长的限制因子（该时期应为半咸水水域摄食），养殖水体温度较高（接近 30 ℃）也不适宜中华鲟幼鱼生长；三是饵料适口性问题，中华鲟幼鱼在长江口摄食底栖鱼类、虾蟹等多种生物饵料，但养殖过程中，仅用水蚯蚓和部分小鱼小虾等鲜活饵料替代，饵料适口性和营养组成均有所欠缺。

三、人工繁育幼鱼的生长

自 1983 年，葛洲坝下中华鲟人工繁殖成功后，科研工作者利用人工繁育的中华鲟开展了系列室内模拟研究，以期完善中华鲟生物学资料。肖慧和李淑芳（1994）开展了 1 龄中华鲟幼鱼的养殖和生长实验观察，养殖期间主要投喂水生寡毛类，间或投喂陆生寡毛类和小虾。

1. 生长速度

人工繁育 7～9 月龄中华鲟幼鱼的全长绝对生长率、相对生长率和特定生长率分别为 0.37 cm/d、1.69% 和 1.24%/d，体重的绝对生长率、相对生长率和特定生长率分别为 6.71 g/d、6.90% 和 3.53%/d（表 5-6）。

表 5-6　人工繁育幼鱼的生长情况

月龄	水温（℃）	绝对生长率		相对生长率		特定生长率	
		体长（cm/d）	体重（g/d）	体长（%）	体重（%）	体长（%/d）	体重（%/d）
7	24.7	0.41	2.85	2.55	10.77	1.89	4.81
8	26.2	0.39	8.35	1.37	7.46	1.15	3.92
9	26.4	0.30	8.94	1.15	2.47	0.68	1.85
平均	25.8	0.37	6.71	1.69	6.90	1.24	3.53

2. 体长与体重关系

5～12 月龄人工繁育中华鲟幼鱼的全长和体重关系式为 $W = 3.432 L^{3.129}$（$r = 0.956$），属等速生长，7～9 月龄时的肥满度分别为 0.64、0.49 和 0.57，平均为 0.57。

3. 生长特征

人工养殖中华鲟幼鱼的生长特征为等速度生长。相比野生中华鲟幼鱼，人工养殖中华鲟幼鱼的生长更为迅速，这可能是因为养殖环境相对稳定、饵料丰富且充足，而野生中华鲟幼鱼还要经常面临饵料缺乏、食物竞争和被捕食的境况。

第二节 体成分组成与变化

鱼类生长的过程中，体成分如蛋白质、脂肪、矿物质和水分等在不断地进行积累，而且，在不同的生长时期与生长环境下都会产生一定的变化。

一、不同月份野生幼鱼的体成分组成

不同月份的中华鲟幼鱼均为渔民在长江口误捕所得，随机取样。其中，6 月中华鲟幼鱼体重为（76.7±15.7）g，体长（22.0±1.4）cm；7 月中华鲟幼鱼体重（122.4±14.8）g，体长为（25.0±1.5）cm。

1. 一般成分

7 月中华鲟幼鱼肌肉中粗蛋白、粗脂肪和粗灰分含量均显著高于 6 月（$P < 0.05$），而水分含量在 6 月和 7 月中华鲟幼鱼之间差异不显著（表 5 - 7）。

表 5 - 7 中华鲟幼鱼肌肉中一般成分含量（%，湿重）

月份	水分	粗蛋白	粗脂肪	粗灰分
6 月	80.64±0.31[a]	16.19±1.00[a]	0.12±0.04[a]	1.10±0.04[a]
7 月	80.97±0.61[a]	17.22±0.48[b]	0.38±0.04[b]	1.17±0.31[b]

注：同一列中参数右上角字母不同表示有显著性差异（$P<0.05$），相同则表示无显著性差异。

2. 氨基酸

在中华鲟幼鱼肌肉中共测出 18 种常见氨基酸（表 5 - 8），测定结果显示，除酪氨酸（Tyr）、胱氨酸（Cys）、苯丙氨酸（Phe）、赖氨酸（Lys）和缬氨酸（Val）这 5 种氨基酸含量在 6 月和 7 月中华鲟幼鱼间差异不显著外，其他氨基酸含量及氨基酸总量（W_{TAA}）、必需氨基酸总量（W_{EAA}）、非必需氨基酸总量（W_{NEAA}）和半必需氨基酸总量（W_{HEAA}）在 6 月和 7 月中华鲟幼鱼间均具有显著性差异（$P<0.05$）。比较 6 月和 7 月中华鲟幼鱼肌肉中各种氨基酸的平均值，除 Cys 在两者间相等及谷氨酸（Glu）和 Val 在 6 月中华鲟幼鱼中含量较高外，其他氨基酸含量均在 7 月中华鲟幼鱼中较高。在所测得的 18 种氨基酸中，Glu 含量都是最高，分别占 13.79% 和 12.74%，其次均为 Lys、天冬氨酸（Asp）、亮氨酸（Leu）、精氨酸（Arg）、Val 和丙氨酸（Ala），而 Cys 含量最低，均为 0.57%，并且 6 月和 7 月中华鲟幼鱼肌肉的氨基酸含量高低排序是一致的。

表 5-8 中华鲟幼鱼肌肉中氨基酸组成及含量（%，干重）

氨基酸	6 月	7 月
丝氨酸 Ser	3.84 ± 0.06^a	3.98 ± 0.02^b
酪氨酸 Tyr	2.88 ± 0.08^a	2.94 ± 0.03^a
胱氨酸 Cys	0.57 ± 0.00^a	0.57 ± 0.01^a
脯氨酸 Pro	1.12 ± 0.03^a	1.72 ± 0.04^b
天冬氨酸 Asp	8.27 ± 0.09^a	8.66 ± 0.22^b
谷氨酸 Glu	13.79 ± 0.01^a	12.74 ± 0.10^b
甘氨酸 Gly	4.32 ± 0.00^a	4.96 ± 0.02^b
丙氨酸 Ala	4.91 ± 0.01^a	6.01 ± 0.22^b
组氨酸 His	1.75 ± 0.04^a	2.02 ± 0.11^b
精氨酸 Arg	6.11 ± 0.06^a	6.36 ± 0.03^b
蛋氨酸 Met	1.22 ± 0.01^a	1.89 ± 0.01^b
苯丙氨酸 Phe	4.08 ± 0.17^a	4.12 ± 0.05^a
异亮氨酸 Ile	3.74 ± 0.02^a	4.11 ± 0.05^b
亮氨酸 Leu	7.22 ± 0.01^a	7.57 ± 0.09^b
赖氨酸 Lys	9.02 ± 0.09^a	9.21 ± 0.58^a
苏氨酸 Thr	3.53 ± 0.12^a	3.78 ± 0.14^b
缬氨酸 Val	6.10 ± 0.05^a	6.05 ± 0.00^a
色氨酸 Trp	0.68 ± 0.00^a	0.70 ± 0.02^b
氨基酸总量 W_{TAA}	83.16 ± 0.65^a	87.39 ± 0.32^b
必需氨基酸总量 W_{EAA}	43.45 ± 0.57^a	45.81 ± 1.08^b
半必需氨基酸总量 W_{HEAA}	3.45 ± 0.08^a	3.51 ± 0.04^b
非必需氨基酸总量 W_{NEAA}	36.25 ± 0.20^a	38.07 ± 0.62^b

注：同一行中参数右上角字母不同表示有显著性差异（$P < 0.05$），相同则表示无显著性差异。

3. 脂肪酸

6 月中华鲟幼鱼肌肉中检测到 5 种饱和脂肪酸（SFA）、6 种单不饱和脂肪酸（MUFA）和 6 种多不饱和脂肪酸（PUFA）；7 月中华鲟幼鱼肌肉中检测到 6 种 SFA、4 种 MUFA 和 5 种 PUFA（表 5-9）。测定结果显示，除 $C_{14:0}$、$C_{15:0}$、$C_{17:0}$、$C_{17:1}$、$C_{18:1\omega 9c}$ 和 $C_{24:1\omega 9}$ 这 6 种脂肪酸在 6 月和 7 月中华鲟幼鱼间差异不显著外，其他脂肪酸在两者间均差异显著（$P < 0.05$）。从脂肪酸组成上看，ΣSFA 和 ΣMUFA 均是 6 月中华鲟显著高于 7 月中华鲟（$P < 0.05$），而 ΣPUFA 是 7 月中华鲟显著高于 6 月中华鲟（$P < 0.05$）。7 月中华鲟的二十五碳五烯酸（EPA）和二十二碳六烯酸（DHA）总量、$\Sigma \omega 3$PUFA 和 $\Sigma \omega 6$PUFA 均显著高于 6 月中华鲟（$P < 0.05$）。

表 5-9 中华鲟幼鱼肌肉中脂肪酸组成及含量（%，干重）

脂肪酸	6 月	7 月
$C_{14:0}$	2.37±0.05[a]	2.06±0.38[a]
$C_{15:0}$	1.55±0.05[a]	0.97±0.43[a]
$C_{16:0}$	30.27±0.27[a]	26.32±1.66[b]
$C_{17:0}$	2.22±0.59[a]	1.60±0.77[a]
$C_{18:0}$	6.26±0.11[a]	5.82±0.23[b]
$C_{23:0}$	—	0.81±0.00
$\sum$SFA	42.68±0.28[a]	35.71±3.72[b]
$C_{16:1}$	4.17±0.05[a]	4.97±0.11[b]
$C_{17:1}$	1.62±0.15[a]	1.99±0.44[a]
$C_{18:1\omega9t}$ ◆	0.92±0.03	—
$C_{18:1\omega9c}$ ▼	11.99±0.04[a]	11.92±0.68[a]
$C_{20:1\omega9}$	0.68±0.02	—
$C_{24:1\omega9}$	1.59±0.03[a]	1.54±0.26[a]
$\sum$MUFA	20.97±0.12[a]	20.02±0.96[a]
$C_{18:2\omega6c}$ ▼▲	3.79±0.05[a]	2.90±0.36[b]
$C_{20:2}$	0.80±0.03[a]	1.66±0.39[b]
$C_{18:3\omega3}$ ★	1.21±0.02	—
$C_{20:3\omega6}$ ▲	7.36±0.10[a]	12.14±1.11[b]
$C_{20:5\omega3}$ （EPA）★	10.46±0.04[a]	12.57±1.35[b]
$C_{22:6\omega3}$ （DHA）★	12.74±0.06[a]	16.10±0.64[b]
$\sum$PUFA	36.35±0.20[a]	45.38±3.73[b]
EPA+DHA	23.19±0.10[a]	28.67±1.95[b]
$\sum\omega3$PUFA	24.40±0.10[a]	28.67±1.95[b]
$\sum\omega6$PUFA	11.15±0.12[a]	15.04±1.46[b]

注：1. $\sum$SFA 为饱和脂肪酸总量；$\sum$MUFA 为单不饱和脂肪酸总量；$\sum$PUFA 为多不饱和脂肪酸总量；▲为 $\omega6$ 系列多不饱和脂肪酸；★为 $\omega3$ 系列多不饱和脂肪酸；◆为反式（t），表示在异侧；▼为顺式（c），表示在同侧。

2. 同一行中参数右上角字母不同表示有显著性差异（$P<0.05$），相同则表示无显著性差异。

4. 矿物元素

肌肉矿物元素中钙（Ca）含量最高，其次为磷（P）；微量元素中铁（Fe）和锌（Zn）含量较高，铅（Pb）含量较低（表 5-10）。其中，7 月中华鲟幼鱼肌肉中 Ca、P、镁（Mg）和硒（Se）的含量高于 6 月中华鲟；而 Fe、Zn、镉（Cr）和 Pb 的含量低于 6 月中华鲟。

表 5-10 中华鲟幼鱼肌肉中矿物元素组成与含量（干重）

单位：$\mu g/g$

元素	6 月	7 月
Ca	1041.75±12.04	1541.56±29.98
P	485.21±3.58	674.12±3.58

（续）

元素	6月	7月
Mg	26.54±2.28	75.80±3.36
Se*	4.11±0.05	4.18±0.07
Fe*	70.96±2.97	15.94±1.68
Zn*	33.41±2.64	12.03±2.22
Cr*	10.10±0.97	2.79±0.15
Pb*	0.43±0.01	0.34±0.03

注：* 表示微量元素。

中华鲟幼鱼从 4 月底 5 月初下旬抵达长江口到 8 月入海时，在不同月份，其生存环境发生了变化，不同环境中饵料生物的组成也不同，故其肌肉成分发生了相应变化。上述结果可以看出，中华鲟幼鱼肌肉中粗蛋白、粗脂肪和粗灰分含量，除 Cys、Glu 和 Val 外的其他氨基酸含量，EPA、DHA、ω3PUFA 和 ω6PUFA 的含量均是 7 月较高。这是因为 6 月中华鲟幼鱼洄游至长江口后其摄食的食物类群和种类数逐渐增加，食物多样性指数相对较高且稳定。中华鲟幼鱼在崇明东滩经过 1 个月摄食肥育后，营养物质不断积累，故 7 月中华鲟幼鱼肌肉中营养成分的含量较高。

ω3PUFA 是海水仔、稚、幼鱼的必需脂肪酸。6 月和 7 月中华鲟幼鱼肌肉中均含有丰富的 EPA 和 DHA 及 ω3PUFA 和 ω6PUFA，且两者中 ∑ω3PUFA 均大于 ∑ω6PUFA，可见 PUFA 的组成和含量符合海水鱼类对脂肪酸的营养需要，但 EPA 和 DHA 及 ω3PUFA 和 ω6PUFA 的含量均是 7 月中华鲟幼鱼较高，可见 7 月中华鲟具有更多入海所需的脂肪酸。中华鲟幼鱼体内高的 EPA 和 DHA 含量，与其野生环境相关。鱼类是通过食物链的富集作用使 EPA 与 DHA 在体内积聚起来。长江口中华鲟幼鱼的饵料生物主要有斑尾刺鰕虎鱼（*Acanthogobius ommatarus*）等鱼类，另外还有沙蚕、钩虾、白虾、蟹、河蚬（*Corbicula fluminea*）、水蚤等底栖生物。EPA 与 DHA 通过积累到中华鲟幼鱼的饵料生物中，然后通过食物链的积累放大作用，EPA 与 DHA 不断地富集到中华鲟体内，入海过程中 EPA 与 DHA 在中华鲟体内越积越多，使 7 月中华鲟幼鱼肌肉中 EPA 与 DHA 的含量高于 6 月中华鲟，这种积累正好能满足中华鲟幼鱼在海洋中对 EPA 与 DHA 的营养需求，可见中华鲟幼鱼体内多不饱和脂肪酸的积累变化是与其入海洄游规律相适应的。

二、养殖与野生幼鱼的体成分组成

中华鲟野生幼鱼为渔民误捕后经抢救无效死亡的新鲜个体，人工养殖中华鲟幼鱼为受精卵培育而成。养殖过程中，人工养殖个体投喂专用配合饲料（山东升索渔用饲料研究中心）。野生中华鲟幼鱼体重（114.4±13.7）g，体长（24.2±1.2）cm；人工养殖幼鱼体重（136.4±8.1）g，体长（26.1±0.9）cm。

1. 一般成分

由表 5-11 可见，野生中华鲟幼鱼肌肉中水分、粗蛋白和粗灰分含量均显著高于人工养殖中华鲟幼鱼（$P<0.05$），粗脂肪的含量显著低于人工养殖中华鲟（$P<0.05$）。

表 5-11 野生与养殖中华鲟幼鱼肌肉中一般成分含量（%，湿重）

营养成分	含量		方差齐性检验		P 值（双尾）
	野生	养殖	F 值	P 值	
水分	81.44±0.74[a]	80.48±0.52[b]	0.353	0.596	0.044
粗蛋白	17.23±0.21[a]	16.28±0.16[b]	0.364	0.563	<0.001
粗脂肪	0.36±0.01[a]	1.10±0.07[b]	7.189	0.028	0.008
粗灰分	1.19±0.03[a]	1.11±0.01[b]	4.649	0.063	0.001

注：同一行中参数右上角字母不同表示有显著性差异（$P<0.05$），相同则表示无显著性差异。

2. 氨基酸

（1）氨基酸组成　野生和人工养殖中华鲟幼鱼肌肉中共测出 18 种常见氨基酸（表 5-12），其中包括 8 种 EAA：苏氨酸（Thr）、Val、蛋氨酸（Met）、Phe、异亮氨酸（Ile）、Leu、Lys 和色氨酸（Trp）；2 种 HEAA：His 和 Arg；8 种 NEAA：Asp、Glu、Ser、Gly、Ala、Tyr、Cys、脯氨酸（Pro）。测定结果显示肌肉中 4 种 NEAA（Ser、Tyr、Cys、Asp），6 种 EAA（Ile、Leu、Trp、Thr、Val、Lys）和 1 种 HEAA（Arg）的含量在野生和人工养殖中华鲟幼鱼间存在显著性差异（$P<0.05$），W_{TAA}、W_{EAA}、W_{HEAA} 和 W_{NEAA} 也存在显著性差异（$P<0.05$）。比较野生和人工养殖中华鲟幼鱼肌肉的各种氨基酸的平均值，除 Pro、Gly、Met 这 3 种氨基酸人工养殖中华鲟较高外，其他氨基酸均是野生中华鲟中含量较高。在所测得的 18 种氨基酸中，Glu 含量都是最高，分别占 13.53% 和 12.68%，其次均为 Lys、Asp、Leu，而 Cys 含量最低，分别占 0.57% 和 0.53%。在野生和人工养殖中华鲟幼鱼肌肉中氨基酸含量的高低排序是一致的。野生和人工养殖中华鲟幼鱼肌肉中必需氨基酸占总氨基酸的比值（W_{EAA}/W_{TAA}）分别为 42.86% 和 42.25%，必需氨基酸与非必需氨基酸的比值（W_{EAA}/W_{NEAA}）分别为 89.86% 和 87.24%。根据 FAO/WHO 的理想模式，质量较好的蛋白质其组成的氨基酸的 W_{EAA}/W_{TAA} 为 40% 左右，W_{EAA}/W_{NEAA} 在 60% 以上（李正中，1988）。本研究中，野生和人工养殖中华鲟幼鱼肌肉中氨基酸的组成都符合上述指标的要求，即氨基酸平衡效果较好。

表 5-12 野生与养殖中华鲟幼鱼肌肉中氨基酸组成及含量（%，干重）

氨基酸	含量		方差齐性检验		P 值（双尾）
	野生	养殖	F 值	P 值	
丝氨酸 Ser	3.91 ± 0.09^a	3.65 ± 0.13^b	0.281	0.610	0.005
酪氨酸 Tyr	3.00 ± 0.22^a	2.69 ± 0.10^b	0.910	0.368	0.020
胱氨酸 Cys	0.57 ± 0.01^a	0.53 ± 0.00^b	10.022	0.013	0.008
脯氨酸 Pro	1.41 ± 0.30^a	1.67 ± 0.09^a	8.248	0.021	0.222
天冬氨酸 Asp	8.46 ± 0.29^a	7.64 ± 0.17^b	0.245	0.634	0.001
谷氨酸 Glu	13.53 ± 0.79^a	12.68 ± 0.17^a	8.655	0.019	0.056
甘氨酸 Gly	4.58 ± 0.34^a	4.63 ± 0.12^a	24.454	0.001	0.690
丙氨酸 Ala	5.57 ± 0.63^a	5.47 ± 0.33^a	4.580	0.065	0.767
组氨酸 His	1.90 ± 0.17^a	1.86 ± 0.19^a	0.555	0.477	0.741
精氨酸 Arg	6.22 ± 0.14^a	5.64 ± 0.12^b	0.339	0.576	<0.001
蛋氨酸 Met	1.47 ± 0.38^a	1.56 ± 0.20^a	11.957	0.009	0.690
苯丙氨酸 Phe	4.16 ± 0.21^a	3.91 ± 0.19^a	0.058	0.816	0.094
异亮氨酸 Ile	3.95 ± 0.20^a	3.62 ± 0.09^b	0.406	0.020	0.008
亮氨酸 Leu	7.59 ± 0.48^a	7.00 ± 0.12^b	4.183	0.075	0.027
赖氨酸 Lys	9.15 ± 0.54^a	8.20 ± 0.05^b	4.804	0.060	0.004
苏氨酸 Thr	3.68 ± 0.21^a	3.35 ± 0.18^b	0.188	0.676	0.032
缬氨酸 Val	6.18 ± 0.24^a	5.77 ± 0.21^b	0.009	0.927	0.020
色氨酸 Trp	0.69 ± 0.02^a	0.57 ± 0.00^b	8.854	0.018	0.008
氨基酸总量 W_{TAA}	86.02 ± 2.77^a	80.45 ± 0.96^b	8.798	0.018	0.008
必需氨基酸总量 W_{EAA}	36.87 ± 1.32^a	33.99 ± 0.43^b	4.832	0.059	0.002
半必需氨基酸总量 W_{HEAA}	8.11 ± 0.28^a	7.50 ± 0.28^b	<0.001	0.989	0.009
非必需氨基酸总量 W_{NEAA}	41.03 ± 1.30^a	38.96 ± 0.67^b	4.177	0.075	0.013
W_{EAA}/W_{TAA}（%）	42.86	42.25	—	—	—
W_{EAA}/W_{NEAA}（%）	89.86	87.24	—	—	—

注：同一行中参数右上角字母不同表示有显著性差异（$P<0.05$），相同则表示无显著性差异。

（2）肌肉营养品质的评价 将表 5-12 中的数据换算成每克氮中含氨基酸毫克数（乘以 62.50%）后，与 FAO/WHO 建议的氨基酸评分标准模式和全鸡蛋蛋白质的氨基酸模式进行比较，并分别计算出野生和人工养殖中华鲟幼鱼的氨基酸评分（AAS）、化学评分（CS）和必需氨基酸指数（EAAI），结果见表 5-13。

根据表 5-13 中的 AAS 和 CS，野生和人工养殖中华鲟幼鱼都是 Lys 最高，其次为 Val，而 Trp 和 Met + Cys 最低。因而根据 AAS 和 CS，野生和人工养殖中华鲟幼鱼的第一限制性氨基酸均为 Met + Cys，第二限制性氨基酸均为 Trp。野生和人工养殖中华鲟幼鱼 EAAI 分别为 72.02 和 66.21，从 EAAI 来看，野生中华鲟幼鱼的蛋白质品质明显的优于人工养殖中华鲟。

表 5 - 13　AAS、CS 及 EAAI 比较

	氨基酸	FAO/WHO 评分模式	鸡蛋蛋白	野生	养殖
AAS	异亮氨酸 Ile	2.5	—	0.99	0.91
	亮氨酸 Leu	4.4	—	1.08	0.99
	赖氨酸 Lys	3.4	—	1.68	1.51
	苏氨酸 Thr	2.5	—	0.92	0.84
	缬氨酸 Val	3.1	—	1.25	1.16
	色氨酸 Trp	0.6	—	0.72	0.60
	蛋氨酸＋胱氨酸 Met＋Cys	2.2	—	0.58	0.59
	苯丙氨酸＋酪氨 Phe＋Tyr	3.8	—	1.18	1.09
CS	异亮氨酸 Ile	—	3.31	0.75	0.68
	亮氨酸 Leu	—	5.34	0.89	0.82
	赖氨酸 Lys	—	4.41	1.30	1.16
	苏氨酸 Thr	—	2.92	0.79	0.72
	缬氨酸 Val	—	4.10	0.94	0.88
	色氨酸 Trp	—	0.99	0.43	0.36
	蛋氨酸＋胱氨酸 Met＋Cys	—	3.86	0.33	0.34
	苯丙氨酸＋酪氨酸 Phe＋Tyr	—	5.65	0.79	0.73
	EAAI	—	—	72.02	66.21

3. 脂肪酸

表 5 - 14 显示，野生中华鲟幼鱼肌肉中检测到 6 种 SFA，6 种 MUFA 和 9 种 PUFA；人工养殖中华鲟幼鱼肌肉中检测到 9 种 SFA，5 种 MUFA 和 7 种 PUFA。测定结果除 $C_{14:0}$、$C_{23:0}$ 和 $C_{20:3\omega6}$ 这三种脂肪酸在野生和人工养殖中华鲟幼鱼肌肉间差异不显著外，其他的脂肪酸均有显著性差异（$P < 0.05$）。从脂肪酸组成上看，野生中华鲟的 $\sum$SFA（43.79%）显著高于人工养殖中华鲟（29.11%）（$P < 0.05$）；$\sum$MUFA 正好相反，人工养殖中华鲟（32.61%）显著高于野生中华鲟（20.23%）（$P < 0.05$）；而 $\sum$PUFA 的差别不显著（$P > 0.05$），在野生和人工养殖中华鲟中分别为 35.98% 和 38.28%。

野生中华鲟的 EPA 和 DHA 的总量（22.99%）显著高于人工养殖中华鲟（7.15%）（$P < 0.05$），前者为后者的 3.22 倍；野生中华鲟的 $\sum\omega3$PUFA（23.67%）显著高于人工养殖中华鲟（9.81%）（$P < 0.05$），前者为后者 2.41 倍；野生中华鲟的 $\sum\omega6$PUFA（11.39%）显著低于人工养殖中华鲟（27.92%）（$P < 0.05$）；野生中华鲟幼鱼肌肉中 $\sum\omega3$PUFA 显著高于 $\sum\omega6$PUF（$P < 0.05$），分别为 23.67% 和 11.39%，其比值为 2.08；人工养殖中华鲟幼鱼肌肉中 $\sum\omega3$PUFA 显著低于 $\sum\omega6$PUFA（$P < 0.05$），分别为 9.81%

和 27.92%，其比值为 0.3。

表 5-14 野生与养殖中华鲟幼鱼肌肉中脂肪酸组成及含量（%，干重）

脂肪酸	种类		方差齐性检验		P 值（双尾）
	野生	养殖	F 值	P 值	
$C_{14:0}$	2.70 ± 0.51^a	2.70 ± 0.01^a	23.150	0.001	0.690
$C_{15:0}$	1.31 ± 0.16^a	0.37 ± 0.13^b	1.301	0.287	<0.001
$C_{16:0}$	30.46 ± 0.57^a	21.00 ± 0.97^b	0.083	0.781	<0.001
$C_{17:0}$	2.08 ± 0.31^a	0.38 ± 0.18^b	0.885	0.374	<0.001
$C_{18:0}$	6.97 ± 0.35^a	3.26 ± 0.43^b	0.001	0.975	<0.001
$C_{21:0}$	—	0.39 ± 0.26	—	—	—
$C_{22:0}$	—	0.70 ± 0.02	—	—	—
$C_{23:0}$	0.27 ± 0.37^a	0.24 ± 0.16^a	2.631	0.007	0.841
$C_{24:0}$	—	0.08 ± 0.11	—	—	—
ΣSFA	43.79 ± 1.76^a	29.11 ± 1.06^b	1.859	0.210	<0.001
$C_{16:1}$	4.69 ± 0.23^a	3.08 ± 0.36^b	0.126	0.732	<0.001
$C_{17:1}$	1.02 ± 0.38	—	—	—	—
$C_{18:1\omega9\,t}$◆	0.28 ± 0.17^a	0.04 ± 0.06^b	1.515	0.253	0.017
$C_{18:1\omega9c}$▼	12.45 ± 0.38^a	28.26 ± 1.40^b	2.601	0.145	<0.001
$C_{20:1\omega9}$	0.41 ± 0.07^a	1.22 ± 0.17^b	2.616	0.144	<0.001
$C_{24:1\omega9}$	1.38 ± 0.25^a	0.01 ± 0.02^b	20.081	0.002	0.008
ΣMUFA	20.23 ± 0.51^a	32.61 ± 1.24^b	2.208	0.176	<0.001
$C_{18:2\omega6\,t}$◆▲	0.09 ± 0.12	—	—	—	—
$C_{18:2\omega6c}$▼▲	2.57 ± 0.38^a	24.98 ± 0.41^b	0.002	0.966	<0.001
$C_{20:2}$	0.92 ± 0.30^a	0.55 ± 0.03^b	64.674	<0.001	0.008
$C_{18:3\omega6}$▲	0.08 ± 0.11^a	1.12 ± 0.21^b	0.160	0.700	<0.001
$C_{18:3\omega3}$★	0.68 ± 0.17^a	2.66 ± 0.47^b	1.562	0.247	<0.001
$C_{20:3\omega6}$▲	2.31 ± 1.36^a	1.82 ± 0.17^a	4.530	0.066	0.441
$C_{20:4\omega6}$▲	6.34 ± 1.40	—	—	—	—
$C_{20:5\omega3}$（EPA）★	9.24 ± 1.03^a	2.76 ± 0.53^b	3.686	0.091	<0.001
$C_{22:6\omega3}$（DHA）★	13.74 ± 0.61^a	4.39 ± 0.49^b	0.665	0.439	<0.001
ΣPUFA	35.98 ± 1.81^a	38.28 ± 2.19^a	0.059	0.815	0.108
EPA+DHA	22.99 ± 0.45^a	7.15 ± 1.02^b	0.494	0.502	<0.001
$\Sigma\omega3$PUFA	23.67 ± 0.57^a	9.81 ± 1.47^b	0.826	0.390	<0.001
$\Sigma\omega6$PUFA	11.39 ± 1.04^a	27.92 ± 0.76^b	2.167	0.179	<0.001

注：1. ΣSFA 为饱和脂肪酸总量；ΣMUFA 为单不饱和脂肪酸总量；ΣPUFA 为多不饱和脂肪酸总量；▲为 $\omega6$ 系列多不饱和脂肪酸；★为 $\omega3$ 系列多不饱和脂肪酸；◆为反式（t），表示在异侧；▼为顺式（c），表示在同侧。

2. 同一行中参数右上角字母不同表示有显著性差异（$P < 0.05$），相同则表示无显著性差异。

4. 矿物质和微量元素

野生和人工养殖中华鲟幼鱼肌肉中矿物质 Ca 含量最高，其次为 P；微量元素中 Fe 含量较高，Pb 含量较低（表 5-15）。野生中华鲟幼鱼肌肉中 Ca、Mg、Zn 和 Cr 的含量高于人工养殖中华鲟，而 P 和 Pb 的含量低于人工养殖中华鲟；野生中华鲟幼鱼肌肉中还检测到 Fe 和 Se 两种微量元素，而人工养殖中华鲟幼鱼肌肉中没有检测到。

表 5-15 野生与养殖中华鲟幼鱼肌肉中矿物元素组成及含量（干重）

单位：$\mu g/g$

元素	野生	养殖	元素	野生	养殖
Ca	1291.83±35.28	611.13±30.26	Fe*	42.78±9.30	—
Mg	50.84±4.09	41.58±3.30	Se*	4.14±0.08	—
P	578.66±35.56	958.91±92.97	Cr*	6.55±0.45	0.74±0.19
Zn*	27.95±8.79	21.27±6.28	Pb*	0.39±0.06	0.51±0.28

注：* 表示微量元素。

体成分中的水分、粗蛋白、粗脂肪和粗灰分含量，4 种 NEAA、6 种 EAA 和 1 种 HEAA 的含量，脂肪酸的种类和含量，尤其是其中的 EPA 和 DHA 的含量，以及各种矿物和微量元素的含量在野生和人工养殖中华鲟幼鱼之间均存在明显的差异，这些参数可以为辨别野生和人工养殖中华鲟提供基础数据和科学依据。

鱼体成分的含量与其生存环境（天然或人工养殖等）、饵料成分、生长期（幼体或成体）等都有着密切的关系。中华鲟为洄游性鱼类，当年孵化的仔、幼鱼于翌年 4—5 月进入长江口。根据对野生中华鲟幼鱼体成分的分析，结合野外调查，可以更好地理解鱼体成分与饵料生物之间的关系、栖息地环境及其生长状况等。另外，野生与养殖中华鲟幼鱼体成分的对比分析，可为中华鲟幼鱼增殖放流提供基础数据。通常，淡水鱼的 $\sum\omega6$PUFA 要比海水鱼的高（赵振山和高贵琴，1996），冷水性鱼类需要的 $\sum\omega3$PUFA 大于 $\sum\omega6$PUFA（母昌考和王春琳，2003）。对 $\omega3$PUFA 的需求次序为：海水鱼类＞淡水鱼类，冷水性鱼类＞温水性鱼类。野生中华鲟 $\sum\omega3$PUFA 大于养殖中华鲟，而养殖中华鲟 $\sum\omega6$PUFA 大于野生中华鲟；野生中华鲟中 $\sum\omega3$PUFA 大于 $\sum\omega6$PUFA，养殖中华鲟中 $\sum\omega6$PUFA 大于 $\sum\omega3$PUFA。可见，人工养殖中华鲟幼鱼肌肉中 $\omega3$PUFA 和 $\omega6$PUFA 的含量和比例更接近淡水鱼类，而野生中华鲟中 $\omega3$PUFA 和 $\omega6$PUFA 的含量和比例更接近海水鱼类。野生中华鲟幼鱼即将入海洄游面临海水环境，体内含有丰富的 $\omega3$PUFA 是与其洄游习性相适应的。因此，中华鲟幼鱼放流前最好在食物中适当地补充 $\omega3$PUFA，增强适应性，提高放流成活率。

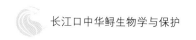

第三节　环境适应与调控

　　鱼类的生长受到诸多因子的影响，概括起来可分为两大类，即内源性因子和外源性因子。内源性因子，顾名思义是指鱼类生长的内在调控因子，它决定着鱼类的生长式型，主要受到遗传性状的影响；而温度、食物、光照、水流和盐度等环境因子称之为外源性因子，它们主要是通过改变环境理化性质对鱼类内在生理生化状况产生影响，从而影响鱼类生长。根据鱼类对环境因子的反应程度，可以将这些因子分为控制因子、指导因子和阻碍因子等类型。如果单独地看，其中任何一种环境因子都可能成为影响鱼类生命活动的控制因子。环境对鱼类的影响是复杂的，它会因为影响因子的不同对鱼类生长起到不同的调控作用。

一、环境因子对生长的影响

1. 温度

　　温度是随着时间和空间变化而变化的环境因子，它不仅影响水体的许多理化因子，而且直接影响鱼类本身的生理活动。温度作为控制因子，主要对鱼类代谢反应速率起控制作用，从而成为影响鱼类活动和生长的重要环境变量。温度不仅影响水体中理化因子，而且影响鱼类机体的生理活动。

　　（1）最适生长水温　　最适生长水温是指在生态和营养条件良好的情况下，鱼类生长最快、相对增重最大时的水温（汪锡钧 等，1994）。鲟属于冷水性鱼类，普遍对高温的耐受力较差。中华鲟是全球 27 种鲟中分布纬度最靠南的种类，有较强的高温耐受能力。

　　自然条件下，中华鲟幼鱼每年 5—8 月在长江口集中进行摄食肥育。在此期间，长江口中华鲟幼鱼栖息水域的平均水温为 15.0～27.5 ℃（庄平 等，2009），该时期中华鲟幼鱼生长十分迅速。实验研究表明，中华鲟幼鱼可忍耐超过 30 ℃以上的高温，但最适的生长水温在 20～25 ℃（Feng et al，2010）。

　　（2）对血液生化的影响　　鱼类血液的生理生化指标可以作为评价鱼类生理状况的有效指标。不同温度条件下，鱼类血液指标和新陈代谢会发生相应变化，可反映出鱼类的新陈代谢强度、营养状况以及对环境的适应性（线薇薇和朱鑫华，2002）。选取 7 月龄人工繁殖中华鲟幼鱼［体长（25.7±4.4）cm，体重（118.4±57.2）g］，分别在 15 ℃、20 ℃、25 ℃和 30 ℃水温下养殖 66 d，研究了血液生化指标对温度变化的响应。

　　①蛋白。不同的温度条件下，中华鲟幼鱼血液中总蛋白（TP）和白蛋白（ALB）浓

度呈现类似的变化规律（图 5-2）。在 15～30 ℃范围内，TP 和 ALB 浓度均呈现先升高后降低的趋势。20 ℃组的 TP 和 ALB 浓度最高，分别达 15.98 g/L 和 5.6 g/L。30.0 ℃组的 TP 和 ALB 浓度最低，分别为 8.93 g/L 和 3.1 g/L。除 20.0 ℃组的 TP 和 ALB 浓度显著高于 30.0 ℃组外（$P<0.05$），15.0 ℃组、25.0 ℃组与其他各组之间均无显著性差异（$P>0.05$）。

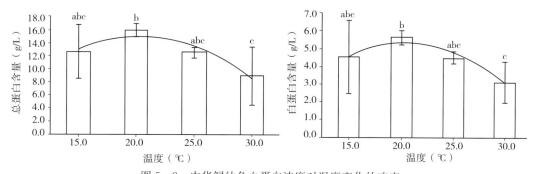

图 5-2　中华鲟幼鱼血蛋白浓度对温度变化的响应

图中字母不同表示有显著性差异（$P<0.05$），相同则表示无显著性差异

②血糖。在 15～30 ℃范围内，中华鲟幼鱼血糖（GLU）浓度先升高后降低（图 5-3）。20 ℃组 GLU 浓度达 4.85 mmol / L，显著高于其他各试验组（$P<0.05$）。30 ℃组 GLU 浓度为 2.26 mmol / L，显著低于其他各试验组（$P<0.05$）。15 ℃组与 25 ℃组 GLU 浓度无显著性差异（$P>0.05$）。

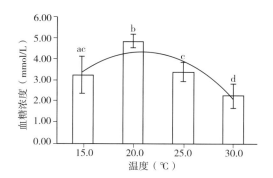

图 5-3　中华鲟幼鱼血糖浓度对温度变化的响应

图中字母不同表示有显著性差异（$P<0.05$），相同则表示无显著性差异

③血脂。在 15～30 ℃范围内，中华鲟幼鱼血液总胆固醇（TC）浓度先升高后降低（表 5-16）。20 ℃组 TC 浓度最高，而 30 ℃组最低。甘油三酯（TG）浓度随着温度上升而下降。TC 和 TG 浓度在各试验组之间均无显著性差异（$P>0.05$）。高密度脂蛋白（HDLC）浓度先上升而后下降。20 ℃组 TC 浓度显著高于其他各组（$P<0.05$）。30 ℃组 TC 浓度最低，与 15 ℃组和 20 ℃组之间无显著差异（$P>0.05$）。

表 5-16　温度对中华鲟幼鱼血脂浓度的影响

温度（℃）	总胆固醇（mmol/L）	甘油三酯（mmol/L）	高密度脂蛋白（U/L）
15	1.55±1.26	5.17±5.17	0.17±0.04 ac
20	2.44±0.10	3.91±0.37	0.61±0.06 b
25	1.66±0.40	3.45±1.48	0.27±0.15 c
30	1.34±0.92	3.35±3.28	0.19±0.07 ac

注：同一列中参数右上角字母不同表示有显著性差异（$P<0.05$），相同则表示无显著性差异。

鱼类主要的能量来源为蛋白质、糖类和脂肪，这些能源通过生化分解后为鱼体器官提供能量，并通过血液输送到各个组织。鱼类是水生低等变温动物，容易受外界水体温度的影响。因此，随着温度变化，鱼类血液的生化指标亦必然发生相应变化。随着温度升高，中华鲟幼鱼的血液指标均呈现出明显的变化规律。从血液能源物质的变化规律来看，20 ℃温度组中华鲟能量支出较少，是其较适宜的生长温度。

鱼类能量储存数量与存活率及生活史变动存在一定的相关性（Sogard and Olla，2000；Crossin and Hinch，2004）。20 ℃组的中华鲟幼鱼 TP、ALB、GLU、TC 和 HDLC 浓度最高，而其他 3 个试验组的浓度较低。这表明：温度偏高（25 ℃、30 ℃）和偏低（15 ℃）使中华鲟幼鱼产生一定的应激，为了应对生理应激，中华鲟加快血液中能源物质的分解代谢，导致这些血液指标的浓度降低；温度偏高和偏低还会导致鱼体生化反应中酶的活性降低，鱼类血液中能源物质的合成代谢速度降低。

④代谢酶。丙氨酸转氨酶（ALT）和天冬氨酸转氨酶（AST）是生物体内 2 种主要的转氨酶，在蛋白代谢与能源转化中具有重要作用（Palanivelu et al，2005）。20 ℃组中华鲟幼鱼血清 ALT 活性最高，与其他各组均有显著差异。ALT 活性在 15 ℃组、25 ℃组和 30 ℃组之间均无显著差异，30 ℃组活性最低（图 5-4A）。20 ℃组中华鲟幼鱼血清 AST 活性最高，显著高于 15 ℃组，而与 25 ℃组和 30 ℃组比较均无显著差异。15 ℃组、25 ℃组和 30 ℃组之间 AST 活性均无显著差异，15 ℃组 AST 活性最低（图 5-4B）。

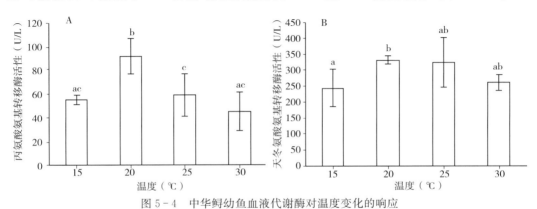

图 5-4　中华鲟幼鱼血液代谢酶对温度变化的响应

图中字母不同表示有显著性差异（$P<0.05$），相同则表示无显著性差异

ALT 和 AST 活性与氨基酸代谢强度有着密切关系，氨基酸代谢增强会导致转氨酶活性升高（周贤君 等，2006）。中华鲟幼鱼血清 ALT 和 AST 在 20 ℃时活性最高，而在其他温度时活性较低，这说明 20 ℃时中华鲟幼鱼体内蛋白质的代谢率可能较高。

⑤代谢产物。在 15～30 ℃范围内，血液中总胆红素（T‑BIL）浓度呈现先降低后升高的趋势（图 5‑5a）。15 ℃组 T‑BIL 浓度最高，而 25 ℃组最低，但各试验组之间的 T‑BIL 浓度均无显著性差异（$P>0.05$）。尿素（UREA）浓度随着浓度升高而下降（图 5‑5b）。除 30 ℃组 UREA 浓度显著低于 15 ℃组和 25 ℃组外（$P<0.05$），其他各试验组之间均无显著性（$P>0.05$）。

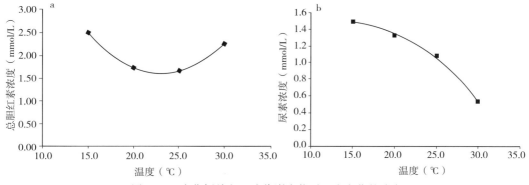

图 5‑5 中华鲟幼鱼血液代谢产物对温度变化的响应

中华鲟幼鱼在 20 ℃和 25 ℃时，T‑BIL 浓度较低，表明此时水体温度比较适宜，鱼类处在较健康的生理状态。随着温度升高，中华鲟幼鱼 UREA 浓度呈下降趋势，可能和鱼体新陈代谢加快、代谢产物排放加快等有关。

（3）对抗氧化体系的影响 水温的升降能直接影响鱼体内的抗氧化体系（Martínez‑Álvarez et al，2005）。环境温度升高可以导致机体耗氧量增加（Hochachka and Somero，2002），温度升高和耗氧量增加很可能促进活性氧（ROS）的产生、细胞组分的氧化状态（Lushchak and Bagnyukova，2006）、引起相关抗氧化剂和氧化酶体系发生反应（Lushchak and Bagnyukova，2006）。通过在 12 ℃、21 ℃、26 ℃和 31 ℃等 4 个温度条件下的驯化养殖（35 d），研究分析了中华鲟幼鱼抗氧化体系对温度变化的响应。

①活性氧。养殖水温升高导致中华鲟幼鱼血清中 ROS 含量显著升高（图 5‑6a）。在 31 ℃水温条件下，中华鲟幼鱼血清 ROS 含量最高，12 ℃时 ROS 含量最低，而且各温度组之间均具有显著性差异。ROS 和水温（T）之间表现出极显著的正相关性（图 5‑6b）。

②丙二醛。养殖水温对中华鲟幼鱼血清中的丙二醛（MDA）含量具有显著影响，随着水温升高，MDA 含量显著升高，31 ℃组中的 MDA 含量最高，除了 21 ℃和 26 ℃组中的 MDA 含量之间不具有显著性差异外，其他组间的 MDA 含量差异均显著（图 5‑7a）。根据回归统计，MDA 和水温之间具有显著的直线回归关系（图 5‑7b）。血清 MDA 含量

和血清 ROS 含量之间具有显著的正相关关系，即不同水温中的中华鲟的 ROS 含量的升高和 MDA 的产生具有显著正相关性（图 5 - 7c）。

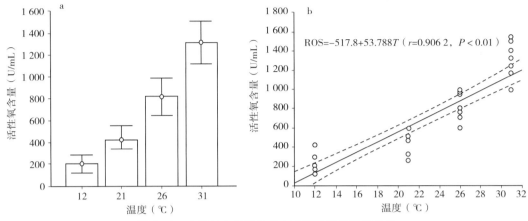

图 5 - 6　水温与中华鲟幼鱼血清活性氧含量的关系

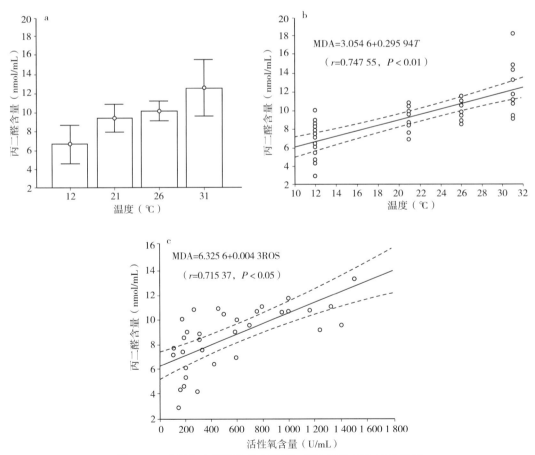

图 5 - 7　水温与中华鲟幼鱼血清丙二醛和活性氧含量的关系

对于中华鲟等鲟类来讲，水温的变化可以显著地影响其生理状态。一般来讲，21 ℃ 的水温是鲟类生长的最适水温，超过 26 ℃ 后其生长等生理机能会显著下降，当水温超过 33 ℃ 时就会造成一些个体的热死亡。因此，试验中的高温（26 ℃ 和 31 ℃）环境对于中华鲟来讲会造成一定水平的热应激反应，产生高温胁迫。而在这种应激过程中，机体氧化应激的水平也在上升，ROS 含量升高，造成 LP 的增加。

ROS 大量产生后若不及时清除很可能对机体产生氧化损伤，造成氧化应激，引起脂质的过氧化反应（LP），而 MDA 水平的高低反映了细胞膜 LP 的程度。MDA 是不饱和脂肪酸过氧化终产物之一，已经被作为一种细胞膜氧化损伤的指示物，MDA 的高低可以代表机体或组织的氧化水平的高低。根据试验结果，我们可以看到高温可以显著地使中华鲟血清 MDA 含量增加。这预示着随着水温的升高，中华鲟体内脂质过氧化反应得到加强，高温状态下的中华鲟处于氧化应激的状态中。鱼类的氧化应激水平会在水温升高的过程中加剧，LP 和硫代巴比妥酸反应底物（TBARS）在热冲击中显著增加。中华鲟血清 MDA 的产生和 ROS 含量具有显著正相关性，也正好说明，虽然生活水温有所不同，但高温促进 ROS 的产生，ROS 造成 LP 增加，最终导致 MDA 含量的上升。

③超氧化物歧化酶。血清超氧化物歧化酶（SOD）活性随着温度的升高而发生显著变化（图 5 - 8a）。26 ℃ 以前，SOD 活性随水温显著升高，在 26 ℃ 时 SOD 活性最高，且显著高于 12 ℃ 和 21 ℃ 温度组的数值，21 ℃ 组的 SOD 活性显著高于 12 ℃ 的活性。但 26 ℃ 之后，SOD 活性略有不显著的下降，但活性还是显著高于 12 ℃ 和 21 ℃ 的 SOD 的活性。统计结果表明，中华鲟血清 SOD 活性和血清 ROS 含量之间存在显著的正相关关系，即随着血清中的 ROS 含量的升高，SOD 的活力也随之不断升高（图 5 - 8b）。

④过氧化氢酶。中华鲟幼鱼血清中过氧化氢酶（CAT）活性随水温升高具有微弱的上升趋势，但这种趋势中包含着个体之间 CAT 活性的较大变异，最大个体 CAT 活性出现在 31 ℃ 组中，最小个体 CAT 活性出现在 12 ℃ 组中，方差分析表明，水温对血清 CAT 活性不具有显著性差异（图 5 - 9a）。

⑤谷胱甘肽。中华鲟幼鱼血清谷胱甘肽（GSH）含量随着温度的升高先上升后下降，21 ℃ 组的血清 GSH 含量达到最大值，随后显著下降。其中，以 12 ℃ 组的 GSH 含量最低，显著低于其他各组。不同水温中 GSH 的变化规律可以用二次回归曲线来表示，呈现为抛物线的规律（图 5 - 9b）。

GSH 和 SOD 在不同的水温条件下表现出显著差异。高温胁迫使中华鲟血清 GSH 含量显著下降，但 ROS 含量却显著升高；同时，SOD 活性针对于水温的变化虽然也存在抛物线的变化规律，但高温胁迫并没有使 SOD 活性下降。GSH 和相关代谢酶可以对抗 ROS 引起的细胞损伤，起到防御氧化应激的作用（Grisham and McCord，1986）。GSH 可以和 ROS 反应起到抗氧化的作用。中华鲟幼鱼血清 GSH 含量在低温和高温中都显著低于 21 ℃ 温度中的水平，但从 ROS 的变化规律来看，高温的 ROS 显著升高，而低温的

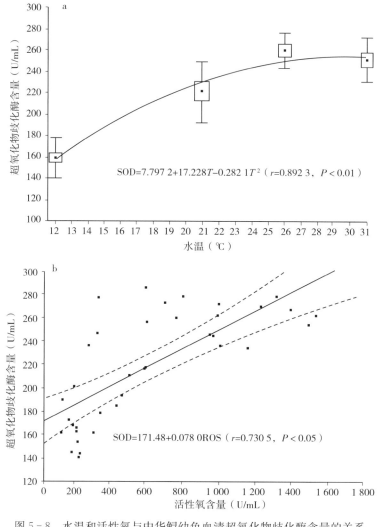

图 5-8　水温和活性氧与中华鲟幼鱼血清超氧化物歧化酶含量的关系

ROS 最低，这似乎说明为了对抗 ROS 的大量产生而使 GSH 消耗引起 GSH 含量的下降，但高温状态下的大量产生的 ROS 超出了抗氧化防御的平衡状态。GSH 含量的逐渐下降有可能加强了机体氧化应激的风险，从而可能引起暴露在高温环境中的鱼体内的 SOD 活力的增加和脂质过氧化反应增强（Parihar and Dubey，1995；Parihar et al，1997）。高温胁迫使脂质过氧化的程度增强，高温组中华鲟幼鱼血清 GSH 含量的下降可以看成 LP 增强的一个原因，同时也发现高温组中的 SOD 活力显著增强。SOD 被认为是机体对抗自然水温暴露的保护剂（Filho et al，1993）。随着 ROS 含量和 MDA 含量的增加，中华鲟幼鱼血清 SOD 活力也随之增加，说明 SOD 在高温环境中对抗了中华鲟体内的一定程度的氧化应激，但 ROS 含量的显著上升还是对高温组的中华鲟产生了氧化应激。而在较低水温环境中，ROS 的产生水平是最低的，相应的 GSH 和 SOD 活力水平也是最低的，MDA 的水平也是最低的，由此可以推测在低温环境中，中华鲟的代谢率虽然低于适温时的状态，但体内的抗氧化防御体系可以维持自由基的代谢平衡，使脂质过氧化程度处于较低的水平。

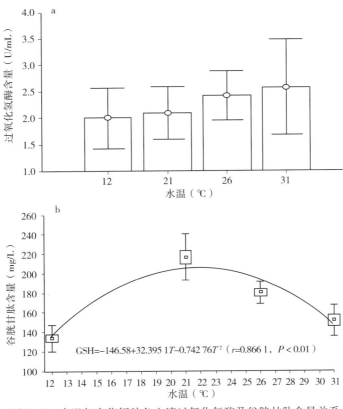

图 5-9　水温与中华鲟幼鱼血清过氧化氢酶及谷胱甘肽含量关系

总之，在可存活的水温范围内，中华鲟依靠自身的抗氧化防御系统抵御活性氧可能产生的损害，但这种抵御作用因水温的不同而表现出不同的特点。高温（尤其是 31 ℃）状态下虽然起到了一定的防御作用，但 ROS 产生增加而造成的 LP 的程度要显著高于其他温度组，产生一定程度的氧化应激；而低温和适温环境虽然存在 ROS 随水温升高而升高的规律，但抗氧化剂和抗氧化酶维持着体内自由基的"稳态"，使机体的 LP 处于较低的状态。

2. 光照

光对水生生物的影响主要体现在三个方面：第一，可以作为能量来源进入水域生态系统，从而成为水生生物的生命基础；第二，通过影响温度而间接影响鱼类等水生生物的活动和生长；第三，可以独立地直接对鱼类等水生生物的发育、行为、生长和繁殖等生命活动（Brett，1979；Imsland et al，1997；Puvanendran and Brown，2002）产生影响。

鱼类的生长和光照周期有着比较密切的关系，通过延长光照周期可促进鱼类的生长（Simensen et al，2000；Puvanendran and Brown，2002）。同时，光照周期对鱼类早期阶段的器官发育和存活有着明显的作用。因此，光照被认为是指导因子，通过影响鱼类的生理节律性而调控鱼类的生长（Brett，1979）。在全光照、全黑暗和自然光（对照组）3种条件下，比较分析了人工培育中华鲟幼鱼［体重（38.4±8.6）g，体长（17.7±1.4）cm］的生长及其血液生化指标特征。

（1）对生长的影响　中华鲟幼鱼在3种光照周期下表现出不同的生长特性。自然光条件下，中华鲟幼鱼体重增长最快，全光照和全黑暗条件下差异不大（图5-10a）。统计表明，3种光照周期条件下饲养70 d的中华鲟幼鱼，其体重、体长和全长均无显著性差异（表5-17），自然光组略大，全光照和全黑暗组的体重和全长生长曲线基本重合（图5-10b）。

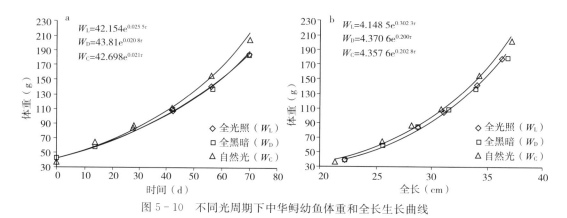

图5-10　不同光周期下中华鲟幼鱼体重和全长生长曲线

表5-17　不同光周期下中华鲟幼鱼的生长状况

生长状况	全黑暗	全光照	自然光
最初体重（g）	40.6±8.3	38.4±8.6	36.7±8.7
最终体重（g）	180.5±44.9	181.7±43.6	203.7±50.2
最初全长（cm）	22.4±1.6	22.3±1.7	21.5±1.7
最终全长（cm）	36.9±3.1	37.3±3.1	37.8±3.2
最初体长（cm）	18.1±1.3	17.8±1.4	17.2±1.4
最终体长（cm）	30.2±2.6	30.4±2.7	30.9±2.7

全光照或全黑暗对中华鲟幼鱼的生长无显著性促进作用，而自然光却促进了中华鲟幼鱼的生长。对于大多以视觉为基础捕食的鱼类而言，黑暗条件下不能捕食或捕食强度降低，影响了生长的能量来源，因此黑暗能抑制其生长。而对于鲟科鱼类而言，摄食机制并不以视觉为基础，主要靠其发达的感觉器官（罗伦氏囊）和嗅觉器官（嗅囊）。罗伦氏囊具有电感受器的功能，能感觉到水底的底栖生物由于运动而产生的微弱生物电。本

研究中投喂的是人工饲料，罗伦氏囊基本没有发挥作用，中华鲟幼鱼摄食主要依赖嗅囊。中华鲟嗅觉比较敏锐，能够仅凭嗅觉选择饵料，且嗅囊作为一种化学信号器官，能接收食物信号，在觅食中起较重要的作用。因此，在黑暗条件下中华鲟幼鱼可以维持正常的摄食和消化，不会抑制其生长。

（2）对血液生化指标的影响　全黑暗组血浆中 TP、ALB 和球蛋白（GLB）含量最低，与自然光组有显著性差异，与全光照组无显著性差异。全光照组 TP、ALB 和 GLB 高于全黑暗组，但显著低于自然光组（$P<0.05$；表 5 - 18）。

自然光组血浆总胆固醇含量最高，全黑暗组次之，全光照组最低，但三者之间无显著性差异；而甘油三酯含量在全黑暗组最高，全光照组次之，自然光组最低，自然光与全光照组和全黑暗组均有显著性差异（$P<0.05$；表 5 - 18）。

全光照组葡萄糖含量最高，与全黑暗组、自然光组均有显著性差异（$P<0.05$），与自然光组相比，全黑暗组相对稳定；全光照组尿素氮含量最高，全黑暗组与自然光组较低，组间无显著性差异；全黑暗组肌酐含量显著升高，与自然光组、全光照组均有显著性差异（$P<0.05$；表 5 - 18）。

表 5 - 18　不同光照周期下中华鲟幼鱼血液生化指标

指标	自然光	全光照	全黑暗
总蛋白（g/L）	13.3±1.3[a]	10.6±0.3[b]	10.0±0.2[b]
白蛋白（g/L）	10.6±0.3[a]	9.4±0.1[b]	9.3±0.1[b]
球蛋白（g/L）	2.7±0.9[a]	1.2±0.5[b]	0.7±0.4[b]
甘油三酯（μmol/L）	3.2±1.7[a]	5.3±1.2[b]	6.0±0.7[b]
肌酐（μmol/L）	4.8±2.2[a]	6.8±0.9[a]	9.4±0.6[b]
谷草转氨酶（U/L）	180.8±41.7[a]	176.7±17.4[a]	219.5±47.4[a]
血浆总胆固醇（μmol/L）	1.8±0.2[a]	1.6±0.2[a]	1.8±0.1[a]
总胆红素（μmol/L）	0.6±0.2[a]	0.5±0.1[a]	0.6±0.1[a]
谷丙转氨酶（U/L）	73.0±17.1[a]	65.4±2.9[a]	72.2±3.7[a]
葡萄糖（μmol/L）	2.7±0.2[a]	3.7±0.3[b]	2.7±0.1[a]
尿素氮（μmol/L）	0.6±0.2[a]	0.8±0.3[a]	0.6±0.0[a]
乳酸脱氢酶（U/L）	854.0±126.5[a]	754.3±38.8[a]	834.0±54.6[a]
碱性磷酸酶（U/L）	101.5±17.0[a]	67.8±3.9[b]	65.6±4.3[b]
钾（mmol/L）	2.5±0.3[a]	2.7±0.1[a]	2.6±0.1[a]
钠（mmol/L）	126.2±7.1[a]	128.9±1.2[a]	126.7±4.2[a]
氯（mmol/L）	108.4±6.7[a]	110.2±0.9[a]	109.1±2.8[a]
钙（mmol/L）	1.0±0.1[a]	1.0±0.1[a]	1.0±0.1[a]
磷（mmol/L）	4.8±0.4[a]	5.3±0.1[a]	5.4±0.1[a]
镁（mmol/L）	1.4±0.2[a]	1.1±0.1[b]	1.1±0.0[b]

注：同一行中参数右上方字母不同表示有显著性差异（$P<0.05$）；相同则表示无显著性差异。

三种光照周期下血浆中的谷草转氨酶（AST）、谷丙转氨酶（ALT）、乳酸脱氢酶

（LDH）无显著性差异，但全光照条件下的 ALT、LDH 明显降低，全黑暗组的 AST 明显升高。自然光组的碱性磷酸酶（ALP）显著高于全光照组和全黑暗组（$P<0.05$；表 5-18）。

三种光照周期下血浆中无机离子含量如表 5-18 所示，钠（Na^+）是主要阳离子，占阳离子含量的 90% 以上，三种光照周期下的 Na^+ 含量相差不大，无显著性差异；钾（K^+）、钙（Ca^{2+}）、镁（Mg^{2+}）含量较低，仅占不足 5%，三种光照周期下的 K^+、Ca^{2+} 含量无显著性差异；自然光组 Mg^{2+} 含量最高，全黑暗组最低，二者具有显著性差异（$P<0.05$）；无机磷含量自然光组最低，全光照组与全黑暗组相差不大，三者无显著性差异。血浆中，氯（Cl^-）为主要的阴离子，三组之间无显著性差异。总体上来说，中华鲟幼鱼血浆中无机离子的组成以 Na^+ 和 Cl^- 为主，但三种光照周期下的无机离子含量除 Mg^{2+} 外其他都没有显著性差异。

不同光照周期下，中华鲟幼鱼血液生化指标表现出以下几个特点：①蛋白质组成：白蛋白含量远高于球蛋白含量；②血脂：全黑暗组、全光照组血浆总胆固醇含量低于自然光组，甘油三酯含量高于自然光组；③血糖：在不同光照周期下，血糖均处于较低水平，这可能与其底栖、行动较迟缓的生活习性相吻合；④血浆酶类：各种酶类受鱼体的生理状况和环境因子的影响非常大，中华鲟幼鱼在全黑暗和全光照条件下，碱性磷酸酶降低。

3. 盐度

盐度是鱼类生长发育的重要环境因子之一，对于早期受精卵的发育、卵黄营养的吸收及稚幼鱼、成鱼的生长有着极为重要的影响（Boeuf and Payan，2001）。对于一些狭盐性淡水种类，盐度的变化对其存活及生长产生极大的影响，若盐度超过其耐受力将导致其死亡。然而，对于广盐性淡水种类，经过适当的盐度驯化，在一定的盐度范围内可以保持良好的生长性能（Suresh and Lin，1992）。

中华鲟为典型江海洄游性鱼类，能够在海水和淡水两种不同的渗透环境中生存，具有较好的渗透压调节能力。在等渗点盐度下，鱼类机体的血浆渗透压与外界水体渗透压几乎相等。鱼类在等渗点盐度环境下基础代谢较低，因渗透压调节而产生的能量消耗（占鱼体总耗能的 20%～50%）将大幅减少或理论上不产生能量消耗，鱼类在该环境条件下生长速率最高（Boeuf and Payan，2001）。中华鲟幼鱼的等渗点盐度为 9.2（Zhao et al，2015）与长江口崇明东滩浅滩一带水域的盐度范围一致，这也是中华鲟幼鱼在长江口生长迅速的重要原因。

盐度变化对中华鲟幼鱼的摄食（消化酶）、生长和渗透压调节等方面均会产生一定的影响，本书第六章和第七章将进行详细介绍，在此不再赘述。

4. 饵料

鱼类个体发育的不同时期，饵料种类亦在不断变化，投喂适宜的饵料可以使鱼类苗种成活率提高、活力增强，生长更快（汤保贵 等，2007）。

（1）对生长的影响　冯广朋等（2009）利用水蚯蚓与人工饲料分别投喂7月龄中华鲟幼鱼60 d，研究了不同饵料对中华鲟幼鱼转化效率与生长特性的影响。

①转化效率与生长效率。摄食水蚯蚓组的中华鲟幼鱼在前20 d摄食率较高，饵料转化率较低，而在后40 d摄食率较低，饵料转化率较高。特定生长率与生长效率均是前20 d较高，而在后40 d较低。3个20 d生长阶段的饵料转化率分别为6.7%、39.3%和18.4%（表5-19）。

表5-19　中华鲟幼鱼对水蚯蚓的摄食率与转化效率

时间 （d）	全长 （mm）	体长 （mm）	体重 （g）	摄食率 （%）	饵料转化率 （%）	特定生长率 （%/d）	生长效率 （%）
0	224.4±13.8[a]	177.0±10.6[a]	32.7±4.6[a]	—	—	—	—
20	254.7±12.3[b]	201.1±10.3[b]	52.2±6.9[b]	0.8	6.7	2.3	15.0
40	261.1±14.5[bc]	208.9±12.8[c]	54.2±8.8[bc]	0.4	39.3	0.2	2.5
60	269.3±14.7[c]	216.6±12.9[d]	58.3±9.2[c]	0.3	18.4	0.4	5.4

注：同一列中参数右上角字母不同表示有显著性差异（$P<0.05$），相同则表示无显著性差异。

摄食人工饲料组的中华鲟幼鱼在前20 d摄食率较高，为0.2%，后40 d均为0.1%。3个20 d生长阶段的饵料转化率分别为0.9%、0.5%和1.3%。特定生长率呈现逐渐降低的趋势。生长效率则是先升高后降低，最高为204.4%（表5-20）。

表5-20　中华鲟幼鱼对人工饲料的摄食率与转化效率

时间 （d）	全长 （mm）	体长 （mm）	体重 （g）	摄食率 （%）	饵料转化率 （%）	特定生长率 （%/d）	生长效率 （%）
0	236.2±8.8[a]	191.6±7.6[a]	44.4±6.0[a]	—	—	—	—
20	299.5±12.2[b]	242.4±8.4[b]	97.5±10.1[b]	0.2	0.9	3.9	112.7
40	369.1±16.6[c]	300.1±12.8[c]	200.8±28.3[c]	0.1	0.5	3.6	204.4
60	409.1±18.6[d]	332.5±16.3[d]	264.7±38.3[d]	0.1	1.3	1.4	79.6

注：同一列中参数右上角字母不同表示有显著性差异（$P<0.05$），相同则表示无显著性差异。

中华鲟仔鱼阶段，投喂水蚯蚓等活饵料的养殖效果较好。水蚯蚓是中华鲟喜食的天然饵料，适口性强，营养丰富（干物质中蛋白质含量达57.15%）。然而，在本试验中，水蚯蚓组中华鲟幼鱼的生长慢于天然饲料组，主要原因在于水蚯蚓的水分含量较高（达86.48%），干物质含量较少（13.52%），水蚯蚓组中华鲟幼鱼的摄食率虽高于人工饲料组，但摄食的干物质数量却低于人工饲料组，因此导致水蚯蚓组的生长效率低于人工饲料组。另外，人工饲料所含的营养成分比较全面，有利于中华鲟幼鱼的生长。各阶段人工饵料组中华鲟幼鱼肥满度均高于摄食水蚯蚓组，亦表明人工饲料比水蚯蚓更适合作为中华鲟幼鱼的饵料，营养条件更好，这与肖慧和李淑芳（1994）对中华鲟幼鱼的研究结果相似。

②生长特征。经过 60 d 养殖，摄食水蚯蚓组和摄食人工饲料组中华鲟幼鱼的体长在各个生长阶段均有显著性差异（表 5-19，表 5-20）。随着养殖时间的延长，体长呈逐渐增加的趋势，体长与养殖时间之间的关系为直线相关（图 5-11a）。经过前 20 d 摄食生长，水蚯蚓组中华鲟体重与初始阶段间有显著性差异，后 40 d 的体重与相邻阶段间无显著性差异；而摄食人工饲料组，中华鲟幼鱼体重在各个 20 d 生长阶段中亦均有显著性差异。随着养殖时间的延长，体重呈逐渐增加的趋势，体重与养殖时间之间的关系为直线相关（图 5-11b）。

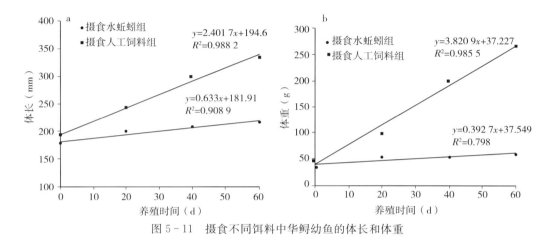

图 5-11　摄食不同饵料中华鲟幼鱼的体长和体重

摄食水蚯蚓组中华鲟幼鱼的体长与体重关系通过幂函数 $W=aL^b$ 拟合，各个阶段的幂指数 b 值均小于 3（表 5-21），表明养殖试验期间中华鲟幼鱼为异速生长，体重生长慢于体长生长。摄食人工饲料组的中华鲟幼鱼亦属于异速生长，体重生长慢于体长生长，但要优于摄食水蚯蚓组（表 5-21）。

表 5-21　摄食不同饵料中华鲟幼鱼的体长体重关系

养殖天数（d）	a		b		相关系数	
	水蚯蚓	人工饲料	水蚯蚓	人工饲料	水蚯蚓	人工饲料
0	0.002 1	0.000 02	1.866 6	2.321 1	0.648 3	0.495 6
20	0.000 3	0.000 06	2.278 9	2.600 1	0.829 6	0.702 0
40	0.000 5	0.000 04	2.184 3	2.710 4	0.742 1	0.654 4
60	0.001 0	0.000 04	2.038 2	2.709 8	0.597 4	0.786 2
平均	—	—	2.092 0	2.585 4	—	—

注：a 和 b 为体长—体重关系式 $W=aL^b$ 中的常数，其中 W 表示体重，L 表示体长。

摄食水蚯蚓组中华鲟幼鱼的肥满度为 0.59～0.64，20 d 时肥满度最大，与 0 d、40 d和 60 d 间均有显著性差异，而 0 d、40 d 和 60 d 之间均无显著性差异。摄食人工饲料组中华鲟幼鱼的肥满度为 0.63～0.74，40 d 时肥满度最大，与 0 d 和 20 d 间均有显著性差异，与 60 d 间无显著性差异（表 5-22）。

表 5-22 摄食不同饵料中华鲟幼鱼的肥满度

养殖天数（d）	0	20	40	60
水蚯蚓组	0.59 ± 0.06^{ac}	0.64 ± 0.04^{b}	0.59 ± 0.05^{c}	0.57 ± 0.06^{c}
人工饲料组	0.63 ± 0.06^{a}	0.68 ± 0.04^{b}	0.74 ± 0.06^{cd}	0.72 ± 0.05^{bd}

注：同一行中参数右上角字母不同表示有显著性差异（$P < 0.05$），相同则表示无显著性差异。

（2）循环饥饿后的补偿生长 鲁雪报等（2009）研究分析了中华鲟幼鱼循环饥饿后的补偿生长特征。实验设 4 个循环饥饿组（T1：饥饿 1 d，饱食投喂 3 d；T2：连续饥饿 2 d，饱食投喂 4 d；T3：连续饥饿 4 d，饱食投喂 6 d；T4：连续饥饿 7 d，饱食投喂 8 d）和 1 个对照组（T0：每天饱食投喂）。研究发现，在水温 21.5～25.4 ℃条件下，T1 组末重和特定生长率均超过对照组，表现为超补偿生长；T2 组末重和特定生长率均接近对照组，表现为完全补偿生长，T1、T2 组食物转化率均显著高于对照组；T3、T4 组实际摄食水平均明显高于对照组，但表现为不能补偿生长。可见，2 d 以内的短期饥饿可以促进中华鲟幼鱼的生长。

5. 养殖密度

张建明等（2013）设置低、中、高 3 个初始养殖密度（1 g/L、4 g/L 和 8 g/L），进行 40 d 的养殖实验，研究慢性拥挤胁迫对子二代中华鲟幼鱼生长、摄食及行为的影响。研究发现，慢性拥挤胁迫对中华鲟幼鱼的生长和摄食有显著影响，体重、体重特定生长率、体长特定生长率、日增重随着养殖密度的升高显著降低（$P < 0.05$），实验结束时，高密度组肥满度显著低于中、低密度组（$P < 0.05$）；各实验组的摄食率随着养殖密度的升高而降低，饵料系数随着养殖密度的升高而升高（$P < 0.05$）。慢性拥挤胁迫对子二代中华鲟的行为也有显著影响，随着养殖密度增大，表现为呼吸频率、摆尾频率和游动速度显著加快等应激行为。高养殖密度对中华鲟幼鱼的生长、摄食和行为存在显著的负面作用，不利于中华鲟幼鱼的生长发育。

二、生长策略与实践意义

鱼类生长会受到外界环境因子的影响，呈现出与环境关联的复杂性特点。根据鱼类对环境因子的反应程度及作用机制可将这些因素分为限制因子、控制因子、指导因子和阻碍因子等。鱼类生长的限制因子，就是指使鱼类生长发育受到限制甚至死亡的生态因子。限制因子也并非一成不变，在环境因子中，任何一种因子只要接近或者超过鱼类耐受程度的极限时，就会成为限制因子。例如，当温度超过一定数值或溶解氧降低到窒息点以下时，鱼类就会发生死亡，温度或溶解氧即成为限制因子。但是，在一定的范围内，每种生态因子对鱼类生长发育的影响程度存在差异性，对生长的调控作用也不相同。有些环境因子，如温度，因通过控制鱼类代谢反应速率而影响鱼类生长被称为控制因子。诸如光照及其周期等环境因素则被认为是鱼类生长的指导因子。盐度等因子会对鱼类代谢造成额外的负担而通常被认为是鱼类生长的阻碍因子。中华鲟同其他养殖鲟类一样，其生长受到外界环境的调控，在不同的养殖密度、光照周期、水温及盐度等生态因子影响下表现出不同的反应特点，同时也表现出生理系统对环境适应的一致性。

1. 生长策略

生物生存环境具有时空上的不连续性和异质性特点，环境随时间的变化导致生物的适应性进化，环境在空间上的异质性导致生物的分异（性状分歧），分异的结果是不同物种的形成。即便是同一物种，也会因为所生存环境空间上的不同而表现出迥异的行为和生长特性，甚至产生遗传性状的改变，出现地理亚种。生物的不连续性是生物对环境异质性的适应对策。鲟类在不同的生活环境中表现出相异的生长特性，不仅包括身体表观形态改变，而且内在生理状况也会随环境因子的变化而改变。鲟类在生活环境的变化中需要不断地调整机体的功能、改变生长策略以适应不同的生存环境。

（1）拥挤环境下的生长小型化 高密度养殖会造成中华鲟幼鱼生长环境的拥挤，拥挤环境迫使中华鲟过度密集地生活在一起，彼此活动空间会不断受到其他个体的侵扰。实验群体中的中华鲟也会因适应能力的不同出现不同的社会地位。社会地位的改变使处于主导地位的中华鲟占有更大的资源量，并干扰处于从属地位的个体。高养殖密度中的中华鲟由于受到整体拥挤环境的影响，体型比同时期的非拥挤环境中的鱼更小。高密度组中的中华鲟生长离散虽未加剧，但是小个体鱼的生长比大个体鱼的生长要慢，出现了类似"马太效应"的结果，即强者更强，弱者更弱。为了适应资源量的分配，一种生长策略是，要比其他个体更快地增加身体体积，侵占原本应平均分配给其他个体的食物、空间等资源量，巩固已有的主导地位或试图从从属地位向主导地位过渡；另一种就是被迫降低生长率，以适应资源相对缺乏的环境。

（2）不良环境时的补偿生长 剧烈的环境变化往往会引起鱼类的应激，即使变化后的环境适应鱼类的生长，它也会在初期对鱼类产生消极作用。如果变化后的环境不是适宜环境，那么鱼类受到的消极影响就更大了。虽然在恶劣的环境中鱼类表现出生长抑制，但随着对环境的适应或环境朝着良好的方向发展，鱼类会出现补偿生长。中华鲟也不例外，在不同时间的循环饥饿后，表现出超补偿和完全补偿生长现象（鲁雪报 等，2009），这可能是中华鲟适应自然条件的长期进化结果。

（3）适应环境生长的生理调节 鱼类通过神经内分泌系统可将感知到的环境变化信号转变成生理系统的响应，通过生理调节实现生长对环境变化的适应。研究显示，"垂体—甲状腺轴"和"垂体—肝脏轴"在鲟环境适应过程中扮演着重要的角色，对生长有显著的调控作用（庄平 等，2017）。

2. 实践意义

了解中华鲟幼鱼的生长及其环境调控特征，至少有以下 3 个方面的现实意义：

（1）**为资源评估提供基础数据**　生长是基础生物学性状，通过野生幼鱼生长数据的获取，可以为中华鲟种群结构分析、资源评估预测及其资源变动规律等研究提供基础数据。

（2）**为就地保护提供支撑**　自然条件下，长江口中华鲟幼鱼的生长状况直接反映了其栖息生境质量的好坏。举例来讲，长江口天然饵料生物的不足可直接导致中华鲟幼鱼生长缓慢，或种群生长离散性大。由此，可以通过监测中华鲟幼鱼的生长状况，及时了解长江口索饵场现状，采取有效的技术措施（如增殖饵料生物等），改善栖息地生境，为中华鲟幼鱼的就地保护提供支撑。

（3）**优化人工驯养技术**　野生中华鲟种群前景堪忧，面对种群及其栖息生境现状，人工保种成为当前的无奈之举。中华鲟生长及其环境调控研究，可以为人工养殖技术优化提供参考，满足人工保种、增殖放流、抢救暂养等不同需求。

第六章

摄　食

摄食（feeding）是包括鱼类在内的所有动物的基本生命特征之一，通过摄食获取能量和营养，为个体的存活、生长、发育和繁殖以及种群增长提供物质基础。鱼类摄食是水域生态系统研究的重要组成部分，是了解鱼类群落乃至整个生态系统结构和功能的关键所在，是鱼类资源养护管理的前提和基础。本章主要论述了中华鲟的食物组成、摄食器官形态结构与功能适应，以及幼鱼的食物竞争及其与食饵的营养关系等方面的研究成果。

第一节　食物组成与摄食习性

长江口不仅是中华鲟溯河生殖洄游和降海索饵洄游的必经之道，同时还是幼鱼进行摄食肥育、完成入海前生理适应和调节的重要场所。由于受到长江径流和潮汐相互作用的影响，长江口水域具有大量的营养物质和丰富的生源要素，为中华鲟幼鱼等水生动物孕育了极为丰富的饵料资源，是中华鲟唯一的育幼场和重要索饵场。

一、食物组成与变化

1. 食物组成

长江口及其临近水域丰富的饵料基础为中华鲟幼鱼、亚成体乃至成体的摄食肥育提供了充足的食物来源。

（1）中华鲟幼鱼的食物组成　四川省长江水产资源调查组（1988）对1975年6—7月从长江口（上海崇明）捕获的中华鲟幼鱼进行了食物组成分析，发现其主要食物是近海的底栖鱼类，如舌鳎属、鲕属、磷虾、蚬类等。黄琇和余志堂（1991）研究发现，1982—1983年的6—7月长江口中华鲟幼鱼主要摄食小型鱼类幼体、甲壳类和底栖动物，食物组成主要包括鲕类、舌鳎类、香斜棘䲗（*Repomucenus olidus*）等鱼类和沙蚕、虾蛄、环蚬、白虾、头足类、钩虾和端足类等无脊椎动物。

2006年5—9月，在长江口及其临近的老滧港、东滩和南汇近岸（图6-1）等水域收集到误捕死亡中华鲟幼鱼样本167尾（体长10.8～50.8 cm，体重14～906 g），进行了食物组成的定性和定量研究（罗刚等，2008）。研究结果显示，长江口中华鲟幼鱼摄食的饵料生物共计11类24种（包含无法鉴定到种的饵料），其中包括鱼类10种、虾类5种、蟹类1种、端足类1种、等足类1种、口足类1种、瓣鳃类1种、腹足类1种、多毛类1种、寡毛类1种及水生昆虫1种（表6-1）。此外还发现植物碎屑等残渣和泥沙。

鱼类是长江口中华鲟幼鱼最主要的饵料类群，其质量百分比（66.97%）、数量百分比（36.22%）、出现频率（83.91%）和相对重要性指数（10 009.61）均最高。从相对重要性指标（表6-1）来看，端足类（1 400.08）和多毛类（1 237.38）也是比较重要的饵料类群，蟹类（514.39）、虾类（394.77）、瓣鳃类（148.22）及等足类（30.83）是次要的饵料类群，其他饵料类群相对重要性指标总和只有3.68。就具体种类而言，相对重要性指标最高的种类是钩虾（1 400.08），其次为加州齿吻沙蚕（*Nephtys polybranchia*）（1 237.38）、斑尾刺鰕虎鱼（1 139.20）、狭颚绒螯蟹（*Eriocheir leptongnathus*）（514.39）、睛尾蝌蚪鰕虎鱼（*Lophiogobius euicauda*）（513.28）等。

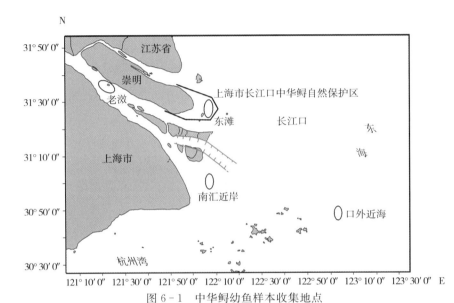

图6-1 中华鲟幼鱼样本收集地点

表6-1 长江口中华鲟幼鱼的食物组成（5—9月）

饵料种类	质量百分比（%）	数量百分比（%）	出现频率（%）	相对重要性指数
鱼类	66.97	36.22	83.91	10 009.61
斑尾刺鰕虎鱼 *Acanthogobius ommaturus*	21.45	14.45	24.08	1 139.20
睛尾蝌蚪鰕虎鱼 *Lophiogobius ellicauda*	19.69	8.01	17.27	513.28
矛尾鰕虎鱼 *Chaeturichthys stigmatias*	9.40	5.67	10.50	204.51
窄体舌鳎 *Cynoglossus gracilis*	3.79	1.81	8.63	74.17
香斜棘䲗 *Repomucenus olidus*	2.81	0.96	5.75	23.17
鯒 *Platycephalus indicus*	1.81	0.42	2.88	10.89
小带鱼 *Eupleurogrammus muticus*	0.80	0.15	0.72	3.67
孔鰕虎鱼 *Trypauchen vagina*	0.52	0.15	0.72	2.57
鲚属 *Coilia* spp.	0.38	0.46	1.44	6.46
鲻 *Mugil cephalus*	0.17	0.18	1.44	1.48
不可辨鱼类	6.08	3.96	11.51	137.31
多毛类	15.11	13.42	28.77	1 237.38
加州齿吻沙蚕 *Nephtys polybranchia*	15.11	13.42	28.77	1 237.38

（续）

饵料种类	质量百分比（%）	数量百分比（%）	出现频率（%）	相对重要性指数
端足类	4.89	30.25	27.34	1 400.08
钩虾 Gammarus spp.	4.89	30.25	27.34	1 400.08
虾类	4.31	5.11	25.90	394.77
安氏白虾 Exopalaemon annandalei	1.50	1.60	7.91	39.32
葛氏长臂虾 Palaern gravieri	0.99	1.09	5.04	34.35
脊尾白虾 Exopalaemon carinicauda	0.91	1.72	7.19	56.83
哈氏仿对虾 Parapenaeopsis hardwicii	0.48	0.61	2.88	16.69
中国毛虾 Acetes chinensis	0.20	0.26	1.44	1.96
不可辨虾类	0.25	0.44	1.44	1.35
蟹类	4.09	6.63	34.53	514.39
狭颚绒螯蟹 Eriocheir leptongnathus	4.09	6.63	34.53	514.39
瓣鳃类	0.79	5.32	20.15	148.22
河蚬 Corbicula fluminea	0.79	5.32	20.15	148.22
等足类	0.47	1.51	10.07	30.83
光背节鞭水蚤 Synidotea iacvidorsalis	0.47	1.51	10.07	30.83
口足类	0.46	0.15	0.72	2.37
口虾蛄 Oratosquilla oratoria	0.46	0.15	0.72	2.37
寡毛类	0.02	0.09	0.72	0.24
水丝蚓 Limnodrilus sp.	0.02	0.09	0.72	0.24
水生昆虫	0.01	0.20	1.44	0.88
摇蚊幼虫 Chironomidae Larva	0.01	0.20	1.44	0.88
腹足类	0.00	0.09	0.72	0.19
纵肋织纹螺 Nassarius variciferus	0.00	0.09	0.72	0.19
植物碎屑和泥沙	2.87	——	11.51	——

目前，在已有鲟类幼鱼的食物组成研究报道中，除了全长 40 cm 以上鳇（*Husodauricus*）、欧洲鳇（*H. huso*）和白鲟（*Psephurus gladius*）等大型种类的幼鱼主要摄食鱼类外，其他鲟类幼鱼基本上以摄食底栖无脊椎动物为主，包括 3 种饵料类群，即节肢动物（昆虫幼体和甲壳类）、环节动物（寡毛类和多毛类）和软体动物（双壳类和腹足类），而鱼类仅占较小的比例（Brosse et al，2000；Billard and Lecointre，2001）。与已有的国外鲟类幼鱼食性研究结果不同的是，长江口中华鲟幼鱼则主要以中小型底层鱼类为食，其次是甲壳类和多毛类。

（2）中华鲟亚成体和成体的食物组成　2017 年 3 月，在长江口外近海（图 6-1）收集到误捕死亡的中华鲟亚成体样本 1 尾（图 6-2a；全长 133.0 cm，体重 13.8 kg），对其解剖进行了食物组成的定性和定量分析（赵峰 等，2017）。研究发现，长江口外近海中华鲟亚成体的食物组成相对简单、饵料生物的种类数较少，共包括鱼类、甲壳类和头足类在内的 6 种饵料生物。其中，中下层鱼类是亚成体中华鲟最主要的饵料生物，包括黄鲫（*Setipinna taty*）、焦氏舌鳎（*Cynoglossus joyneri*）和龙头鱼（*Harpadon nehereus*）；甲壳类有 2 种，包括中华管鞭虾（*Solenocera crassicornis*）和口虾蛄（*Oratosquilla oratoria*）；头足类仅四盘耳乌贼（*Euprymna morsei*）1 种。食物中鱼类的数量百分比、质量百分比和相对重要性指数百分比都具有绝对优势，分别达到了 93.2%、96.7% 和 94.9%（表 6-2）。从饵料生物的生活习性来看，除黄鲫为中下层鱼类，其他均属底栖生物种类，主要分布在水深不超过 70 m 的泥沙底质的近海浅海区。

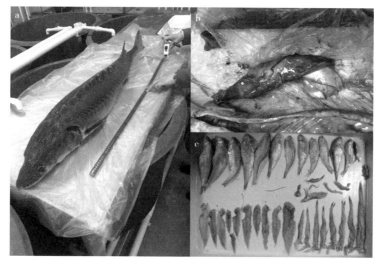

图 6-2　中华鲟亚成体（a）及其胃（b）和食物组成（c）

表 6-2　长江口外近海中华鲟亚成体的食物组成（春季）

饵料种类	数量（尾）	体长（mm）	体重（g）	数量百分比（%）	质量百分比（%）	相对重要性指数百分比（%）
鱼类	**41**	—	—	**93.2**	**96.7**	**94.9**
黄鲫 *Setipinna taty*	16	71～170	1.6～33.6	36.4	51.4	43.9
焦氏舌鳎 *Cynoglossus joyneri*	15	49～130	1.1～21.7	34.1	23.1	28.6
龙头鱼 *Harpadon nehereus*	10	92～165	5.0～27.2	22.7	22.2	22.4
甲壳类	**2**	—	—	**4.5**	**2.9**	**3.8**
中华管鞭虾 *Solenocera crassicornis*	1	45	3.1	2.3	0.7	1.5
口虾蛄 *Oratosquilla oratoria*	1	60	10.5	2.2	2.3	2.3
头足类	**1**	—	—	**2.3**	**0.4**	**1.3**
四盘耳乌贼 *Euprymna morsei*	1	—	1.8	2.3	0.4	1.3

2. 食物组成的变化

（1）中华鲟幼鱼食物组成的月际变化　中华鲟幼鱼饵料类群及其多样性指数的月际

间变化如表 6-3 和表 6-4 所示。5 月，中华鲟幼鱼尚未到达崇明东滩，分布在长江南支的老滧港一带，在该水域摄食的食物类群较少，食物多样性指数较低；主要摄食多毛类和蟹类，其次为鱼类和瓣鳃类。6—7 月，中华鲟幼鱼洄游至崇明东滩后饵料类群和种类数逐渐增加，食物多样性指数也相对较高且稳定。其中，6 月主要摄食鱼类和端足类，其次为蟹类和多毛类；饵料生物中鱼类的种类数和各种重要性指数均有一定的增加。7 月主要摄食鱼类和多毛类，其次为钩虾和虾类。水生昆虫不再出现，口虾蛄和葛氏长臂虾 (*Palaern gravieri*) 等近岸高盐度生态类型种类开始出现。9 月，中华鲟幼鱼洄游至南汇近岸海域后，食物类群骤减，食物中仅发现鱼类、虾类和口足类，饵料类群比较单一，种类数也略有下降，但食物多样性指数基本稳定。但是，摄食鱼类的种类从 7 月的 5 种增加到了 9 种，还出现了一些近岸浅海生态类型种类，如小带鱼 (*Eupleurogrammus muticus*)、鳄鲈 (*Cociella crocodilus*) 等。

表 6-3 长江口中华鲟幼鱼的食物类群及多样性指数月际变化

项目	5 月	6 月	7 月	9 月
食物类群数	5	6	10	3
食物种类数	6	13	18	13
鱼类种类数	2	6	6	9
香农—威纳多样性指数	1.02	2.05	2.54	2.22

表 6-4 长江口中华鲟幼鱼主要饵料类群的各种重要性指数月际变化

饵料类群	质量百分比 (%)				出现频率 (%)				相对重要性指数			
	5 月	6 月	7 月	9 月	5 月	6 月	7 月	9 月	5 月	6 月	7 月	9 月
鱼类	21.45	63.16	70.83	84.08	33.33	50.87	108.5	134.6	1 018	4 006	12 055	22 587
虾类	0.00	2.05	4.80	11.57	0.00	7.01	34.05	61.53	0	25.17	385.1	1 359
蟹类	14.31	5.76	2.36	0.00	66.67	52.63	25.53	0.00	1 803	799.5	206.5	0
端足类	3.73	10.17	1.40	0.00	11.11	43.86	25.53	0.00	102	2 985	500.9	0
等足类	0.00	0.56	0.71	0.00	0.00	8.77	19.15	0.00	0	14.65	73.54	0
瓣鳃类	5.84	0.78	0.28	0.00	22.22	22.81	27.66	0.00	331.7	177.9	159.1	0
多毛类	43.14	13.45	18.70	0.00	77.78	29.82	34.04	0.00	8 305	623.2	1 313	0
其他	0.00	0.00	0.11	2.48	0.00	0.00	8.52	3.85	—	—	3.88	12.67
植物碎屑和泥沙	11.53	4.07	0.81	0.87	44.44	12.28	6.38	7.69	—	—	—	—

注："其他"包括口足类、腹足类、寡毛类和水生昆虫类。

总体来说，长江口中华鲟幼鱼主要摄食小型底栖鱼类、甲壳类及多毛类，但是在不同月份其摄食生物种类的重要性指数存在变化。从幼鱼饵料类群各种重要性指数的月际变化 (表 6-4) 可以看出，5—9 月中华鲟幼鱼饵料生物中鱼类的各种重要性指数逐渐升高，9 月质量百分比达到 84.08%。而蟹类、端足类、等足类、瓣鳃类、多毛类等小型食物类群的各种重要性指数则逐渐下降，9月中华鲟幼鱼仅摄食鱼类、虾类和口足类等相对大型的食物类群。这反映了随着栖息地的变化和个体的生长，中华鲟幼鱼摄食由多种小型食物类群的种类逐渐转向相对单一大型的食物类群的种类。

此外，从饵料生物栖息地及对盐度的适应来看，5月中华鲟幼鱼的饵料生物均为淡水生态类型，7月口虾蛄和葛氏长臂虾等近岸高盐度生态类型种类开始出现，9月出现一些近岸浅海生态类型的种类，例如小带鱼、鳄鲡等。可以发现长江口中华鲟幼鱼食物中出现的饵料类型随着时间推移，由河口半咸水生态类型逐渐过渡到近岸和海水生态类型。

长江口中华鲟幼鱼摄食的饵料生物数量和大小也存在着月际间变化（图6-3）。5—9月，随着栖息地的变更和个体的生长，长江口的中华鲟幼鱼由摄食多种小型食物类群的种类逐渐转向相对单一的、大型食物类群的种类。中华鲟幼鱼胃含物内饵料生物的平均长度从5月的2.1 cm上升到9月的4.4 cm，呈现逐月增大的趋势。同时，中华鲟幼鱼摄食的饵料平均个数则从6月的9.3尾下降到9月的4.2尾，呈现出逐月下降趋势。这一现象符合"最佳摄食理论"，即捕食者总是尽可能地捕食个体较大的饵料，因为捕食大个体的饵料所获得的收益（补充的能量）要大于支出（捕食所消耗的能量），从而可以最大限度地获得能量（Gerking，1994；殷名称，1995）。

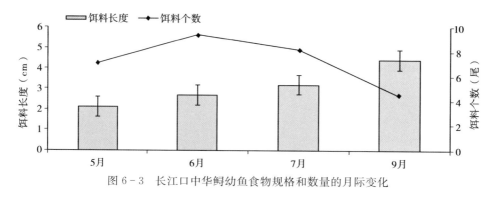

图6-3　长江口中华鲟幼鱼食物规格和数量的月际变化

（2）中华鲟幼鱼食物组成的年代际变化　与历史研究相比，长江口中华鲟幼鱼的食物种类发生了变化，但是食物类群并没有显著变化。20世纪70年代，长江口中华鲟幼鱼的主要食物是近海的底栖鱼类如舌鳎属、鲔属、磷虾、蚬类等（四川省水产资源调查组，1988）。20世纪80年代，长江口中华鲟幼鱼主要摄食小型鱼类的幼体、甲壳类和底栖动物，食物种类有鲔类、舌鳎类、香斜棘鮗等鱼类和沙蚕、虾蛄、环蚬、白虾、头足类、钩虾、端足类等无脊椎动物（黄琇和余志堂，1991）。21世纪初，长江口中华鲟幼鱼的胃含物中未发现头足类和磷虾，鲔类比例极小，而鰕虎鱼科种类占很大比例（平均质量百分比达到53.72%），等足类也占有一定的比例（平均出现频率达到13.36%），其他食物组成与20世纪80年代的研究结果接近（表6-5）。

表 6-5 长江口中华鲟幼鱼食物组成的年代际变化

饵料种类	20 世纪 70 年代 (1975 年)	20 世纪 80 年代 (1982—1983 年)		21 世纪初 (2006 年)	
	出现频率 (%)	质量百分比 (%)	出现频率 (%)	质量百分比 (%)	出现频率 (%)
鲉属	51.50	34.20	60.40	1.81	2.88
鰕虎鱼科	0.00	0.00	0.00	53.72	51.03
香斜棘鲻	0.00	18.70	74.00	2.83	4.80
舌鳎属	27.30	3.70	20.30	2.74	6.73
其他鱼	0.00	2.20	—	5.50	11.23
端足类	18.20	—	6.20	6.12	35.58
磷虾类（或其他虾类）	36.40	0.00	0.00	3.29	19.23
白虾	0.00	1.50	10.30	2.44	13.46
口虾蛄	0.00	2.80	49.00	0.46	0.72
蟹类	21.20	0.00	0.00	4.22	40.38
河蚬	39.40	1.50	31.30	0.55	25.00
沙蚕类	00.00	9.70	38.50	14.07	28.77
头足类	0.00	0.80	4.20	0.00	0.00
等足类	0.00	0.00	0.00	0.00	13.36
植物碎屑	3.00	—	49.00	1.62	9.61
黄绿藻	21.20	0.00	0.00	0.00	0.00

（3）中华鲟幼鱼与成体的食物组成差异 尽管在不同的年代长江口中华鲟幼鱼在食物组成上存在着一定的差异，但总体来讲，其食物组成包含 11 个类群的 24 种饵料生物，以底栖小型鱼类、端足类和多毛类为主，兼食虾类、蟹类及瓣鳃类等小型底栖动物（黄琇和余志堂，1991；罗刚 等，2008）。

中华鲟幼鱼在长江口经过 4～5 个月的摄食肥育，完成了进入海洋生活的前期生理调节和适应，逐渐向近海洄游。目前，对于在近海生活的中华鲟亚成体和成体食物组成的研究还相对较少。研究发现，洄游进入海洋生活的中华鲟，其食物包括 6 个类群 15 种生物，主要以摄食中下层和底层的鱼类为主，其次是甲壳类和软体动物（表 6-6；王者茂，1986；赵峰 等，2017）。2010 年，在浙江象山捕获 1 尾标志放流的中华鲟，通过解剖发现，其食物组成主要包括黄鲫（10 尾）、乌贼（1 尾）、磷虾（1 尾）和蟹类残体（3 尾）等，腐殖质含量近 50%（王成友 等，2016）。

表 6-6 长江口和近海中华鲟食物组成的比较

饵料类群	长江口幼鱼		近海亚成体/成体	
	种类数	数量百分比（%）	种类数	数量百分比（%）
鱼类	10	36.2	8	76.0
虾类	5	5.1	3	2.5

（续）

饵料类群	长江口幼鱼		近海亚成体/成体	
	种类数	数量百分比（%）	种类数	数量百分比（%）
蟹类	1	6.6	1	17.6
端足类	1	31.3	—	—
等足类	1	1.5	—	—
口足类	1	0.2	1	0.5
头足类	—	—	1	0.5
腹足类	1	0.1	—	—
瓣鳃类	1	5.3	1	2.9
多毛类	1	13.4	—	—
寡毛类	1	0.1	—	—
水生昆虫	1	0.2	—	—
合计	24	100	15	100

与长江口中华鲟幼鱼相比，近海中华鲟亚成体或成体的食物组成相对比较单一，食物组成由幼鱼时的 11 个类群 24 种减少至 6 个类群 15 种，而且鱼类占到全部食物总量的 80% 左右。从食物的大小规格来看，长江口中华鲟幼鱼捕食饵料生物的最大长度不超过 6.5 cm，而近海中华鲟的饵料生物体长为 4.5～17.0 cm（赵峰 等，2017）。这说明中华鲟随着鱼体大小与摄食器官的不断发育和完善，其捕食的种类也相对集中，而且逐渐转向相对大型的食物类群，这些都符合"最佳摄食理论"。

中华鲟性成熟个体在每年的 7—8 月经长江口向长江中上游进行生殖洄游。研究发现，进行生殖洄游的繁殖群体基本均为空胃，仅在胃中发现少量的腐殖质和石砾、青草、枯枝、树根等非食物性物体，说明中华鲟在繁殖期内基本处于停食状态（四川省水产资源调查组，1988）。

二、食性与食性转化

1. 食性类型与食性转化

从整个生活史来看，中华鲟的食谱十分广泛，食物组成包括水生植物、水生昆虫、浮游植物、浮游动物和小型底栖鱼类、虾蟹类和贝类等，但是其主要食物类群，尤其是成鱼阶段的主要食物还是以底栖鱼类和甲壳类等为主。因此，中华鲟属于温和广食的以底栖动物为主的肉食性鱼类（canivores）。

中华鲟的食性并非是一成不变的，会随着生长发育阶段和栖息环境的不同而发生转化，食物组成也发生着相应的变化。与其他鱼类一样，中华鲟在仔鱼期以浮游生物为食。

在长江中上游，主要以摇蚊幼虫、蜻蜓幼虫、蜉蝣幼虫等水生昆虫为食；在长江下游，主要摄食虾蟹类，间有少量黄丝藻、水生维管束植物、枝角类、桡足类等（四川省水产资源调查组，1988）。在从仔稚鱼向幼鱼和成鱼过渡的过程中，中华鲟的食性也从偏植物食性向偏动物食性转化。在长江口水域，主要食物有斑尾刺鰕虎鱼、睛尾蝌蚪鰕虎鱼、矛尾鰕虎鱼（*Chaeturichthys stigmatias*）等近海底栖鱼类，以及加州齿吻沙蚕、安氏白虾（*Exopalaemon annandalei*）、狭颚绒螯蟹、河蚬（*Corbicula fluminea*）、钩虾、光背节鞭水蚤（*Synidotea iacvidorsalis*）等饵料生物（罗刚 等，2006；庄平 等，2009）。到了海洋生活的亚成体或成鱼阶段，基本上转变成了以底栖鱼类和虾蟹类为食的肉食性鱼类，主要摄食舌鳎类、黄鲫以及虾蟹类（赵峰 等，2017；庄平 等，2017）。

中华鲟的食性及其随着生长发育而发生的转化是在其演化过程中对环境适应而产生的一种特性。通常情况下，食饵保障程度越高，饵料基础越稳定，摄取的食物种类越少；相反，则摄取的食物种类就越多。

2. 稳定同位素分析技术的应用

当前，稳定同位素分析技术在水生动物食源和营养级分析以及食物网构建等领域得到了广泛应用。然而，常规的稳定同位素分析技术在食性研究过程中，像胃含物分析法一样需要解剖样本获取实验材料，在中华鲟等濒危物种的研究中受到了极大限制。建立非致死性同位素分析方法，是今后保护研究中的重要手段和方向，也是获得公众日渐关注的动物伦理方面认可的关键。

（1）非致死取样技术的建立　利用长江口及其临近水域收集到的渔民误捕中华鲟幼鱼（受伤严重即将死亡；体长 120～373 mm）为材料，研究了肌肉与鳍条之间的稳定同位素（$\delta^{13}C$ 和 $\delta^{15}N$）相关性，以评价非致死性鳍条取样代替传统肌肉取样进行稳定同位素分析的可行性，并分析了脂肪含量对鳍条与肌肉相关性的影响（Wang et al，2017）。研究发现：①长江口中华鲟幼鱼鳍条（FC）与肌肉（DM）的 $\delta^{13}C$ 和 $\delta^{15}N$ 均具有显著的正相关性（图 6-4），相互间的相应同位素值可以进行换算，换算方式有 2 种，一是可以用回归方程：$\delta^{13}C$（DM）$=0.939 \times \delta^{13}C$（FC）$-2.577$，$\delta^{15}N$（DM）$=0.737 \times \delta^{15}N$（FC）$+4.638$；二是可以用常数因子：$\delta^{13}C$（DM）$=\delta^{13}C$（FC）$-1.27$，$\delta^{15}N$（DM）$=\delta^{15}N$（FC）$+0.59$进行转换。②去除肌肉中脂肪的影响之后，无论是 $\delta^{13}C$ 还是 $\delta^{15}N$ 都能够非常明显地提高鳍条与肌肉之间的回归模型拟合度。研究证实，中华鲟幼鱼同位素研究可以用鳍条代替肌肉组织，通过回归方程和修正系数两种方法进行换算，从而避免实验研究带来的中华鲟伤亡。但是，当前研究仅针对长江口中华鲟幼鱼，将来的研究应当扩展到具有不同食物组成以及不同地理分布的较大个体上，以此来阐明更为通用和精确的模型来实现非致死性采样的最终目标。

（2）长江口中华鲟幼鱼的食性转化　通过稳定同位素分析技术对中华鲟幼鱼的食源研究（Wang et al，2018）发现，从长江口的上游水域洄游到河口下游之后，中华鲟幼鱼的食源构成发生了一定的转变，主要表现在中华鲟幼鱼的碳、氮同位素含量随着不同个体大小以及不同洄游时间和不同地点而发生变化。研究结果表明：①长江口中华鲟幼鱼的个体大小是同位素值差异的重要影响因素，小个体（<10 cm）的同位素值显著低于较大个体（>10 cm）的值，说明中华鲟幼鱼在体长大于 10 cm 后其食物会发生明显地转变（图 6-5）；②从 5 月到 8 月，长江口中华鲟幼鱼的 $\delta^{13}C$ 和 $\delta^{15}N$ 值逐渐增加，$\delta^{13}C$ 从 −25.566‰ 到 −18.164‰，$\delta^{15}N$ 从 12.424‰ 到 18.037‰，说明中华鲟幼鱼的食源结构随着在长江口停留时间的延长而发生变化，从低营养级生物向高营养级生物转变（图 6-6）。

虽然稳定同位素分析技术还不能判断出具体的食物种类，但是结合胃含物分析以及栖息环境中的生物组成进行综合分析，能够更加准确和快速地得出信息。中华鲟幼鱼洄游至长江口期间，环境和饵料生物快速发生变化，采用稳定同位素技术能够非常准确而又迅速地判断出其食源组成的变化。在什么时间和地点，采取哪些食物补充策略，对于中华鲟的保护生物学具有重要的意义。

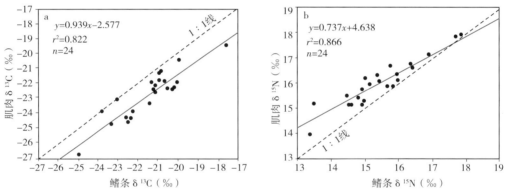

图 6-4　长江口中华鲟幼鱼鳍条与肌肉 $\delta^{13}C$（a）和 $\delta^{15}N$（b）的相互关系

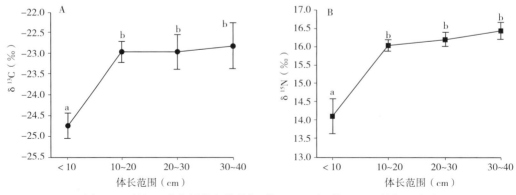

图 6-5　长江口中华鲟幼鱼体长与 $\delta^{13}C$（A）和 $\delta^{15}N$（B）的相互关系

图中字母不同表示有显著性差异

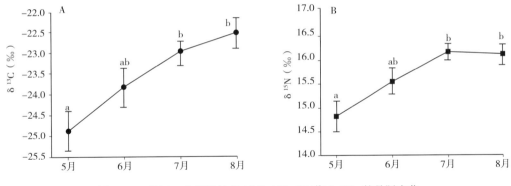

图 6-6 长江口中华鲟幼鱼 $\delta^{13}C$ (A) 和 $\delta^{15}N$ (B) 的月际变化

图中字母不同表示有显著性差异

三、摄食率和摄食强度

1. 中华鲟幼鱼的摄食率与摄食强度

从昼夜摄食节律来看，长江口中华鲟幼鱼属于夜间摄食类型。中华鲟幼鱼在凌晨（00：00—6：00)时摄食效率极高，下午（12：00—18：00）摄食效率最低，上午（06：00—12：00）和夜间（18：00—24：00）的摄食效率差异不显著（图 6-7）。

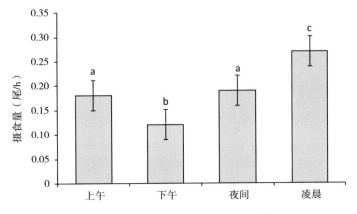

图 6-7 中华鲟幼鱼的昼夜摄食节律

图中字母不同表示有显著性差异

长江口中华鲟幼鱼的摄食率和摄食强度均较高。相比较而言，中华鲟幼鱼在长江口及其邻近水域的摄食等级比在长江干流中要高。中华鲟幼鱼在长江口停留期间的摄食情况如表 6-7 所示。分析的 167 尾中华鲟幼鱼样本中，有食物的胃 139 个，总摄食率达 83.2%，不同月份间摄食率无显著变化（$\chi^2 = 1.25$，$P > 0.05$）。中华鲟幼鱼的摄食强度相对较高，胃充塞度往往达到 3～4 级，而且存在着显著的月际变化（$\chi^2 = 25.34$，$P <$

0.01），其中平均饱满指数 5 月最低，6 月、7 月较高，6 月达到最高为 231.58×10^{-4}。

表 6-7　中华鲟幼鱼摄食率和摄食强度的月际变化

月份	采样地点	体长（mm）	尾数	摄食率（%）	平均饱满指数（$\times 10^{-4}$）
5 月	崇明老滧港	150.5±42.5	12	75.00	141.23±13.47
6 月	崇明东滩	219.0±42.5	68	83.80	231.58±27.68
7 月	崇明东滩	264.5±49.5	53	88.68	214.32±24.51
8 月	崇明东滩	276.0±29.0	2	——	——
9 月	南汇近岸	413.5±94.5	32	81.30	179.21±15.92

　　从历史上看，中华鲟幼鱼在长江口水域的摄食率和摄食强度均较高（表 6-8）。同时，生长也十分迅速、肥满度高。近几十年来，尽管长江口水域的生态环境发生了一定的变化，但并未显著影响到中华鲟幼鱼在该水域的摄食和生长。主要原因可能有两个：第一，中华鲟幼鱼的食谱广泛，食物中包含了环节动物、甲壳动物、软体动物、鱼类和水生昆虫等 10 多个类群 20 余种，涉及长江口水域底栖动物区系组成中的大部分类群。虽然由于气候变化和人类活动等的影响，长江口水域底栖动物组成发生了一定变化，但中华鲟幼鱼仍能积极适应，寻找到合适的饵料生物，在 6—9 月中华鲟幼鱼的食物多样性指数均达到 2.0 以上且保持相对稳定。第二，中华鲟幼鱼的主要饵料生物在长江口水域分布广，密度大，为中华鲟幼鱼提供了丰富的食物和基础和保障。据调查，2004 年夏季和秋季，上海市长江口中华鲟自然保护区及其临近水域鰕虎鱼科鱼类的平均生物量居底栖动物首位，分别达到 173.2 mg/m² 和 150.3 mg/m²，端足类的平均栖息密度最高，分别达到 0.060 2 尾/m² 和 0.084 3 尾/m²；在底泥样品中，多毛类平均生物量居底栖动物首位，分别达到 28.2 mg/m² 和 14.3 mg/m²（庄平 等，2009）。鰕虎鱼科鱼类、端足类和多毛类等底栖动物正是中华鲟幼鱼的主要饵料生物。同时，中华鲟幼鱼摄食的具体饵料生物种类均为其栖息地内主要动物区系组成中的优势种类，如瓣鳃类的河蚬是长江口潮间带滩涂分布最广的大型底栖动物。可见，尽管长江口水域生态环境发生较大变化，但该水域仍具有良好的饵料生物基础，是中华鲟幼鱼重要的育幼场和索饵场。

表 6-8　中华鲟幼鱼摄食率和摄食强度的年代际变化

年代	20 世纪 70 年代（1975 年）	20 世纪 80 年代（1982—1983 年）	21 世纪初（2006 年）
采样地点	崇明东滩	崇明县	崇明东滩
样本数量（尾）	33	107	121
体长（cm）	16.0～28.0	19.0～43.5	17.5～31.4
体重（g）	53.0～181.0	16.5～317.0	38.0～187.0
摄食率（%）	100.0	92.7	85.9
摄食强度	2～4 级	平均饱满指数 220.6×10^{-4}	平均饱满指数 224.0×10^{-4}

2. 中华鲟亚成体和成体的摄食率与摄食强度

洄游入海后，中华鲟在近海生活期间的摄食生态学研究资料十分匮乏，仅有零星的研究报道。在长江口外的东海水域，春季中华鲟的摄食强度较高，胃充塞度为 4 级，饱满系数为 33.2，其肥满度为 0.7～0.9。相比而言，在山东石岛和威海一带的黄海水域分布的中华鲟，其摄食强度略差，胃充塞度仅在 1～2 级，但其肥满度较高，可达 1.3 左右（表 6-9），这可能是由于中华鲟在东海摄食肥育后洄游至黄海，因此保持较高的肥满度。

表 6-9　近海中华鲟的摄食强度与肥满度

采样时间	采样地点	全长（cm）	体重（kg）	肥满度	摄食强度	
					充塞度	饱满系数
2017 年 3 月	长江口外近海	133.0	13.8	0.9	4 级	33.2
1964 年 8 月	山东威海	177	—	—	1 级	—
1965 年 8 月	山东石岛	209	120	1.3*	1 级	—
1973 年 10 月	山东石岛附近	270	—	—	2 级	—
1985 年 12 月	东海	290	167	0.7*	4 级	—

注：* 表示根据鱼体全长计算。

研究资料显示，长江口及东海水域中华鲟的摄食率和摄食强度均远高于黄海水域分布的中华鲟。可见，长江口及东海近海无疑是中华鲟良好的索饵场。不同海区间中华鲟的摄食强度与海区间饵料生物组成及其时空分布以及中华鲟不同发育阶段营养需求等也存在着一定关系，尚需进一步深入研究。

3. 影响中华鲟幼鱼摄食效率的环境因子

鱼类的生长发育受环境因素的影响较大，特别在早期阶段，由于受到自身发育条件的限制，仔、稚、幼鱼对环境因子的变化更为敏感，环境因素的稍微变化都会极大影响鱼类的摄食效率。以长江口中华鲟幼鱼主要摄食的鱼类——子陵吻鰕虎鱼（*Rhinogobius giurinus*）为饵料，研究了光照、流速、底质和底质颜色等环境因子对中华鲟幼鱼摄食效率的影响。

实验装置为 3 m×0.6 m×0.6 m 的玻璃环形水槽（图 6-8），水槽中央沿垂直插一隔板，两端各留 30 cm 的距离。水槽一端开 2 个开口连接调频离心水泵，水流速度通过变频器调节离心水泵频率实现。为了避免干扰，实验水槽测试区域周围用不透明幕布与周围隔离。

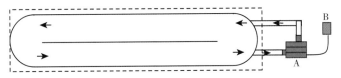

图 6-8　中华鲟幼鱼摄食效率实验水槽（俯视图）

A. 调频离心水泵　B. 变频器

虚线区域为幕布隔离区

实验时，先将随机选取的 10 尾中华鲟幼鱼（全长 25.5～37.5 cm）放入实验水槽适应 1 h，然后将 60 尾子陵吻鰕虎鱼（1.5～2.0 cm）放入实验水槽内。4 h 后清点剩余饵料鱼数量。采用饵料减量法（李大勇 等，1994）计算摄食量（F_c）、摄食强度（F_i）和摄食率（F_r）。

F_c（个）＝投饵量（F_{t0}）－剩余猎物量（F_{t1}）

F_i（个/尾）＝摄食量（F_c）/实验鱼数（N）

F_r［个/（尾·h）］＝摄食强度（F_i）/摄食时间（t）

（1）光照　在完全黑暗（0 lx）的条件下，中华鲟幼鱼的摄食率［平均每尾鱼的摄食频率为（0.27±0.06）个/h］与光照条件（206 lx）下的摄食率［平均每尾鱼的摄食频率为（0.24±0.05）个/h］无显著性差异，这说明中华鲟幼鱼捕食可以不依靠视觉（顾孝连 等，2009）。因此，中华鲟幼鱼趋光行为的意义不能简单地以利用视觉捕食来解释。中华鲟在进化过程中，在食物作为选择的因子作用下，形成了以光线（或明亮的环境）作为信号，来寻找食物丰富的栖息环境的趋光行为，其行为的"信号"意义大于"利用视觉捕食"。

（2）流速　水流速度分别为 0 cm/s、11 cm/s、31 cm/s、41 cm/s 时，平均每尾中华鲟幼鱼的摄食频率为 0.06 个/h、0.18 个/h、0.27 个/h、0.34 个/h，各流速间摄食率差异显著，且随着流速的增加中华鲟幼鱼的摄食率逐渐提高。中华鲟一般不会主动追击猎物，摄食以触须接触底质进行探索，遇到食物时以"吮吸式"的方式摄食底质上的生物（梁旭方，1996）。无论在白天还是夜间，在静水中中华鲟幼鱼摄食量极低，甚至多次实验中出现静水中摄食量为 0 的情况。在静水中鰕虎鱼游动迅速，而中华鲟幼鱼游泳缓慢，无法捕捉到鰕虎鱼；当水流速度增加时，鰕虎鱼会表现出趋流性。鱼类克流能力与鱼类的体长有密切的关系，由于鰕虎鱼的体长很小（1.5～2.0 cm），其顶水的能力远较中华鲟幼鱼为弱，当水中有一定流速时，鰕虎鱼因趋流行为而在水流中保持相对静止，而中华鲟幼鱼此时仍可以顶流在水中前进，因此，可以捕获在水流作用下而静止的鰕虎鱼。在实验设计的水流速度范围内（0～41 cm/s）随着水流速度的增加，鰕虎鱼的运动能力减弱，而在速度范围内的水流速度对中华鲟幼鱼游泳无明显影响，因此随着水流速度的增加，中华鲟幼鱼的摄食率也之提高。水流速度对于鲟在捕食底栖快速运动猎物的重要作用，为鱼类趋流行为的意义增加了新内容。

（3）底质　中华鲟幼鱼喜欢选择利用沙底质，但在沙底质中的摄食率［（0.24±0.05）个/（尾·h）］与玻璃钢底质中的摄食率［（0.26±0.01）个/（尾·h）］相比还略有降低，但差异并不显著（顾孝连，2008）。这一结果看似矛盾，但类似的结果在其他的研究中也有发现，如湖鲟（*A. fulvescens*）尽管在光滑塑料底质上更有利于其摄食，但它依然选择沙底质（Peake，1999）。鲟类选择沙底质的本能行为，是长期进化过程中在食物作用下形成的，是作为寻找食物的线索而被自然选择所保留下来的行为（顾孝连，2007）。在人工养殖时提供沙底质对于满足其对本能需求是有利的，但对于其摄食率又有不利的影响。如何既能满足其对本能的需求又能有利于其摄食还需要进行深入的研究。

（4）底质颜色　多种鲟在早期生活史阶段选择白色底质，与其利用视觉捕食有关。然而，很多研究中也发现多种鲟的仔鱼或幼鱼具有明显的夜间摄食活动高峰，其摄食又不依靠视觉。因此，鲟选择白色底质不能简单笼统地解释为利用视觉捕食，不同的生活史阶段选择白色底质的意义有所不同。中华鲟幼鱼在黑色和白色底质中摄食率分别为（0.27±0.01）个/（尾·h）和（0.25±0.05）个/（尾·h），无显著差异，说明白色底质不能提高其摄食效率，摄食行为可以不依靠视觉。

鲟类仔鱼期一般以浮游生物为食，因此仔鱼期的摄食更多地依赖于视觉（Kynard et al，2005），这一时期选择白色底质与利用视觉捕食是有关系的。由于早期发育的不同步性（异速生长），鲟类仔鱼期的视觉在其感觉器官中相对发达（Gisbert et al，1999），仔鱼期选择白色底质被认为是与利用视觉捕食有关。随着仔鱼发育至幼鱼，其视觉以外感觉器官也有了较好的发育，嗅觉在摄食中的作用增大；另一方面，幼鱼的食物也开始主要以底栖的生物为主，底栖环境的黑暗使视觉在捕食中的作用在降低（梁旭方和何大仁，1998）。

第二节　功能器官的结构与功能适应

中华鲟在长期的进化过程中，形成了一系列与其食性类型和摄食方式相适应的形态结构和功能。它的体型和感觉器官适应于对底栖饵料生物的搜索和感知，口的形态、位置，以及鳃耙等适应于对食物的摄取，而胃和肠等的构造也适应于消化这种食物。

一、消化系统结构与功能发育

1. 消化系统的形态功能适应

中华鲟的消化系统由口、口咽腔、食道、胃、幽门盲囊、十二指肠、瓣肠和直肠，以及肝脏和胰脏组成（图6-9）。

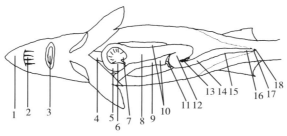

图6-9　消化系统组成

1. 吻　2. 口须　3. 口裂　4. 食道　5. 胆　6. 胃幽门部　7. 幽门盲囊　8. 胃体部　9. 肝
10. 鳔　11. 脾　12. 胃贲门部　13. 胰　14. 十二指肠　15. 瓣肠　16. 直肠　17. 肛门　18. 尿殖孔

口位于头部腹面，为下位口。由上、下颌围成，闭合时呈一横裂，活动时可伸缩，呈圆筒状（图6-10）。口咽腔内有不发达的舌，前端不能游离，表面有不规则的颗粒状结构。幼鱼期具颌齿（成鱼无齿），整个口咽腔较大，一次可吞食较多食物。鳃耙粗短而稀疏。

 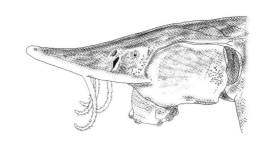

图6-10　口

食道位于咽之后，大部分被肝脏的左右叶包裹。食道内的纵行黏膜褶较多且粗大。胃幽门部发达，有助于碾磨及压碎食物。具有1个幽门盲囊，里面有若干个（17个左右）小盲囊，可增加吸收面积。具有瓣肠，较发达，瓣肠内的螺旋瓣几乎占满整个肠腔。肝脏与胰脏均较发达，相互独立，仅有少部分相连。中华鲟在食道与胃的过渡区已有零星消化腺出现。

中华鲟的口下位，且能伸缩，是其采用吮吸式捕食底栖生物的结构基础。食道内肌肉层较发达，皱褶较多且粗大，可在吞食较大的食物时扩大食道面积，胃较粗大，能容纳较大的食物。在食道与胃的过渡区已有少量消化腺出现，有利于增强对食物的消化吸收。肠道虽较短，但瓣肠内具有发达的螺旋瓣，大大增加了对食物的消化吸收。另外，幽门盲囊也大大增加了对食物消化吸收的面积。中华鲟消化系统中既有硬骨鱼类的幽门盲囊，又保留了软骨鱼类所特有的螺旋瓣肠，充分体现了中华鲟物种的古老性。

2. 消化系统的发育

刚出膜中华鲟仔鱼的口和肛门均未形成。口的形成是先在口的部位出现线形的色素沉积，然后由口中间开始向内凹陷，逐渐形成三角形的口凹，再形成上下颌。中华鲟仔鱼分化较快，在1日龄出现三角形口，颌齿出现在4日龄。出膜至孵化后5 d左右，处于消化道初步分化阶段。第4 d时，肝脏开始形成，胃分化为贲门部和幽门部，出现胃腺，十二指肠已分化完成。出膜后6～9 d时，形成了瓣肠、直肠和肛门，且瓣肠内螺旋瓣数目增多，消化道分化基本完成。此阶段为内源性营养阶段，仔鱼主要是通过胞饮和内吞噬作用来吸收营养，营养完全靠吸收卵黄物质获得。10～11 d时，肝脏已发育完善，胰脏分化为外分泌部和内分泌部，发育完成。瓣肠中螺旋瓣的数目基本与成鱼相似，消化道的发育基本完善。这一时期，卵黄物质不断被消化吸收转变为脂肪，这些脂肪又在十二指肠和肝脏的纤毛柱状上皮细胞内逐渐积累，随着卵黄物质的耗尽，仔鱼的内源性生长阶段结束，开始转变到外源性生长阶段。孵化后40 d左右时，消化系统达到发育完善的程度（徐雪峰，2006）。

二、消化酶的分泌与环境适应

1. 仔稚鱼阶段

中华鲟仔鱼在出膜后第 1 d 就能检测到蛋白酶和淀粉酶活性。仔鱼孵化出膜后的 1~5 d 属于内源性营养初期，体内蛋白酶和淀粉酶活性均呈现出下降趋势，且蛋白酶下降较快。此阶段脂肪酶刚刚开始出现，活性一直处于较低水平。由此，推断中华鲟仔鱼内源性营养物质的消耗顺序（或速度）是：蛋白质＞淀粉＞脂肪，即卵黄蛋白被优先吸收，而脂肪则被暂时储存（Heming，1982）。这和卵黄囊阶段存在胰蛋白酶活性、缺乏分解脂肪能力及在胃和肠道中积聚脂肪滴等现象是一致的（Buddington，1983）。由于卵黄囊阶段消化酶浓度低，消化系统发育还不完善，中华鲟仔鱼可借助胞饮和细胞内消化的方式吸收利用卵黄物质。

中华鲟的早期发育过程中，消化酶分泌大体可以分为三个阶段（徐雪峰，2006）：

第一阶段，孵化出膜至 13 d。中华鲟仔鱼刚孵出时，具有较高的蛋白酶和淀粉酶活性，随着仔鱼发育，体内各种消化酶的活性总体呈现出升高趋势，为开口摄食做好准备。10~12 d 时卵黄囊吸收完毕，营养来源完全依靠外界供给。此时，中华鲟仔鱼消化系统的发育基本完成，开始进入后期仔鱼阶段。中华鲟仔鱼体内各种消化酶的活性均达到一个极大值，说明随着中华鲟仔鱼由内源性营养转变到外源性营养阶段，各种消化酶活性逐渐增强。

第二阶段，中华鲟仔鱼开始进食至孵出后 43 d 左右。出现了较高的淀粉酶和脂肪酶活性。同时，随着胃的结构与功能进一步完善，胃腺分泌的盐酸增多，胃蛋白酶活性也逐渐增强。体内各种消化酶增强到一个峰值，这标志着消化系统功能的进一步完善。

第三阶段，孵化后 43~120 d。消化系统各组织器官基本发育完成。在这一阶段，脂肪酶活性继续下降，淀粉酶和胃蛋白酶活性开始上升。

中华鲟消化系统发育中，消化酶活性的这种变化规律可能是由遗传因素决定的，而非食物诱导产生，反映了摄食习性及营养需求转变过程中的生物适应性。

2. 幼鱼阶段

野生中华鲟发育至幼鱼阶段时，开始进入到长江口的半咸水等渗盐度环境（盐度 10 左右）。其消化道中的蛋白酶、淀粉酶和脂肪酶活力均呈现出先上升，再下降，最后持续上升并趋于稳定的变化趋势。其中，脂肪酶活力受到盐度的影响较蛋白酶和淀粉酶更大（何绪刚，2008）。

（1）蛋白酶 接触半咸水等渗盐度的数小时内，中华鲟幼鱼消化道蛋白酶活力有上升的趋势，3 h 时胃、幽门盲囊、十二指肠、瓣肠等消化道各部位的蛋白酶活力均较淡水时高，其中幽门盲囊的蛋白酶活力显著高于淡水时。3~12 h，蛋白酶活力急剧下降，至 12 h 时消化道各部位蛋白酶活力基本全部达到最低值，且均显著低于淡水时，这种低水平一直持续至第 24 h。24～72 h，消化道各部位蛋白酶活力开始持续回升，至 216 h 时，除瓣肠外，其他部位蛋白酶活力均超过淡水时，但均未达到显著差异水平（图 6-11）。

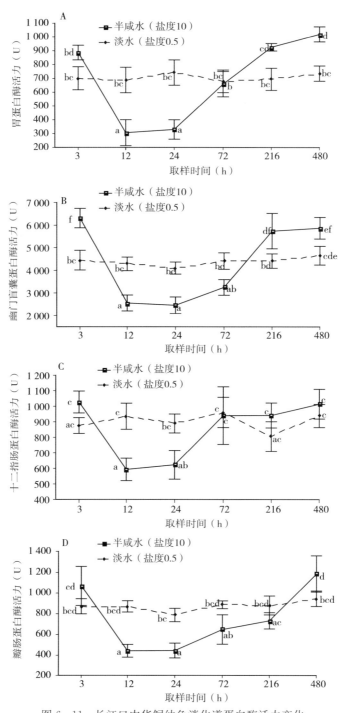

图 6-11　长江口中华鲟幼鱼消化道蛋白酶活力变化

A. 胃　B. 幽门盲囊　C. 十二指肠　D. 瓣肠

图中字母不同表示有显著性差异

在长江口半咸水等渗盐度的刺激下，中华鲟幼鱼肝脏的蛋白酶活力变化趋势与消化道不完全一致，呈现出先下降、后上升的变化趋势，但整个过程中肝脏蛋白酶活力与淡水时无显著性差异（表6-10）。这揭示出半咸水等渗盐度并未显著影响到中华鲟幼鱼肝脏对蛋白酶的合成、分泌活动。

表6-10　长江口中华鲟幼鱼肝脏蛋白酶活力变化

单位：U

时间	3 h	12 h	24 h	72 h	216 h	480 h
淡水	58.5±5.4	51.7±8.2	56.3±6.6	56.4±8.7	57.8±5.2	58.9±9.8
半咸水	55.1±6.1	47.8±5.3	42.0±4.9	47.2±4.0	56.4±5.5	60.2±7.4

（2）淀粉酶　接触到长江口半咸水等渗盐度后，消化道淀粉酶活力有升高的趋势，在3 h时均较淡水时高，但未达到显著水平。3～12 h时间段内，淀粉酶活力急剧下降，至12 h时，除瓣肠外，消化道其他部位淀粉酶活力达到最低值，均显著低于淡水时，瓣肠淀粉酶活力最低值出现在24 h；之后淀粉酶活力开始回升，并持续升高，至216 h时整个消化道淀粉酶活力全部高于淡水时，但均未达到差异显著水平。消化道各部位淀粉酶活力从最低值回升速度由快到慢的顺序为：胃＞十二指肠＞瓣肠＞幽门盲囊（图6-12）。

在长江口半咸水等渗盐度下，中华鲟幼鱼肝脏的淀粉酶尽管表现出一定的波动，但整个过程中肝脏蛋白酶活力波动无显著性差异，与淡水时肝脏淀粉酶活力也差异不显著（表6-11）。同理，半咸水等渗盐度并未显著影响到中华鲟幼鱼肝脏对蛋白酶的合成、分泌活动。

表6-11　长江口中华鲟幼鱼肝脏淀粉酶活力变化

单位：U

时间	3 h	12 h	24 h	72 h	216 h	480 h
淡水	1.8±0.4	1.5±0.7	2.0±0.4	1.6±0.5	1.9±0.5	1.6±0.7
半咸水	1.6±0.3	1.7±0.5	1.4±0.3	1.7±0.3	2.1±0.6	1.7±0.4

（3）脂肪酶　在长江口半咸水等渗盐度适应过程中，中华鲟幼鱼消化道脂肪酶活力变化趋势总体上与蛋白酶和淀粉酶情况类似，呈现出先上升、再下降、最后持续上升的变化趋势。但相对于蛋白酶和淀粉酶来说，脂肪酶活力达到最低值的时间最晚，低水平持续的时间最长，说明脂肪酶活力受盐度影响最大。

刚接触长江口半咸水等渗盐度时，消化道脂肪酶活力有升高趋势。在3 h时，肝脏、胃、幽门盲囊和十二指肠的脂肪酶活力均上升到较淡水时高的水平，其中胃脂肪酶活力显著高于淡水时的水平。随后，消化道脂肪酶活力下降，直至24 h才达到最低值，低水平一直持续到72 h。除瓣肠外，胃、幽门盲囊和十二指肠在24 h和72 h时的脂肪酶活力均显著低于3 h时的活力。72 h以后，脂肪酶活力开始上升，至216 h时，脂肪酶活力已经上升至淡水时的水平，其中胃和幽门盲囊的脂肪酶活力显著高于淡水时的水平。此后，除幽门盲囊脂肪酶活力继续显著升高外，消化器官其余各部位脂肪酶活力变化平稳（图 6-13）。

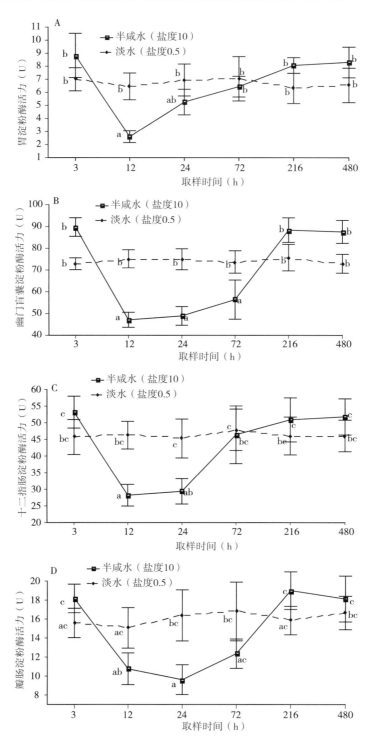

图 6-12　长江口中华鲟幼鱼消化道淀粉酶活力变化

A. 胃　B. 幽门盲囊　C. 十二指肠　D. 瓣肠

图中字母不同表示有显著性差异

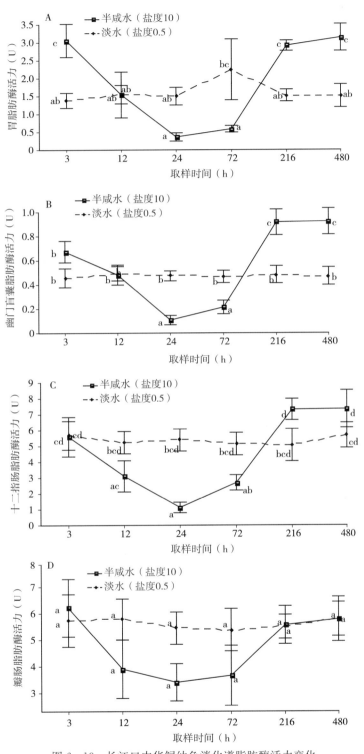

图 6-13　长江口中华鲟幼鱼消化道脂肪酶活力变化

A. 胃　B. 幽门盲囊　C. 十二指肠　D. 瓣肠

图中字母不同表示有显著性差异

肝脏脂肪酶活力随咸化时间的延长虽然有升有降，但盐度组的脂肪酶活力值始终与淡水对照组没有显著差异（表6-12）。这显示盐度并未显著影响肝脏及弥散入肝脏中的胰脏对脂肪酶的合成、分泌活动。

表6-12　长江口中华鲟幼鱼肝脏脂肪酶活力变化

单位：U

时间	3 h	12 h	24 h	72 h	216 h	480 h
淡水	1.0±0.1	1.0±0.2	1.0±0.1	1.0±0.2	1.0±0.2	0.9±0.2
半咸水	1.1±0.2	0.7±0.1	0.7±0.2	1.0±0.2	1.1±0.1	1.1±0.2

中华鲟消化道脂肪酶活力变化趋势总体上与蛋白酶、淀粉酶情况类似，呈现出先上升、再下降、最后持续上升的变化趋势。但相对蛋白酶和淀粉酶来说，脂肪酶活力达到最低水平的时间最迟，低水平持续时间最长，说明脂肪酶受盐度影响最大。

盐度会对消化酶活性产生影响，无机离子直接对酶产生作用可能是盐度影响消化酶活性的主要原因。中华鲟接触海水后体内水分迅速外渗，引起中华鲟大量吞咽海水以补充体内水分的流失，导致消化道内的无机离子浓度大幅增加。由于无机离子对胃蛋白酶、脂肪酶和淀粉酶有先激活、后抑制的作用，因此，在接触海水数小时内，在无机离子的激活作用下，消化道三类消化酶活力呈升高趋势。之后，无机离子开始对消化酶产生抑制作用，同时随着海水大量吞入并充满消化道，大大稀释消化酶浓度和加快消化酶通过消化道的速度，最终引起消化酶活力快速下降。中华鲟是海河洄游性鱼类，在漫长的进化岁月中建立起了完善的渗透生理调节机制，能快速做出生理调节以应对外界环境盐度的变化。研究显示，中华鲟由适应低渗环境到适应高渗环境的转变速度是非常快的，因为消化道蛋白酶、淀粉酶活性在咸化24 h后即开始回升，脂肪酶活性也在咸化的第3 d开始回升，且消化道三类消化酶活性均在咸化的第9～20 d即达到稳定。消化道三类消化酶活性之所以回升，是机体消除了短时的应激反应，逐渐适应新环境的结果。

三、感觉器官在摄食中的作用

中华鲟幼鱼的眼睛小而呈椭圆形，无眼睑及瞬膜。头部腹面及侧面有大量梅花状的陷器，称为罗伦氏囊，囊内有梨形的感觉细胞。罗伦氏囊除具有触觉功能外还具有电感受器的功能，能感觉到由水底的底栖生物运动而产生的微弱生物电（梁旭方，1996）。躯干部左右体侧的两行侧骨板内，有一条从前到后贯通的直管即为侧线管，管内有迷走神经分出的侧线支由前至后沿管壁分布。中华鲟的嗅觉器官为一对发达的嗅囊，位于鼻孔内。其味觉感受器官是味蕾，味蕾的分布很广，在口腔、舌、体表皮肤及触须都有分布，吻部触须表面也存在少量味蕾，触须有触觉和味觉的作用（四川长江水产资源调查组，1988）。

1. 中华鲟幼鱼摄食的感觉基础

关于鲟类摄食的感觉基础存在诸多争论。Moyle 和 Jr. Cech（2003）根据鲟类的摄食方式，认为它们是依靠触须觅食的。Jatteau（1998）研究认为，鲟类在开始的混合营养阶段觅食行为主要依赖于味觉，而嗅觉在后期较大的幼体中显得非常重要。Kasumyan（1999，2007）发现鲟类对食物化学信号的敏感度很高，嗅觉在鲟类摄食过程中是主要的长距离感觉系统。张胜宇等（2002）认为鲟类仔鱼的摄食感觉主要靠触觉，但触觉、嗅觉、味觉和可能存在的电感受器对发现和确定食物却非常关键。但梁旭方（1996）认为中华鲟吻部腹面罗伦氏囊是电感觉器官，在中华鲟觅食活动中起作用，而中华鲟触须味觉在觅食中作用不大。

利用误捕抢救的野生中华鲟幼鱼，采用特定感官消除或抑制和单一感官刺激方法，研究了中华鲟幼鱼摄食行为中几种相关感觉的作用及其相互关系（表 6-13）。去视觉组鱼采用外科手术摘除两侧眼球；去嗅觉组鱼两侧鼻孔均用医用凡士林完全堵塞；去触觉组鱼从 4 根吻须根部剪去；去侧线感觉组在水箱中添加 0.1 mmol/L 的 $CoCl_2$ 溶液，以封闭幼鱼的侧线感觉器官（Karlsen et al，1987）；去电感觉组鱼用医用生物粘合胶涂抹在中华鲟幼鱼头部腹面及侧面以封闭陷器；去嗅觉和触觉组鱼两侧鼻孔均用医用凡士林封堵，且剪去 4 根吻须；对照组鱼不作任何处理。

表 6-13　感觉器官的选择性封闭对野生中华鲟幼鱼摄食的影响

视觉	嗅觉	触觉	侧线感觉	电感觉	体重（g）	摄食量（g）
−	+	+	+	+	68.5[a]	5.80±1.23[a]
+	−	+	+	+	70.6[a]	2.17±0.40[c]
+	+	−	+	+	72.3[a]	4.60±1.13[b]
+	+	+	−	+	69.4[a]	6.07±1.03[a]
+	+	+	+	−	68.3[a]	5.70±0.97[a]
+	−	−	+	+	69.9[a]	1.06±0.77[d]
+	+	+	+	+	68.7[a]	6.23±1.17[a]

注：1. 同一列中参数右上角字母不同表示有显著性差异（$P<0.05$），相同则表示无显著性差异。
　　2. +表示感觉器官工作，−表示感觉器官封闭。

封闭视觉、侧线感觉、电感觉的实验鱼，单位时间内每尾鱼的平均摄食量与正常鱼无显著性差异。表明野生中华鲟幼鱼的视觉、侧线感觉、电感觉在人工驯养条件下、在觅食过程中不起重要作用。

封闭嗅觉器官的实验鱼，投饵后中华鲟幼鱼一直绕水箱贴底游。由于没有嗅觉的感知作用，中华鲟幼鱼觅食缺乏明确的方向感，只能用触须或其他感觉近距离定位觅食。但中华鲟幼鱼碰到食物即有摄食动作，其觅食效率较低，约为对照组的 34%，表明嗅觉在中华鲟幼鱼觅食过程中起较重要的作用。

封闭部分触觉的实验鱼，中华鲟幼鱼在摄食过程中吻部更贴水箱底层，能感觉食物的大致方位、但不能准确定位。多次观察到中华鲟幼鱼遇到食物后，连续吞咽几下，以便把食物吞到口中。同时观察到中华鲟幼鱼从气石上面经过时，因气泡碰到吻部下表皮，中华鲟幼鱼也有吞咽动作。摄食量约为对照组的73%，说明触须在中华鲟幼鱼觅食过程中也起一定作用。

同时封闭嗅觉和触觉的实验鱼，中华鲟幼鱼觅食无方向性，且游动更贴近水箱底部，摄食成功率较低，在固定时间内的平均摄食量极低，约为对照组的17%，表明嗅觉和触须二者在幼鱼觅食过程中起主要作用。

结果分析表明，长江口中华鲟幼鱼主要依靠嗅觉和触须捕食，电感觉器官在人工驯养环境下野生中华鲟幼鱼的觅食过程中不起主要作用。

2. 感觉器官在摄食中的作用

（1）视觉 中华鲟的眼睛小而呈椭圆形，无眼睑及瞬膜，且视力退化（图6-14a）。现有资料表明，鲟类仔鱼的视觉在防御、觅食和定向中都不起重要作用。中华鲟属于底栖生活的鱼类，自然条件下光线较弱，由于长期进化和选择的结果，中华鲟的眼径很小，视力退化，视觉对摄食帮助不大。但中华鲟仍存在对光的敏感性，在人工养殖的清水环境下，中华鲟幼鱼仍有一定视力，特别是对上方的活动物体。如果人在养殖池边观看或夜间突然开灯，中华鲟幼鱼往往会受惊而四处逃避。

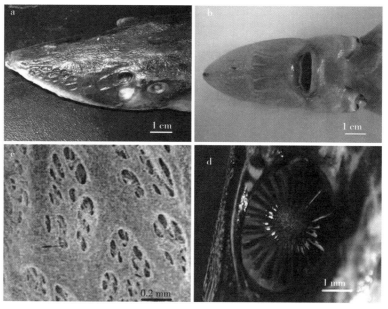

图6-14 中华鲟幼鱼的感觉器官

a. 眼睛、鼻孔　b. 头部腹面罗伦氏囊　c. 罗伦氏囊显微结构　d. 嗅囊显微结构

（2）侧线器官 侧线是鱼类及水生两栖类所特有的埋在皮下的特殊皮肤感觉器，主要功能是确定方位、感觉水流、感受低频率声波和辅助趋流性定向等。侧线与鱼类的摄

食、避敌、生殖、集群和洄游等活动都有一定的关系。中华鲟幼鱼主要摄食水中不大运动或移动缓慢的底栖动物，侧线器官在幼鱼的觅食过程中不起重要作用。

（3）电感觉 中华鲟吻部腹面存在大量罗伦氏囊，罗伦氏囊由开孔、管道和壶腹三部分组成，壶腹具有梨形单纤毛电觉细胞。中华鲟对微弱电刺激异常敏感，且对较小电刺激物有摄食反应，而对水蚯蚓汁化学刺激则没有反应。中华鲟幼鱼饵料生物（例如寡毛类、螺类、鱼类等）均能产生微弱的特异性生物电信号，它们均是理想的较小电刺激物，会诱导中华鲟产生摄食反应。中华鲟吻部腹面罗伦氏囊是电感觉器官，在中华鲟觅食活动中起作用。但电感觉器官封闭的情况下中华鲟幼鱼摄食量与正常鱼无显著性差异（庄平 等，2008），说明电感觉在人工驯养环境下野生中华鲟幼鱼觅食水蚯蚓的过程中不起主要作用。造成的原因可能是在小水体中，嗅觉的敏感度远大于电感觉而在觅食过程中起主导作用。

（4）嗅觉 中华鲟幼鱼的嗅觉器官为一对发达的嗅囊，位于头部两侧，有皮褶将它分隔成前后两部分，分别形成前鼻孔和后鼻孔（图6-14a，d）。中华鲟的嗅觉是比较敏锐的，当长期喂活饵料的鱼转食配合饲料时，用加了活饵料组织液的饲料和对照饲料同时投喂，中华鲟能凭嗅觉选取前者。嗅觉封闭造成幼鱼摄食量较大降低，说明嗅觉作为一种远距离化学感觉器官，在中华鲟幼鱼的觅食中起着较重要作用。中华鲟幼鱼获得食物信号及远距离寻觅阶段主要依靠嗅觉，近距离寻觅及发现信号源阶段也部分依靠嗅觉（表6-14）。

（5）触觉 中华鲟生活于水底，由于视力退化，为了补救视力的缺陷，其他感觉器官就较发达。触须是最重要的触觉器官，鲟类在犁状的吻部之下长有一排横列的短须，共有4条，须在口的前面，用来探索泥沙中的食物。在人工养殖条件下，中华鲟正是通过触须来触觉池底食物而摄食。中华鲟能感觉出饲料的软硬、形状、颗粒大小、表面光洁度等微弱的差别，并有喜好和选择。此外吻部触须表面也存在少量味蕾，因此触觉、嗅觉、味觉和可能存在的电感受器对发现和确定食物非常关键（张胜宇，2002）。

触须在幼鱼觅食过程中起着重要作用，起到触觉和外周味觉器官的作用，在近距离寻觅和发现信号源阶段、初步判断食物适口性阶段起着关键的作用（表6-14）。

鱼类摄食行为分成以下几个时相（梁旭方和何大仁，1998）：

Ⅰ时相：静止时相。

Ⅱ时相：摄食行为出现前的准备时相。

Ⅲ时相：获得食物信号的时相。

Ⅳ时相：寻找和发现信号源时相。它由两阶段构成：$Ⅳ_1$远距离寻觅阶段；$Ⅳ_2$近距离寻觅及发现信号源阶段。

Ⅴ时相：确定食物适口性时相。该时相也由两阶段构成：$Ⅴ_1$初步判断食物适口性阶段（咬住）；$Ⅴ_2$最终判断食物适口性阶段（吞入或摒弃）。

根据对中华鲟幼鱼摄食行为感觉机制的研究成果，可将中华鲟幼鱼摄食行为分为以下几个阶段（表6-14）：

表6-14　中华鲟幼鱼摄食行为不同阶段参与的感觉器官

时相	视觉（眼睛）	嗅觉（嗅囊）	听觉（内耳）	震觉（侧线）	电觉（罗伦氏囊）	触觉（体表及触须）	外周味觉	口腔内味觉（舌）
Ⅲ		＋						
Ⅳ₁		＋			－			
Ⅳ₂		＋			－	＋	＋	
Ⅴ₁					－	＋	＋	
Ⅴ₂						＋		＋

注：＋表示起作用，－表示不能确定。

第三节　食物竞争及其与食饵间的营养关系

受长江径流和陆海相互作用的影响，长江口具有大量的营养物质和生源要素，使该水域饵料资源极其丰富，是多种经济鱼类摄食肥育的良好场所。每年的5—8月，中华鲟幼鱼在长江口崇明东滩的浅滩水域集中进行索饵肥育，其生长发育及营养状况与该水域饵料生物组成及其丰度显著相关。在此期间，该水域不仅具有丰富的中华鲟幼鱼的饵料生物，还分布着20多种经济鱼类。由于长江口中华鲟幼鱼和东滩主要经济鱼类时空分布上的重叠性，不可避免地会存在一定的食物竞争。

一、食物竞争

除中华鲟幼鱼外，中国花鲈（*Lateolabrax maculatus*）、窄体舌鳎（*Cynoglissus gracilis*）、刀鲚（*Coilia ectenes*）、鲻（*Mugil cephalus*）、鲛（*Liza haematochiela*）和凤鲚（*C. mystus*）6种主要的经济鱼类也在长江口水域索饵。

1. 食物组成与重叠状况

长江口崇明东滩水域，中华鲟幼鱼的摄食率可达85.96%，其他6种经济鱼类的摄食率也在68.19%～93.13%，均保持在较高的水平（表6-15），说明该水域饵料生物资源较为丰富。

表6-15　长江口中华鲟幼鱼与6种经济鱼类的摄食率

物种	尾数（尾）	体长（cm）	摄食率（%）
中华鲟	121	17.5～31.4	85.96
中国花鲈	110	9.3～63.0	68.19

（续）

物种	尾数（尾）	体长（cm）	摄食率（%）
刀鲚	37	18.5～29.6	75.71
凤鲚	106	10.3～22.1	71.70
鲻	82	7.2～18.8	89.04
鲅	131	15.4～36.7	93.13
窄体舌鳎	120	16.1～31.6	84.17

　　长江口中华鲟幼鱼与6种经济鱼类的饵料生物种类共有15～25种。中华鲟幼鱼摄食19种饵料生物，以鱼类和端足类为主，其次是多毛类和蟹类。其中，主要包括钩虾、加州齿吻沙蚕、斑尾刺鰕虎鱼、睛尾蝌蚪鰕虎鱼和狭颚绒螯蟹等。中国花鲈摄食21种饵料生物，以鱼类为主，其次是虾类、等足类和蟹类。其中，主要包括鲚属鱼类、脊尾白虾（*E. carinicauda*）、光背节鞭水蚤、中国毛虾（*Acetes chinensis*）、鲅和狭颚绒螯蟹等。刀鲚摄食16种饵料生物，以糠虾类为主，其次是虾类、桡足类和鱼类。其中，主要包括中华节糠虾（*Siriella sinensis*）、中国毛虾、长额刺糠虾（*Acanthomysis longirostris*）、虫肢歪水蚤（*Totanus ermiculus*）、安氏白虾等。凤鲚摄食18种饵料生物，以糠虾类和桡足类为主，其次是虾类和鱼类。其中，主要包括中华节糠虾、中国毛虾、华哲水蚤（*Sinocalanus* spp.）、长额刺糠虾和虫肢歪水蚤等。鲻摄食18种饵料生物，以有机碎屑和底栖藻类为主，其次是瓣鳃类和桡足类。其中，主要包括中肋骨条藻（*Skeletonema costatum*）、尖刺菱形藻（*Nitzschia pungens*）、河蚬、虹彩圆筛藻（*Coscinodiscus oculus - iridis*）和植物碎片等。鲅摄食22种饵料生物，以有机碎屑和底栖藻类为主，其次是瓣鳃类和桡足类。其中，主要包括中肋骨条藻、河蚬、颗粒直链藻（*Melosira granulata*）、弯菱形藻（*Nitzschia sigma*）和缢蛏（*Sinonovacula constricta*）等。窄体舌鳎摄食20种饵料生物，以虾类和瓣鳃类，其次是鱼类。其中，主要包括安氏白虾、葛氏长臂虾、缢蛏、狭颚绒螯蟹和纵肋织纹螺（*Nassarius varici ferus*）等。

　　中华鲟幼鱼与6种经济鱼类的饵料生物可归为17个大类，即鱼类、口足类、虾类、蟹类、等足类、涟虫类、枝角类、水生昆虫类、毛颚类、藻类、多毛类、寡毛类、糠虾类、端足类、瓣鳃类、腹足类、桡足类。根据各饵料成分的重量百分比计算出各种鱼类之间的饵料重叠系数（表6-16）。结果表明，在种间21个组配中，饵料重叠系数大于0.7的有2个，分别是鲻和鲅（0.99）、凤鲚和刀鲚（0.95）。鲻和鲅的饵料重叠系数较高与它们均主要摄食有机碎屑和底栖藻类有关，凤鲚和刀鲚的饵料重叠系数较高与它们均主要摄食虾类和糠虾类有关。其余种间19个组配中饵料重叠系数均小于0.5，崇明东滩6种经济鱼类与中华鲟幼鱼之间的饵料重叠系数均不大于0.4。

表6-16　长江口中华鲟幼鱼与6种经济鱼类的饵料重叠系数

物种	鲅	鲻	刀鲚	凤鲚	窄体舌鳎	中华鲟幼鱼
中国花鲈	0.00	0.00	0.22	0.15	0.24	0.12
鲅	—	0.99	0.10	0.14	0.29	0.09
鲻	—	—	0.09	0.13	0.24	0.07
刀鲚	—	—	—	0.95	0.17	0.08
凤鲚	—	—	—	—	0.14	0.11
窄体舌鳎	—	—	—	—	—	0.40

2. 食性类型和生态属性

鱼类的主要摄食对象以饵料生物出现频率的百分比组成来判断，通常饵料出现频率百分比组成超过60%的即为主要摄食对象。

根据长江口崇明东滩中华鲟幼鱼与6种经济鱼类的饵料生物生态类群的出现频率百分比组成（表6-17），发现它们分属4种食性类型：中华鲟幼鱼以底栖无脊椎动物和底栖鱼类为主要食物（分别占60.83%和32.93%），属底栖生物食性；窄体舌鳎以底栖无脊椎动物为主要食物（占75.48%），属底栖生物食性；中国花鲈摄食的底栖无脊椎动物和底栖鱼类达56.67%，游泳动物达30.14%，浮游动物达13.18%，属底栖动物和游泳动物食性；鲻和鲅以硅藻和有机碎屑为主要食物（分别占71.56%和81.03%），属底层藻类食性；凤鲚和刀鲚以浮游动物为主要食物（分别占69.60%和66.99%），属浮游动物食性。

表6-17　长江口崇明东滩中华鲟幼鱼与6种经济鱼类食物的生态类型出现频率百分比组成

单位:%

种类	底层藻类	碎屑	浮游动物	游泳动物	底栖无脊椎动物	底栖鱼类
中国花鲈	—	—	13.18	30.14	41.37	15.30
鲅	35.40	36.16	12.77	—	15.66	—
鲻	39.04	41.99	6.44	—	12.52	—
刀鲚	—	4.63	66.99	11.94	10.65	5.79
凤鲚	—	5.49	69.60	10.07	8.99	5.85
窄体舌鳎	—	11.92	1.36	1.02	75.48	10.21
中华鲟幼鱼	—	4.27	0.98	0.98	60.83	32.93

3. 食物竞争状况

长江口崇明东滩6种经济鱼类与中华鲟幼鱼的食物竞争状况为：

①浮游动物食性的鱼类（刀鲚和凤鲚）的饵料重叠系数达到0.95，两者之间的食物竞争强度较高。主要的食物竞争对象为中国毛虾、中华节糠虾和鱼类。但与中华鲟幼鱼的饵料重叠系数仅分别为0.08和0.11，对中华鲟幼鱼的食物竞争不高。

②底层藻类食性的鱼类（鲹和鲻）的饵料重叠系数达到0.99，食物竞争强度很高。主要的食物竞争对象为底层硅藻、河蚬稚贝和桡足类。但与中华鲟幼鱼的饵料重叠系数仅分别为0.09和0.07，对中华鲟幼鱼的食物竞争不高。

③底栖生物食性的中国花鲈和窄体舌鳎与中华鲟幼鱼的饵料重叠系数分别为0.12和0.40，食物竞争强度较低。窄体舌鳎主要摄食底栖无脊椎动物，其质量百分比组成达到78.25%；中华鲟幼鱼主要摄食底栖鱼类，其质量百分比组成达到67.02%；而中国花鲈主要摄食游泳动物（质量百分比为40.98%）和底栖无脊椎动物（质量百分比为29.95%）。由于三者摄食生态类群的分化，减小了它们之间的食物竞争强度。中华鲟和花鲈食物组成中虽然均是鱼类较高，但由于两者摄食的鱼类种类不同，两者的饵料重叠系数也较低。窄体舌鳎虽主要摄食虾类，但与中华鲟幼鱼食物组成中的鱼、虾类中许多种类是相同的，因此二者的饵料重叠系数相对较高，表明窄体舌鳎对中华鲟幼鱼的食物有一定的竞争（庄平 等，2010）。

二、幼鱼与食饵的营养关系

鱼类肌肉成分的含量与其生存环境、饵料成分和生长期密切相关。对于洄游过程中的中华鲟幼鱼、人工放流的养殖中华鲟幼鱼和暂养过程中转食不同饵料的野生中华鲟幼鱼的正常洄游、生长和存活与其饵料生物的营养成分密切相关。其饵料生物不仅总蛋白和总脂肪含量要满足中华鲟幼鱼的需求，饵料蛋白源的必需氨基酸和必需脂肪酸组成也很重要。根据对长江口中华鲟幼鱼胃内含物的分析可知，斑尾刺鰕虎鱼、安氏白虾、河蚬、水丝蚓、光背节鞭水蚤和摇蚊幼虫为其中具有代表性的饵料生物，对这6种饵料生物和中华鲟幼鱼的营养成分、蛋白质及脂肪酸营养价值进行分析，来分析中华鲟幼鱼与饵料生物的营养关系。

1. 转食不同饵料后中华鲟幼鱼的肌肉成分

试验设计3组，组Ⅰ：野生中华鲟幼鱼，体重为（114.44±13.68）g，体长为（24.24±1.21）cm；组Ⅱ：误捕野生中华鲟幼鱼，在暂养过程中驯化转食水丝蚓，正常摄食后继续投喂水丝蚓8周后取样，体重为（104.80±2.95）g，体长为（24.26±0.66）cm；组Ⅲ：误捕野生中华鲟幼鱼，在暂养过程中驯化转食人工饲料，正常摄食后，继续投喂8个周后取样，体重为（100.84±20.69）g，体长为（23.78±3.46）cm。

表6-18显示，水分含量在三组间差异不显著；粗蛋白和粗脂肪含量在野生组与转食水丝蚓组之间差异不显著，但这两组分别与转食人工饲料组之间差异显著（$P<0.05$）；粗灰分含量在转食水丝蚓组和转食人工饲料组之间差异显著（$P<0.05$），但这两组分别与野生组之间的差异不显著。

表 6-18　三组中华鲟幼鱼肌肉一般成分含量（%，湿重）

营养成分	组Ⅰ	组Ⅱ	组Ⅲ
水分	81.44±0.74ᵃ	80.92±0.01ᵃ	80.56±0.05ᵃ
粗蛋白	17.23±0.21ᵃ	17.11±0.35ᵃ	16.73±0.21ᵇ
粗脂肪	0.36±0.01ᵃ	0.36±0.03ᵃ	1.02±0.01ᵇ
粗灰分	1.19±0.03ᵃ	1.20±0.04ᵃᵇ	1.18±0.01ᵃᶜ

注：同一行中参数右上角字母不同表示有显著性差异（$P<0.05$），相同则表示无显著性差异。

表 6-19 显示，三组中华鲟幼鱼肌肉中均测出 18 种常见氨基酸。比较平均值可见，Pro 的含量在三组间没有显著性差异；Cys 和 Met 的含量，野生中华鲟幼鱼转食水丝蚓后没有显著性降低，但转食人工饲料后有显著性降低（$P<0.05$）；Tyr、Ala、His、Ile、Leu、Lys 和 Trp 的含量，野生中华鲟幼鱼转食后均有显著性降低（$P<0.05$），且在转食水丝蚓组和转食人工饲料组之间差异不显著；其他氨基酸及 W_{TAA}、W_{EAA}、W_{HEAA} 和 W_{NEAA} 的含量在野生组、转食水丝蚓组和转食人工饲料组间均依次降低且差异显著（$P<0.05$）。

表 6-19 显示，所测得 18 种氨基酸中，Glu 含量都是最高，其次，在野生组和转食水丝蚓组中依次为 Lys、Asp、Leu，而 Cys 含量最低；在转食人工饲料组略有不同，其顺序为 Glu、Lys、Leu 和 Asp，而 Met 含量最低。综合来看，野生组与转食水丝蚓组间在氨基酸含量和组成上更为相似，这两组与转食人工饲料组之间差别较大。

表 6-19　三组中华鲟幼鱼肌肉氨基酸组成及含量（%，干重）

氨基酸	组Ⅰ	组Ⅱ	组Ⅲ
丝氨酸 Ser	3.91±0.09ᵃ	3.22±0.02ᵇ	2.95±0.04ᶜ
酪氨酸 Tyr	3.00±0.22ᵃ	2.53±0.05ᵇ	2.27±0.01ᵇ
胱氨酸 Cys	0.57±0.01ᵃ	0.55±0.01ᵃ	0.53±0.01ᵇ
脯氨酸 Pro	1.41±0.30	1.70±0.06	1.19±0.06
天冬氨酸 Asp	8.46±0.29ᵃ	7.32±0.06ᵇ	5.49±0.13ᶜ
谷氨酸 Glu	13.53±0.79ᵃ	12.14±0.27ᵇ	10.23±0.21ᶜ
甘氨酸 Gly	4.58±0.34ᵃ	3.42±0.07ᵇ	2.77±0.11ᶜ
丙氨酸 Ala	5.57±0.63ᵃ	4.52±0.01ᵇ	4.20±0.11ᵇ
组氨酸 His	1.90±0.17ᵃ	1.39±0.02ᵃ	1.63±0.19ᵇ
精氨酸 Arg	6.22±0.14ᵃ	5.16±0.10ᵇ	4.57±0.02ᶜ
蛋氨酸 Met	1.47±0.38ᵃ	1.24±0.03ᵃ	0.24±0.01ᵇ
苯丙氨酸 Phe	4.16±0.21ᵃ	3.71±0.15ᵇ	3.18±0.02ᶜ
异亮氨酸 Ile	3.95±0.20ᵃ	3.30±0.08ᵇ	3.11±0.02ᵇ
亮氨酸 Leu	7.59±0.48ᵃ	6.38±0.01ᵇ	5.76±0.07ᵇ
赖氨酸 Lys	9.15±0.54ᵃ	7.82±0.13ᵇ	7.27±0.02ᵇ

（续）

氨基酸	组Ⅰ	组Ⅱ	组Ⅲ
苏氨酸 Thr	3.68 ± 0.21^a	3.13 ± 0.06^b	2.78 ± 0.08^c
缬氨酸 Val	6.18 ± 0.24^a	5.34 ± 0.22^b	4.79 ± 0.09^c
色氨酸 Trp	0.69 ± 0.02^a	0.61 ± 0.01^b	0.60 ± 0.01^b
氨基酸总量 W_{TAA}	86.02 ± 2.77^a	73.47 ± 0.03^b	63.57 ± 0.31^c
必需氨基酸总量 W_{EAA}	44.99 ± 2.59^a	38.08 ± 0.81^b	33.93 ± 0.53^c
半必需氨基酸总量 W_{HEAA}	3.57 ± 0.23^a	3.08 ± 0.06^b	2.80 ± 0.02^c
非必需氨基酸总量 W_{NEAA}	37.46 ± 2.44^a	32.32 ± 0.49^b	26.83 ± 0.66^c

注：同一行中参数右上角字母不同表示有显著性差异（$P<0.05$），相同则表示无显著性差异。

表6-20 显示，野生组中检测到 6 种 SFA，6 种 MUFA 和 9 种 PUFA；转食水丝蚓组中检测到 7 种 SFA，6 种 MUFA 和 6 种 PUFA；转食人工饲料组中检测到 11 种 SFA，6 种 MUFA 和 9 种 PUFA。三组间脂肪酸含量比较，除 $C_{17:1}$ 和 $C_{18:3\omega3}$ 在三组间差异不显著，$C_{15:0}$、$C_{17:0}$、$C_{18:0}$、$C_{23:0}$、$C_{20:1\omega9}$ 和 $\sum$MUFA 在野生组和转食水丝蚓组间差异不显著，$C_{20:2}$ 在转食水丝蚓组和其他两组间差异不显著，$\sum$PUFA 在野生组和转食人工饲料组间差异不显著外，其他脂肪酸在三组间均具有显著性差异（$P<0.05$）。$C_{22:0}$、$C_{18:1\omega9t}$、$C_{18:3\omega6}$ 和 $C_{20:3\omega6}$ 的含量在两组间差异均不显著。

表6-20 三组中华鲟幼鱼肌肉脂肪酸组成及含量（％，干重）

脂肪酸	组Ⅰ	组Ⅱ	组Ⅲ
$C_{12:0}$	—	—	0.07 ± 0.00
$C_{13:0}$	—	—	0.04 ± 0.00
$C_{14:0}$	2.70 ± 0.51^a	1.90 ± 0.09^b	4.10 ± 0.04^c
$C_{15:0}$	1.31 ± 0.16^a	1.21 ± 0.06^a	0.60 ± 0.01^b
$C_{16:0}$	30.46 ± 0.57^a	35.38 ± 0.14^b	20.66 ± 0.20^c
$C_{17:0}$	2.08 ± 0.31^a	2.11 ± 0.08^a	0.44 ± 0.44^b
$C_{18:0}$	6.97 ± 0.35^a	6.83 ± 0.13^a	4.92 ± 0.19^b
$C_{21:0}$	—	—	1.30 ± 0.01
$C_{22:0}$	—	0.15 ± 0.22	0.21 ± 0.04
$C_{23:0}$	0.27 ± 0.37^a	0.35 ± 0.36^a	0.97 ± 0.00^b
$C_{24:0}$	—	—	0.02 ± 0.02
$\sum$SFA	43.79 ± 1.76^a	47.94 ± 0.10^b	33.32 ± 0.27^c
$C_{14:1}$	—	—	0.10 ± 0.03
$C_{16:1}$	4.69 ± 0.23^a	3.19 ± 0.15^b	4.25 ± 0.22^c
$C_{17:1}$	1.02 ± 0.38^a	0.92 ± 0.12^a	0.79 ± 0.03^a
$C_{18:1\omega9t}$	0.28 ± 0.17^a	0.11 ± 0.24^a	—

（续）

脂肪酸	组Ⅰ	组Ⅱ	组Ⅲ
$C_{18:1\omega9c}$	12.45 ± 0.38^a	13.79 ± 0.76^b	20.57 ± 0.44^c
$C_{20:1\omega9}$	0.41 ± 0.07^a	0.13 ± 0.21^a	2.39 ± 0.69^b
$C_{24:1\omega9}$	1.38 ± 0.25^a	1.09 ± 0.15^b	0.18 ± 0.06^c
ΣMUFA	20.23 ± 0.51^a	19.23 ± 0.34^a	28.27 ± 1.28^b
$C_{18:2\omega6t}$ ★	0.09 ± 0.12	—	—
$C_{18:2\omega6c}$ ★	2.57 ± 0.38^a	4.42 ± 0.83^b	20.45 ± 0.16^c
$C_{20:2}$	0.92 ± 0.30^a	0.63 ± 0.36^{ab}	0.62 ± 0.02^b
$C_{22:2}$	—	—	0.04 ± 0.04
$C_{18:3\omega6}$ ★	0.08 ± 0.11^a	—	0.24 ± 0.24^a
$C_{18:3\omega3}$ ▲	0.68 ± 0.17^a	0.77 ± 0.49^a	0.88 ± 1.31^a
$C_{20:3\omega6}$ ★	2.31 ± 1.36^a	—	0.06 ± 0.09^a
$C_{20:4\omega6}$ ★	6.34 ± 1.40^a	8.05 ± 0.27^b	1.60 ± 0.10^c
$C_{20:5\omega3}$ （EPA）▲	9.24 ± 1.03^a	7.65 ± 0.39^b	4.56 ± 0.03^c
$C_{22:6\omega3}$ （DHA）▲	13.74 ± 0.61^a	11.29 ± 0.17^b	9.96 ± 0.06^c
ΣPUFA	35.98 ± 1.81^a	32.81 ± 0.24^b	38.40 ± 1.35^a
EPA＋DHA	22.99 ± 0.45^a	18.94 ± 0.22^b	14.52 ± 0.09^c
$\Sigma\omega3$PUFA	23.67 ± 0.57^a	19.71 ± 0.64^b	15.40 ± 1.34^c
$\Sigma\omega6$PUFA	11.39 ± 1.04^a	12.47 ± 0.64^b	22.35 ± 0.11^c
$\Sigma\omega3$PUFA/$\Sigma\omega6$PUFA	2.08	1.58	0.69

注：1. ΣSFA 为饱和脂肪酸总量；ΣMUFA 为单不饱和脂肪酸总量；ΣPUFA 为多不饱和脂肪酸总量；▲为 $\omega3$ 系列多不饱和脂肪酸；★为 $\omega6$ 系列多不饱和脂肪酸。

2. 同一行中参数右上角字母不同表示有显著性差异（$P<0.05$），相同则表示无显著性差异。

如表 6-20 所示，三组 SFA 中含量最多的均为 $C_{16:0}$，MUFA 含量最多的均为 $C_{18:1\omega9c}$，野生组和转食人工饲料组中 MUFA 含量最多的为 DHA，转食人工饲料组中 MUFA 含量最多的为 $C_{18:2\omega6c}$。ΣSFA 在转食水丝蚓组最高，其次为野生组，在转食人工饲料组最低，且三组间差异显著（$P<0.05$）；而 ΣMUFA 和 ΣPUFA 在转食人工饲料组最高，在转食水丝蚓组最低，且 ΣMUFA 在野生组和转食水丝蚓组间差异不显著，ΣPUFA 在野生组和转食人工饲料组间差异不显著（$P>0.05$）。

由图 6-15 可知，EPA、DHA、EPA＋DHA 和 $\Sigma\omega3$PUFA 的百分含量在野生组、转食水丝蚓组和转食人工饲料组间依次降低，且差异显著（$P<0.05$）；$\Sigma\omega6$PUFA 的百分含量在三组间依次升高，且差异显著。表 6-20 中 $\Sigma\omega3$PUFA/$\Sigma\omega6$PUFA 在三组间也依次降低。

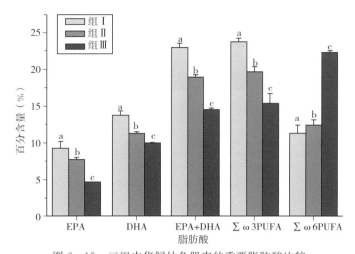

图 6-15 三组中华鲟幼鱼肌肉的重要脂肪酸比较

图中字母不同表示有显著性差异（$P < 0.05$），相同则表示无显著性差异

2. 中华鲟幼鱼与其饵料生物营养关系分析

试验对象包括野生中华鲟（野生组）、转食中华鲟（转食水丝蚓组、转食人工饲料组）、人工养殖中华鲟，中华鲟幼鱼的 6 种主要饵料生物（斑尾刺鰕虎鱼、河蚬、安氏白虾、水丝蚓、光背节鞭水蚤和摇蚊幼虫），以此研究饵料生物与中华鲟幼鱼的营养关系。

如图 6-16 所示，6 种饵料生物中斑尾刺鰕虎鱼的粗蛋白含量最高，但其粗脂肪和粗灰分含量最低；河蚬的粗脂肪含量最高，安氏白虾的粗灰分含量最高。野生组和转食水丝蚓组的粗蛋白含量较高，但粗脂肪含量较低；转食人工饲料组和养殖组的粗脂肪含量较高，但粗蛋白含量较低。粗灰分含量 4 组间平均值差别不大。

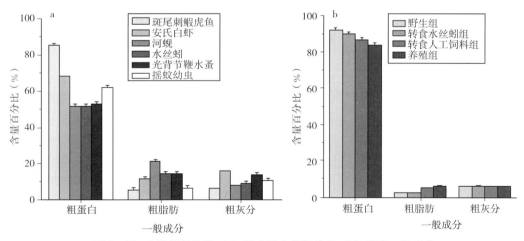

图 6-16 6 种饵料生物（a）及 4 组中华鲟幼鱼（b）肌肉一般成分

表 6-21 显示，在中华鲟幼鱼肌肉的 9 种必需氨基酸比率（A/E）中，除了摇蚊幼虫的 His 和 Phe，光背节鞭水蚤的 Arg 和 Lys，河蚬的 Thr，转食人工饲料组的 Met 外，其

他氨基酸比率在中华鲟幼鱼与其饵料生物间差别不大。

表 6-21 6种饵料生物与4组中华鲟幼鱼的必需氨基酸比率（A/E）

	His	Arg	Met	Phe	Ile	Leu	Lys	Thr	Val
斑尾刺鰕虎鱼	5.16	14.2	5.76	17.24	6.96	12.2	18.59	9.06	10.82
安氏白虾	5.43	14.79	4.57	17.54	6.66	11.7	21.91	7.12	10.34
河蚬	4	16.48	4.58	17.02	7.5	11.6	13.22	12.09	13.54
水丝蚓	4.53	13.69	4.39	17.6	7.93	14.9	13.49	9.36	14.1
光背节鞭水蚤	3.81	6.26	3.25	18.3	7.48	13.6	27.31	5.51	14.51
摇蚊幼虫	6.24	13.01	3.65	21.99	7.48	11.5	14.06	9.15	12.91
野生组	4.01	13.14	3.11	15.13	8.36	16.1	19.35	7.78	13.07
人工养殖组	4.26	12.93	3.58	15.14	8.31	16.1	18.8	7.69	13.22
转食水丝蚓组	3.47	12.89	3.1	15.59	8.26	16	19.57	7.81	13.36
转食人工饲料组	4.58	12.84	0.69	15.31	8.73	16.2	20.43	7.81	13.45

不同食源的中华鲟幼鱼必需氨基酸比率比值（a/A）和必需氨基酸指数（EAAI）如表 6-22～表 6-25 所示。由表 6-22 和表 6-23 可知，6种饵料生物分别相对于野生和养殖中华鲟幼鱼的必需氨基酸比率比值（a/A）中，斑尾刺鰕虎鱼、安氏白虾和摇蚊幼虫的 Leu，河蚬和水丝蚓的 Lys，光背节鞭水蚤的 Arg 的 a/A 值较低，其中光背节鞭水蚤 Arg 的 a/A 值最低，小于0.5；水丝蚓的 EAAI 最高，光背节鞭水蚤的 EAAI 最低，除光背节鞭水蚤外，其他5种饵料生物的 EAAI 均大于0.9。

表 6-22 6种饵料生物相对野生中华鲟幼鱼肌肉的必需氨基酸比率比值（a/A）和 EAAI

必需氨基酸	斑尾刺鰕虎鱼	安氏白虾	河蚬	水丝蚓	光背节鞭水蚤	摇蚊幼虫
组氨酸 His	1	1	0.998	1	0.950	1
精氨酸 Arg	1	1	1	1	0.476	0.990
蛋氨酸 Met	1	1	1	1	1	1
苯丙氨酸 Phe	1	1	1	1	1	1
异亮氨酸 Ile	0.833	0.797	0.898	0.949	0.894	0.895
亮氨酸 Leu	0.760	0.726	0.721	0.927	0.846	0.717
赖氨酸 Lys	0.961	1	0.683	0.697	1	0.727
苏氨酸 Thr	1	0.915	1	1	0.708	1
缬氨酸 Val	0.828	0.791	1	1	1	0.987
EAAI	0.927	0.908	0.913	0.947	0.854	0.916

注：a/A 中的 a 表示饵料生物某种必需氨基酸的 A/E 值，A 表示中华鲟幼鱼肌肉某种必需氨基酸的 A/E 值，a/A 值最大值为1，最小值为0.01，下同。

表 6-23 6种饵料生物相对养殖中华鲟幼鱼肌肉的必需氨基酸比率比值（a/A）和 EAAI

必需氨基酸	斑尾刺鰕虎鱼	安氏白虾	河蚬	水丝蚓	光背节鞭水蚤	摇蚊幼虫
组氨酸 His	1	1	0.939	1	0.894	1
精氨酸 Arg	1	1	1	1	0.484	1

（续）

必需氨基酸	斑尾刺鰕虎鱼	安氏白虾	河蚬	水丝蚓	光背节鞭水蚤	摇蚊幼虫
蛋氨酸 Met	1	1	1	1	0.910	1
苯丙氨酸 Phe	1	1	1	1	1	1
异亮氨酸 Ile	0.838	0.802	0.903	0.955	0.900	0.901
亮氨酸 Leu	0.760	0.726	0.721	0.927	0.846	0.717
赖氨酸 Lys	0.988	1	0.703	0.717	1	0.747
苏氨酸 Thr	1	0.926	1	1	0.716	1
缬氨酸 Val	0.818	0.782	1	1	1	0.976
EAAI	0.929	0.909	0.910	0.951	0.843	0.920

由表 6-24 和表 6-25 可知，6 种饵料生物分别相对于转食水丝蚓组和转食人工饲料组中华鲟幼鱼的必需氨基酸比率比值（a/A）中，斑尾刺鰕虎鱼和安氏白虾的 Leu，河蚬、水丝蚓和摇蚊幼虫的 Lys，光背节鞭水蚤的 Arg 的 a/A 值较低，其中光背节鞭水蚤 Arg 的 a/A 值最低，其值小于 0.5；比较 6 种饵料生物的 EAAI 可见，水丝蚓的 EAAI 最高，光背节鞭水蚤的 EAAI 最低。其中，表 6-24 中除光背节鞭水蚤外，其他 5 种饵料生物的 EAAI 值均大于 0.9，表 6-25 中光背节鞭水蚤的 EAAI 最低，斑尾刺鰕虎鱼、水丝蚓和摇蚊幼虫的 EAAI 均大于 0.9，安氏白虾和河蚬的 EAAI 值接近 0.9，分别为 0.899 和 0.890。

从不同食源的中华鲟幼鱼肌肉的 a/A 值可知，比值较低的有斑尾刺鰕虎鱼和安氏白虾的 Leu，河蚬和水丝蚓的 Lys，光背节鞭水蚤的 Arg，摇蚊幼虫的 Lys 和 Leu，其中，光背节鞭水蚤的 Arg 比值最低，且小于 0.5；比较 EAAI 值可见，其值最高的均为水丝蚓，最低的均为光背节鞭水蚤。

表 6-24　6 种饵料生物相对转食水丝蚓组野生中华鲟幼鱼
肌肉的必需氨基酸比率比值（a/A）和 EAAI

必需氨基酸	斑尾刺鰕虎鱼	安氏白虾	河蚬	水丝蚓	光背节鞭水蚤	摇蚊幼虫
组氨酸 His	1	1	1	1	1	1
精氨酸 Arg	1	1	1	1	0.486	1
蛋氨酸 Met	1	1	1	1	1	1
苯丙氨酸 Phe	1	1	1	1	1	1
异亮氨酸 Ile	0.843	0.807	0.909	0.961	0.905	0.906
亮氨酸 Leu	0.765	0.731	0.726	0.934	0.852	0.722
赖氨酸 Lys	0.950	1	0.676	0.689	1	0.718
苏氨酸 Thr	1	0.911	1	1	0.705	1
缬氨酸 Val	0.810	0.773	1	1	1	0.966
EAAI	0.925	0.907	0.914	0.948	0.863	0.916

表 6-25　6 种饵料生物相对转食人工饲料组野生中华鲟幼鱼

肌肉的必需氨基酸比率比值（a/A）和 EAAI

必需氨基酸	斑尾刺鰕虎鱼	安氏白虾	河蚬	水丝蚓	光背节鞭水蚤	摇蚊幼虫
组氨酸 His	1	1	0.875	0.990	0.832	1
精氨酸 Arg	1	1	1	1	0.488	1
蛋氨酸 Met	1	1	1	1	1	1
苯丙氨酸 Phe	1	1	1	1	1	1
异亮氨酸 Ile	0.797	0.763	0.860	0.909	0.857	0.857
亮氨酸 Leu	0.755	0.721	0.716	0.921	0.840	0.712
赖氨酸 Lys	0.910	1	0.647	0.660	1	0.688
苏氨酸 Thr	1	0.911	1	1	0.705	1
缬氨酸 Val	0.804	0.768	1	1	1	0.959
EAAI	0.913	0.899	0.890	0.935	0.839	0.904

由表 6-26 可见，饵料生物中水丝蚓的 SFA、MUFA 种类数最多，安氏白虾的 PUFA 种类数最多，斑尾刺鰕虎鱼的三类脂肪酸种类数均最少；水丝蚓的总的脂肪酸种类数最多（28 种），斑尾刺鰕虎鱼的最少（13 种）。中华鲟幼鱼中转食水丝蚓组 SFA 种类数较多，4 组间 MUFA 的种类数差别不大，养殖组的 PUFA 种类数最少；转食水丝蚓组总的脂肪酸种类数最多（26 种），养殖组最少（19 种）。综合来看，水丝蚓和转食水丝蚓组脂肪酸种类数较多，斑尾刺鰕虎鱼脂肪酸种类数较少。从脂肪酸种类数比较，饵料生物中斑尾刺鰕虎鱼的种类数最少，水丝蚓的种类数最多，不同饵料生物脂肪酸种类数存在较大差异，不同饵料互相搭配可以满足中华鲟幼鱼对不同种类脂肪酸的需要。

表 6-26　6 种饵料生物及 4 组中华鲟幼鱼肌肉脂肪酸种类数

种类	饱和脂肪酸种类数	单不饱和脂肪酸种类数	多不饱和脂肪酸种类数	合计
斑尾刺鰕虎鱼	5	3	5	13
安氏白虾	10	4	8	22
河蚬	7	6	7	20
水丝蚓	13	8	7	28
光背节鞭水蚤	11	5	7	23
摇蚊幼虫	7	4	6	17
野生组	6	6	9	21
转食水丝蚓组	11	6	9	26
转食人工饲料组	9	5	7	21
养殖组	7	6	6	19

由表 6-27 可知，饵料生物中河蚬的 $\sum$SFA 最高，水丝蚓的最低；光背节鞭水蚤的 $\sum$MUFA 最高，斑尾刺鰕虎鱼的最低；水丝蚓的 $\sum$PUFA 最高，摇蚊幼虫的最低；中华

鲟幼鱼中养殖组的 $\sum$SFA 最低,转食水丝蚓组的 $\sum$MUFA 和 $\sum$PUFA 含量均最低。比较 $\sum$SFA(S)、$\sum$MUFA(M)和 $\sum$PUFA(P)三者间关系可见,除了摇蚊幼虫中为 S>M>P,光背节鞭水蚤和养殖组中为 P>M>S,水丝蚓、转食人工饲料组为 P>S>M 外,其他均为 S>P>M。

表6-27 6种饵料生物及4组中华鲟幼鱼的脂肪酸含量（%，干重）

种类	饱和脂肪酸总量	单不饱和脂肪酸总量	多不饱和脂肪酸总量	含量关系
斑尾刺鰕虎鱼	46.20	14.11	39.69	S>P>M
安氏白虾	39.17	26.14	34.70	S>P>M
河蚬	49.60	17.05	33.35	S>P>M
水丝蚓	31.53	25.87	42.60	P>S>M
光背节鞭水蚤	31.66	31.81	36.53	P>M>S
摇蚊幼虫	46.55	26.90	26.55	S>M>P
野生组	43.79	20.23	35.98	S>P>M
转食水丝蚓组	47.94	19.23	32.81	S>P>M
转食人工饲料组	33.32	28.27	38.40	P>S>M
养殖组	29.11	32.61	38.28	P>M>S

由表6-28可见,6种饵料生物中安氏白虾的 EPA 含量最高,斑尾刺鰕虎鱼的 DHA 和ω3PUFA 含量最高,水丝蚓的ω6PUFA 含量最高,摇蚊幼虫的 EPA 和ω3PUFA 含量最低,摇蚊幼虫中 DHA 没有检测到,安氏白虾的ω6PUFA 含量最低。野生组的 EPA、DHA 和ω3PUFA 含量均最高,养殖组的均最低;养殖组的ω6PUFA 的含量最高,野生组最低。比较 $\sum$ω3/$\sum$ω6 值可见,6种饵料生物中斑尾刺鰕虎鱼、安氏白虾和河蚬的该值大于1,即 $\sum$ω3PUFA 大于 $\sum$ω6PUFA,且前者为后者的5倍以上;水丝蚓、光背节鞭水蚤和摇蚊幼虫的该值小于1,即 $\sum$ω3PUFA 小于 $\sum$ω6PUFA。野生组和转食水丝蚓组中该值大于1,即 $\sum$ω3PUFA 大于 $\sum$ω6PUFA,转食人工饲料组和养殖组中该值小于1,即 $\sum$ω3PUFA 小于 $\sum$ω6PUFA。

饵料生物中 SFA、MUFA 和 PUFA 含量最高的分别为河蚬、光背节鞭水蚤和水丝蚓,不同饵料生物间不同类型脂肪酸含量间差异较大且优势互补,配合使用可以满足中华鲟幼鱼对不同类型脂肪酸的营养需求。养殖组和转食人工饲料组缺乏 EPA、DHA 和ω3PUFA,从饵料生物的脂肪酸组成可见,斑尾刺鰕虎鱼、安氏白虾和河蚬中含有较多的ω3PUFA,故可以选择以上3种饵料生物来满足养殖组和转食人工饲料组对ω3PUFA的营养需要,但水丝蚓、光背节鞭水蚤和摇蚊幼虫中ω3PUFA 含量较少,不能满足中华鲟幼鱼对ω3PUFA 的营养需求。但从ω6PUFA 的含量来看,斑尾刺鰕虎鱼、安氏白虾和河蚬的ω6PUFA 含量较少,而水丝蚓、光背节鞭水蚤和摇蚊幼虫中ω6PUFA 较多,可见,不同种类饵料生物的脂肪酸营养可以相互补充,共同满足中华鲟幼鱼对ω3PUFA 和

ω6PUFA的营养需要。

表6-28 不同饵料投喂的中华鲟幼鱼肌肉的重要脂肪酸指标比较（%，干重）

种类	EPA	DHA	Σω3PUFA	Σω6PUFA	Σω3/Σω6
斑尾刺鰕虎鱼	11.52	20.62	33.15	6.54	5.07
安氏白虾	14.41	13.91	30.05	4.77	6.30
河蚬	8.81	6.49	28.41	5.35	5.31
水丝蚓	4.95	5.17	22.13	32.34	0.68
光背节鞭水蚤	7.87	0.17	16.90	19.38	0.87
摇蚊幼虫	1.93	—	9.39	17.16	0.55
野生组	9.24	13.74	23.67	11.39	2.08
转食水丝蚓组	7.65	11.29	19.71	12.47	1.58
转食人工饲料组	4.56	9.96	15.4	22.35	0.69
养殖组	2.76	4.39	9.81	27.92	0.35

由图6-17可见，6种饵料生物中前3种（斑尾刺鰕虎鱼、安氏白虾和河蚬）的

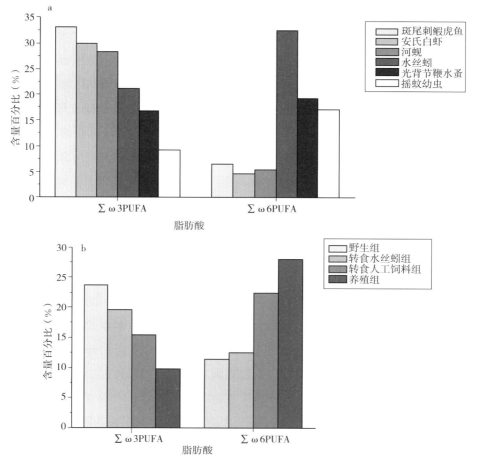

图6-17 6种饵料生物（a）及4组中华鲟幼鱼（b）肌肉的ω3PUFA和ω6PUFA

ω3PUFA 的含量明显高于后 3 种（水丝蚓，光背节鞭水蚤和摇蚊幼虫），而 ω6PUFA 的含量后 3 种明显高于前 3 种；野生组和转食水丝蚓组的 ω3PUFA 含量较高，转食人工饲料组和养殖组的 ω6PUFA 含量较高，ω3PUFA 含量却较少。

综合来看，斑尾刺鰕虎鱼、安氏白虾和河蚬的 EPA、DHA 和 ω3PUFA 的含量均较高，能为中华鲟幼鱼提供 ω3PUFA 营养；水丝蚓、光背节鞭水蚤和摇蚊幼虫的 ω6PUFA 含量较多，可弥补野生中华鲟幼鱼 ω6PUFA 的不足。

由分析可知，ω3PUFA 为中华鲟幼鱼入海洄游中重要的脂肪酸，但养殖组和转食人工饲料组的 ω3PUFA 含量较少，故以上 2 组中华鲟幼鱼急需 ω3PUFA 营养，斑尾刺鰕虎鱼、安氏白虾和河蚬含 ω3PUFA 较多，是中华鲟幼鱼重要 ω3PUFA 营养来源，故在对养殖组和转食人工饲料组中华鲟幼鱼进行养殖时，应根据其天然饵料生物的脂肪酸组成，尤其是其中 ω3PUFA 的组成情况，进行设计和选择人工饲料，可以选择与其天然饵料生物重要脂肪酸组成类似的饵料生物添加到人工饲料中，或者在人工饲料中适当的添加 ω3PUFA，尤其是 EPA 和 DHA，以满足中华鲟幼鱼生长和入海洄游的需要。综合来看，6 种饵料生物作为中华鲟幼鱼的饵料都是优良蛋白源，基本能满足中华鲟幼鱼的生长需要。但这 6 种饵料生物中都有少数限制性必需氨基酸不能完全满足中华鲟幼鱼的营养需求（亮氨酸、赖氨酸或精氨酸）。因此，在选择和开发中华鲟幼鱼的饵料时，不同饵料之间合理搭配使用是必要的。

第七章
渗透压调节

生活在海水或淡水中的各种鱼类，尽管所处外界水环境的盐度差别很大，但是它们体液的渗透浓度却始终处于相对稳定的状态（homeostasis），保证了机体各项功能的正常发挥。当所处外界水环境盐度发生变化时，鱼类为了维持体内稳定的渗透浓度必须进行渗透压调节。

在长期进化过程中，鱼类主要形成了 3 种渗透压调节方式：一是等渗调节（osmoconformity），即当鱼体血浆渗透压与外界生活环境水体渗透压相等时进行的调节；二是高渗调节（hyper－osmoregulation），即当鱼体血浆渗透压高于外界生活环境水体渗透压时进行的调节；三是低渗调节（hypo－osmoregulation），即当鱼体血浆渗透压低于外界生活环境水体渗透压时进行的调节（Evans and Claiborne，2005；林浩然，1999）。生活在不同水环境的鱼类以及不同的鱼种类，渗透压调节方式和能力是不同的，鱼类渗透压调节能力的大小决定了其适应环境的能力。

中华鲟是典型的江海洄游型鱼类，生活史中数次经历海淡水生活环境的转变，每次生活环境的盐度发生改变时必将经历渗透压的调节过程，因此中华鲟是开展鱼类渗透调节相关研究的良好对象，同时对中华鲟渗透调节生理的研究对于了解其生活史及鱼类渗透调节生理与进化具有重要意义。本章着重介绍了长江口中华鲟从淡水至海水洄游过程中的生理变化与渗透压调节过程，分析了渗透压调节生理特征与机理，及其在物种保护上的意义。

第一节　盐度适应与等渗点盐度

鲟类起源于淡水，在自然选择的基础上，经过长期适应和进化，种类间发生了分化，形成了 3 种生态类型：纯淡水生活型，完全在淡水环境下完成整个生活史；河流河口洄游型，在河流上游淡水中生殖繁育，在河流下游至河口半咸水水域索饵育肥；江海洄游型，在淡水中生殖繁育，在近海大陆架海水中摄食育肥。中华鲟是典型的江海洄游型鱼类，可在淡水、半咸水和海水中生活，盐度适应范围十分广泛。

一、盐度适应

中华鲟产卵繁殖在淡水，生长发育的绝大部分时间在海水中，洄游过程中还要经历河口的半咸水水域。因此，中华鲟具有很强的盐度适应能力和宽泛的适应范围。

1. 适应范围与能力

中华鲟在生长发育过程中，为了完成产卵繁殖和生长摄食等对栖息生境的需求，多次穿梭于海淡水之间。通常，中华鲟幼鱼在 5 月龄以前完全生活在淡水环境条件下，6～

9月龄生活在长江口的半咸水水域，一般在盐度15以内，9月龄以后逐步向近海迁移，可适应更高的盐度范围（庄平 等，2009）。中华鲟幼鱼洞游入海后，主要分布于北起朝鲜半岛西海岸，南至中国福建沿海的经度跨度为4°、纬度跨度为9°的沿海大陆架海域（陈锦辉 等，2011），李伟（2014）结合我国近海盐度的时空分布特征，从而推测认为中华鲟在自然状态下生活盐度阈值不超过36.5。

中华鲟具有很强的盐度适应能力，这种适应能力随着生长发育而不断增强，与其生活史特征及其对栖息生境需求具有高度的一致性，是长期进化的结果。李伟（2014）利用5月龄全人工繁殖的中华鲟幼鱼进行了短期和长期盐度适应实验研究，发现中华鲟幼鱼的血清渗透压在淡水与盐度5.79、9.38和12.5下没有差异，表明中华鲟5月龄全人工繁殖中华鲟幼鱼已经具备了适应盐水的能力。随后，将实验组盐度继续增加，发现中华鲟幼鱼在高盐度30时，摄食量减少，到盐度38时停止摄食。该研究是在盐度逐渐递增的基础上进行的连续实验，因此未能说明5月龄中华鲟幼鱼的盐度急性耐受能力。

为了查明中华鲟幼鱼对盐度的急性耐受能力和探究其在长江口水域停留的原因，Zhao 等（2011）对利用长江口天然水域8月龄的野生中华鲟幼鱼进行了实验研究。将中华鲟幼鱼直接置于盐度5、10、15、20和25的5个盐度条件下，192 h（8 d）的实验过程中，盐度5和10组的中华鲟幼鱼未表现出外部的胁迫行为特征，可以正常摄食。但是，在盐度15、20和25组，实验12 h后中华鲟幼鱼表现出摄食减少、游泳异常等胁迫行为特征，而且盐度越高胁迫行为出现的时间越早。另外，盐度25组中华鲟幼鱼的胸鳍和腹鳍基部出现充血现象。实验48 h后，盐度15和20组的中华鲟幼鱼基本恢复正常。整个实验过程中，除盐度25组中华鲟幼鱼在12 h后逐渐出现死亡以外，其他各实验组均未出现死亡。研究结果表明，长江口水域8月龄中华鲟幼鱼的急性盐度耐受力不超过盐度20，从实验过程中不同盐度下中华鲟幼鱼的血清渗透压和离子浓度变化也可以说明这一点。

鱼类的血清渗透压和离子浓度变化可以反映其渗透调节与适应能力。图7-1是急性盐度下中华鲟幼鱼的血清渗透压变化，从图中可以看出，在可耐受盐度范围内（盐度25以下）中华鲟幼鱼从淡水直接转至不同盐度下，血清渗透压首先表现出上升趋势，上升幅度与盐度大小成正比，即盐度越高上升幅度越大；随后，血清渗透压开始下降，到达峰值开始下降的时间与盐度大小成正比，即盐度越高血清渗透压到达峰值并开始下降的时间越长；最终各盐度组中华鲟幼鱼血清渗透压趋于平稳，并与淡水组中华鲟幼鱼血清渗透压没有显著性差异。12 h 和 48 h 分别是急性盐度下中华鲟幼鱼血清渗透压到达峰值和下降后趋于平稳的关键时间节点，这与其外部行为的变化表现出高度一致性。然而，盐度20组中华鲟幼鱼血清渗透压尽管随着时间延长逐渐下降，但至实验结束时（8 d）仍显著高于淡水条件下中华鲟幼鱼的血清渗透压，这说明8月龄中华鲟幼鱼经过8 d的盐度适应和调节还未完全适应盐度20这一盐度条件。何绪刚（2008）通过研究半咸水条件（盐度10左右）下中华鲟幼鱼消化道中消化酶的活力变化，推测中华鲟幼鱼从适应淡水生活转变到适应半咸水环境的生理准备时间为9～20 d。

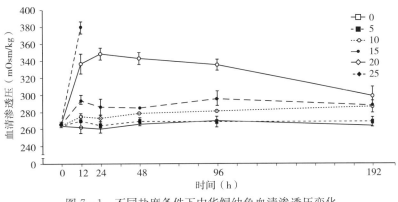

图 7-1　不同盐度条件下中华鲟幼鱼血清渗透压变化

血清 Na$^+$ 和 Cl$^-$ 是渗透压的重要组成成分，其急性盐度下的变化趋势与血清渗透压基本一致（图 7-2 和图 7-3）。

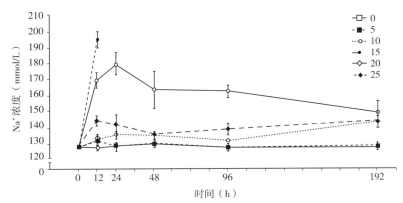

图 7-2　不同盐度条件下中华鲟幼鱼血清 Na$^+$ 浓度变化

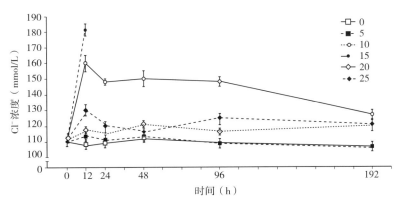

图 7-3　不同盐度条件下中华鲟幼鱼血清 Cl$^-$ 浓度变化

长江口水域中华鲟幼鱼一般为 6～9 月龄，研究发现 8 月龄幼鱼的急性耐受盐度不超过盐度 20，这说明降海洄游的中华鲟幼鱼不可能直接进入海洋生活，必须通过一定时间和一定盐度的适应过程，以完善渗透压调节器官的结构、增加渗透压调节功能，提高渗透压调节能力，从而适应高渗的生活环境，这可能是中华鲟幼鱼在长江口半咸水水域停留的重要原因之一。

2. 适应过程与方式

自然条件下，中华鲟对盐度的适应，是其幼鱼阶段在长江口半咸水水域逐步完成的。长江口水域咸淡水交汇、生源要素丰富，是中华鲟洄游的必经之路和天然的索饵肥育场，为中华鲟幼鱼入海洄游前的生理调节提供了良好栖息场所。庄平等（2009）通过长期的野外调查监测和标志放流等研究发现，每年的5月至6月中华鲟幼鱼到达长江口半咸水水域进行摄食肥育和入海洄游前的生理调节与适应。5—6月，中华鲟幼鱼到达长江口后，主要停留在潮间带浅水区域摄食，在长江口出现的高峰期为6—7月，期间主要在盐度1～3的低盐度水域与盐度5的较高盐度水域之间活动，进行入海前的生理适应性调节，表现为在水温较低、光照较弱的夜间由深水水域随涨潮潮水到滩涂浅水区觅食，白天则随落潮到近岸深水区域活动；7月中旬以后，中华鲟幼鱼的分布区域逐渐向长江口外的深水和盐度8以上的水域扩展，此时基本不到浅滩水域觅食；8月末至9月初，中华鲟幼鱼逐渐离开长江口水域，进入东海大陆架高盐度海域生长（图7-4）。由此可见，在天然水域下中华鲟幼鱼对于盐度环境存在着由低盐度向高盐度水域逐步过渡和适应的过程。

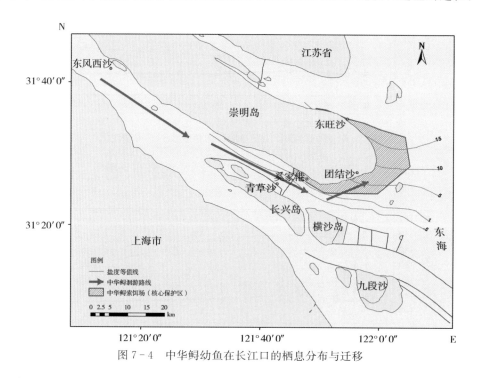

图7-4　中华鲟幼鱼在长江口的栖息分布与迁移

从中华鲟幼鱼时空分布和迁移特征的调查监测发现，在长江口咸淡水环境条件下，中华鲟幼鱼是通过反复穿梭于淡水与咸淡水之间以促进渗透压调节器官的发育和完善，增强渗透压调节能力，实现对高盐度环境的适应。顾孝连（2007）利用"Y"形盐度选择水槽对中华鲟幼鱼的盐度选择行为进行了研究，证实了中华鲟幼鱼对于高渗盐度环境的适应，是通过在高盐度海水和淡水之间不断地往返游动来促使其在生理上逐渐适应高盐度海水环境。研究发现，中华鲟幼鱼在淡水和盐度10、15和20环境条件下，表现出明显的先趋盐后避盐、在高盐度和低盐度环境下往返游动的行为反应。将中华鲟幼鱼放入高盐度海水一侧，游泳速度会突然增加且游离高盐度海水一侧，之后再次游入高盐度海水一侧，然后再离开。中华鲟幼鱼表现出在淡水和海水之间往返游动的行为特征，而且幼鱼在淡水和高盐度海水之间往返游动频率随着海水盐度的升高而加快。

二、等渗点盐度

当鱼类所处外界水体环境的渗透浓度与鱼体内环境的渗透浓度一致时，该环境盐度称为等渗点盐度，也叫等渗点（isosmotic point）。等渗点盐度是鱼类的特殊环境盐度，等渗状态是鱼类的特殊生理状态。在等渗点盐度下，鱼类机体的血浆渗透压与外界水体渗透压几乎相等。鱼类在等渗点盐度环境下基础代谢较低，渗透压调节产生的能量消耗（占鱼体总耗能的20%～50%）将大幅减少或理论上不产生能量消耗，因此鱼类在该环境条件下生长速率最高（Boeuf and Payan，2001）。由于血清和血浆渗透压近乎相等，因而血清和血浆均可用于计算等渗点盐度。

1. 等渗点

自然条件下，中华鲟幼鱼在长江口咸淡水水域生活长达4个月以上，在此摄食肥育。长江口水域咸淡水交汇，既有淡水，又有不同盐度海水。中华鲟幼鱼选择长江口水域作为摄食肥育的栖息地可能与其等渗点盐度有关。Zhao等（2015）利用2012年5月在长江口水域捕获的中华鲟幼鱼［6～7月龄；体长（38.4±1.3）cm，体重（190.7±18.6）g］，在室内暂养1个月后进行了实验研究。分别将中华鲟幼鱼从淡水转移至盐度5、10和15条件下连续养殖16 d，分别测定不同盐度水体和中华鲟幼鱼的血清渗透压（表7-1），并将水体盐度与环境水体和中华鲟幼鱼血清渗透压进行线性和二阶多项式回归分析，回归方程的交叉点即为等渗点。

表7-1 不同盐度水体及中华鲟幼鱼血清渗透压

单位：mOsm/kg

水体盐度	水体渗透压	血清渗透压
0	22.0±0.5	266.3±3.6
5	151.0±3.7	269.6±2.7
10	296.6±5.6	277.5±2.9
15	443.3±7.3	288.4±5.5

水体盐度与水体和血清渗透压呈显著的线性和二阶多项式关系，回归方程分别为：

$O_W=17.09+28.15S$（$r^2=1.00$；$P<0.01$），

$O_B=266.17+3.52\times10^{-1}S+7.59\times10^{-2}S$（$r^2=0.88$；$P<0.01$），

其中，O_W 和 O_B 分别为水体和血清渗透压，S 为水体盐度。两个方程的交点，即中华鲟幼鱼的等渗点为9.2（图7-5）。

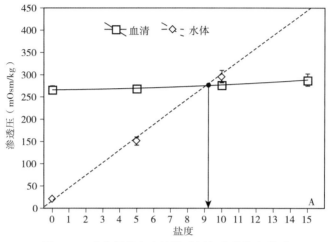

图7-5　中华鲟幼鱼血清渗透压与水体盐度关系

箭头处为等渗点

中华鲟的等渗点与年龄之间存在着一定的关系。李伟（2014）利用全人工繁殖的中华鲟子一代幼鱼和亚成体进行了实验研究，发现中华鲟血清渗透压随着年龄增长呈现出不同的变化，通过二次多项式拟合，认为中华鲟从出生至9龄时，血清渗透压逐渐降低，而9龄后逐渐升高。同理得出，中华鲟的等渗点与年龄间也存在着同样的变化，即9龄前等渗点逐渐降低，9龄后逐渐升高，但总体在8.3～11.5。

等渗点盐度对于中华鲟幼鱼栖息地选择具有非常重要的生态学意义。长江口是中华鲟幼鱼索饵场，每年中华鲟幼鱼在长江口浅滩水域停留长达4个多月。长江口水域水体盐度在10左右，处于中华鲟等渗点盐度附近，并且该水域具有非常丰富的饵料资源（庄平 等，2009）可供中华鲟幼鱼摄食。中华鲟幼鱼在长江口水域索饵栖息，减少了渗透压调节而造成的能量消耗，大部分能量用于生长发育，从而可以快速生长，为适应海洋更为宽广的水域环境奠定了基础。中华鲟幼鱼选择长江口水域作为栖息地符合最适性理论，即鱼类的自然分布取决于鱼体最大净能量增益（Gilliam and Fraser，1987），这是中华鲟幼鱼选择长江口作为索饵栖息地的重要生态意义所在，也是中华鲟的一种生活史策略。

2. 等离子点

血清离子（Na^+、Cl^-、K^+等）是血清渗透压的重要组成成分，其变动趋势与血清渗透压直接相关。Zhao 等（2015）测定了中华鲟幼鱼在不同盐度下养殖16 d后的血清离子浓度（表 7 - 2），并对盐度与水体和血清离子进行了线性和二阶多项式回归分析。

表 7 - 2　不同盐度水体及中华鲟幼鱼血清离子浓度

单位：mmol/L

项目	盐度	Na$^+$	Cl$^-$	K$^+$
血清	0	127.7±1.7	113.5±3.6	3.2±0.1
	5	128.7±1.7	114.2±1.9	2.9±0.1
	10	133.7±2.5	117.3±2.6	1.8±0.2
	15	144.0±3.5	122.1±7.8	1.8±0.0
水体	0	12.9±3.2	3.5±1.5	0.1±0.0
	5	83.8±5.9	68.4±3.4	1.2±0.1
	10	155.3±7.6	153.9±4.9	2.3±0.1
	15	233.9±8.9	214.7±8.3	3.2±0.1

水体离子与盐度呈显著线性关系，方程式分别为：

$Na_W = 11.30 + 14.69S$ （$r^2 = 1.00$；$P < 0.01$），

$Cl_W = 2.26 + 14.38S$ （$r^2 = 1.00$；$P < 0.01$），

$K_W = 0.15 + 2.05 \times 10^{-1}S$ （$r^2 = 1.00$；$P < 0.01$），

其中，Na_W、Cl_W 和 K_W 分别表示水体 Na$^+$、Cl$^-$ 和 K$^+$ 浓度，S 表示水体盐度。

中华鲟幼鱼血清离子与盐度呈显著的二阶多项式关系，方程式分别为：

$Na_B = 127.80 - 3.33 \times 10^{-1}S + 0.94 \times 10^{-1}S^2$ （$r^2 = 0.91$；$P < 0.01$），

$Cl_B = 113.47 - 0.39 \times 10^{-1}S + 0.41 \times 10^{-1}S^2$ （$r^2 = 0.64$；$P = 0.02$），

$K_B = 3.27 - 1.36 \times 10^{-1}S + 0.21 \times 10^{-2}S^2$ （$r^2 = 0.86$；$P < 0.01$），

其中，Na_B、Cl_B 和 K_B 分别表示血清 Na$^+$、Cl$^-$ 和 K$^+$ 浓度，S 表示水体盐度。

分别将不同盐度水体与血清离子浓度作图（图 7 - 6），得到中华鲟幼鱼的等 Na$^+$、Cl$^-$ 和 K$^+$ 盐度分别为 8.2、7.9 和 9.7。中华鲟幼鱼的等离子点盐度与等渗点盐度并不完全一致，等 Na$^+$ 和 Cl$^-$ 盐度略低于等渗点盐度，而等 K$^+$ 盐度略高于等渗点盐度，这可能与血清渗透的组成以及外界水体环境盐度的组成有关。

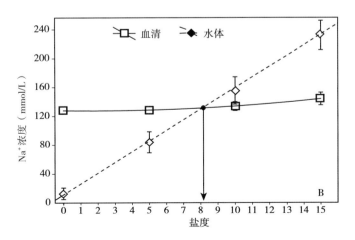

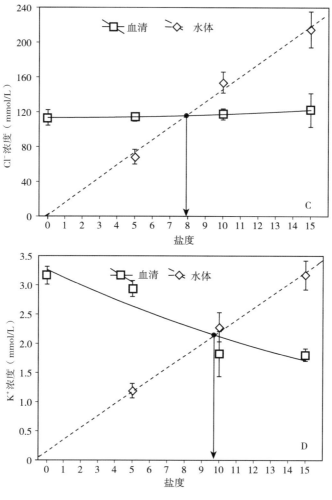

图 7 - 6　中华鲟幼鱼血清离子浓度与水体盐度关系

箭头处为等离子点

第二节　血清渗透压与离子调节

中华鲟在生长发育及其洄游，尤其是在降海洄游过程中，经历着淡水、半咸水和海水等不同盐度环境的转变。相应地，体内渗透压相比外界水体环境也发生着从高渗、等渗和低渗的变化过程，其渗透压调节方式也在外界环境盐度作用下，发生着高渗—等渗—低渗调节的渐变过程。为了维持体内稳定的渗透浓度，中华鲟在进入新的生活环境时必须进行渗透压调节，血清渗透压、离子（Na^+、Cl^- 和 K^+ 等）等重要指示性生理指标会发生一系列的适应性变化。

一、等渗盐度下生理指标的变化特征

长江口水域是中华鲟幼鱼关键的索饵栖息地，也是幼鱼从纯淡水生活向海水生活转变的重要适应和调节场所。何绪刚（2008）、He 等（2009）利用 7 月龄淡水人工繁养的中华鲟幼鱼（体长 18.5～26.8 cm，体重 85.0～151.9 g），模拟长江口天然水域半咸水盐度条件（盐度 10 左右，273 mOsm/kg；处于中华鲟幼鱼的等渗盐度范围），研究了中华鲟幼鱼渗透压调节过程的生理指标变化。

1. 血清渗透压

中华鲟幼鱼从淡水（46 mOsm/kg）进入半咸水等渗盐度后，血清渗透压变化的总体趋势表现为先升高，后下降，最后趋于稳定。

总体来讲，血清渗透压变化分为 4 个连续的阶段（图 7 - 7）。一是渗透压升高期，即最初的 12 h 以内。在血清渗透压升高期中，前 3 h 呈现为快速升高，平均每小时升高约7.67 mOsm/kg；3～12 h 为平缓升高期，平均每小时升高约 1.46 mOsm/kg。二是高渗保持期，即进入半咸水的 12～24 h。高渗保持期内，血清渗透压维持在约 300 mOsm/kg 的水平，基本处于血清渗透压的峰值，比淡水条件下血清渗透压高出约 13.7%。三是渗透压下降期，即进入半咸水后的 24～216 h。在渗透压下降期中，渗透压下降的速度随着时间推移逐渐减缓，24～72 h 内平均每小时下降 0.34 mOsm/kg，72～216 h 平均每小时下降 0.20 mOsm/kg。四是渗透压稳定期，即进入半咸水的 216 h 以后。此时，血清渗透压稳定在 272 mOsm/kg 的水平，与环境水体等渗，高于淡水条件下血清渗透压约 3 个百分点。

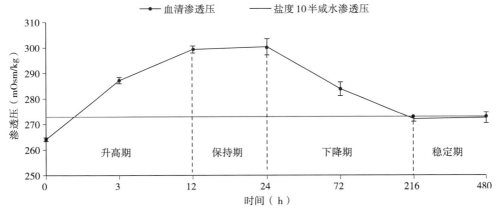

图 7 - 7　半咸水等渗盐度下中华鲟幼鱼血清的渗透压变化

血液的渗透压主要由离子渗透压和胶体渗透压两部分组成，血清离子中的 Na^+ 和 Cl^-是离子渗透压的主要成分，但血清 Na^+、Cl^- 产生的渗透压（Osm_{NaCl}）要小于血清渗透压

（Osm_{Serum}）。淡水环境中，中华鲟幼鱼 Osm_{NaCl}/Osm_{Serum} 约为82％。转入半咸水环境12 h内，Osm_{NaCl}/Osm_{Serum} 基本不变，24 h 后 Osm_{NaCl}/Osm_{Serum} 开始升高，72 h 后 Osm_{NaCl}/Osm_{Serum} 趋于稳定，约为86％。这表明，在等渗盐度条件下，血清 Na^+、Cl^- 对血清渗透压的贡献率增高，这也可能是等渗盐度条件下中华鲟幼鱼血清渗透压略高于淡水条件下血清渗透压的原因。

2. 血清离子

从中华鲟幼鱼在半咸水盐度条件下的血清 Na^+ 和 Cl^- 浓度的变化趋势（图7-8）可以看出，尽管中华鲟幼鱼血清 Na^+ 和 Cl^- 变化呈现一定的差异，但总体趋势与血清渗透压相一致，即先升高，后下降，最后趋于稳定。转入半咸水后，血清 Na^+ 和 Cl^- 立即显著升高；在24 h达到峰值，血清 Na^+ 和 Cl^- 浓度分别高于淡水条件下约15.7％和21.2％；24 h后血清 Na^+ 和 Cl^- 浓度持续下降至216 h重新达到新的平衡。此时，血清 Na^+ 和 Cl^- 浓度仍然分别高于淡水条件下约6.9％和8.7％。

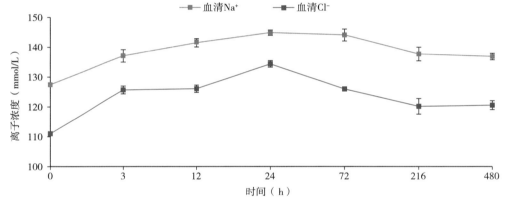

图7-8 半咸水等渗盐度下中华鲟幼鱼血清离子的浓度变化

长江口水域尽管是处于中华鲟幼鱼等渗盐度范围，但是幼鱼从淡水洄游至河口半咸水水域时，外界水体环境还是存在由低渗向高渗过渡的过程。在这种情况下，中华鲟幼鱼血清渗透压和血清离子呈现出一种先升高、后降低最终趋于平衡的规律性变化，可以分为以下三个阶段：一是血清渗透压和血清离子上升期，这应该是中华鲟幼鱼对外界渗透浓度变化的应激反应阶段；二是血清渗透压和血清离子回落期，这是中华鲟幼鱼对渗透压变化进行的主动调节阶段；三是血清渗透压和血清离子稳定期，这是中华鲟幼鱼对新的外界渗透环境的适应阶段。

3. 血清激素

激素是内分泌腺和神经腺体所分泌的一类具有生物活性的物质，它们在机体内的含量极低，却对鱼类的生命活动起着重要的调节作用。有证据表明，鱼类的渗透压调节受到激素的调控。广盐性鱼类从淡水进入海水后血液中皮质醇（cortisol，Cor）含量升高，

调控了海水中对 Na^+ 和 Cl^- 的外排；然而，从海水进入淡水时，血液中催乳素（prolactin，PRL）含量升高，促使鳃上皮减少 Na^+、Cl^- 的流失（林浩然，1999）。除此以外，生长激素（growth hormone，GH）、甲状腺素（thyroxin hormone，TH）、类胰岛素生长因子（insulin-like growth factors，IGF）等激素也会参与鱼类的渗透压调节。

中华鲟幼鱼进入半咸水后，血清激素水平发生了显著变化。在等渗盐度的刺激下，机体迅速抑制了 PRL 分泌，加强了 Cor 和 TH 的分泌。在最初 12 h 内，血清 PRL 水平直线下降至 1/4 左右，并在 12 h 后一直保持较低水平状态，显著低于淡水条件下血清 PRL 水平。盐度刺激增强了 Cor 和 TH 的分泌，3 h 内，血清 Cor 及 TH 显著上升，之后逐渐下降，并最终稳定在稍高于淡水对照组的水平上。这与广盐性鱼类从淡水进入海水时血清激素的变化趋势一致。

（1）血清催乳素含量变化　进入半咸水等渗盐度环境后，中华鲟幼鱼血清 PRL 含量急剧下降。在最初 12 h 内，血清 PRL 水平从淡水时的 0.9 ng/mL 左右直线下降，降至 0.2 ng/mL 左右。12 h 后，中华鲟幼鱼血清 PRL 保持较低的稳定水平，波动很小，其含量显著低于淡水环境下中华鲟幼鱼血清 PRL 含量（图 7-9a）。

（2）血清皮质醇含量变化　进入半咸水等渗盐度环境的前 3 h 内，中华鲟幼鱼血清 Cor 有一个显著升高现象，从淡水环境下的 8.7 ng/mL 左右急剧上升到 56.1 ng/mL 左右，升高约 7 倍。之后，血清 Cor 快速回落；12 h 以后，各时间段的血清 Cor 水平已无显著差异；至 216 h，半咸水等渗盐度下中华鲟幼鱼血清 Cor 水平进一步回落，最终保持在约 16.9 ng/mL 的水平。尽管如此，中华鲟幼鱼血清 Cor 含量与淡水组并不在 1 个数量级上，说明与淡水条件正比，等渗盐度条件下中华鲟皮质醇分泌增加，血清 Cor 以高出淡水环境 1 个数量级的水平调控着体内相关的生理变化（图 7-9b）。

（3）血清甲状腺素含量变化　在进入半咸水等渗盐度环境下，中华鲟幼鱼血清甲状腺素含量的变化趋势与皮质醇变化趋势相似。在前 3 h 内甲状腺素含量显著升高，之后逐渐回落，回落速度与波动程度随甲状腺素类型不同而有所差异。下面分别介绍一下中华鲟幼鱼血清中四碘甲腺原氨酸（TT_4）、三碘甲腺原氨酸（TT_3）、游离四碘甲腺原氨酸（FT_4）和游离三碘甲腺原氨酸（FT_3）的含量变化。

血清中 TT_4 和 TT_3 含量变化类似，均表现出先上升后下降的总体变化趋势。中华鲟幼鱼血清 TT_4 在 3 h 内从淡水下的 1.5ng/mL 左右上升至最大值 3.9ng/mL 左右，然后开始回落，至第 12 h 时回落至约 2.85 ng/mL，之后在 216 h 前维持较稳定水平，各时间段之间的差异不显著。216 h 以后，血清 TT_4 含量又进一步下降至 1.7 ng/mL 左右，略高于淡水时血清 TT_4 含量，但差异并不显著。总体来说，中华鲟血清 TT_4 含量波动范围和振幅较小，含量相对稳定，与淡水条件下相比处于同一个数量级上（图 7-10a）。与血清 TT_4 变化类似，血清 TT_3 在 3 h 内从淡水时的 0.04 ng/mL 上升至最高值 0.18 ng/mL 后逐渐回落，回落过程中波动幅度较大。经过几次较大震荡之后，最后 480 h 停留在显著高于淡水对照组水平（图 7 - 10b）。从血清中 TT_4 和 TT_3 含量来看，中华鲟幼鱼血清 TT_3 含量要比 TT_4 含量低 1 个数量级；而从含量变化的幅度来看，血清中 TT_3 含量要比 TT_4 含量大得多（图 7 - 10），而且实验结束时血清 TT_3 含量要远高于淡水条件下血清 TT_3 含量，这说明外界环境盐度改变导致的渗透压调节过程中，血清 TT_3 可能更易受到影响或更多参与到渗透压的微调过程中。

中华鲟幼鱼血清中甲状腺激素大部分都是以结合态存在，游离四碘甲腺原氨酸（FT_4）含量约为血清 TT_4 的 0.1%，游离三碘甲腺原氨酸（FT_3）约为血清 TT_3 的 0.5%。可见，真正能进入细胞与胞内受体结合，发挥生理效应的游离态激素所占比例很低。由图 7 - 11 可以看出，中华鲟幼鱼血清 FT_4 含量稍高于 FT_3 含量，两者在盐度刺激下呈现相同的变化趋势。在进入半咸水等渗盐度后的 3 h 内，迅速显著上升，之后维持较高水平至 12 h，再逐渐下降。24 h 后，中华鲟幼鱼血清 FT_4 和 FT_3 含量分别下降至与淡水时差异不显著的水平。

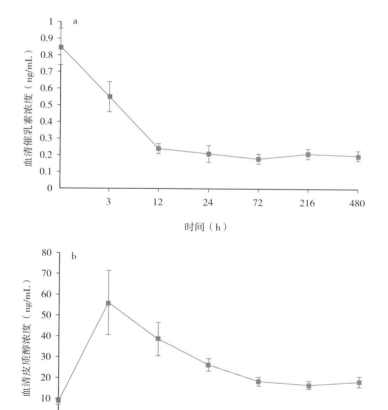

图 7 - 9　半咸水等渗盐度下中华鲟幼鱼血清催乳素（a）和皮质醇（b）的含量变化

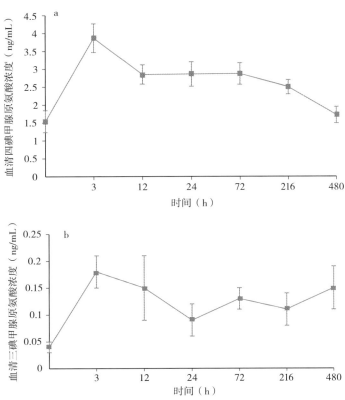

图 7-10 半咸水等渗盐度下中华鲟幼鱼血清四碘甲腺原氨酸（a）
和三碘甲腺原氨酸（b）含量变化

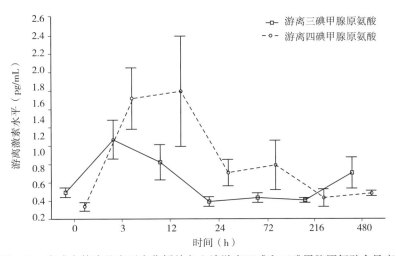

图 7-11 半咸水等渗盐度下中华鲟幼鱼血清游离四碘和三碘甲腺原氨酸含量变化

二、不同盐度下血液渗透指标变化的差异

自然条件下，中华鲟幼鱼洄游到达长江口水域后，并非直接进入半咸水等渗盐度水体，而是有一个循序渐进的过程。根据长江口中华鲟幼鱼栖息水域盐度范围，赵峰等（2013）研究了中华鲟幼鱼在淡水和不同盐度（盐度 5、盐度 10 和盐度 15）条件下 32 d 内的血液水分含量、血清渗透压及离子的变动规律，探究自然条件下中华鲟幼鱼从淡水到海水洄游期间渗透压调节过程中血液渗透指标变化的一般规律。

1. 血液水分

中华鲟幼鱼在淡水中的血液水分含量为 82%～84%。进入不同盐度水体后，中华鲟幼鱼血液水分含量首先呈下降趋势，下降的幅度与盐度呈正相关（图 7 - 12）。从统计分析来看，盐度 5 条件下与淡水中中华鲟幼鱼的血液水分含量未呈现出显著性的差异。实验后 12 h，盐度 15 条件下中华鲟幼鱼的血液水分含量显著低于淡水和盐度 5 时。此后，各盐度条件下中华鲟幼鱼的血液水分含量大体上呈逐步升高趋势。第 8 d 时，除盐度 15 条件下中华鲟幼鱼的血液水分含量显著低于其他各盐度组外，盐度 5 和 10 条件下中华鲟幼鱼的血液水分含量与淡水时已经没有显著差异。第 16 d 时，各盐度条件下中华鲟幼鱼血液水分含量均无显著性差异。

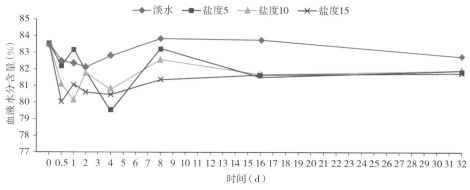

图 7 - 12　不同盐度下中华鲟幼鱼的血液水分含量变化

通常，鱼类进入高渗环境后，体内水分流失导致血液离子（如 Cl^- 等）浓度发生改变，进而影响到血红蛋白与氧气的亲和力，鱼类势必会通过加快鳃盖扇动频率摄入大量外界高渗水分以补充体内水分流失，从而达到平衡以维持正常生理活动，这也是鱼类开始主动进行渗透调节的表现之一。

2. 血清渗透压

中华鲟幼鱼在淡水中血清渗透压保持在 260～270 mOsm/kg。进入不同盐度水体后，中华鲟幼鱼血清渗透压首先呈上升趋势，上升幅度与盐度呈正相关（图 7 - 13）。从统计

分析来看，淡水与盐度 5 条件下中华鲟幼鱼血清渗透压未呈现出显著的差异；实验 12 h 时，盐度 10 和 15 条件下中华鲟幼鱼血清渗透压显著高于淡水和盐度 5；而后各盐度条件下中华鲟幼鱼血清渗透压大体上逐步下降；第 1 d 后，盐度 10 和 15 条件下中华鲟幼鱼血清渗透压基本处于平稳状态，但显著高于淡水和盐度 5；第 32 d 时，除盐度 15 条件下显著高于其他各盐度组外，其他各盐度条件下中华鲟幼鱼血清渗透压均无显著性差异。

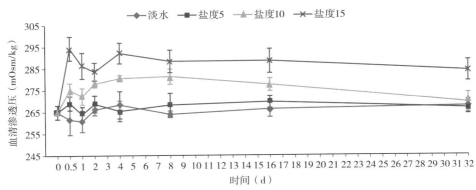

图 7-13　中华鲟幼鱼血清渗透压变化

在淡水和盐度 5 中，中华鲟幼鱼血清渗透压无显著性差异，表明盐度 5 及以下对长江口中华鲟幼鱼基本无影响。而在盐度 10 和盐度 15 中，中华鲟幼鱼血清渗透压表现为先升高后下降，并趋于平稳的变化趋势。中华鲟幼鱼在外界环境盐度升高的情况下，血清渗透调节指标所表现出的变化趋势，与施氏鲟（*A. schrenckii*）（同史氏鲟；赵峰 等，2006a）、俄罗斯鲟（*A. gueldenstaedti*）（屈亮 等，2010）和高首鲟（*A. transmontanus*）（McEnroe and Cech，1985；Natochin et al，1985）等其他鲟类一致，与一般广盐性鱼类的盐度适应过程也基本一致。

3. 血清离子

淡水中，中华鲟幼鱼血清 Cl^- 和 Na^+ 含量分别保持在 110～115 mmol/L 和 125～130 mmol/L。不同盐度条件下，中华鲟幼鱼血清 Cl^-、Na^+ 含量和渗透压变化趋势基本一致，表现为先上升后下降，并处于平稳状态（图 7-14）。从统计分析来看，淡水与盐度 5 时中华鲟幼鱼血清 Cl^- 和 Na^+ 含量均未呈现显著性差异。实验 12 h 后，盐度 10 和盐度 15 条件下中华鲟幼鱼血清 Cl^- 和 Na^+ 含量显著高于淡水和盐度 5，且与盐度呈正相关；而后各盐度条件下中华鲟幼鱼血清 Cl^- 和 Na^+ 含量逐步下降；1 d 后，盐度 10 和盐度 15 条件下中华鲟幼鱼血清渗透压基本处于平稳状态，但显著高于淡水和盐度 5。除盐度 15 外，其他各盐度条件下中华鲟幼鱼实验 16 d 时血清 Cl^- 含量均无显著性差异，而血清 Na^+ 含量在实验 32 d 时无显著性差异。

淡水中，中华鲟幼鱼血清 K^+ 含量保持在 3.1～3.4 mmol/L。不同盐度条件下，中华鲟幼鱼血清 K^+ 含量呈现先下降后平稳的变化趋势（图 7-14）。从统计分析来看，淡水与盐度 5 时中华鲟幼鱼血清 K^+ 含量均未呈现出显著的差异，而盐度 10 和盐度 15 条件下中华鲟幼鱼血清 K^+ 含量随实验时间延长逐渐降低，显著低于淡水和盐度 5；实验 16 d 时，盐度 10 和盐度 15 条件下中华鲟幼鱼血清 K^+ 含量达到新的平衡，盐度 10 和盐度 15 条件下中华鲟幼鱼血清 K^+ 含量无显著性差异，但仍显著低于淡水和盐度 5。

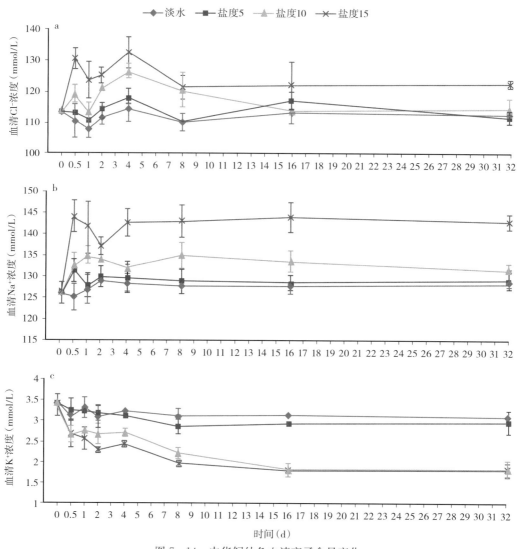

图 7-14　中华鲟幼鱼血清离子含量变化

中华鲟幼鱼血清离子（Na^+、Cl^- 和 K^+）浓度与血清渗透压变化一致，盐度 5 及以下环境中血清离子浓度基本无变化。而在盐度 10 和 15 中，血清 Na^+ 和 Cl^- 浓度变化与渗透压变化呈现出相同变化趋势，即先升高后下降，并趋于平稳。然而，盐度 10 和 15 组中华鲟幼鱼血清 K^+ 浓度变化与血清渗透压及 Na^+、Cl^- 浓度变化呈相反的趋势，即先显著下降后趋于平稳；但是，在施氏鲟（同史氏鲟；赵峰 等，2006a）、西伯利亚鲟（Rodríguez et al，2002）和湖鲟（LeBreton and Beamish，1998）等的研究中均发现血清 K^+ 浓度随着盐度变化未呈现显著性差异。通常，在盐度刺激下，相对于鱼体细胞内液来讲，细胞外液 Na^+、Cl^- 等离子浓度升高而 K^+ 浓度下降，这样使细胞内外形成跨膜电位，以保证离子调节功能的正常发挥。若盐度变化范围超出鱼体细胞所能承受的限度，细胞内外离子浓度差将逐渐缩小，导致跨膜电位改变或消失，将进一步导致细胞活性消失，直至细胞死亡（Evans and Claiborne，2005）。中华鲟属于江海洄游性鱼类，具有较强的渗透压调节能力，而施氏鲟、西伯利亚鲟和湖鲟等均属于淡水型或半洄游（淡水至河口水域间洄游）型鱼类，造成血清 K^+ 离子浓度变化差异的原因可能是由渗透调节能力大小和方式不同造成的。

第三节　鳃的结构功能与变化

鳃不仅是鱼类主要的呼吸器官，同时也是渗透压及离子调节的主要功能器官，在维持机体内外环境平衡的生理过程中，发挥着至关重要的作用（Evans and Claiborne，2005）。当鱼体外界水体环境盐度发生变化时，鳃组织或功能细胞往往通过形态结构改变、促使其功能发生转变，从而实现渗透压调节。

一、鳃的形态结构与功能

中华鲟具有骨质的鳃盖，鳃盖的后缘有发达的鳃盖膜。鳃盖下面与鳃裂之间的腔为鳃室。由于中华鲟只有下鳃盖骨较发达，所以鳃盖不能完全盖住鳃室。

1. 鳃与伪鳃

中华鲟的鳃由鳃弓、鳃耙、鳃丝及鳃小片构成。鳃室内有 4 对完整的鳃，第五对鳃弓和第四对鳃弓共同支持着第四对鳃（图 7 - 15a）。每一鳃弓上着生上下两排鳃片，每一鳃片又由许多鳃丝排列组成，鳃丝一端着生在鳃弓的凸面呈梳状，另一端游离，鳃丝两侧垂直伸出扁平囊状鳃小片（图 7 - 15b）。鳃小片是重要的呼吸作用的功能单位，每个鳃小片上都有入鳃和出鳃动脉，其血流方向与水流方向相反，这有利于血液与水流在鳃小片充分地进行气体交换，也有利于废物的排放、离子或水分的交换。

中华鲟鳃盖上着生着一种鳃丝残余结构，一般称之为鳃盖鳃（opercular gill）或伪鳃（pseudobranch）（图 7 - 15a），伪鳃结构与鳃相似。有关伪鳃的结构功能方面，国内未见相关研究报道。国外学者曾报道认为，伪鳃上皮中具有泌氯细胞（Jonz and Nurse，2006），且伪鳃 $Na^+/K^+ - ATPase$（NKA）含量比一般鳃丝上皮中的含量高，伪鳃可能具有调节血液 pH 和渗透压的作用（Quinn et al，2003）。屈亮（2010）通过光镜观察发现，中华鲟幼鱼的伪鳃组织结构与鳃丝相同，推测伪鳃在功能上与鳃丝所起的作用相似，并且观察到在盐度的刺激下伪鳃鳃小片间的鳃丝上皮增生，泌氯细胞数量有所增多，因此可以确定伪鳃参与了机体的渗透压调节。

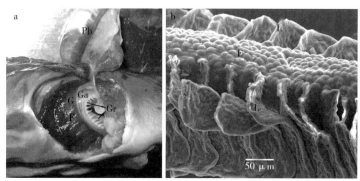

图 7 - 15　中华鲟幼鱼鳃的形态结构

a. 鳃室与鳃外观　b. 鳃丝与鳃小片表面扫描图

F. 鳃丝　G. 鳃　Ga. 鳃弓　Gr. 鳃耙　L. 鳃小片　Pb. 伪鳃

2. 鳃上皮

鳃上皮主要是指包围鳃丝和鳃小片的上皮组织，它是鳃与外界环境接近并进行气体交换、排泄和渗透压调节的部位。鳃的多功能性是与其鳃上皮的特化的形态结构相联系的。

中华鲟幼鱼的鳃丝和鳃小片均被特化的多层上皮细胞所覆盖，鳃丝上皮最外层为扁平上皮，下方为结缔组织，结缔组织中有血管和神经分布；鳃小片上皮分为内外两层，两层之间为窦状隙。鳃丝上包含 5 种主要的细胞类型，即扁平细胞、黏液细胞、未分化细胞、泌氯细胞（chloride cells）和神经上皮细胞（图 7 - 16）。鳃丝上皮的最主要特征之一是泌氯细胞的存在。泌氯细胞相对较大，为嗜酸性细胞，富含线粒体，是渗透压调节的主要功能细胞，在鱼类鳃的离子交换和渗透压调节中起重要作用。

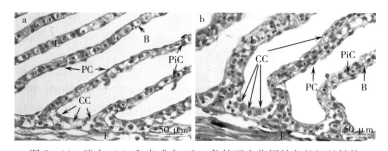

图 7 - 16　淡水（a）和半咸水（b）条件下中华鲟幼鱼的鳃丝结构

F. 鳃丝　L. 鳃小片　CC. 泌氯细胞　PC. 扁平细胞　PiC. 柱状细胞　B. 血管通道

二、泌氯细胞形态结构与变化

1932 年，Keys 和 Willmer 发现并报道了鱼鳃中泌氯细胞的存在，并命名为泌氯细胞

（chloride secreting cells）。此外，泌氯细胞又有离子细胞（ionocyte）或富含线粒体细胞（mitochondria‐rich cell）之称。泌氯细胞除了在鳃丝上皮内，还在鱼的皮肤、伪鳃和鳃盖上皮中发现。在鳃中，泌氯细胞主要分布于鳃小片间的鳃丝上皮内以及鳃丝的尾缘上皮中。泌氯细胞的结构十分特化，它们具有密集分支且发达的管网结构，大量的线粒体，基底膜和微管上分布着大量的 NKA 酶，是鳃上皮进行离子转运和调节渗透平衡的主要功能细胞。

无论是淡水还是海水硬骨鱼类都具有泌氯细胞，但是，泌氯细胞随着鱼类生存环境的变化而呈现出显著的变化。当外界环境变化时，泌氯细胞在形态结构、数量分布及功能等方面均会发生一系列的适应性改变。

1. 形态与分布

吴贝贝等（2015）和 Zhao 等（2016）率先利用免疫组织化学技术，研究了淡水及盐度 10 半咸水条件下泌氯细胞在中华鲟幼鱼鳃上的分布特征，分析了渗透压调节过程中泌氯细胞结构功能的适应性变化。研究发现，中华鲟幼鱼鳃上泌氯细胞呈椭圆形（细胞形状因子小于 1；表 7‐3），绝大部分分布在鳃丝上，尤其是位于鳃小片基部的鳃丝上，仅有少量分布于鳃小片上（图 7‐16 和图 7‐17），鳃丝上皮泌氯细胞数量是鳃小片上皮泌氯细胞数量的约 8 倍（表 7‐3）。然而，鳃丝与鳃小片上泌氯细胞的平均表面积没有显著性差异，泌氯细胞大小基本一致。

表 7‐3　中华鲟幼鱼鳃丝和鳃小片上泌氯细胞的数量、面积及形状因子

组别	数量（个）*		面积（μm^2）		形状因子	
	鳃丝	鳃小片	鳃丝	鳃小片	鳃丝	鳃小片
淡水	4.7±0.1	0.6±0.1	187.3±18.3	159.5±16.7	0.7±0.3	0.7±0.3
半咸水	5.1±0.1	0.7±0.1	361.9±27.9	275.6±14.7	0.6±0.2	0.6±0.2

注：* 指每 100 μm 鳃丝或鳃小片上的泌氯细胞数量。

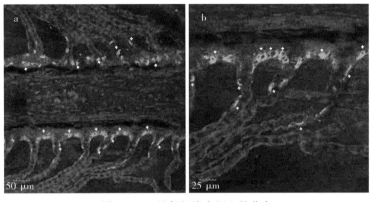

图 7‐17　泌氯细胞在鳃上的分布

白色和黄色箭头处分别表示鳃丝（a）和鳃小片（b）上的泌氯细胞

广盐性硬骨鱼类鳃上皮泌氯细胞的分布有 3 种类型：①无论淡水还是海水环境，仅分布在鳃丝上皮内；②海水环境下，分布在鳃丝上皮内，但在淡水环境下，鳃丝和鳃小片

上皮内均有分布；③无论淡水还是海水环境，鳃丝和鳃小片上皮内均有分布（Hwang and Lee，2007）。从当前的研究来看，中华鲟幼鱼鳃上皮泌氯细胞的分布属于上述的第 3 种类型，即无论是在淡水还是盐度 10 半咸水条件下，泌氯细胞主要分布在鳃丝上皮内，但也有少量分布在鳃小片上皮。这与在纳氏鲟（*A. naccarii*）（Martinez - Alvarez et al，2005）、墨西哥湾鲟（*A. oxyrinchus de sotoi*）（Altinok et al，1998）、中吻鲟（Allen et al，2009）和施氏鲟（Zhao et al，2010）等鲟类研究中得到的结果一致，从而说明鲟类鳃上皮泌氯细胞的分布特征具有一致性。

在盐度 10 半咸水条件下驯养 60 d 后，中华鲟幼鱼鳃小片基部鳃丝上皮中泌氯细胞的数量明显增加（图 7 - 18，表 7 - 3），与淡水时相比增加 8％左右；鳃小片上皮中泌氯细胞数量未呈现显著差异。与淡水时相比，无论是鳃丝还是鳃小片上皮中泌氯细胞的平均表面积也显著增加，而细胞形态未呈现显著性差异。

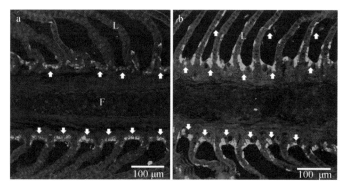

图 7 - 18　淡水（a）和半咸水（b）条件下中华鲟幼鱼鳃上皮泌氯细胞的免疫定位

F. 鳃丝　L. 鳃小片

对于广盐性硬骨鱼类而言，鳃丝上皮中的泌氯细胞较大，主要起离子外排作用，而鳃小片上皮中的泌氯细胞较小，主要起离子吸收作用（Foskett et al，1981）；鳃上皮泌氯细胞的数量和体积会随着盐度增高而增加。经过盐度驯化后，中华鲟幼鱼鳃丝上皮中泌氯细胞的数量明显增多、体积也明显增大，鳃丝上皮中的泌氯细胞明显大于鳃小片上皮中的泌氯细胞。进入盐度 10 半咸水后，中华鲟幼鱼鳃小片上皮中的泌氯细胞尽管有所增大但数量未发生改变（表 7 - 3）。然而，Cataldi 等（1995）和 McKenzie 等（1999）却发现纳氏鲟进入高渗环境时鳃小片上泌氯细胞数量呈现下降趋势。通常广盐性鱼类进入高渗环境时，鳃小片上泌氯细胞会消失，可能是因为高渗条件下不需要主动吸收离子。这种中华鲟幼鱼与其他鲟研究中鳃小片泌氯细胞变化的差异，可能与鲟的种类和规格大小有关，也可能与驯化盐度及其时间等有关。

2. 顶隐窝

泌氯细胞通常被扁平细胞覆盖，呈现紧密连接状态，泌氯细胞顶膜外缘有开口与胞外环境相连，称之为泌氯细胞的"顶隐窝"。泌氯细胞的顶隐窝位于扁平细胞边缘（图 7 - 19），位于鳃丝上皮血管输入端平坦区域和边缘，极少出现在上皮层血管输出端。

按照泌氯细胞顶隐窝的形态和大小，可以将中华鲟幼鱼鳃上皮泌氯细胞顶隐窝大致分为三种类型：Ⅰ型，突起型，呈椭圆形，直径一般在 $2 \sim 3 \, \mu m$，表面具有大量突起的微绒毛；Ⅱ型，凹陷型，略呈三角形，直径一般在 $2 \, \mu m$ 以内，表面粗糙，具有许多颗粒，呈凹陷状；Ⅲ型，深洞型，狭长而深陷，直径 $1 \, \mu m$ 左右，表面具有许多细小颗粒（图 7 - 19）。比较分析发现，淡水条件下中华鲟幼鱼鳃上皮泌氯细胞的顶隐窝类型主要为Ⅰ型和Ⅱ型，Ⅰ型占绝大部分，少量Ⅱ型出现，未发现Ⅲ型顶隐窝（图 7 - 19a）。而半咸水条件下中华鲟幼鱼鳃上皮泌氯细胞的顶隐窝以Ⅲ型为主，也有少量Ⅰ型和Ⅱ型出现（图 7 - 19b）。

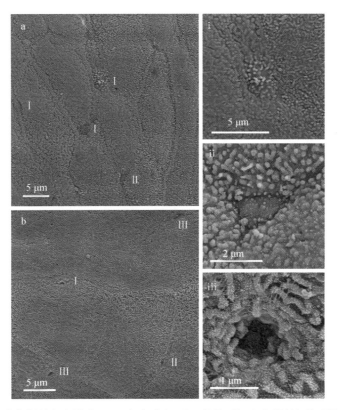

图 7 - 19 中华鲟幼鱼在淡水（a）和半咸水（b）条件下鳃上皮泌氯细胞顶隐窝的形态

Ⅰ. 突起型　Ⅱ. 凹陷型　Ⅲ. 深洞型

ⅰ、ⅱ、ⅲ　分别为三种类型的放大图

胞外环境通过泌氯细胞顶隐窝被感知，从而刺激泌氯细胞结构改变、调整离子转运功能以适应外部环境变化；进而，顶隐窝形态也可以反映出泌氯细胞结构功能的改变（Hwang and Lee，2007）。具有Ⅰ型和Ⅲ型顶隐窝的泌氯细胞分别在 Cl^- 的吸收和外排中发挥重要作用（Chang et al，2003），而具有Ⅱ型顶膜开口的泌氯细胞主要功能是吸收 Ca^{2+}（Tsai and Hwang，1998）。研究证实，高渗条件下中华鲟幼鱼鳃上皮Ⅲ型顶隐窝的泌氯细胞代替了低渗条件下的Ⅰ型顶隐窝的泌氯细胞，泌氯细胞形态结构发生了改变，

其功能也从 Cl^- 的吸收转变为外排，进行离子和渗透压调节，从而适应高渗环境。

3. 超微结构

中华鲟幼鱼鳃丝中泌氯细胞的结构会随着栖息环境盐度的变化而发生改变。泌氯细胞最主要的特征就是具有丰富的线粒体，线粒体一般靠近细胞核分布，多为圆形、卵圆形，也有的呈长条形，线粒体中有电子密度较高、紧密压缩、呈层状排列的管状脊（图7-20a）。泌氯细胞胞质中网管结构较少，常围绕着线粒体分布，与侧膜及线粒体连接紧密，胞质中还散乱分布着许多透亮的囊泡（图7-20a），这些囊泡主要由高尔基体产生。扁平细胞覆盖在鳃丝及鳃小片的最外层，与泌氯细胞的顶膜形成连接复合体（图7-20a），扁平细胞间通过桥粒相连（图7-20k）。扁平细胞的细胞膜外缘存在微脊（图7-20b），微脊表面布有丝状的糖萼，微脊和糖萼的出现有助于鳃丝上皮细胞保留住黏液，扁平细胞的胞质中也具有电子致密的细胞器，主要为粗面内质网、黑囊泡和数量较少的线粒体。鳃小片间的鳃丝区域上分布着黏液细胞，其胞质中充满了黏液颗粒（图7-20c），黏液细胞与周围的扁平细胞间形成连接复合体（图7-20c，g）。淡水条件下，中华鲟幼鱼鳃丝中存在着未成熟的泌氯细胞（图7-20g），胞质中细胞器含量较少，无网管结构，有较少线粒体呈散乱分布，胞质电子密度稀疏显得透亮。泌氯细胞发生程序性凋亡后（图7-20i），胞质高度浓缩，电子密度致密，线粒体肿胀呈圆形，细胞核萎缩，染色质高度聚集在核的外围。

在盐度条件下，中华鲟幼鱼鳃丝中泌氯细胞的胞质中管网结构丰富，与线粒体的连接更为紧密，常在线粒体周围呈2～3层排列，管网结构从顶膜到底膜均有分布，泌氯细胞胞质中线粒体也明显增多，线粒体内具有紧密排列的脊，常成条状分布（图7-20d）。泌氯细胞顶膜开口区域缺少细胞器，但有较多囊泡和游离核糖体（图7-20e，f），顶膜开口处通常有顶隐窝，顶隐窝没有明显凹入，该处是泌氯细胞分泌 Cl^- 离子的场所。泌氯细胞在顶隐窝处通过紧密连接的方式与扁平细胞（图7-20f）相连，在泌氯细胞与扁平细胞的侧膜区可以看到两细胞间通过指状钳合的方式彼此相连接（图7-20e），这也是盐度刺激下泌氯细胞的一个重要特征：具有较为广阔的侧膜，通过胞膜多层折叠或呈管状结构而扩大了基底膜的面积。咸水型泌氯细胞另一个重要特征就是辅助细胞的出现，辅助细胞分布在泌氯细胞周围，与成熟的泌氯细胞形成复合体，在顶膜处通过紧密连接的方式与泌氯细胞的顶隐窝相连（图7-20f），二者在侧膜处的连接却十分松散，形成可渗漏的细胞旁路，泌氯细胞将 Cl^- 以主动运输的方式通过顶隐窝排出，Na^+ 则由细胞旁路扩散到体外。盐度条件下，鳃丝中的未成熟泌氯细胞（图7-20h）与淡水组中的未成熟泌氯细胞相比无明显差异，表面覆盖有扁平细胞，胞质电子密度低，较透明，胞质中细胞器较少，网管结构不发达，线粒体散乱分布。泌氯细胞早期凋亡后（图7-20j），细胞质高度浓缩，线粒体肿胀呈圆形，线粒体外布满了诸多囊泡，管网结构较少，粗面内质网囊泡化，细胞核结构较完整。

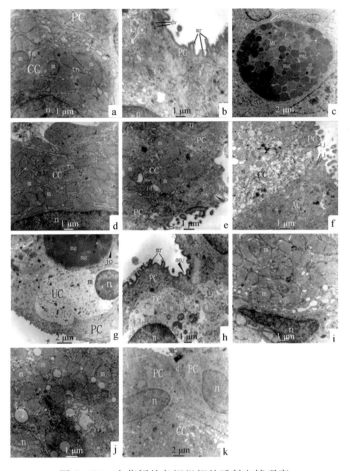

图 7 - 20　中华鲟幼鱼鳃组织的透射电镜观察

淡水条件下幼鱼鳃上皮透射电镜观察：a. 泌氯细胞质富含线粒体，网管结构发达分布在线粒体周围，顶膜与扁平细胞间形成紧密连接　b. 扁平细胞覆盖在泌氯细胞表面，扁平细胞表面有微脊，微脊上有糖萼，微脊内缘有黑囊泡，胞质中有粗面内质网　c. 黏液细胞与扁平细胞间形成紧密连接，黏液细胞中富有黏液颗粒

盐度 15 条件下幼鱼鳃上皮透射电镜观察：d. 泌氯细胞中线粒体及网管结构数量增多　e. 泌氯细胞在顶膜出形成开孔（黑色箭头），开孔处富含囊泡，泌氯细胞与扁平细胞间形成指状钳合　f. 泌氯细胞与辅助细胞共同形成多细胞复合体，细胞顶膜开孔处形成紧密连接

淡水及盐度 15 条件下幼鱼鳃上皮的未成熟泌氯细胞：g～h. 胞质电子密度低，细胞器含量较少，线粒体及管网结构数量少

淡水及盐度 15 组中泌氯细胞的凋亡：i～j. 细胞质浓缩，线粒体肿胀且聚集　k. 扁平细胞间的桥粒结构

三、NKA 酶活力的变动特征

Na$^+$/K$^+$- ATP 酶（NKA 酶）广泛分布于鱼类鳃上皮细胞中，是泌氯细胞离子转运的关键酶。NKA 酶能够将 Na$^+$ 转运出细胞外，将 K$^+$ 转运入细胞内，以维持细胞胞质膜

的离子通透性，保持细胞内环境中各种离子浓度的相对稳定以及细胞内环境与体外环境的渗透压平衡。NKA酶活力已经被广泛作为鱼类在不同环境（包括盐度变化）下离子转运能力的一个重要表征指标（Mancera et al，2000；Evans and Claiborne，2005）。

1. 鳃上皮 NKA 酶

当外界水体环境盐度升高时，中华鲟幼鱼鳃上皮的 NKA 酶活力表现为先下降，后上升，最后下降并趋于平衡的总体变化趋势。如图 7-21 显示，中华鲟幼鱼进入盐度 10 半咸水后，在最初 3 h 内鳃上皮 NKA 酶活力明显受到抑制，表现为迅速下降。3 h 后鳃上皮 NKA 酶活力快速上升，至 24 h 达到最高值，约为淡水时的 2.2 倍。24 h 后，鳃 NKA 酶活力逐渐下降，至 216 h 达到新的平衡，其活力显著高于淡水时的水平，约是淡水对照组的 1.65 倍（He et al，2009）。鳃上皮 NKA 酶活力上升是鲟和其他硬骨鱼进入高渗环境后的普遍现象，这与鳃上皮泌氯细胞增殖或 NKA 酶的分泌增加有关（Evans and Claiborne，2005；Allen et al，2009；Zhao et al，2016；赵峰 等，2016）。

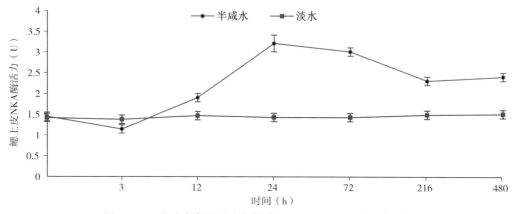

图 7-21 半咸水条件下中华鲟幼鱼鳃上皮 NKA 酶活力变化

鳃上皮 NKA 酶活力变化是高渗环境下中华鲟幼鱼开始主动调节渗透压的标志。在转入高渗环境的 3 h 内，中华鲟幼鱼鳃上皮 NKA 酶活力首先表现为下降趋势，这降低了细胞膜对离子的通透性，减少了 Na$^+$ 和 Cl$^-$ 的流入（Altinok et al，1998；Rodríguez et al，2002），是一种被动的应激反应。此后，鳃上皮 NKA 酶活力逐渐上升，说明在外界环境盐度刺激下，中华鲟幼鱼开始了渗透压的主动调节，离子外排机制被激活（Altinok et al，1998；Rodríguez et al，2002）。随着渗透压主动调节的进一步深入，鳃上皮 NKA 酶活力逐渐下降并最终达到新的平衡。

鳃上皮 NKA 酶活力变化受到 NKA 酶 mRNA 表达水平的调控。封苏娅等（2012）通过对中华鲟幼鱼鳃上皮 NKA 酶 α 亚基的部分基因序列进行 cDNA 克隆，检测了盐度 10 半咸水条件下中华鲟幼鱼鳃上皮 NKA 酶 α 亚基的 mRNA 相对表达量（图 7-22）。淡水中中华鲟幼鱼鳃上皮 NKA 酶 α 亚基的 mRNA 相对表达量未出现显著性变化。盐度 10

半咸水条件下，不同时间点的 NKA 酶 α 亚基 mRNA 相对表达量与淡水条件下相比存在显著差异。进入半咸水 24 h 内，NKA 酶 α 亚基的 mRNA 相对表达量显著上升，在 6 h 达到最大值后逐渐减少，在 24 h 降到最低值，但与初始值相比仍显著增加。24～96 h，NKA 酶 α 亚基的 mRNA 相对表达量先增加后保持在稳定水平，变化并不显著。

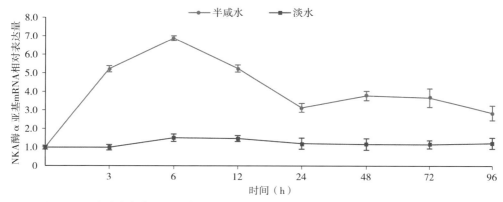

图 7 - 22 半咸水条件下中华鲟幼鱼鳃上皮 NKA 酶 α 亚基 mRNA 的相对表达量变化

可见，中华鲟幼鱼鳃上皮 NKA 酶 α 亚基 mRNA 表达先于 NKA 酶，mRNA 的表达促使了 NKA 酶的产生和活力增加。初始阶段鳃上皮 NKA 酶活力的下降可能受到了 NKA 酶其他亚基的调控。

2. 其他组织 NKA 酶

NKA 酶除了分布于鳃上皮泌氯细胞中以外，在瓣肠、直肠和肾脏上皮的泌氯细胞中也广泛分布，而且也会随着外界环境水体盐度的变化而发生一定的变化。表 7 - 4 是淡水和盐度 10 半咸水条件下中华鲟幼鱼瓣肠、直肠和肾脏上皮中 NKA 酶活力变化。

表 7 - 4 中华鲟幼鱼瓣肠、直肠和肾脏上皮中 NKA 酶活力变化

单位：U

时间（h）	瓣肠		直肠		肾脏	
	淡水	半咸水	淡水	半咸水	淡水	半咸水
0	4.3±0.7		1.3±0.1		1.5±0.2	
3	3.4±1.1	5.0±1.1	1.3±0.1	1.4±0.1	1.4±0.4	0.4±0.1
12	3.3±0.7	1.4±0.5	1.3±0.1	0.9±0.1	1.6±0.3	0.2±0.0
24	5.8±3.0	0.1±0.0	1.4±0.2	0.9±0.2	1.7±0.9	0.3±0.0
72	4.4±3.0	0.3±0.1	1.3±0.1	0.8±0.1	1.7±0.4	0.2±0.0
216	4.2±1.4	0.7±0.2	1.2±0.2	1.0±0.1	1.4±0.1	0.3±0.1
480	5.1±0.8	2.3±1.0	1.2±0.1	1.0±0.1	1.6±0.6	0.6±0.1

从淡水环境转入盐度 10 半咸水后，瓣肠 NKA 酶活力变化与鳃丝 NKA 酶活力变化明显不同。前 3 h 酶活力有所升高，3 h 时酶活力高于对照组，但差异不显著；3～24 h 酶活力持续下降，至 24 h 下降至最低值，显著低于淡水对照组；之后缓慢回升，至实验结束

时仍低于淡水对照组，但差异已不显著。瓣肠 NKA 酶活力下降，可减少离子由肠上皮吸收进入体内，有助于降低体内离子浓度，使鱼类更好地适应高渗环境（Rodríguez et al，2002）。

盐度刺激下，直肠 NKA 酶活力总体上受到了抑制。从淡水环境转入半咸水环境后，前 3 h 酶活力保持稳定，之后酶活力受到抑制，12～72 h 酶活力显著低于淡水对照组，216～480 h 酶活力虽与淡水对照组差异不显著，但其活力低于淡水对照组水平。

转入半咸水环境后，肾 NKA 酶活力显著受到抑制，各时间段酶活力均显著低于淡水对照组。转入半咸水 72 h 内，酶活力快速下降到最低值；之后酶活力有所回升，但至实验结束仍显著低于淡水对照组。

第四节　渗透压调节及其对物种保护的意义

一、渗透压调节过程及机理

在渗透压调节过程中，鲟类像其他广盐性硬骨鱼类一样，存在着类似的渗透压调节机制。鱼类渗透压调节是机体应对渗透压环境改变所产生的一系列连续的行为和生理反应过程。依据不同鲟在盐度胁迫与适应过程中的行为表现和血清渗透压、离子、激素及鳃上皮 NKA 酶活力的变动特征，可以将鲟类盐度适应过程中的渗透压调节分为急性调整反应和适应调整反应 2 个阶段。

第一阶段，急性调整反应阶段。此阶段往往发生在几秒至数个小时之间，持续时间与鲟的生态类型及其年龄和大小有直接关系。该阶段表现为行为反常，大量吞饮海水，血清渗透压及 Na^+、Cl^- 含量快速上升，而鳃上皮 NKA 酶的活力表现为先迅速下降然后上升。从低渗环境转入高渗环境后，机体内外渗透压浓度的差导致体内水分通过鳃和皮肤等大量渗出体外。同时，肾脏未能对机体失水做出快速反应，仍行使高渗调节功能而排出低渗的稀尿，引起体内水分大量流失，导致血清离子迅速浓缩、渗透压快速升高。

在急性调整反应阶段存在被动和主动调整 2 个连续的渐进过程。第一个过程是被动调整。鲟类从低渗环境转入高渗环境后，最初出现被动调整过程，主要表现为行为反常和大量吞饮海水，主要特征是血清渗透压和 Na^+、Cl^- 含量迅速上升，鳃上皮 NKA 酶的活力受到抵制而迅速下降。为了应对机体失水，鲟类通过大量吞饮海水来补充体水分，此时鳃上皮 NKA 酶活力迅速下降，降低了细胞膜对离子的通透性，以阻止过多的 Na^+、Cl^- 流入，缓解渗透压的进一步上升，实现了初期的被动的渗透压调整。第二个过程是主动调整，鳃上皮 NKA 酶活力上升是其开始的标志。鳃上皮 NKA 酶是单价离子（如 Na^+、Cl^-、H^+ 等）的主要转动蛋白。当环境渗透压改变时，鳃上皮泌氯细胞受到盐度刺激后通过信号传导途径中的一系列传导因子将此信号传递到细胞核内，调控 NKA 酶 α 亚基的 mRNA 大量转录表达，并进一步翻译成 NKA 酶（蛋白），通过 NKA 酶能够有效地逆浓度梯度进行离子进出细胞的转运；同时，鳃上皮 Na^+、H^+ 转运子的转运提高了 Na^+ 的转运能力，调节离子转运速度，使机体迅速适应外界环境。在此阶段，鳃上皮 NKA 酶活力和 α 亚基的 mRNA 表达量均显著增加，且 mRNA 表达量的增加先于酶活力上升。这可能因为 NKA 酶活力的增加是通过酶蛋白表达总量增加来实现，而酶蛋白表达要先后经过 NKA 酶 mRNA 的转录和翻译，这两个分子生物学过程在时间和空间上的差异造成了 NKA 酶活力和 mRNA 表达量变化在时间上的不一致性。此外，NKA 酶活力的适应性调节还表现为构型变化，如 NKA 酶中 α 亚基有 4 种异构体，分别为 $\alpha 1a$、$\alpha 1b$、$\alpha 1c$ 和 $\alpha 3$，NKA 酶活力增加还可能是鳃上皮 NKA 酶离子转运复合体通过改变构型来增强与离子的亲和力，实现离子的高效转运。

第二阶段是适应调整反应阶段。此阶段往往需要数个小时至数周的时间，该阶段鲟类血清渗透压及 Na^+、Cl^- 含量和鳃上皮 NKA 酶活力持续上升至峰值并开始下降至新的平衡点。盐度变化引起鲟应激反应，皮质醇作为应激反应最主要的调节激素，迅速做出反应，血液中浓度迅速增高。一方面，皮质醇迅速抑制了催乳素分泌，促使鲟原有"排水保盐"的高渗调节机制停止，并向"排盐保水"的低渗调节机制过渡；另一方面，皮质醇激素直接作用于鳃和肠上的受体，促进 NKA 酶的分泌，从而加速了鳃上皮对 Na^+ 的排出和肠道对水分的吸收。离子外排机制被激活，鳃上皮对离子的主动运输能力加强；同时，肠道对水分吸收的增加，减少了体内水分的流失，血清渗透压和离子含量开始回落，并形成了新的水—盐代谢平衡点，适应了高渗环境。

该阶段，鳃上皮 NKA 酶和 mRNA 表达量大量增加，过量的表达产物在调节血清渗透压和离子含量平衡的同时产生反馈抑制作用，从而调控鳃上皮细胞内 NKA 酶 α 亚基 mRNA 表达量和 NKA 酶分泌量的下降。经过多次的反馈调节，酶活力和 mRNA 表达量达到新的平衡状态，NKA 酶基因表达调控系统进行补偿性少量表达。

二、泌氯细胞在渗透压调节中的结构功能变化

鱼类的鳃与其生活的水环境直接接触，覆盖于鳃丝的上皮细胞构成体液与外部水环境之间独特的生理界面。鳃上皮泌氯细胞是进行离子调节的主要场所，在鱼类渗透压调节方面发挥着重要功能。泌氯细胞的形态结构、分布和数量会随着生活环境渗透压条件的改变而发生适应性变化。

广盐性硬骨鱼类在适应高渗或低渗环境时，鳃上皮泌氯细胞的分布呈现 3 种类型：

①无论淡水驯化还是海水驯化，泌氯细胞仅分布在鳃丝上皮内；②海水高渗环境时，泌氯细胞分布在鳃丝上皮内，但经淡水低渗环境驯化，泌氯细胞在鳃小片上皮内也会有分布；③无论淡水驯化还是海水驯化，鳃丝和鳃小片上皮内均有泌氯细胞分布。现有的研究表明，鲟类鳃上皮泌氯细胞的分布属于第3种类型，即无论是在淡水还是盐度条件下，大多数鲟的鳃上皮泌氯细胞主要分布在鳃小片基部的鳃丝上，也有少量分布在鳃小片上，这在中华鲟、施氏鲟、纳氏鲟（Carmona et al，2004）、墨西哥湾鲟（Altinok et al，1998）、中吻鲟（Allen et al，2009）、和欧洲鳇（Krayushkina et al，1976）等鲟鳇类的研究中均得到证实。鲟类鳃丝上的泌氯细胞较大，主要起离子外排作用，鳃小片上的泌氯细胞较小，主要起离子吸收作用。

胞内大量的NKA酶是泌氯细胞进行离子转运的重要能量来源。广盐性鱼类鳃上皮泌氯细胞数量和体积会随着盐度增高而增加，为适应高渗环境提供更多动力（Evans et al，2005；Huang and Lee，2007）。从淡水进入高渗环境后，中华鲟鳃丝上皮的泌氯细胞数量明显增多，且体积增大。中华鲟幼鱼鳃小片上的泌氯细胞个体尽管有所增大但数量未发生改变，而纳氏鲟进入高渗环境时鳃小片泌氯细胞呈现下降趋势（Cataldi et al，1995；McKenzie et al，1999）。通常，广盐性鱼类进入高渗环境时，鳃小片上泌氯细胞会消失，可能是高渗条件下不需要主动吸收离子所致。中华鲟幼鱼与其他鲟类研究中鳃小片泌氯细胞变化的差异，可能与鲟的种类和规格大小有关，也可能与驯化盐度及时间等有关。淡水鱼的泌氯细胞划分为 α 型和 β 型两种：α 型泌氯细胞分布在鳃小片基部，β 型泌氯细胞主要分布在鳃丝上相邻鳃小片之间。将广盐性淡水鱼转入高渗的海水时，其鳃上 β 型泌氯细胞减少，α 型泌氯细胞增加并转变成海水型泌氯细胞。从目前鲟类的相关研究可以看出，泌氯细胞在盐度适应和调节过程中也可能存在着这种变化，但尚需研究证实。

鲟类鳃上皮泌氯细胞内的线粒体丰满且数量多，发生于基底膜的管网系统非常发达，管网较粗，管网与线粒体紧密接触，顶隐窝扩大伴随附近胞质区域囊管的丰度增加，管网上的NKA酶为排出体内过多 Cl^- 提供能量。胞外环境通过泌氯细胞的顶膜开口被感知，从而刺激泌氯细胞结构改变、调整离子转运功能以适应外部环境变化，顶膜开口的形态可以反映泌氯细胞形态功能的改变。现有研究发现，中华鲟幼鱼鳃上皮的泌氯细胞顶膜开口具有三种类型，即突起型（Ⅰ型）、凹陷型（Ⅱ型）和深洞型（Ⅲ型），其中淡水中存在Ⅰ型和Ⅱ型；半咸水中以Ⅲ型为主，Ⅰ型和Ⅱ型也有分布。具有Ⅰ型和Ⅲ型顶膜开口的泌氯细胞分别在 Cl^- 的吸收和外排中发挥重要作用，而具有Ⅱ型顶膜开口的泌氯细胞主要功能是吸收 Ca^{2+}。高渗条件下中华鲟幼鱼鳃上皮Ⅲ型顶膜开口的泌氯细胞代替了低渗条件下的Ⅰ型顶膜开口的泌氯细胞，泌氯细胞形态结构发生了改变，其功能也从 Cl^- 的吸收转变为外排，进行离子和渗透压调节，从而适应高渗环境。

中华鲟幼鱼鳃上皮泌氯细胞的数量分布和形态结构的改变是进行渗透压调节、维持渗透平衡的结构基础，结构的变化导致功能上发生转变，从而适应了高渗环境。

三、在生活史研究及其物种保护上的意义

大多数鲟类具有洄游习性，具备较强的渗透压调节能力，生活史中经历不同的海淡水环境条件。对鲟类渗透压调节机制的研究不仅可以丰富鱼类生理学知识，尤其是鱼类渗透调节生理的进化特点和规律，而且对于掌握鲟类生活史特征，制定相应的保护措施，均具有十分重要的意义。

入海河口是江海相互作用的过渡地带，在这里河流的径流与海洋的潮汐交汇，海水被来自内陆河流的淡水所稀释，形成了不同的盐度梯度，对于江海洄游性鲟类完成入海前的生理调节提供了天然栖息场所。另外，河口水域也汇聚了大量由内陆河流带来丰富的生源要素，为鲟类幼鱼的摄食肥育提供了良好条件。鱼类的自然分布和栖息地选择遵循最适性理论，即鱼类的分布最终决定于其净能量的最大化。鱼类在不同的渗透环境条件下，为了维持体内水—盐代谢平衡，需要增加代谢需求（透压调节耗能可占鱼体总耗能的 20%～50%）。河口咸淡水水域对于鲟类来说是特殊的环境盐度，在等渗点盐度下，鱼体耗能最低，充足的饵料生物几乎可全部用于机体的生长发育；同时，不同的盐度梯度条件，有利于鲟类进行渗透调节方式和调节机制的转变与适应。

长江口是中华鲟幼鱼重要的栖息地，通常幼鱼于每年的 4 月底至 5 月初到达长江口。中华鲟幼鱼进入长江口水域后，集中分布在长江口的团结沙至东旺沙浅滩一带，该水域盐度范围为 0～15。Zhao 等（2015）通过研究发现，同期分布的中华鲟幼鱼的等渗点和 Na^+、Cl^- 及 K^+ 等离子点盐度分别为 9.19、8.17、7.89 和 9.70。中华鲟幼鱼在长江口的栖息水域，其盐度处于其等渗点盐度范围附近，且呈现出一定的盐度梯度变化，这样一方面有利于中华鲟穿梭于不同盐度梯度，以刺激渗透调节器官的不断发育和渗透压调节功能的完善，增加渗透压调节能力，以适应未来的海水生活；另一方面，等渗点盐度对于中华鲟幼鱼的生理代谢基本不会产生多余的能量支出，有利于节省能量用于生长。同时，该水域中华鲟幼鱼饵料生物十分充足，适于进行索饵肥育。中华鲟幼鱼在长江口水域停留期间生长十分迅速，体长增加 1.91 倍，体重增加 8.25 倍（毛翠凤 等，2005）。这些研究丰富了中华鲟生活史研究资料，掌握了幼鱼时空分布规律及其与环境因子之间的关系，确立了盐度调节与适应特征。据此，2002 年上海市人民政府批准成立了"上海市长江口中华鲟自然保护区"，并建立了 5—9 月"封区管理"等多项保护措施。

第八章
生态毒理

长江沿岸特别是长三角地区工农业的高速发展，致使污染源不断增加，水域环境的总体质量受到了极大的影响。长江径流为长江口带来大量营养物质和生源要素的同时，也带来了大量的有毒有害的污染因子。总体上讲，长江口水域水体中重金属铅（Pb）和铜（Cu）等含量较高，基本为超标状态（姚志峰 等，2010）。2006 年长江口水域采集到的全部鱼、虾和贝类等海洋生物样品中，重金属铅超标率达 100%；1980—2000 年，长江口的溶解态铅含量增加了 1~2 个数量级；2000—2002 年，铅的平均超标率达 52%（全为民和沈新强，2004）。长江口是中华鲟幼鱼唯一的索饵场和育幼场，中华鲟幼鱼在该水域栖息长达 4~5 个月的时间。鱼类早期发育阶段对于有毒有害污染物特别敏感，查明长江口污染物，特别是重金属对幼鱼的生态毒理效应，将会对长江口中华鲟幼鱼保护提供科学依据，还可为长江口及中华鲟保护区制定水质标准、水域污染预警、评价长江水环境对中华鲟物种安全风险提供数据参考。本章主要论述了铅、铜和氟暴露对中华鲟早期发育阶段的毒性效应，以及中华鲟对重金属离子的吸收和代谢途径与机制等方面的研究成果。

第一节　铅暴露的毒性效应

铅是广泛存在于自然界的重金属元素，对生物具有多种毒性，通过与钙离子（Ca^{2+}）竞争、氧化损伤、膜损伤、内分泌干扰、基因损伤和细胞凋亡等，损害动物的神经系统、生殖系统、循环系统和骨骼系统的组织器官（辛鹏举和金银龙，2008）。铅在水生食物链中具有富集作用；长期和低浓度的铅暴露在自然水域更为常见，低浓度铅污染对动物的毒性效应往往需要长期暴露后才能显现出来，因此，低剂量铅长期暴露的生态效应更加受到重视（侯俊利 等，2009a，2009b）。铅在长江流域沉积物中的富集量相当高，在长江口的局部地区可达 18.3~44.1 mg/kg（干重）（Zhang et al，2008）。中华鲟幼鱼及其饵料生物均属于底栖类动物，相当长的一段时间内都暴露在长江口的铅污染区，这将会对中华鲟幼鱼保护产生直接影响。

一、中华鲟早期发育阶段对铅的积累和排放

采用人工催产授精的中华鲟受精卵，配制低浓度（0.2 mg/L）、中浓度（0.8 mg/L）、高浓度（1.6 mg/L）和对照组（0 mg/L）铅水溶液，在受精卵发育至 96 h 开始进行铅慢性暴露实验，持续 16 周后检测不同组织中铅含量，并参考 Radenac 等（2001）的方法计算生物浓缩系数（BCF）。

1. 暴露后不同组织中铅的含量

随着铅浓度升高，中华鲟幼鱼不同组织中铅的含量相应升高，表现出明显的剂量效应。低浓度组与中浓度组之间差异不显著（肠除外），高浓度组与其他各浓度组之间呈现显著差异。总体上，各组织中铅的积累以骨（背骨板和软骨）和肌肉含量最高，胃、肠、皮肤次之，肝、鳃、脊索含量相对较低（表 8-1）。

表 8-1　铅暴露后中华鲟幼鱼不同组织中铅的含量（干重）

单位：$\mu g/g$

组织	对照组 (0 mg/L)	低浓度组 (0.2 mg/L)	中浓度组 (0.8 mg/L)	高浓度组 (1.6 mg/L)
肝	1.84±0.58[a]	6.03±1.40[a]	18.17±3.15[a]	129.22±13.23[b]
鳃	2.59±1.45[a]	5.87±0.67[a]	17.11±3.69[a]	85.25±9.04[b]
胃	2.95±0.04[a]	9.45±1.74[ab]	18.26±3.75[b]	133.96±7.66[c]
肠	1.19±0.22[a]	6.06±1.49[a]	42.90±6.53[b]	129.46±14.00[c]
软骨	0.18±0.12[a]	7.96±1.44[ab]	49.53±12.80[b]	190.78±22.36[c]
脊索	0.30±0.18[a]	1.96±0.51[a]	9.50±2.75[a]	112.07±27.43[b]
肌肉	0.91±0.16[a]	42.99±9.49[b]	55.54±14.67[b]	186.47±12.68[c]
背骨板	1.93±0.40[a]	31.44±5.19[a]	137.53±30.82[a]	1 089.15±103.25[b]
皮肤	1.22±0.12[a]	7.92±1.92[a]	11.56±2.38[a]	158.95±17.29[b]

注：同一行中参数右上角字母不同表示有显著性差异（$P<0.05$），相同则表示无显著性差异。

BCF 能够反映组织在特定条件下对某种物质的富集强度。经过 16 周的铅溶液暴露后，低浓度组幼鱼肌肉的 BCF 值高于中、高浓度组，其他各组织中的 BCF 均以高浓度组最大。然而，在不同暴露浓度条件下，以骨骼（背骨板和软骨）与肌肉的 BCF 较高，这与同组织中铅积累量的结果一致。此外，中浓度组的肝、鳃、胃、肌肉和皮肤的 BCF 小于低浓度组，而且胃和肌肉的 BCF 差异显著（表 8-2）。表明中华鲟幼鱼不同组织对铅的积累强度及调节铅吸收的功能存在差异。

表 8-2　铅暴露后中华鲟幼鱼不同组织的生物浓缩系数

组织	低浓度组 (0.2 mg/L)	中浓度组 (0.8 mg/L)	高浓度组 (1.6 mg/L)
肝	[a]30.17±6.98[a]	[ab]22.72±3.94[a]	[a]80.76±8.27[b]
鳃	[a]29.33±3.36[a]	[ab]21.38±4.61[a]	[a]53.28±5.65[b]
胃	[a]47.24±8.70[a]	[ab]22.83±4.69[b]	[a]83.72±4.79[c]
肠	[a]30.32±7.43[a]	[ab]53.63±8.16[ab]	[a]80.91±8.75[b]
软骨	[a]39.82±7.19[a]	[ab]61.91±16.00[a]	[a]119.24±13.98[b]
脊索	[a]9.80±2.55[a]	[a]11.88±3.44[a]	[a]70.04±17.14[b]
肌肉	[c]214.95±47.43[a]	[b]69.43±18.34[b]	[a]116.55±7.93[ab]
背骨板	[b]157.20±25.96[a]	[c]171.92±38.53[a]	[b]680.72±64.53[b]
皮肤	[a]39.58±9.61[a]	[a]14.45±2.97[a]	[a]99.34±10.81[b]

注：同一行中参数右上角或同一列参数左上角字母不同表示有显著性差异（$P<0.05$），相同则表示无显著性差异。

慢性铅暴露后，中华鲟幼鱼不同组织中的铅含量及其富集特点如下：

（1）鳃　鱼类的鳃是吸收或摄入重金属最为重要的器官。早期学者认为金属离子穿过鳃上皮是从水相到血液梯度驱动的被动扩散，而近年提出了一种可饱和的鳃吸收机制。经铅暴露后，中华鲟幼鱼的不同组织表现出明显的剂量效应关系（表8-1）。在鳃中低浓度组和中浓度组铅的积累均与对照组无显著差异，表明在一定的浓度范围内中华鲟的鳃具备一定的调节铅摄入能力。在高浓度条件下，鳃中铅的含量则显著高于低浓度组和中浓度组，这可能是由于长期高浓度铅胁迫，使鳃组织发生一定程度的表面细胞损伤或离子通道障碍，在鳃上发生铅沉积的同时，其调节离子运输能力降低（刘长发 等，2001）。

（2）肝　肝脏是动物最为重要的生物转化器官，能够通过氧化、还原、水解或结合反应等不同方式对异生物质进行转化，促进异生物质转运和排除。摄入到体内的重金属能够在肝脏中与金属结合蛋白（如金属硫蛋白）结合，再转运到肾脏排出或分配到机体的其他组织（王凡 等，2007）。中华鲟幼鱼的背骨板、软骨和肌肉中具有较高的BCF（表8-2），表明铅在这些组织中具有很高的分配比例，相比之下肝脏的BCF则较低。中华鲟幼鱼经不同浓度铅暴露后，鳃与肝中铅的含量存在着显著的正相关关系（图8-1），表明中华鲟幼鱼可能存在通过鳃摄入铅后循环至肝中与金属结合蛋白结合而转移分配的模式。

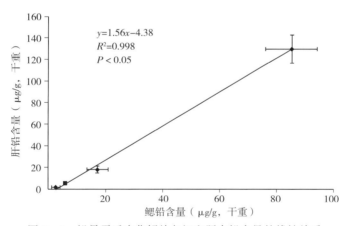

图 8-1　铅暴露后中华鲟幼鱼鳃和肝中铅含量的线性关系

（3）骨骼　在鱼类组织中，通常骨骼对环境中铅的积累最高，并且骨骼是摄入动物体内铅的重要隔离组织，铅被隔离在骨骼中是机体减少铅对靶器官毒性的一种方式。中高浓度条件下，中华鲟幼鱼背骨板中铅的积累含量最高，并且不同组织的BCF表现出相同的规律，即在同一浓度条件下，肝、鳃、胃、肠、脊索和皮肤组织之间的BCF没有显著差异，而骨骼（背骨板和软骨）与肌肉的BCF普遍较高（表8-2）。中华鲟幼鱼肌肉中铅含量较高，与其他水生动物有所不同（铅暴露后肌肉中积累较低；Spokas et al，2006），这表明中华鲟对铅的积累模式可能与其他水生动物存在差异。中华鲟的背骨板位于肌肉和皮肤之间，接近体表，铅在背骨板中大量分配积累是幼鱼的一种特殊保护机制。

而铅在肌肉中的高含量或许与暴露后中华鲟幼鱼发生弯曲畸形存在密切相关。

铅和钙同是二价金属，铅之所以选择性地以较高浓度积累于骨骼中，源于它与钙共用相似的吸收途径，但是二者之间存在强烈的竞争关系。研究表明，如果铅暴露浓度过高，而环境和食饵中钙含量较低，铅则会替代钙在骨骼中大量积累，而钙释放到骨外组织中，导致钙分配紊乱。中华鲟幼鱼软骨的铅积累远低于背骨板（表 8-1），这可能与软骨组织的基础结构组分和功能有关，鲟类软骨钙化程度较低，其钙含量低于硬骨，铅替代钙在软骨中的积累也较低。

（4）其他组织　铅暴露浓度较高时，中华鲟幼鱼胃和肠中铅含量也较高。这有两种可能：一是中华鲟幼鱼少量"饮水"，胃中低的 pH 环境能有效促进铅的吸收（Whitehead et al，1996）；二是摄入体内的铅经过血液循环运输至消化道管壁形成累积。鱼消化道黏液及消化道管壁巨大的表面积为铅提供了丰富的结合位点，在这里铅可以与活性蛋白、巯基和酰基等结合，进而随着消化道黏液上皮细胞的更新脱落将其排出（Goering，1993）。各浓度组中，脊索的铅含量均较低（表 8-1），推测与脊索处于机体中间较深部位以及具有类似软骨的基础结构相关。

2. 排放后不同组织中的铅含量

中华鲟铅暴露实验结束后，进行了为期 6 周的铅排放实验。结果显示，低浓度组中各组织的铅含量与对照组无显著差异，中浓度组中胃、软骨和肌肉的铅含量与对照组无显著差异，在其余组织中则显著高于对照组。高浓度组除肝、肠和皮肤外，其余组织均显著高于对照组。高浓度组铅排放后肝、肠、背骨板和皮肤中的铅含量显著低于中浓度组，表现出高浓度条件下这些组织中铅的消除较快的现象（表 8-3）。

表 8-3　铅排放后中华鲟幼鱼不同组织中的铅含量（干重）

单位：$\mu g/g$

组织	对照组 (0 mg/L)	低浓度组 (0.2 mg/L)	中浓度组 (0.8 mg/L)	高浓度组 (1.6 mg/L)
肝	2.30±0.35[a]	3.42±1.15[a]	30.25±7.92[b]	9.58±2.07[a]
鳃	1.73±0.15[a]	6.62±1.30[a]	10.29±2.32[a]	33.67±6.45[b]
胃	1.32±0.84[a]	3.60±0.63[ab]	7.96±2.02[ab]	8.53±3.19[b]
肠	2.53±0.77[a]	3.79±1.53[a]	18.58±3.18[b]	6.02±1.09[a]
软骨	0.65±0.05[a]	0.89±0.24[a]	29.2±4.93[b]	185.53±17.86[b]
脊索	0.98±0.25[a]	2.13±0.37[ab]	4.78±0.94[b]	8.17±1.56[c]
肌肉	0.52±0.11[a]	1.27±0.21[a]	3.05±0.73[a]	7.75±2.10[b]
背骨板	3.51±0.81[a]	3.52±0.27[a]	100.90±11.21[b]	48.99±8.14[c]
皮肤	2.32±0.72[a]	13.48±3.13[a]	65.01±13.39[b]	24.33±3.61[c]

注：同一行中参数右上角字母不同表示有显著性差异（$P<0.05$），相同则表示无显著性差异。

鱼体中重金属的排出存在多种途径，包括跨鳃运输（如离子通道）、在血浆中与蛋白或其他化学物质结合经肝脏（胆汁）进入消化道内、消化道泌出与黏膜脱落、经皮肤排出和经肾排出等，因此重金属的消除途径要多于吸收途径，不同鱼类对各重金属的排出途径也有差异（Newman，2010）。经过6周铅排放试验，中华鲟幼鱼肌肉中铅的排放最显著（表8-1，表8-3），这与Cinier等（1999）在鲤（*Cyprinus carpio*）镉（Cd）染毒实验中的研究结论一致。与铅积累数据比较，低浓度组中华鲟幼鱼鳃和皮肤的铅含量不降反升，而中浓度组肝和皮肤的铅含量不降反升。这种现象在其他研究中也有发现，如Kuroshima（1987）在研究斑𫚩（*Girella punctata*）经镉暴露后排放时，发现肝脏中镉的含量会随排放时间的延续而增加；Wicklund等（1988）研究了斑马鱼（*Brachydanio rerio*）经镉暴露后的排放特征，其肾脏和肝脏中的镉含量均会随排放时间的延续而升高。这种"持续升高现象"可能存在两方面原因，一是重金属排出体外之前在体内存在重新分配的过程，因组织器官功能不同存在差异，也因鱼种类不同而异；二是不同重金属与各组织之间的结合能力有差异，结合紧密则排出慢，结合疏松则排出快（Kuroshima，1987）。

综合分析中华鲟幼鱼经排放后铅在各组织中的消除特征，推测经低浓度暴露后中华鲟幼鱼对铅的消除主要是经过组织间重新分布及经鳃和皮肤排出；浓度较高时，以经皮肤排出为主，经鳃排出退居其次，同时可能由肝脏（经胆汁）以及肝脏中金属蛋白结合转运进行重新分布。铅暴露后软骨、脊索和背骨板主要进行重新分配与隔离。中华鲟幼鱼肾脏对铅的积累与排放特征尚需进一步研究。此外，高浓度组的中华鲟幼鱼经过6周排放后，在肝、肠、背骨板和皮肤中铅含量低于中浓度组（表8-3）。推测是因为铅暴露浓度过高对中华鲟幼鱼造成了失代偿的毒性效应，组织器官功能受损而造成被动扩散增强的缘故，这还需要结合对中华鲟幼鱼肝脏和鳃等器官的组织结构以及活性物质变化进行进一步研究分析。

3. 暴露和排放前后不同组织中铅含量比较

不同浓度铅暴露的中华鲟幼鱼对铅的排放模式存在组织间差异。低浓度组，铅排放后鳃和皮肤中铅的含量不降反升，分别比积累时高12.90%和70.23%，而脊索中铅的含量基本没变，其余组织中铅含量下降，其中胃、软骨、肌肉和背骨板铅含量显著下降。中浓度组，铅排放后肝和皮肤中铅含量不降反升，肝比积累时高出66.47%，皮肤高达积累时的4.62倍，其余组织中铅含量均明显降低，胃、肠和肌肉铅含量显著下降。高浓度组，铅排放后各组织均未表现出铅浓度的逆转，其中，皮肤铅含量下降不显著，软骨中铅的含量基本无变化，其余各组织中铅的含量均显著降低（表8-1，表8-3）。

经16周铅暴露后，中华鲟幼鱼各组织表现出随暴露浓度升高铅积累增加的剂量效应关系，铅积累的情况基本表现为：骨（背骨板和软骨）和肌肉中积累量最高，胃、肠和皮肤次之，肝、鳃与脊索相对较低。经6周铅排放后，低浓度组的各组织中铅含量与对照组无显著差异；中、高浓度组除少数组织外，铅含量仍较对照组高；低、中浓度组中鳃、

皮肤和肝的铅含量甚至高于积累时。推测中华鲟幼鱼经鳃、皮肤和消化道摄入铅，经鳃和皮肤进行排放，并且铅会选择性地大量积累在骨和肌肉当中。

二、铅暴露下中华鲟幼鱼的弯曲畸形与恢复

侯俊利等（2009b）研究了铅水溶液的长期暴露对中华鲟的致弯曲畸形效应，以及排铅后畸形恢复的过程与机制，以探索中华鲟在生命早期接触铅后的损伤状况和自我修复能力，为深入研究铅致鱼类畸形的发生机理奠定基础。

1. 铅对中华鲟的致畸效应

利用发育至 96 h 中华鲟受精卵开展 16 周的铅暴露试验，发现铅对中华鲟有致弯曲畸形效应。中华鲟幼鱼发生畸形弯曲的基本形态特征是：在背鳍起点（OD）与尾鳍背部起点（OC）之间发生左右弯曲，尾鳍背部起点（OC）与尾鳍末端（PC）之间发生左右弯曲，近胸鳍起点（OP）处发生左右弯曲（图 8 - 2；图 8 - 3b，c，b′，c′）；尾鳍末端（PC）下垂（图 8 - 2；图 8 - 3c，c′）。随着铅暴露时间的延长，畸形弯曲程度会由轻微（图 8 - 3b，b′）向严重（图 8 - 3c，c′）发展。弯曲畸形个体的运动能力降低，弯曲越严重其自主活动能力和摄食能力降低越明显。

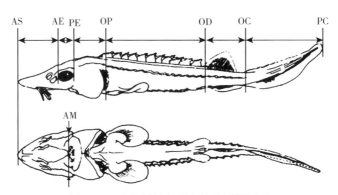

图 8 - 2　中华鲟幼鱼形态性状测量图示

AS. 吻端　AE. 眼前缘　AS—AE=吻长　PE. 眼后缘　AE—PE=眼径

OP. 胸鳍起点 AS—OP=头长　OD. 背鳍起点　AS—OD=背鳍前长　OC. 尾鳍背部起点

PC. 尾鳍末端　AS—PC=全长　AM. 口前缘（由此处测量口部头宽）

（仿 Snyder，2002）

通过 X 线能够观察到吻的边缘软骨、围眶板、颌弓软骨以及躯干部骨板等，在各暴露组与对照组之间比较，它们没有明显形态差异。通过 X 线不能观察到脊椎（软）骨、脊柱和脊索（图 8 - 3，右）。经解剖观察，弯曲个体的脊椎骨无明显变形，但碱腐蚀法制作的全骨骼标本呈现脊柱弯曲。

暴露试验结果显示，铅浓度越大，发生弯曲畸形越早。高浓度（1.6 mg/L）铅暴露

第 11 周时，部分幼鱼开始出现畸形（图 8-3 左 b，b′），畸形率为 5%；随后，畸形率逐渐增加，至第 14 周末，畸形率达 100%。高浓度铅暴露从开始出现畸形个体到所有个体发生畸形仅用了 4 周时间（图 8-4，PbH 系列）。中浓度（0.8 mg/L）铅暴露后，第 12 周开始出现畸形个体，畸形率为 3.8%，经过 5 周后（第 16 周）所有个体全部发生畸形（图 8-4，PbM 系列）。整个实验过程中，低浓度（0.2 mg/L）铅暴露下始终未出现畸形个体（图 8-4，PbL 系列），即低浓度的铅溶液暴露 16 周对中华鲟幼鱼无致弯曲畸形作用。在对照组，实验开始后的第 2 周，有 1 尾中华鲟幼鱼出现畸形（图 8-4，PbC 系列），表现为身体弯曲，比正常个体的自主活动能力和摄食能力差，但该鱼养殖在空白对照组，出现畸形的时间在试验的第 2 周，比中浓度组和高浓度组发生弯曲畸形早了 8 周时间，推测该尾畸形个体不属于铅暴露致畸。

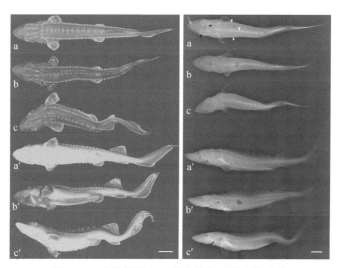

图 8-3　中华鲟幼鱼正常个体与畸形个体比较

左：背面观（a. 正常　b. 轻微畸形　c. 严重畸形）和侧面观（a′. 正常　b′. 轻微畸形　c′. 严重畸形）照片

右：X 线照片背面观（a. 正常　b. 轻微畸形　c. 严重畸形）和侧面观（a′. 正常　b′. 轻微畸形　c′. 严重畸形）

白三角．X 线显示的吻软骨边缘　黑三角．X 线显示的围眶板

白箭头．X 线显示的躯干部骨板　黑箭头．X 线显示的颌弓

标尺为 1 cm

经过不同浓度的铅暴露 16 周后，按图 8-2 所示测量中华鲟幼鱼的形态性状。因鱼龄较小，难以测定中华鲟幼鱼的标准体长，故以全长（吻端到尾鳍末端，AS—PC）作为其基本体长指标。测量结果显示（表 8-4），经不同浓度铅暴露后，分析中华鲟幼鱼各部长度占全长的百分比，其中吻长、眼径、头长和头宽所占全长百分比均以中浓度组或高浓度组较大，低浓度组较小；其中，中浓度组和高浓度组的头长占全长百分比显著高于对照组和低浓度组，这与目测畸形个体弯曲部位处在头部以外的结果一致（图 8-3）。背鳍前长所占全长的比例以高浓度组最大，与对照组和中浓度组之间差异显著，胸鳍起点到背鳍起点长度占全长

百分比也是高浓度组最大，但与其他各组无显著差异，而背鳍起点到尾鳍背部起点所占全长百分比则随铅暴露浓度增加而减小，其中高浓度组显著小于其他三个处理组；这验证了"OD—OC"是发生畸形弯曲的重点部位（表8-4），铅暴露浓度越高，弯曲越严重。

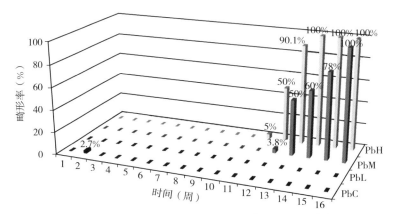

图8-4 不同浓度铅长期暴露对中华鲟幼鱼致畸效应

PbH. 高浓度组　PbM. 中浓度组　PbL. 低浓度组　PbC. 对照组

表8-4　不同浓铅长期暴露对中华鲟幼鱼形态指标的影响

单位：mm

形态指标	对照组 (0 mg/L)	低浓度组 (0.2 mg/L)	中浓度组 (0.8 mg/L)	高浓度组 (1.6 mg/L)
全长（吻端到尾鳍末端，AS—PC）	134.00±9.64[a]	134.33±7.51[a]	134.10±7.55[a]	120.33±14.22[b]
吻长（AS—AE）	11.46±0.39[a]	11.32±1.53[a]	12.15±1.38[a]	12.02±2.17[a]
眼径（AE—PE）	2.25±0.16[a]	1.99±0.29[a]	2.15±0.44[a]	2.36±0.05[a]
头长（AS—OP）	25.94±1.57[a]	25.11±2.24[a]	27.06±1.47[b]	27.46±0.49[b]
头宽（HWM）	11.00±0.34[a]	11.17±0.77[a]	11.32±0.44[a]	12.08±0.57[a]
背鳍前长（AS—OD）	58.21±0.91[a]	58.16±2.78[a]	60.24±2.33[ab]	63.10±2.81[b]
胸鳍起点到背鳍起点（OP—OD）	32.27±1.54[a]	33.05±1.57[a]	32.18±1.42[a]	35.65±2.47[a]
背鳍起点到尾鳍背部起点（OD—OC）	18.91±0.98[a]	17.90±0.97[a]	16.46±2.39[a]	11.97±2.92[b]
尾鳍背部起点到尾鳍末端（OC—PC）	23.88±1.89[a]	23.94±3.68[a]	23.30±2.40[a]	24.93±0.49[a]

注：同一行中参数右上角字母不同表示有显著性差异（$P<0.05$），相同则表示无显著性差异。

　　研究证实，硬骨鱼类在重金属污染下发生弯曲畸形与椎骨和脊柱变形密切相关，并通过 X 线拍照发现了重金属铅致鱼类弯曲畸形的直接证据（Messaoudi et al，2009）。长期铅暴露可致使中华鲟发生弯曲畸形，而且铅浓度越大发生弯曲畸形越早、暴露时间越长弯曲越严重。在发生畸形的中华鲟幼鱼中，背鳍起点与尾鳍末端之间以及胸鳍起点附近是发生"S"形弯曲的主要部位。其"S"形弯曲形态与一些学者描述的几种硬骨鱼发生左右弯曲畸形的体型特征相似（Messaoudi et al，2009；Kessabi et al，2009）。中华鲟是软骨硬鳞鱼类，而且实验鱼较小（16 周龄），经 X 线观察不到椎骨和脊柱（图8-3，右）；解剖和碱法腐蚀去除肌肉后观察，未发现弯曲个体的脊椎（软）骨明显变形，但脊柱呈现弯曲。因此，椎骨和脊柱在铅暴露致中华鲟幼鱼弯曲畸形时的权重还难以明确。已有的文献表明，铅是亲神经毒物，在人体发生严重慢性铅中毒时，会表现中毒性周围神经病变，以伸肌无力为主要体征表现，其病理变化是阶段性轴突脱髓鞘与变性以及运动神经传导速率减慢等；周围神经病变的发生机理可能与铅在胆碱能神经突触处置换 Ca^{2+}，以及影响环磷酸腺苷（cAMP）和蛋白激酶等胞内信使有关（Goldstein，1993）。在鱼体的神经肌肉接头突触处的冲动传递同样离不开 Ca^{2+} 和乙酰胆碱。铅能直接抑制乙酰胆碱酯酶（AchE）活性，在鱼体肌肉中乙酰胆碱堆积会导致肌纤维兴奋过度，引起痉挛、麻痹甚至死亡。那么，铅暴露致中华鲟幼鱼弯曲畸形是否与铅竞争 Ca^{2+} 或直接抑制了 AChE 活性，从而影响了肌纤维运动过程中的神经传递并致肌肉僵化相关呢？还需要更多的研究数据加以验证。

2. 铅排放与畸形恢复

铅暴露实验结束后，继续进行了 6 周的铅排放实验。在排放实验进行到第 2 周时，中浓度暴露组和高浓度暴露组都出现了畸形恢复的个体，其中中浓度暴露组恢复率为 35%，高浓度暴露组为 13%。中浓度暴露组在第 5 周恢复率即达 100%，而高浓度暴露组的所有个体恢复率达 100% 是在第 6 周（图 8 - 5）。结果表明，随着排放时间的延长，发生弯曲畸形个体的弯曲程度由重度向轻度转变；弯曲程度越轻，恢复越快。畸形恢复个体的自主活动能力和摄食能力都明显得以恢复并逐渐复原。

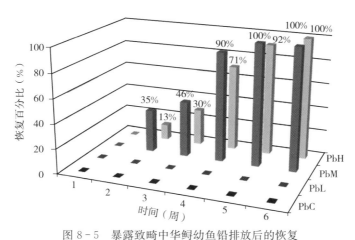

图 8 - 5　暴露致畸中华鲟幼鱼铅排放后的恢复

PbH. 高浓度组　PbM. 中浓度组　PbL. 低浓度组　PbC. 对照组

经过 6 周的铅排放试验后，按图 8 - 2 所示测量了实验鱼的形态性状。实验结果（表 8 - 5）显示，各组鱼的体长（全长）之间不存在显著性差异。排放实验后，分析中华鲟幼鱼各部占全长的百分比，中浓度组和高浓度组的头长百分比高于对照组和低浓度组，其中高浓度组和低浓度组差异显著。这验证了低浓度铅处理形成的弯曲比高浓度铅处理形成的弯曲容易恢复的目测结果。此外，背鳍起点到尾鳍背部起点所占全长比例在各处理组之间已经不存在显著性差异，表明此部位弯曲基本得以恢复。

表 8-5　铅排放后中华鲟幼鱼畸形恢复的形态指标

单位：mm

形态指标	对照组 （0 mg/L）	低浓度组 （0.2 mg/L）	中浓度组 （0.8 mg/L）	高浓度组 （1.6 mg/L）
全长（吻端到尾鳍末端，AS—PC）	185.50±11.39	188.33±11.68	183.33±13.43	186.33±5.51
吻长（AS—AE）	11.38±0.32[a]	12.03±0.50[a]	12.72±0.44[a]	13.23±0.49[a]
眼径（AE—PE）	2.38±0.68[a]	2.30±0.21[a]	2.21±0.39[a]	2.33±0.39[a]
头长（AS—OP）	24.97±0.78[a]	24.55±0.51[a]	25.43±0.46[ab]	26.62±1.91[b]
头宽（HWM）	10.98±0.68[a]	10.30±0.14[a]	10.93±0.80[a]	11.74±0.26[a]
背鳍前长（AS—OD）	59.62±2.12[ab]	58.70±1.94[ab]	57.84±0.62[a]	61.54±1.16[b]
胸鳍起点到背鳍起点（OP—OD）	34.65±2.09[a]	34.15±1.56[a]	32.40±0.83[a]	34.92±2.49[a]
背鳍起点到尾鳍背部起点（OD—OC）	15.46±0.92[a]	16.93±1.14[a]	16.14±2.06[a]	16.31±1.75[a]
尾鳍背部起点到尾鳍末端（OC—PC）	24.92±2.10[a]	24.36±0.82[a]	24.02±1.46[a]	22.15±2.17[a]

注：同一行中参数右上角字母不同表示有显著性差异（$P < 0.05$），相同则表示无显著性差异。

　　有毒物质暴露对水生动物的生理功能和组织细胞形态产生各种毒性效应，停止暴露后经过代偿能不同程度地恢复。毒物暴露会影响鱼体的抗氧化功能、渗透压调节、肝功能、神经系统等生理功能，停止暴露后一段时间部分生理功能得以恢复，但存在失代偿现象。关于毒物暴露对水生动物的组织细胞形态影响的研究得到类似结果：虹鳟（*Oncorhynchus mykis*）经 1.65 μm 铜溶液暴露 24 h，其鳃上皮细胞明显增厚，停止暴露48 h 后，上皮细胞厚度恢复至对照水平（Heerdenaetal，2004）。用最高浓度为 1.0 mg/L 的醋酸铅水溶液对刚出膜的底鳉（*Fundulus heteroclitus*）暴露 4 周，底鳉的自主活动能力、捕食能力和避敌能力均明显下降；停止暴露 4 周后上述行为能力恢复至对照水平，组织中铅的含量明显下降；底鳉经汞暴露后的行为变化与此相似（Weis and Weis，1998）。中华鲟幼鱼经铅暴露后，进行了 6 周的铅排放试验，随着排放时间的延长，畸形个体的弯曲逐渐得以复原，其自主活动能力和摄食能力都明显恢复。这一结果与 Weis 和 Weis（1998）研究铅暴露与排放对底鳉的自主活动、捕食和避敌能力影响的结果相似，在功能或形态恢复的发生时间上也很接近。

　　鱼的游动能力降低会严重影响其应对激流、捕食和避敌能力，从而改变捕食与被捕食关系，影响种群数量和生态系统结构（Weis and Weis，1998）。研究证实铅可以导致中华鲟幼鱼弯曲畸形而明显抑制其游动能力，经铅排放后幼鱼的游动能力又能得以恢复。中华鲟在出苗不久即要开始降海洄游，幼鱼洄游历时 180 d 左右，途经长江中下游近 1 800 km 水域进入大海，必须具备良好的适应能力以面对包括铅污染在内的各种复杂环境因子。因此，较强的排铅能力可能是中华鲟适应环境的重要遗传特征之一。

三、铅暴露对中华鲟幼鱼血液酶的影响

丙氨酸氨基转移酶（alanine aminotransferase，ALT）、天冬氨酸氨基转移酶（aspartate aminotransferase，AST）、碱性磷酸酶（alkaline phosphatase，ALP）、乳酸脱氢酶（lactatedehydrogernase，LDH）和肌酸激酶（creatine kinase，CK）5 种在鱼体内分布广范、活力较强。其中 ALT 和 AST 在平衡鱼体氨基酸"池"以及蛋白质、脂肪与糖类物质之间转化中发挥非常重要的作用（Palanivelu et al，2005），其活力变化能反映肝、心、肾等器官功能状况；ALP、LDH 和 CK 在鱼类能量代谢方面起关键作用，对鱼类生存具有重要意义。它们常被用于研究包括重金属在内的有毒污染物致毒水生动物机理的生化指标。中华鲟幼鱼经过低浓度（0.2 mg/L）、中浓度（0.8 mg/L）和高浓度（1.6 mg/L）铅暴露后血液中这 5 种酶的活性变化情况如下：

1. 丙氨酸氨基转移酶（ALT）

经 16 周铅暴露后，中华鲟幼鱼血液中的 ALT 活力表现为随铅暴露剂量增加而升高的趋势。对照组、低浓度组和中浓度组之间差异不显著，高浓度组 ALT 活力与其他各组比较呈极显著差异。经 6 周铅排放后，各暴露组血液中 ALT 活力与对照组比较无显著差异。

将铅排放后各组中华鲟幼鱼血液 ALT 活力与相应暴露试验组进行比较发现，经过 6 周（排放试验时间），高浓度组中华鲟幼鱼的 ALT 活力大幅降低，排放前后比较呈极显著差异，表明在该试验组的中华鲟幼鱼经过铅排放后，血液中的 ALT 活力发生了明显恢复（图 8-6）。

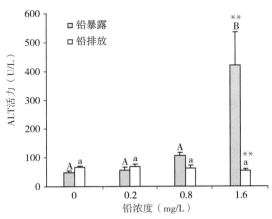

图 8-6 铅暴露与排放后中华鲟幼鱼血液的 ALT 活力

各组中标注大写字母（或小写字母）不同表示有显著性差异（$P < 0.05$ 或 $P < 0.01$）

标注相同数量"＊"表示同处理组暴露与排放之间差异极显著（$P < 0.01$）

铅暴露，$n = 6$

铅排放，0 mg/L、0.2 mg/L、1.6 mg/L 组，$n = 5$；0.8 mg/L 组，$n = 4$

2. 天冬氨酸氨基转移酶（AST）

经16周铅暴露后，中华鲟幼鱼血液中AST活力亦表现为随铅暴露剂量增加而升高的趋势，中浓度组和高浓度组AST活力显著高于对照组，且高浓度组AST活力极显著地高于其他各组。经6周铅排放后，只有高浓度组的AST活力显著高于其他各组，约为对照组的2倍。

将铅排放后各组中华鲟幼鱼血液AST活力与相应暴露试验组进行比较发现，经过6周（排放试验时间），中浓度组、高浓度组中华鲟幼鱼的AST活力大幅降低，排放前后比较呈极显著差异，但高浓度组AST活力仍显著高于对照组（图8-7）。

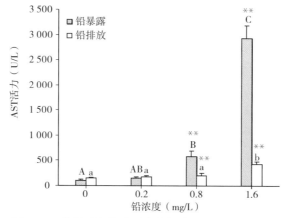

图8-7 铅暴露与排放后中华鲟幼鱼血液AST活力

各组中标注大写字母（或小写字母）不同表示有显著性差异（$P<0.05$或$P<0.01$）

标注相同数量"＊"表示同处理组暴露与排放之间差异极显著（$P<0.01$）

铅暴露，$n=6$

铅排放，0 mg/L、0.2 mg/L、1.6 mg/L组，$n=5$；0.8 mg/L组，$n=4$

铅暴露与排放后，中华鲟幼鱼血液中AST/ALT值（DeRitis比值）如表8-6所示。对照组血液中的AST/ALT值在2.24～2.32，反映了中华鲟幼鱼血液中AST/ALT值的正常范围。随铅水溶液暴露浓度增加，AST/ALT值呈增加趋势，且高浓度组与对照组、低浓度组间差异显著。经铅排放后低浓度组、中浓度组的AST/ALT值有所下降，但1.6 mg/L组仍维持高值。

表8-6 铅暴露与排放后中华鲟幼鱼的血液AST/ALT比值

处理	对照组 （0 mg/L）	低浓度组 （0.2 mg/L）	中浓度组 （0.8 mg/L）	高浓度组 （1.6 mg/L）
铅暴露	2.24±0.39[a]	2.79±0.29[a]	5.39±0.78[ab]	7.83±1.61[b]
铅排放	2.31±0.21[a]	2.64±0.43[a]	3.36±0.62[a]	8.26±1.20[b]

注：同一行中参数右上角字母不同表示有显著性差异（$P<0.05$），相同则表示无显著性差异。

ALT主要存在于肝细胞胞浆中，肝病早期或急性病变时，肝脏会轻度受损，肝细胞损伤主要是细胞膜通透性改变，使得胞浆酶释放，导致肝脏中 ALT 活力降低而血液中明显升高。AST 以心肌中含量最高，肝脏和骨骼肌次之。肝脏中 70% 以上的 AST 分布在肝细胞线粒体中，其余存在于胞浆，当肝脏严重受损时，肝细胞线粒体进一步遭到破坏，肝中 AST 大量释放进入血液，使血液 AST 活力明显升高。结果显示，经过长期铅水溶液暴露后，中华鲟幼鱼血液中 ALT 和 AST 活力均表现为随暴露剂量增加而升高的趋势；低浓度组和中浓度组中血液 ALT 活力与对照组比较差异不显著，低浓度组的 AST 活性与对照组比较差异同样不显著，中浓度组 AST 活力显著高于对照组；这表明 0.2 mg/L 铅水溶液长期暴露，可能仅仅导致了中华鲟幼鱼的肝细胞发生了通透性改变或肝组织轻度受损；当暴露浓度达 0.8 mg/L 时，肝细胞线粒体受损而释放了较多的 AST 进入血液。铅暴露浓度达到高浓度时，血液中的 ALT 和 AST 活力与其余各组比较均呈极显著差异，这表明 1.6 mg/L 铅水溶液长期暴露致中华鲟幼鱼的大量肝细胞受损，同时线粒体损伤加重。周昂等（1993）采用 0.25 mg/L、0.5 mg/L、1.0 mg/L、2.5 mg/L 和 5 mg/L 铅水溶液暴露 12 d，研究了其对黄鳝（*Monopterus albus*）血液中的 ALT 和 AST 的影响，结果显示随着铅浓度增加和暴露时间延长，血液中该 ALT 和 AST 活力均明显增加。潘鲁青等（2005）采用不同浓度的铜、锌和镉水溶液对凡纳滨对虾（*Litopenaeus vannamei*）暴露 96 h，发现随暴露时间延长，肝和鳃中的 ALT 和 AST 活力明显下降，血液中的 ALT 和 AST 活力呈上升趋势。可见铜、锌、铅和镉等重要重金属的水污染暴露，对水生动物肝等组织具有不同程度的损伤。很多动物的肝脏能够通过氧化、还原、水解或结合反应对异生物质进行生物转化，促进异生物质转运和排除（Newman，2010）。鱼体排除重金属的途径包括跨鳃运输（如离子通道）、在血浆中与蛋白或其他化学物质结合经肝脏（胆汁）进入消化道内、消化道泌出与黏膜脱落、经皮肤排出和经肾排出等，一些重金属在动物肝脏中还会与金属蛋白结合后运至肌肉等组织进行重新分布（Newman，2010；Palanivelu et al，2005）。在清洁环境条件下，有毒重金属的排除作用会迅速降低各组织中的毒物含量，组织器官的生理功能得到不同程度改善与恢复。Karan 等（1998）采用铜溶液研究对鲤暴露 14 d 与随后置于清洁环境中 14 d 的影响，发现鲤血液中的 ALT 和 AST 活力在暴露后升高，经 14 d 清洁水环境饲养后均降低。中华鲟幼鱼经过 6 周的铅排放，与暴露结果相比，各暴露组中华鲟幼鱼血液中的 ALT 活力均恢复至对照组水平；AST 活力仅高浓度组仍较高且超出对照组近 2 倍（图 8-7）。这初步表明低浓度和中浓度铅水溶液长期暴露后发生轻度受损的组织细胞得到了有效修复；而暴露浓度 1.6 mg/L 时，经过 6 周的铅排放后中华鲟幼鱼的器官功能尚未完全修复。

AST/ALT 值被用于肝病诊断和预后判断。急慢性病毒性肝炎时 AST/ALT<1，肝硬化和重症肝炎 AST/ALT>1，原发性肝癌 AST/ALT>3。AST 值远大于 ALT 值与肝细胞严重损伤相关，肝病恢复时 AST/ALT 值会逐渐变小。对于鱼类，AST/ALT 正常值与人类比较可能存在差异，Vaglio 和 Landriscina（1999）给每 1kg 金头鲷（*Sparus aurata*）注射

2.5 mg 氯化镉，6 d 后血液中的 AST 和 ALT 显著升高，而 AST/ALT 值＜1，认为肝脏细胞膜严重损伤。de la Torre 等（2000）采用半致死浓度（1.5～1.7 mg/L）的镉溶液暴露幼鲤 14 d，后在清洁水中排放 19 d，结果发现对照组肝脏中的 AST/ALT 值为 2.4～2.5；暴露后肝脏中的 AST 和 ALT 显著升高，其 AST/ALT 为 2.1，比对照组低；经过 19 d 排放，肝脏中的 ALT 和 AST 活力比暴露后显著降低，AST 活力还显著低于空白对照组，AST/ALT 值为 1.8。在本研究中，对照组血液中的 AST/ALT 值为 2.24～2.31；随铅暴露浓度增加，AST/ALT 值呈增加趋势；经铅排放后低浓度组、中浓度组的 AST/ALT 值有所下降，但高浓度组仍维持高值（表 8-7），这一结果与血液中的 AST 活力变化（图 8-6）一致。由此可见，血液中的 AST/ALT 值在判断鱼类组织损伤方面也具有重要意义。

3. 碱性磷酸酶（ALP）

经 16 周铅暴露后，中华鲟幼鱼血液中 ALP 活力总体表现为随铅暴露剂量增加而下降的趋势。其中，低浓度组略高于对照组，中浓度组略低于对照组，而高浓度组 ALP 活力极显著低于其他各组。经 6 周铅排放后，中华鲟幼鱼血液中 ALP 活力总体依然表现为随铅暴露剂量增加而下降的趋势。各铅暴露组之间比较差异不显著，但仍低于对照组。

将铅排放后各组中华鲟幼鱼血液 ALP 活力与相应暴露试验组进行比较发现，经过 6 周（排放试验时间），对照组的 ALP 活力显著升高。低浓度组排放后 ALP 活力有所降低，中浓度组和高浓度组有所升高，但差异均不显著（图 8-8）。

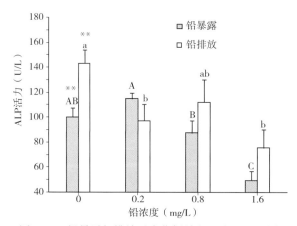

图 8-8　铅暴露与排放后中华鲟幼鱼血液 ALP 活力

各组中标注大写字母（或小写字母）不同表示有显著性差异（$P<0.05$ 或 $P<0.01$）

标注相同数量"＊"表示同处理组暴露与排放之间差异极显著（$P<0.01$）

铅暴露，$n=6$

铅排放，0 mg/L、0.2 mg/L、1.6 mg/L 组，$n=5$；0.8 mg/L 组，$n=4$

ALP 是动物代谢过程中重要的调控酶，它是一种非特异性磷酸水解酶，能催化磷酸单脂的水解及磷酸基团的转移反应，对动物的生存具有重要意义。鱼类处于不利环境，如重金属污染时，其 ALP 活性必定会受到影响。从本研究结果来看，中华鲟幼鱼血清 ALP 活力在高浓度组受到显著抑制，而 0.2 mg/L 的低浓度和 0.8 mg/L 的中浓度对其活力影响不明显（图 8-8），这与 Atli 和 Canli（2007）的研究结论一致。ALP 是一种结合在细胞膜上的金属酶，金属离子对维持其分子结构和催化活性均具有重要意义。$Pb(NO_3)_2$ 是该酶的一种反竞争性抑制剂，铅可与酶活性中心的巯基和羧基螯合，从而改变 ALP 的分子构象，使其丧失活性。ALP 又是动物体内重要的解毒体系，ALP 活性降低能一定程度说明肝组织发生了损伤。研究结果显示，高浓度铅的长期胁迫可能破坏了中华鲟幼鱼的解毒调节机制，有可能会诱发肝组织的损伤。ALP 还参与骨骼生长，调节钙磷代谢，并且铅的大量积累会使成骨细胞的生长受到抑制。经研究得出铅在中华鲟幼鱼背骨板中会大量积累，在低、中、高浓度组中的积累量分别高达 31.44 $\mu g/g$、137.53 $\mu g/g$ 和 1 089.15 $\mu g/g$，居各组织积累量之首。分析中华鲟幼鱼在铅暴露中的生长情况（表 8-7），发现铅暴露组中华鲟幼鱼的生长会受到抑制，高浓度组抑制程度最大，这与 ALP 活性受到抑制的趋势是一致的。本研究结果还显示经排放后对照组 ALP 活性显著升高，这种现象在生理学上称为生理性变异，同时对比对照组中华鲟幼鱼在前 16 周和后 6 周中的生长情况（表 8-7），明显可见后 6 周增长速度要大于前 16 周，这表明中华鲟幼鱼在此阶段代谢旺盛，对营养物质的消化吸收转运速度较快，处于骨生长发育的关键时期。同时，还发现无论是增长还是增重，中浓度组中的增值均要高于低浓度组和高浓度组，接近对照组，这可能与中浓度组的 ALP 活性与对照组无显著差异有关，然而机体对铅的具体调节机制尚不清楚，且中华鲟幼鱼对铅浓度的敏感性和耐受性问题仍需开展进一步研究。

表 8-7 铅对中华鲟幼鱼生长的影响

处理组	体长（cm）	体重（g）	增长（cm）	增重（g）
对照组（0 mg/L）	10.36±0.19[a]	12.84±0.58[a]	5.13±0.05[a]	20.57±0.80[a]
低浓度组（0.2 mg/L）	10.01±0.21[ab]	11.18±0.66[b]	4.26±0.12[bc]	16.64±0.61[bc]
中浓度组（0.8 mg/L）	9.94±0.15[ab]	10.79±0.40[b]	4.70±0.22[ab]	17.96±0.43[b]
高浓度组（1.6 mg/L）	9.42±0.22[b]	9.77±0.54[b]	4.07±0.23[c]	15.09±0.56[c]

注：1. 体长和体重是从受精卵开始生长 16 周的数据，增长和增重是铅暴露完毕恢复 6 周期间的增加值。

2. 同一列中参数右上角字母不同表示有显著性差异（$P<0.05$），相同则表示无显著性差异。

4. 乳酸脱氢酶（LDH）

经 16 周铅暴露后，中华鲟幼鱼血液中的 LDH 活力表现为随铅暴露剂量增加而升高的趋势。其中，高浓度组显著高于其他组，超出对照组近 8 倍；而对照组、低浓度组和中浓度组之间比较差异不显著。经 6 周铅排放后，各暴露组血液中 LDH 活力与对照组比较无显著差异。

将铅排放后各组中华鲟幼鱼血液 LDH 活力与相应暴露试验组进行比较发现，经过 6 周（排放试验时间），对照组和低浓度组略有升高，中浓度组略有降低，但差异均不显著；而高浓度组则表现了极显著降低，表明在该实验组的中华鲟幼鱼经过铅排放后，血液中的 LDH 活力发生了明显恢复（图 8-9）。

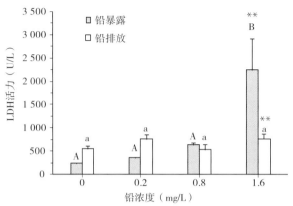

图 8-9　铅暴露与排放后中华鲟幼鱼血液 LDH 活力

各组中标注大写字母（或小写字母）不同表示有显著性差异（$P<0.05$ 或 $P<0.01$）

标注相同数量"＊"表示同处理组暴露与排放之间差异极显著（$P<0.01$）

铅暴露，$n=6$

铅排放，0 mg/L、0.2 mg/L、1.6 mg/L 组，$n=5$；0.8 mg/L 组，$n=4$

　　LDH 是机体能量代谢中参与糖酵解的一种重要酶，当机体组织器官发生病变时，组织器官本身的 LDH 会发生变化，同时也可引起血液中 LDH 改变，若血液中 LDH 发生改变则预示着肝脏、肾脏和肌肉等组织细胞结构发生改变，受到损伤，这些指标在评价鱼类健康方面具有重大意义。推测铅影响 LDH 活力的机理为，铅通过呼吸及体表吸附作用进入鱼体，能够破坏细胞膜，使细胞通透性增强，这样定位于线粒体内的 LDH 得以"释放"进入血液，使得血液 LDH 活性增强；另外，铅进入机体后，可能会干扰细胞线粒体的能量代谢，这就促使机体通过糖酵解的方式获得能量给予补偿，使得 LDH 活性补偿性增强。结果显示，中华鲟幼鱼血浆 LDH 活力随铅暴露剂量增加而升高（图 8-9）。其中，高浓度组显著高于其他组，超出对照组近 8 倍；经 6 周铅排放后，高浓度组 LDH 活性极显著降低，与对照组水平相当，表明血浆 LDH 活力发生了明显恢复。综合分析铅暴露和排放后中华鲟幼鱼血浆 LDH 活性变化，初步断定高浓度铅的长期胁迫可能会对其某些组织造成损伤，及时消除胁迫后，损伤可在一定程度上得以修复。具体损伤部位和程度还有待进一步组织学研究验证。

5. 肌酸激酶（CK）

　　经 16 周铅暴露后，中华鲟幼鱼血液中 CK 活力表现为随铅暴露剂量增加而升高的趋势（图 8-10）。其中，低浓度组与对照组和中浓度组比较差异不显著，而中浓度组达到对照组的 8 倍，高浓度组更是达到对照组的 20 倍，且与低浓度组和中浓度组比较均呈极显著差异。可见中华鲟幼鱼血液 CK 对铅暴露非常敏感。

CK 能催化肌酸和磷酸肌酸之间的可逆反应，反应所需磷酸由"能量货币 ATP"的高能磷酸提供。因此"肌酸激酶/磷酸肌酸"系统对维持细胞能量的动态平衡，调节细胞局部 ATP/ADP 比率具有重要的意义，同时在中枢神经系统中也扮演十分重要的角色。Novelli 等（2002）研究了镉污染对尼罗罗非鱼（*Oreochromis niloticus*）白肌和红肌 CK 活性的影响，发现白肌中 CK 活性受抑制而红肌中 CK 活性显著升高的现象，这代表肌肉组织能量代谢平衡打乱，间接暗示了肌肉组织的损伤。本研究结果显示中华鲟幼鱼血浆 CK 活性随铅暴露浓度的升高而升高，且对铅浓度十分敏感，中浓度组达到对照组的 8 倍，高浓度组更是达到对照组的 20 倍（图 8-10）。铅是一种重要的神经毒物，有专家认为血清中儿茶酚胺浓度与血清中 CK 活性密切相关，兴奋时交感神经功能活动增强，血清中儿茶酚胺的浓度上升，血管收缩（包括脑血管收缩），局部组织缺血缺氧，细胞能量代谢障碍，肌细胞和脑细胞膜的通透性增加，CK 从细胞内释放入血导致血清 CK 活性升高。同时本研究中中浓度和高浓度铅暴露后中华鲟幼鱼发生了畸形弯曲，浓度越高畸形越严重，并且肌肉中铅的 BCF 值仅次于背骨板，排放又最显著，表现活跃，推断铅对中华鲟幼鱼肌肉组织损伤的可能性较大。

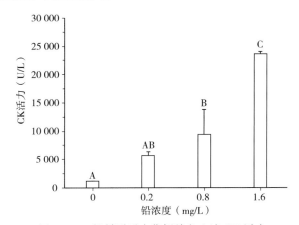

图 8-10　铅暴露后中华鲟幼鱼血液 CK 活力

各组中标注大写字母（或小写字母）不同表示有显著性差异（$P<0.05$ 或 $P<0.01$）

$n=6$

关于铅暴露对中华鲟幼鱼血液相关酶活性的研究结果表明，中华鲟幼鱼血浆中 ALT、AST、ALP、LDH 和 CK 的活性都不同程度地受到铅污染的影响。低浓度组基本不受影响，而高浓度组受影响较大。其中 AST 和 CK 活性变化较为灵敏，浓度达到 0.8 mg/L 时即表现出显著变化，可作为监控中华鲟幼鱼受铅污染的敏感指标。经 6 周铅排放后，ALP 活力在各铅暴露组的恢复均不显著，提示慢性溶液铅暴露会导致幼鱼生长（特别是骨骼发育）受抑制。高浓度组幼鱼的 AST 活力及 AST/ALT 值仍居高值，推测铅暴露后幼鱼血液中高 AST 活力很可能主要源于损伤的肌细胞而少量来自于受损的肝细胞。试验中幼鱼发生的畸形弯曲，很可能是由肌肉组织受损所致。

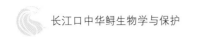

第二节 铜暴露的毒性效应

铜是化工原料，随废水排放污染水质。长江近岸水域受到不同程度铜（Cu）、锌（Zn）和铅（Pb）等重金属的污染，2005 年中国渔业生态环境状况公报长江口附近水域铜平均含量为 0.013 2 mg/L，超出国家渔业水质标准（<0.01 mg/L）。大量研究表明，铜影响鱼类的发育并可致畸、致死。

一、急性毒性效应

采用硫酸铜（$CuSO_4 \cdot 5H_2O$）配制成铜浓度分别为 0 mg/L、0.012 mg/L、0.018 mg/L、0.025 mg/L、0.036 mg/L、0.053 mg/L、0.076 mg/L 和 0.11 mg/L 的暴露溶液，并设空白对照。采用人工养殖中华鲟幼鱼 [（41.5±4.0）g；（22.7±3.5）cm] 进行暴露，观察其行为和中毒症状。

1. 中华鲟幼鱼的中毒症状

中华鲟幼鱼在不同浓度铜暴露后表现出不同程度的中毒症状。在最高浓度 0.11 mg/L 暴露 4~6 h 后中华鲟幼鱼开始出现行为异常。初期，铜暴露中华鲟幼鱼表现平衡游泳能力降低，鳃动频率加快；有个体平衡能力降低发生侧翻、旋转游动、急速窜动等。随后，中华鲟幼鱼身体僵直、抽搐、沉底，5~10 s 后恢复运动能力，背部颜色慢慢加深，身体分泌出黏液，鳃肿胀，颜色变暗，鳃丝上附有淡蓝色絮状物。持续数小时后，中华鲟幼鱼游动变得缓慢，头朝下，尾巴向上翘，鳃盖扇动频率变慢，逐渐丧失运动能力，吻部和腹部充血，肛门出现红肿，最后躺卧缸底。解剖死亡后的中华鲟幼鱼，发现肝脏肿大、色泽发白，胆囊肿大、胆汁充盈，肾脏充血、色泽变暗。而在较低浓度铜处理组，中华鲟幼鱼经 50~58 h 暴露后出现中毒症状，一旦中毒则表现出同样症状。

铜中毒后中华鲟幼鱼体表和鳃黏液增多、附着淡蓝色的絮状物、翻转、冲撞、呼吸困难以及窒息死亡，表明铜损伤了中华鲟幼鱼鳃致其呼吸受阻发生缺氧以及神经系统受损。这些表现与其他鱼类急性重金属中毒症状很相似。铜暴露结束后，将存活中华鲟幼鱼移入清水中继续饲养，10 d 后死亡 50% 左右。可见，铜暴露后的中华鲟幼鱼虽然部分能够存活，但大部分已受到铜的毒害作用，生理功能无法恢复，导致后期死亡。重金属离子进入鱼体组织后，一部分可随着血液循环到达各组织器官，引起组织细胞的机能变化；另一部分则可与血液中的蛋白和红细胞等结合，或者与酶结合，造成酶失活，当重金属在体内积累到一定程度后，引起中毒。

2. 致死效应及安全浓度评价

不同浓度铜暴露不同时间后，0.110 mg/L组中华鲟幼鱼在24 h内全部死亡，0.076 mg/L组72 h内全部死亡，0.053 mg/L组96 h全部死亡，0.036 0 mg/L组24 h开始出现死亡，0.025 mg/L组48 h出现死亡，0.018 mg/L和0.012 mg/L组72 h出现死亡（表8-8）。

表8-8 中华鲟幼鱼在不同浓度铜暴露不同时间的死亡率

单位:%

浓度（mg/L）	暴露时间			
	24 h	48 h	72 h	96 h
0.012	0	0	5.56	16.7
0.018	0	0	11.1	33.3
0.025	0	27.8	44.4	61.1
0.036	11.1	50.0	72.2	83.3
0.053	27.4	61.1	83.3	100
0.076	50.0	77.8	100	—
0.110	100	—	—	—
0.000	0	0	0	0

注:"—"代表此处理组幼鱼已全部死亡。

以Karber方程对实验结果进行统计处理，得出实验液浓度对数与死亡率概率单位的线性回归方程，求出24 h、48 h、72 h和96 h的半致死浓度LC_{50}值及95%置信区间。再用经验公式96 h LC_{50}值乘以0.1计算出安全浓度为0.002 17 mg/L（表8-9）。

表8-9 铜对中华鲟幼鱼毒性的线性回归分析

暴露时间（h）	回归方程	相关系数	半致死浓度（mg/L）	95%置信区间（mg/L）	安全浓度（mg/L）
24	$y=6.948x+13.615$	0.928	0.060 6	0.048 9~0.075 9	0.002 17
48	$y=2.673x+8.754$	0.981	0.041 4	0.031 5~0.054 5	—
72	$y=3.767x+11.099$	0.950	0.028 9	0.022 4~0.037 2	—
96	$y=5.512x+14.260$	0.964	0.021 7	0.016 8~0.028 0	—

注:y为死亡率概率单位;x为Cu^{2+}浓度对数。

铜是生命活动必需微量元素，是构成酶的活性基团或是酶的组成成分，也是水环境中污染较为严重的重金属之一，当生物体中铜的浓度超过其生物生态阈值时，会引起中毒，导致肝溶酶体膜磷脂发生氧化反应、溶酶体膜破裂，水解酶大量释放，从而引起肝组织坏死。铜对中华鲟幼鱼的毒害作用主要是在体内富集，铜积累到一定的程度后，抑制正常生理过程。

有毒物质对鱼类的毒性作用可根据鱼类急性中毒实验的96 h LC_{50}值分为4级（表8-10），我国渔业水质标准对铜的最高容许浓度为0.01 mg/L，研究结果显示铜对中华鲟幼鱼的安全浓度为 0.002 17 mg/L，远低于我国渔业水质标准，表明中华鲟幼鱼对铜的耐受性较低。

硫酸铜通常用来毒杀鱼体上寄生的原生动物等，常用浓度为 0.7~0.8 mg/L（单独使用或与硫酸亚铁混合作用）。铜对中华鲟幼鱼的安全浓度为 0.002 17 mg/L，折算成硫酸铜为 0.008 53 mg/L，常用的浓度远高于铜对中华鲟幼鱼的安全浓度，可能会造成对中华鲟的危害，因此，对中华鲟来说应尽量避免使用硫酸铜。

表 8-10　有毒物质对鱼类的毒性标准

等级	剧毒	高毒	中毒	低毒
ρ^*（有毒物质）	<0.1 mg/L	0.1~1 mg/L	1~10 mg/L	>10 mg/L

注：＊此质量浓度为 96 h 的 LC_{50} 值。

本研究仅以重金属的总投入量为依据，只考虑了单一重金属对中华鲟幼鱼的毒性，但在江河中存在多种重金属，可能存在某种协同或颉颃作用。另外，金属预处理也能缓解重金属毒性，盐度、温度、溶解氧和 pH 等理化因子的改变对重金属的毒性也可能产生影响，因此多种环境因子与重金属联合的毒性作用需要进一步探讨。

二、对抗氧化系统与消化酶活性的影响

1. 抗氧化酶

机体中的抗氧化酶系统在维持氧自由基代谢平衡方面起着十分重要的作用，超氧化物歧化酶（SOD）、过氧化氢酶（CAT）和谷胱甘肽过氧化物酶（GSH-PX）是脊椎动物体内抗氧化酶的重要组分。在正常生理情况下，机体内的抗氧化酶系统能有效地清除体内的超氧阴离子自由基（O_2^-·）、单线态氧（$^1O_2$）、羟自由基（—OH）和 H_2O_2 等活性氧物质，保护动物免受自由基伤害。但在机体受到重金属作用时会异常产生过量的活性氧，超出了机体清除活性氧的能力，这些活性氧可攻击生物大分子，引发生物膜中的不饱和脂肪酸发生脂质过氧化，而对细胞和机体产生毒害作用。

根据 LC_{50} 值设计浓度梯度为 0 mg/L、0.005 mg/L、0.01 mg/L 和 0.015 mg/L 铜溶液，采用人工养殖中华鲟幼鱼 [（41.5±4.0）g；（22.7±3.5）cm] 进行暴露实验。暴露后 24 h、48 h、72 h 和 96 h 时采集肝组织样品，测定中华鲟幼鱼肝脏的 SOD、CAT 和 GSH-PX 活性。

在不同铜溶液暴露 24 h 后，与对照组相比，中华鲟幼鱼肝组织 SOD 活性显著下降，下降程度与铜处理浓度呈正相关（$R^2=0.988\ 3$）。暴露 48 h 后，低浓度组（0.005 mg/L）肝组织 SOD 活性逐渐恢复，超过对照组活性，随后又逐渐下降，其他浓度组一直呈现下降趋势，而且这种作用随着鱼暴露时间延长和铜浓度升高而增强的趋势（图 8-11）。

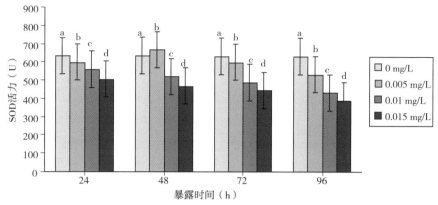

图 8-11　中华鲟幼鱼肝组织 SOD 活性随处理时间的变化

图中字母不同表示有显著性差异（$P<0.05$），相同则表示无显著性差异

　　中华鲟幼鱼在铜的水体中处理 24 h 时，肝组织中 CAT 活性随着在铜浓度的增加均显著下降，下降程度随铜浓度呈正相关性（$R^2=0.999\,9$）。处理 48 h 时，CAT 活性有恢复的趋势，0.005 mg/L 组中 CAT 活性上升超过对照组，0.01 mg/L 与对照组没有显著差异，0.015 mg/L 组中 CAT 活性显著下降。96 h 后各浓度组 CAT 活性均低于对照组（图 8-12）。

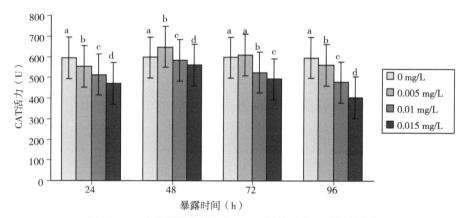

图 8-12　中华鲟幼鱼肝组织 CAT 活性随处理时间的变化

图中字母不同表示有显著性差异（$P<0.05$），相同则表示无显著性差异

　　在铜污染的环境中，中华鲟幼鱼肝脏组织 GSH-PX 活性在处理 24 h 时显著下降，其下降程度与铜浓度呈正相关（$R^2=0.992\,9$）（图 8-13）。48 h 时，0.005 mg/L 组酶活力为（0.70 ± 0.058）U，显著高于对照组（$P<0.05$）；0.01 mg/L 组为（0.63 ± 0.048）U，显著低于对照组（$P<0.05$）；0.015 mg/L 为（0.66 ± 0.065）U，与对照组没有显著差异（$P<0.05$）。72 h 后各试验组显著下降（$P<0.05$）。

　　当中华鲟幼鱼处于 $CuSO_4$ 污染环境中，铜进入机体，肝脏组织中的 SOD、CAT、GSH-PX 活性受到显著抑制，抑制程度与铜的浓度和暴露时间呈正相关，当机体由于铜致自由基产生过多或机体抗氧化系统受到损伤，就会造成自由基大量堆积，从而引发组织细胞的脂质过氧化损伤，影响鱼体内的抗氧化系统从而引起鱼类中毒，引发各种病理生理过程。

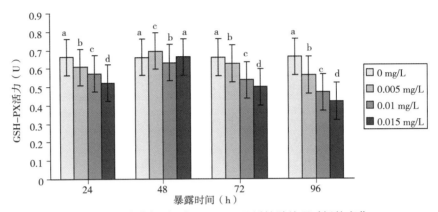

图 8 - 13 中华鲟肝组织 GSH - PX 活性随处理时间的变化

图中字母不同表示有显著性差异（$P<0.05$），相同则表示无显著性差异

SOD 清除 O_2^-·的能力与其含量和活性有关。许多研究表明，当生物体受到轻度逆境胁迫时，SOD 活性往往升高；而当受到重度逆境胁迫时，SOD 活性通常降低，使生物体内积累过量的活性氧，从而导致生物体受到伤害。本研究结果同样发现，低浓度铜胁迫下，中华鲟幼鱼肝组织内的 SOD 活性显著升高，Stebbing（1982）认为毒物在低浓度下出现的这种现象是在无毒情况下的应激反应，把这一现象称为"毒物兴奋效应"，在生物中具有普遍性。高浓度铜胁迫下，中华鲟幼鱼肝组织内的 SOD 活性极其显著性下降，因此，铜胁迫下 SOD 活性的降低造成中华鲟幼鱼的活性氧伤害很可能是铜对中华鲟幼鱼形成毒害的重要原因之一。同样，CAT、GSH - PX 对中华鲟伤害程度也很灵敏，在 Cu-SO$_4$处理 24 h 时活性急剧下降，CAT、GSH - PX 在 24～48 h 有回升趋势，随后又显著下降，说明了随着处理时间的延长，中华鲟幼鱼所受的损害逐渐加剧。

我国渔业水质标准对铜的最高容许浓度为 0.01 mg/L。研究发现铜对中华鲟幼鱼的安全浓度为 0.002 17 mg/L，远低于我国渔业水质标准，可见中华鲟幼鱼对铜的耐受性较低，这为长江口及中华鲟自然保护区制定水质标准提供理论参考依据。当中华鲟处于铜浓度为 0.005 mg/L 的环境时，虽然还不至于致死，但对其生长发育会产生一定的负面影响。

2. 消化酶

以人工养殖的中华鲟幼鱼［（141.52±5.76）g］为材料，根据其铜安全浓度（2.17 μg/L），设置低浓度组（0.40 μg/L）、中浓度组（0.89 μg/L）、高浓度组（2.00 μg/L)和对照组（0.00 μg/L）暴露 60 d。暴露后第 30 d 和 60 d 时分别从各处理组中采集样品，解剖取肝脏、鳃、肌肉、消化道、软骨、背骨板、脊索和鱼皮测定铜含量。

暴露 30 d 后，消化道蛋白酶和淀粉酶活性随着 Cu^{2+} 浓度的增加先升高后降低，脂肪酶活性随铜浓度的增加而升高。中高浓度组蛋白酶和淀粉酶活性与对照组相比显著降低，低浓度组无显著性差异。高浓度组脂肪酶活性与对照组相比显著升高，中低浓度组与对照组无显著性差异。暴露 60 d 后，消化道蛋白酶和淀粉酶活性随铜浓度的增加而降低，脂肪酶活性随铜浓度的增加表现出先升高后降低的趋势，各处理组蛋白酶活性和淀粉酶活性均显著低于对照组，中高浓度组脂肪酶活性显著高于对照组，低浓度组与对照组无显著性差异（表 8-11）。

表 8-11 不同水体铜浓度下中华鲟幼鱼肠的消化酶

单位：U

消化酶	暴露时间 (d)	对照组 (0.00 μg/L)	低浓度组 (0.40 μg/L)	中浓度组 (0.89 μg/L)	高浓度组 (2.00 μg/L)
蛋白酶	0	20.78±1.25	20.78±1.25	20.78±1.25	20.78±1.25
	30	20.88±1.96[a]	22.43±1.22[a]	17.46±1.65[bc]	14.99±1.25[c]
	60	22.84±2.78[a]	18.39±1.66[b]	15.33±1.10[c]	13.03±1.16[d]
淀粉酶	0	66.39±3.68	66.39±3.68	66.39±3.68	66.39±3.68
	30	66.42±4.13[a]	67.88±4.97[a]	44.67±4.32[b]	35.74±3.43[c]
	60	73.93±4.22[a]	60.61±5.15[b]	37.97±3.52[c]	28.27±3.69[d]
脂肪酶	0	0.76±0.02	0.76±0.02	0.76±0.02	0.76±0.02
	30	0.77±0.04[a]	0.79±0.07[a]	0.84±0.06[a]	0.91±0.01[b]
	60	0.85±0.09[ab]	0.875±0.06[bd]	0.99±0.10[c]	0.94±0.08[cd]

注：同一行中参数上方字母不同表示有显著性差异（$P<0.05$），相同则表示无显著差异。

重金属对生物机体的作用是从生物大分子（如 DNA、RNA、各种酶等）开始，然后逐步在细胞、器官、个体、种群和生态系统各个水平上反映出来。酶在生物机体的生物化学过程中的作用是构成整个生命活动的基础。重金属进入机体后，一方面在酶的催化下，进行代谢转化；另一方面也导致体内酶活性的改变，许多重金属的毒性作用就是基于与酶的相互作用。重金属对生物机体酶的影响有两种方式，一是对酶活性的诱导，二是对酶活性的抑制。本研究发现，随着水体中铜浓度的增加，中华鲟幼鱼消化道中脂肪酶活力有不同程度的升高，表明铜对脂肪酶活力具有诱导作用。然而，消化道中的蛋白酶和淀粉酶活力随着铜浓度的增加而下降，表明铜对蛋白酶和淀粉酶活力具有抑制作用，抑制程度与铜浓度呈正相关关系。关于重金属对酶活性的诱导作用可能是由于重金属离子与调节操纵基因的阻遏蛋白形成复合物，使阻遏作用失效，酶蛋白合成增加（孔繁翔，2000）。关于重金属铜对酶活性的抑制机制，一般认为正常情况下，生物体内金属硫蛋白的含量很低，但当生物体暴露于铜等重金属中时，动物体内会大量合成金属硫蛋白，并处于无活性的稳定状态而解毒，但金属硫蛋白贮存重金属和解毒的能力有限，当它们被重金属饱和之后，继续合成又赶不上细胞的金属结合的需要，多余的重金属就会与其他生物分子相互作用。如铜能与消化酶活性中心上的半胱氨酸残基的巯基结合，抑制酶的活性；或铜与酶的非活性中心部分结合，使蛋白结构发生变化，导致酶活力减弱。

三、对血液生化指标和离子的影响

将人工养殖的中华鲟幼鱼［（104.30±26.93）g；（35.2±3.5）cm］随机分至铜低浓度组（0.40 $\mu g/L$）、中浓度组（0.89 $\mu g/L$）、高浓度组（2.00 $\mu g/L$）和对照组（0 $\mu g/L$）暴露，每组2个重复，暴露时间60 d。

1. 血液生化指标

暴露后，血浆中血糖（Glu）、碱性磷酸酶（ALP）和尿素（Urea）含量随铜浓度的增加而显著升高，各浓度组间差异显著，低浓度组 Glu、Urea 含量与对照组相比无显著性差异，中浓度和高浓度组均有显著性差异；各浓度组 ALP 含量与对照组相比均有显著性差异；血清总胆固醇（TC）和肌酐（CREA）随铜浓度的增加相应升高，低浓度组与对照无显著性差异，中、高浓度组与对照组有显著性差异；甘油三酯（TG）含量随铜浓度的增加显著下降，各浓度组间差异显著；血浆中的总蛋白（TP）、谷草转氨酶（AST）、谷丙转氨酶（ALT）和乳酸脱氢酶（LDH-L）不受铜的影响，与对照相比无显著性差异。ALP 含量除受铜浓度影响外，随着时间的延长也显著升高，而 Glu、TC、Urea、CREA 含量未显著升高，TG 含量未显著下降（表8-12）。

表8-12 不同铜浓度水体中中华鲟幼鱼血液生化指标

生化指标	暴露时间 (d)	对照组 (0.00 $\mu g/L$)	低浓度组 (0.40 $\mu g/L$)	中浓度组 (0.89 $\mu g/L$)	高浓度组 (2.00 $\mu g/L$)
总蛋白（g/L）	30	17.13±0.39[a]	17.089±0.40[a]	17.25±0.45[a]	17.05±0.56[a]
	60	16.90±0.65[a]	16.72±0.65[a]	17.20±0.71[a]	16.55±0.78[a]
血糖（mmol/L）	30	2.29±0.048[a]	2.29±0.060[a]	2.45±0.060[b]	2.64±0.025[c]
	60	2.39±0.075[a]	2.40±0.051[a]	2.49±0.052[ab]	2.67±.0057[b]
甘油三酯 (mmol/L)	30	4.56±0.069[a]	4.54±0.045[a]	4.21±0.056[b]	3.98±0.069[c]
	60	4.59±0.049[a]	4.54±0.050[a]	4.10±0.067[b]	4.00±0.082[b]
谷草转氨酶 (U/L)	30	188.02±6.69[a]	187.19±7.38[a]	187.57±5.29[a]	190.23±6.20[a]
	60	187.67±7.47[a]	181.45±5.31[a]	178.58±6.51[a]	184.22±8.07[a]
谷丙转氨酶 (U/L)	30	70.37±0.60[a]	70.73±1.14[a]	70.58±0.88[a]	68.98±0.79[a]
	60	67.15±0.67[a]	66.33±0.91[a]	67.10±1.03[a]	68.85±0.44[a]
碱性磷酸酶 (U/L)	30	94.45±1.21[a]	105.93±1.51[b]	120.90±1.20[c]	134.77±1.84[d]
	60	101.07±0.41[a]	123.03±0.64[b]	158.75±0.85[c]	186.32±1.62[d]
胆固醇（U/L）	30	1.70±0.039[a]	1.73±0.041[a]	2.00±0.076[b]	2.14±0.056[b]
	60	1.85±0.064[a]	1.97±0.078[ab]	2.14±0.064[bc]	2.19±0.050[c]
肌酐（$\mu mol/L$）	30	27.61±1.23[a]	28.88±1.03[a]	32.10±1.02[b]	33.20±1.37[b]
	60	30.52±1.30[a]	31.30±1.10[a]	32.28±1.02[a]	33.22±0.84[a]

（续）

生化指标	暴露时间 (d)	对照组 (0.00 μg/L)	低浓度组 (0.40 μg/L)	中浓度组 (0.89 μg/L)	高浓度组 (2.00 μg/L)
尿素（μmol/L）	30	0.48 ± 0.03^a	0.53 ± 0.03^a	0.64 ± 0.03^b	0.75 ± 0.04^c
	60	0.47 ± 0.03^a	0.55 ± 0.03^a	0.72 ± 0.03^b	0.83 ± 0.02^c
乳酸脱氢酶 （U/L）	30	990.25 ± 39.49^a	995.87 ± 46.86^a	$1\,051.02\pm45.62^a$	$1\,013.97\pm50.83^a$
	60	963.45 ± 31.91^a	$1\,018.65\pm49.51^a$	$1\,000.17\pm46.66^a$	$1\,057.23\pm51.03^a$

注：同一行中参数右上角字母不同表示有显著性差异（$P<0.05$），相同则表示无显著性差异。

生理状况检测已成为评价鱼类健康的常规手段，多种血液因子已被认为是适应环境变化的敏感指示指标。胁迫对鱼类生理机能影响的另一个重要表现就是鱼体内血液指标的变化。鱼类血液与机体的代谢、营养状况及疾病有着密切的关系，当鱼体受到外界因子的影响而发生生理或病理变化时，必定会在血液指标中反映出来。因而，血液指标的变化被广泛地用来评价鱼类的健康状况、营养状况及对环境的适应状况，是重要的生理、病理和毒理学指标。

Glu 是机体内重要的供能物质，常态下动物体内的 Glu 含量比较恒定，而随着机体的活动和环境变化，Glu 含量也会发生变化，曾被作为鱼体对环境应激因子反应的指示物。中华鲟幼鱼在 0.89 μg/L 和 2.00 μg/L 浓度铜的作用下，Glu 浓度显著升高。AST 和 ALT 是指示肝功能的血液学指标，AST 是肝脏中连接糖、脂质和蛋白质代谢的重要酶，血浆中 AST 值升高意味着肝脏组织受到破坏。中华鲟幼鱼血液 AST 和 ALT 受 2.00 μg/L 及以下浓度铜的影响不明显，说明该浓度铜未造成中华鲟幼鱼肝脏的损伤。血浆 ALP 主要来源于成骨细胞，其活性反映了成骨细胞的增殖情况。ALP 可催化各种醇和酚的磷酸酯水解，是磷代谢过程中的关键酶之一，参与物质转运、离子分泌、软骨钙化等，在细胞膜上的运输作用较为活跃。ALP 常被用来指示肝功能和骨损伤。从 AST 和 ALT 的比较分析，中华鲟幼鱼肝脏未受到损伤，ALP 的升高可能与幼鱼的骨骼系统有关。中华鲟属于软骨硬鳞类，内骨骼多为软骨，体表被覆着骨板。对其研究显示与其他的硬骨鱼类存在不同，研究发现在铜的作用下鲤血液中的 ALP 浓度呈下降趋势。ALP 是磷代谢过程的重要酶类之一，参与骨骼的生长，调节钙磷代谢。2.00 μg/L 及以下浓度铜没有对中华鲟幼鱼骨骼系统产生破坏作用，相反，铜使血液中的 ALP 升高，有利于促进中华鲟幼鱼骨骼的生长。

血液 TP 是反映肝脏功能的重要指标，由于肝脏具有较强的代偿能力，所以只有当肝脏损害达到一定程度时才能出现血清 TP 的变化。2.00 μg/L 及以下浓度铜对中华鲟幼鱼血浆中 TP 含量没有显著影响，可能存在两方面的原因：①实验中铜离子浓度还不足以引起幼鱼血液中蛋白含量的变化；②铜对血液中蛋白水平的干扰已经通过排出得到恢复。

TC 的生物学功能极其重要，它是合成某些酶、激素的原料，是维持正常生命活动所必需的，过高或过低对机体都不利。铜对中华鲟幼鱼的 TC 产生显著的影响，血浆中 TC 含量升高，这与沈竑等（1994）对鲫的研究相一致。

LDH 可作为糖分解能力的标志物，是脊椎动物糖酵解的终点酶，在鱼体突然游泳加速时起重要作用，并在某些鱼的红肌中被发现大量存在，以便适应运动所需。研究发现，铜暴露未对中华鲟幼鱼血液 LDH 产生显著影响，表明铜对中华鲟幼鱼的游动能力影响有限。

2. 血浆离子

暴露后，随着铜浓度增加，中华鲟幼鱼血浆中钠、氯、磷呈显著下降趋势，中、高浓度组显著低于低浓度组和对照组，中浓度组和高浓度组间以及低浓度组和对照组间无显著性差异；钙、镁随铜浓度增加而显著上升，中、高浓度组显著高于对照组和低浓度组，中浓度组和高浓度组间以及低浓度组和对照组间无显著性差异。钾浓度变化不明显。随时间的延长，钠、氯、磷浓度下降和钙、镁浓度上升都不显著（表 8 - 13）。

表 8 - 13　不同铜浓度水体中中华鲟幼鱼血浆离子

离子	暴露时间 (d)	对照组 (0.00 μg/L)	低浓度组 (0.40 μg/L)	中浓度组 (0.89 μg/L)	高浓度组 (2.00 μg/L)
钾（μmol/L）	30	2.43±0.029[a]	2.46±0.022[a]	2.49±0.023[a]	2.47±0.018[a]
	60	2.51±0.013[a]	2.46±0.022[a]	2.45±0.031[a]	2.50±0.012[a]
钠（μmol/L）	30	127.25±0.72[a]	125.07±0.87[a]	118.88±3.17[b]	109.97±1.03[c]
	60	124.61±1.02[a]	124.63±0.72[a]	111.45±1.61[b]	108.15±1.30[b]
氯（μmol/L）	30	112.55±1.42[a]	110.56±0.52[b]	105.91±0.25[c]	102.33±0.32[d]
	60	116.28±1.41[a]	116.23±1.58[a]	105.28±2.02[b]	102.75±2.25[c]
磷（μmol/L）	30	4.96±0.066[a]	4.95±0.060[a]	4.54±0.053[b]	4.23±0.10[c]
	60	4.94±0.060[a]	4.94±0.056[a]	4.33±0.058[b]	4.13±0.051[c]
钙（μmol/L）	30	1.05±0.049[a]	1.043±0.036[a]	1.16±0.035[ab]	1.24±0.045[b]
	60	1.10±0.035[a]	1.078±0.028[a]	1.26±0.041[b]	1.30±0.035[b]
镁（μmol/L）	30	1.21±0.039[a]	1.20±0.12a	1.37±0.57[b]	1.55±0.062[c]
	60	1.20±0.062[a]	1.25±0.054[a]	1.47±0.060[b]	1.64±0.049[c]
pH	30	7.61±0.022[a]	7.57±0.025[a]	7.27±0.027[b]	7.22±0.034[b]
	60	7.40±0.038[a]	7.37±0.038[a]	7.13±0.045[b]	6.96±0.035[c]

注：同一行中参数右上角字母不同表示有显著性差异（$P<0.05$），相同则表示无显著性差异。

生物体中电解质的平衡是维持其细胞内外渗透压及内环境稳定的必要因素，它可以反应生物体生理生化变化、健康状况及机体受有毒污染物损伤的程度，鱼体暴露在受污染的水体中时，一般通过血液中的钠、钾、钙、氯离子来维持体内电解质平衡和渗透压平衡。

钾和钠是鱼类生长和发育所需的必要元素，在维持鱼体细胞内外液的平衡、体液的酸碱平衡和神经刺激传导中起重要的作用。在正常生理情况下保持着一定的平衡，但众多环境因子如重金属、有机污染物和 pH 等胁迫均会导致其失衡。研究发现，浓度为 0.89 μg/L 的铜暴露组中铜离子通过渗透作用进入鱼体后扰乱了中华鲟幼鱼血浆中钠、氯、磷、钙、镁离子和 pH 的平衡，导致中华鲟幼鱼血浆中钠和氯含量显著降低，钙和镁含量显著升高。钠下降可能是由于在铜作用下鳃和肾受到损伤，钠离子大量流失导致浓度下降，也可能是由于在铜的作用下，鳃和肾的结构改变，钠离子的排放量大于吸收量，以维持在高渗环境中体内渗透压的平衡；血浆中的氯离子浓度降低可能是由于铜的作用，红细胞和血浆之间的氯化物的平衡被改变，为了维持渗透压平衡，由生物体通过肾把氯离子排出。铜也能使鳃损伤（也可能导致增生），对细胞过滤离子的功能产生损伤，从而影响了离子的滤过作用。

磷是鱼体含量最多的无机元素之一，是 ATP、核酸、磷脂、细胞膜和多种辅酶的重要组成成分，与能量转化、细胞膜通透性、遗传密码以及生殖和生长有密切关系，此外磷与钙一起在骨骼形成和维持酸碱平衡中起着重要作用。镁是一种参与生物体正常生命活动及新陈代谢过程必不可少的元素。除参与骨盐形成外，还是很多酶如磷酸转移酶、脱羧酶和酰基转移酶等的激活剂（林浩然，2011），中高浓度组血浆中磷和镁含量与对照组有显著差异，低浓度组与对照组差异不显著。水体铜离子暴露后，血浆中磷含量随铜离子浓度的升高而降低，而镁含量却随着铜离子浓度的升高而升高，说明血液中磷、镁含量与铜的浓度有剂量相关性。在铜的作用下，机体要对污染物解毒，需要大量的能量，而能量直接由 ATP 提供，ATP 合成过程中需要磷，使得浓度下降。另外铜催化性脂质过氧化反应使得肝细胞溶酶体改变，溶酶体膜内的共轭二烯和硫巴比妥反应物（TBARS）浓度可成倍增加，伴以膜的脆性增加和膜的流动性降低，膜中的多不饱和脂肪酸含量增加，并且溶酶体的 pH 也增加，膜的这些变化可能影响质子 ATP 酶泵的功能，生物体需要消耗更多的 ATP 来维持电子势能，这样更多的磷都在 ADP 和 ATP 的合成循环中，导致磷含量的下降。

钙是鱼体内环境中重要物质之一，参与肌肉收缩、血液凝固、神经传递、渗透压调节和多种酶反应等过程，同时与保持生物膜的完整性有关（林浩然，2011）。血浆中钙离子在正常情况下维持在一定的水平，但众多环境因子变化及污染物均会影响鱼类血液中钙离子含量，导致钙代谢紊乱。铜暴露试验中，中高浓度组血浆中钙离子浓度与对照组相比显著上升，可能是由于二价铜离子置换出了鳃中的钙离子，同时在铜的作用下，机体分泌甲状旁性激素，能够使钙从骨中溶解出来，使得血浆的钙离子浓度上升。另外，对肝细胞中的线粒体产生作用，细胞内能量释放减少导致肝细胞功能紊乱，线粒体的钙外溢流入胞液增加血浆中钙离子浓度上升。

研究发现，血浆 ALP 受铜影响最敏感，可以看作铜污染对中华鲟幼鱼的一种敏感指标。

四、不同组织中铜的积累与生长响应

以人工养殖的中华鲟幼鱼 [（141.52±5.76）g] 材料，根据中华鲟幼鱼的铜安全浓度（2.17 $\mu g/L$），设置低浓度组（0.40 $\mu g/L$）、中浓度组（0.89 $\mu g/L$）、高浓度组（2.00 $\mu g/L$）和对照组（0.00 $\mu g/L$）暴露60 d。暴露后第30 d和60 d时分别从各处理组中采集样品，解剖取肝脏、鳃、肌肉、消化道、软骨、背骨板、脊索和鱼皮测定铜含量。

1. 对生长的影响

暴露30 d时，随着铜浓度的增加，中华鲟幼鱼体重先增加后降低，低浓度组高于对照组，但无显著性差异，中、高浓度组显著低于对照组和低浓度组。暴露60 d时，随着铜浓度的增加体重显著减轻，低浓度组与对照组相比无显著性差异，中、高浓度组显著低于对照组和低浓度组（表8-14）。

表8-14 不同铜浓度水体中中华鲟幼鱼的生长状况

暴露时间（d）	体重（g）			
	对照组 （0.00 $\mu g/L$）	低浓度组 （0.40 $\mu g/L$）	中浓度组 （0.89 $\mu g/L$）	高浓度组 （2.00 $\mu g/L$）
0	141.52±5.76	141.52±5.76	141.52±5.76	141.52±5.76
30	237.53±8.17[a]	238.57±8.60[a]	210.05±4.05[b]	186.85±6.99[c]
60	338.10±13.57[a]	326.10±11.70[a]	281.00±8.63[b]	254.63±9.70[c]

注：同一行中参数右上角字母不同表示有显著性差异（$P<0.05$），相同则表示无显著性差异。

铜是生物体的必需元素，微量元素铜是鱼体生长所必需的物质成分，对水产动物有促进生长的作用。在研究铜对中华鲟幼鱼血液生理指标的影响时发现，在铜的作用下，血液中 ALP 含量升高，可能有利于促进骨骼的生长（章龙珍 等，2011）。但是，由于铜具有较强的诱导机体产生自由基的能力，所以又有潜在的毒性，这些危害可以反映在生物体、细胞及分子水平上。

中华鲟幼鱼暴露在铜浓度为0.4 $\mu g/L$的水体中30 d时，生长不但未受到抑制，反而有促进作用，这可能是因为存在于生物体内的重金属硫蛋白和金属蛋白的分子巯基（—SH）能结合大量重金属，对重金属有存储、传递和解毒作用。在中浓度和高浓度中幼鱼的生长受到明显的抑制。随着时间的延长至60 d时，低浓度组出现和中高浓度组相同的状况，鱼的生长受到抑制，这是因为随着时间的延长，重金属在体内的积累增加，重金属硫蛋白被饱和，失去解毒作用，在铜从金属蛋白转移到高分子蛋白质中时，鱼体就可能会出现病变。

2. 不同组织中铜的积累量

中华鲟幼鱼8种组织中铜含量以肝脏最高，消化道最低，其含量从高至低依次为肝脏＞鳃＞背骨板＞肌肉＞皮肤＞脊索＞软骨＞消化道。经不同浓度铜水体暴露后，随着浓度的增高，8 种组织中铜含量呈现不同的变化趋势，肝脏中铜的含量仍最高，从低浓度至高浓度与对照相比均显著增加，暴露 30 d 和 60 d 时，低浓度组肝脏铜含量分别是对照组的 2.45 倍和 2.87 倍，中浓度组分别是对照组 5.83 倍和 8.14 倍，高浓度组分别是对照组 9.90 倍和 12.67 倍；消化道铜含量增加最多，暴露 30 d 和 60 d 时，与对照组相比，低浓度组消化道铜含量分别增加了 11.42 倍和 21.41 倍，中浓度组分别增加了 23.58 倍和 38 倍，高浓度组分别增加了 41.83 倍和 59.58 倍。高浓度组暴露 60 d 后，8 种组织中铜含量从高到低依次为肝脏＞消化道＞鳃＞肌肉＞皮肤＞软骨＞背骨板＞脊索。不同浓度组暴露 30 d 时，除低盐度组的背骨板、肌肉、皮肤、脊索中铜含量无显著增加外，其余均显著性增加。暴露 60 d 时，各处理组 8 种组织中铜含量均显著高于对照组。不同铜浓度暴露对中华鲟幼鱼不同组织中铜含量变化见表 8-15。

表 8-15 中华鲟幼鱼不同组织器官中铜的积累量（干重）

单位：$\mu g/g$

组织	暴露时间 (d)	对照组 (0.00 $\mu g/L$)	低浓度组 (0.40 $\mu g/L$)	中浓度组 (0.89 $\mu g/L$)	高浓度组 (2.00 $\mu g/L$)
肝	0	2.11±0.11	2.11±0.11	2.11±0.11	2.11±0.11
	30	2.14±0.13[a]	5.25±1.46[b]	12.47±1.53[c]	21.18±1.87[d]
	60	2.31±0.16[a]	6.64±1.64[b]	18.80±1.78[c]	29.28±3.20[d]
鳃	0	1.17±0.07	1.17±0.07	1.17±0.07	1.17±0.07
	30	1.19±0.09[a]	1.48±0.16[b]	2.82±0.16[c]	4.21±0.15[d]
	60	1.26±0.08[a]	1.69±0.16[b]	3.03±0.14[c]	3.87±0.15[d]
消化道	0	0.12±0.02	0.12±0.02	0.12±0.02	0.12±0.02
	30	0.12±0.02[a]	1.49±0.15[b]	2.95±0.18[c]	5.14±0.21[d]
	60	0.12±0.02[a]	2.69±0.21[b]	4.68±0.16[c]	7.15±0.39[d]
软骨	0	0.51±0.05	0.51±0.05	0.51±0.05	0.51±0.05
	30	0.52±0.04[a]	0.59±0.07[b]	0.85±0.084[c]	1.61±0.15[d]
	60	0.55±0.05[a]	0.71±0.11[b]	1.11±0.10[c]	2.00±0.13
背骨板	0	0.93±0.03	0.93±0.03	0.93±0.03	0.93±0.03
	30	0.96±0.06[a]	1.08±0.1[ab]	1.18±0.09[c]	1.24±0.12[c]
	60	1.06±0.13[ab]	1.17±0.14[bc]	1.30±0.15[d]	1.37±0.12[d]
肌肉	0	0.79±0.04	0.79±0.04	0.79±0.04	0.79±0.04
	30	0.84±0.06[a]	0.95±0.10[a]	1.30±0.12[b]	1.90±0.23[c]
	60	0.92±0.11[a]	1.31±0.34[b]	1.70±0.17[c]	2.48±0.14[d]
皮肤	0	0.66±0.05	0.66±0.05	0.66±0.05	0.66±0.05
	30	0.68±0.09[a]	0.74±0.10[a]	1.10±0.16[b]	1.59±0.10[c]
	60	0.71±0.08[a]	0.98±0.14[b]	1.36±0.14[c]	2.08±0.12[d]
脊索	0	0.62±0.03	0.62±0.03	0.62±0.03	0.62±0.03
	30	0.63±0.05[a]	0.74±0.08[a]	1.00±0.12[b]	1.27±0.08[c]
	60	0.65±0.07[a]	0.93±0.11[b]	1.25±0.10[c]	1.34±0.09[d]

注：同一行中参数右上角字母不同表示有显著性差异（$P < 0.05$），相同则表示无显著性差异。

重金属在水生动物体内的积累，通常认为经过下列途径：一是经过鳃不断吸收溶解在水中的重金属离子，通过血液输送到体内的各个部位，或积累在表皮细胞中；二是通过摄食，水体或残留在饵料中的重金属通过消化道进入体内；此外，体表与水体的渗透交换作用也可能是重金属进入体内的一个途径（赵红霞 等，2003）。冯琳等（2010）研究发现，中华鲟幼鱼通过鳃、皮肤和消化道摄入铅，其中鳃吸收是一条重要的途径，主要是由于鳃的特殊结构有利于水中离子穿过，鳃成为鱼体直接从水中吸收重金属的主要部位。早期的学者认为金属离子穿过鳃上皮是从水相到血液梯度驱动的被动扩散，而近期的研究提出了一种可饱和的鳃吸收机制（刘长发 等，2001）。随着水体中铜浓度的增加，中华鲟幼鱼鳃组织中铜含量呈上升趋势，这是因为它暴露于外环境，直接接触铜，环境中铜浓度高，鳃中铜含量也会相应增高，但是在高浓度组中，随着时间的延长，鳃组织中铜含量呈现下降趋势，可能是由于鳃对铜具有一定的调节功能。中华鲟幼鱼鳃的表面有较薄的一层由黏液形成的黏膜，这层黏膜起着一定的吸附金属离子的作用，在高浓度组水体中，鳃表面呈浅绿色，显微观察有浅绿色的结晶附着在鳃丝上，表明是由于$CuSO_4$集聚在鳃上而使其呈现的颜色。鳃是呼吸器官，中华鲟幼鱼呼吸时氧在鳃上进行交换，铜与其一起进入血液循环，带走部分铜，使鳃上铜含量降低，表明铜在幼鱼体内积累的一条重要途径是通过鳃进入体内的。

重金属进入体内的另外一条重要途径是通过消化道进入，铜进入消化道可能有两种途径，一是通过少量"饮水"进入消化道，鱼在摄食的同时也会摄入少量水，铜随水进入到消化道。二是摄入体内的铜经过血液循环运输至消化道管壁形成积累。鱼消化道黏液及消化道管壁巨大的表面积为重金属提供了丰富的结合位点，在这里重金属可以与活性蛋白、疏基和酰基等结合。中华鲟幼鱼消化道中的铜含量随着水环境中铜浓度的增加而显著升高，消化道是除肝脏外富集量最高的组织器官，其含量甚至超过鳃中铜含量。消化道中铜富集可能是由于铜在鱼类消化道黏液及消化道管壁与活性蛋白、疏基和酰基等结合。在肠道黏膜中有两种结合铜的蛋白，超氧化物歧化酶（SOD）和金属硫蛋白（MT），它们均起到结合并转运铜的作用。

表皮是鱼体与外界的屏障，有保护作用，铜浓度较低时，表皮中的铜含量增加较慢，随着水环境中铜浓度的升高和暴露时间延长，表皮中的铜含量快速增加，表明表皮也是铜进入机体内的一种方式。

重金属在水生动物体内的分布和积累与不同组织的生理功能密切相关。中华鲟幼鱼 8 种组织在不同铜的浓度下，富集的方式各不相同，肝脏铜的含量仍然最高，但消化道铜的含量超过了鳃组织。除肝脏、消化道、鳃外，当铜浓度含量相对较低的时候，各组织中铜能较快地转运到背骨板中，这可能是中华鲟采取的一种保护机制。随着铜浓度增加，各组织中的含量都逐渐升高，背骨板中富集铜的能力有一定限度，富集能力逐渐下降，显示出高浓度组中铜的含量最低，还需进一步研究证实。软骨中的铜含量也随着时间和铜浓度变化而变化，低浓度和中浓度条件下，软骨中铜含量最低，而在高浓度组中，软骨中铜含量快速增加，表明中华鲟幼鱼在背骨板富集铜能力下降后，铜开始富集在软骨中，提示软骨中富集大量的铜可能会导致幼鱼畸形。

第三节 氟暴露的毒性效应

氟是动物体必需的微量元素之一，但过量的氟也会对动物产生广泛的毒性作用。氟离子（F^-）广泛分布于自然界中，我国大多数水体的含氟水平较低，但部分水体的含氟量较高，超过了 5 mg/L，甚至有的高达 45 mg/L。长江口水域水体氟的水平较低，基本保持在 1 mg/L 以下。鱼类可以直接从水中吸收氟，是较易受到氟毒害的靶生物，不同鱼类对氟离子的敏感性存在着一定差异。

利用人工授精孵化的中华鲟仔鱼进行了半静态氟暴露试验，分析了氟对中华鲟仔鱼的毒理效应。

一、半致死浓度

氟暴露对中华鲟仔鱼产生明显的毒性效应，暴露后 4 d 仔鱼的死亡率与对照组相比显著升高（图 8-14），6 d 的平均半致死浓度（LC_{50}）为 131.74 mg/L（95%CI 为 121.61～142.29 mg/L），存在明显浓度—效应关系，以 0.01×6 d LC_{50} 计算安全浓度为 1.32 mg/L，在氟暴露后的第 5 d 和第 6 d，高氟组（≥141 mg/L）的死亡率急剧升高。

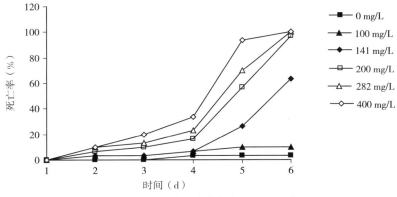

图 8-14 氟暴露中华鲟仔鱼的死亡率

二、毒性效应的影响因子

水体中添加氯和钙降低了氟对中华鲟仔鱼的毒性，并存在剂量—效应关系。比较氟暴露组和不加氟的氯或钙处理组可见，氯和钙处理组无死亡发生（图8-15）。与氟处理组相比，铜处理组仔鱼的死亡率显著升高。铜处理组的死亡率显著高于铜＋氟处理组，铜处理造成中华鲟仔鱼死亡的6 d半致死浓度为0.03 mg/L，而铜＋氟处理组的6 d半致死浓度增加到0.31 mg/L。

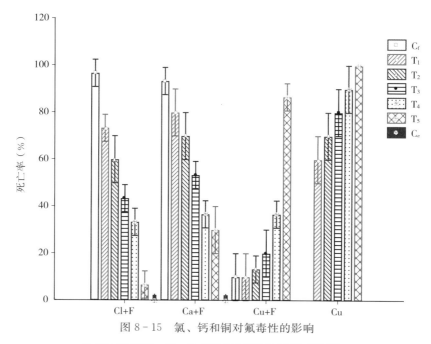

图8-15　氯、钙和铜对氟毒性的影响

C_f表示氟处理组；$T_1 \sim T_5$表示由低到高的不同浓度处理组；

C_e表示氯或钙对照组，因不同浓度氯或钙处理后中华鲟仔鱼死亡率为0，图中不可见

三、毒性效应分析

氟对鱼类的毒性与氟在鱼体内的积累浓度以及其对鳃的损伤有关。氟对不同种鱼类的毒性存在差异。氟浓度高于100 mg/L对中华鲟仔鱼具有致死毒性，而且在暴露后的第5 d和6 d仔鱼的死亡率急剧升高，这可能是随着鳃的发育，仔鱼主动吸收功能增强，从而摄入了更多的氟，并影响到鳃功能的发挥。通常，中华鲟仔鱼比幼鱼对环境因子更为敏感。

氯对氟的毒性有颉颃作用，这在水生动物中已有许多报道。研究表明，氯对氟毒性的颉颃作用可能源于氯和氟之间的竞争。钙对氟也存在类似的颉颃作用，高浓度下中华鲟幼鱼快速形成了部分固体沉淀，推断此固体可能是钙镁盐。研究发现，在最高钙浓度（320 mg/L）中钙的摩尔质量高于氟，这意味着在最高钙浓度组形成的CaF_2对中华鲟仔鱼无毒；但氟与钙联合处理仍然导致了部分中华鲟仔鱼死亡，可能是由于仔鱼吞食了沉淀在实验容器底部的氟化物。

第四节　对物种保护的意义与展望

生态毒理学是研究污染物及其对地球生物圈成分（包括人类）影响的科学。生态毒理学的发展促使人类逐渐掌握污染物性质及其毒理效应。第二次世界大战结束至 20 世纪 60 年代，全球发生了多起人类不堪忍受的重大污染事件，包括双对氯苯基三氯乙烷（DDT）影响猛禽和食鱼鸟类繁育、超大面积水体污染、汞污染（爆发水俣病）、镉污染（爆发骨痛症）等。生态毒理学的相关理论和技术正是有效预防和科学处理此类事件的必备基础。作为一门综合科学，生态毒理学的研究内容十分广泛，包括了因果解释，特别是生物地球化学、生态学，以及哺乳、水生和野生动物毒理学等方面（Jørgensen，2010）。

一、对中华鲟物种保护的意义

长江口及其邻近水域鱼群密集、种类众多、原种储存极其丰富，是众多水生生物产卵、索饵等的关键栖息生境，历来是我国重要的天然渔业场所，渔业地位十分重要。然而，由于长江沿岸特别是长三角地区工农业的高速发展，污染源增加，水域环境总体质量表现为逐年下降的趋势。

在诸多污染物质当中，铅是长江口水生动物检出率最高的有毒重金属。每年 5—8 月中华鲟幼鱼在长江口的活动范围恰恰处在铅高污染区域。实验研究发现，中华鲟幼鱼各组织中铅的积累与暴露浓度呈现剂量效应关系，即暴露浓度增加积累量也随之增加。长期铅暴露将导致中华鲟发生弯曲畸形，而且浓度越大，发生弯曲畸形越早，暴露时间越长，弯曲越严重，弯曲畸形明显限制中华鲟的游泳能力。中华鲟幼鱼血浆中 ALT、AST、ALP、LDH 和 CK 的活性都不同程度地受到铅暴露的影响，其中 AST 和 CK 活性变化较为灵敏，可作为中华鲟幼鱼受铅污染的监测指标。慢性水溶液铅暴露导致幼鱼生长（特别是骨骼发育）受到抑制。这些研究结果一方面为探究中华鲟幼鱼应对日趋恶化的生存环境的反应和适应情况提供理论依据，为更好地保护该物种服务；另一方面为深入开展中华鲟生命早期触铅后的机体损伤、适应机制和自我修复能力奠定基础；此外还可以为长江口综合防治铅污染，保护生态环境提供科学指导。

我国渔业水质标准对铜的最高容许浓度为 0.01 mg/L，而研究结果显示铜对中华鲟幼鱼的安全浓度为 0.002 17 mg/L，低于我国渔业水质标准，中华鲟幼鱼对铜的耐受性较低。当中华鲟处于 0.005 mg/L 时，体内 SOD、CAT 和 GSH－PX 活性出现变化，且变化幅度与处理液中 $CuSO_4$ 浓度呈正相关。血浆 ALP 对铜最敏感，可以作为铜污染中华鲟幼鱼评价时的敏感指标。不同铜浓度暴露条件下，中华鲟幼鱼各组织富集铜方式存在差异。这些研究结果增补了中华鲟幼鱼保护生物学的基础资料，对阐释铜致毒水生动物机理具有重要意义；还可为长江口及中华鲟自然保护区制定水质标准、水域污染预警、评价长江水环境对中华鲟物种安全风险提供数据参考。

二、研究展望

随着长江流域经济社会快速发展、人口急剧增长以及城镇化加速推进，大量不同种类的污染物，如营养盐、重金属、持久性有机污染物、环境激素和微塑料等，随同生产和生活污水源源不断地输入到河口及其临近水域，将会对长江口中华鲟的生长发育造成严重的负面影响。目前，在环境污染物对长江口中华鲟的毒理效应及中华鲟调节适应机理方面的研究还相对较少，存在着诸多的研究空白，今后应予以加强，以期为长江口中华鲟的生态毒理学研究及其保护奠定基础和提供科学依据。

第一，夯实重金属与营养盐对中华鲟幼鱼的毒性效应及其机理研究。在原有重金属毒理效应的研究基础上，进一步调查监测长江口自然水域，尤其是中华鲟幼鱼集中分布水域的重金属以及营养盐的组成与变化，加强机理机制方面的基础研究，掌握中华鲟幼鱼对重金属及营养盐的适应与调节机理。

第二，加快开展内分泌干扰物对中华鲟性腺发生分化的影响研究。内分泌干扰物（endocrinedisrupting chemicals，EDCs）也称为环境激素，是一种外源性干扰内分泌系统的化学物质，主要包括烷基酚、双酚 A、邻苯二甲酸酯及农药等，它们具有生殖和发育毒性，对神经免疫系统也有影响，生物体通过呼吸、摄入、皮肤接触等各种途径接触暴露，干扰生物体的内分泌活动，甚至引起雄鱼雌化。中华鲟幼鱼在长江口水域停留 4～5 个月时间，长江口水域的内分泌干扰物是否会对中华鲟幼鱼的性别分化产生影响？与长江中繁育群体的性别比例失衡是否相关？需要加快开展长江口及其临近水域 EDCs 组成与含量的调查监测，以及对中华鲟幼鱼性别分化等的实验研究。

第三，推进新型污染物对中华鲟幼鱼的毒理效应研究。长江口及其临近水域的持久性有机污染物，如多氯联苯（PCBs）、多环芳烃（PAHs）等，以及新出现的以化工产品、微塑料和药物等为代表的新型污染物也越来越受到关注。

第九章
种群动态

生物种群的种群动态，即发展过程中种群结构与总体数量在时间和空间中的变化情况，一直是生态学研究的核心问题之一。研究种群数量在时间上和空间上的变动规律及其影响因素，搞清有多少（数量和密度），哪里多、哪里少（分布），怎样变动（数量变动和扩散迁移）和为什么这样变动（种群调节）等科学问题，在生物资源合理利用和生物保护等方面都有重要价值。

近 40 年来，人类活动和全球气候变化等方面的累加效应致使中华鲟种群及其栖息生境发生了巨大变化，自然种群处于灭绝的边缘。现有资料证明，现存的中华鲟只有一个种群，分布于长江干流及中国东南沿海。长江口是中华鲟江海洄游的唯一通道，是幼鱼索饵育幼的关键栖息地。长江口幼鱼阶段是中华鲟物种生活史中的重要时期，对长江口幼鱼群体在时空分布、数量变动和遗传结构等方面的调查研究，可以反映出整个中华鲟种群的发展动态及其与环境因子变迁之间的相互关系，研究结果可为中华鲟生活史及其环境的适应进化提供基础数据。

第一节　时空分布

中华鲟是典型的江海洄游性鱼类，繁殖群体溯河洄游进行产卵繁殖，补充群体降海洄游进行索饵肥育。通常，每年 7—8 月即将成熟的繁殖群体经长江口溯河而上，在长江干流（通常为产卵场附近）度过 14～17 个月，于翌年秋季 10 月中旬至 11 月中旬产卵繁殖（葛洲坝水利枢纽工程截流及三峡工程蓄水后，繁殖期推后至 11 月中下旬至 12 月），繁殖后返回大海。孵出的仔鱼进行降海洄游，在中下游的浅水区觅食一段时间后，于翌年春季到达长江口。在长江口停留 4～5 个月时间进行摄食肥育，然后于秋季洄游入海继续生长发育。

一、仔幼鱼的降海洄游过程

葛洲坝截流以后，在葛洲坝—庙咀江段长约 4.0 km 的水域形成了新的坝下产卵场（Kynard et al，1995）。葛洲坝下产卵场的亲鱼交配产卵后，受精卵向下游漂移、散布附着的最远处在胭脂坝上游约 1.5 km 处，江段总长度约 7 km。宜昌至沙市江段是刚出膜中华鲟仔鱼顺水漂流的江段，中华鲟仔鱼处于内营养阶段故不摄食。岳阳江段是中华鲟幼鱼开始大量摄食和较长时间停留的地区，一般出现在 1 月，持续到 4—5 月。因该季节为枯水期，洞庭湖水位很低，中华鲟幼鱼不进入湖内。九江段的湖口，4 月下旬至 5 月上旬是中华鲟幼鱼集中出现的季节。南京江段中华鲟幼鱼在 2—7 月出现，集中在 5 月。镇江江段的情况与南京江段相似（表 9 - 1）。

表 9 - 1　中华鲟仔幼鱼降海洄游过程

（易继舫，1994）

江段	出现时间	集中出现时间
宜沙段	11—12 月	11 月上旬
岳阳段	1—4 月	—
九江段	1—6 月	4 月下旬至 5 月上旬
南京段	2—7 月	5 月
镇江段	2—7 月	5 月

中华鲟仔幼鱼的降海洄游是一个逐渐下移的过程，路线是从宜昌至河口的长江干流，一般不进入附属湖泊和支流。降海洄游群体相对集中，但分布区间很大。2 月，从岳阳至镇江的江段都能发现中华鲟幼鱼。5 月初到达长江口的中华鲟幼鱼体长已达 20 cm、体重已达 50 g 左右。中华鲟幼鱼到达长江口水域的整个降海洄游时间为 6～7 个月，主要受到产卵时间和长江径流等的影响；降海洄游总里程超过 1 850 km，洄游速度平均在 10 km/d。杨德国等（2005）对 1998—2002 年人工标志中华鲟幼鱼的降海洄游研究表明，放流的 2 月龄中华鲟幼鱼于 5—7 月到达江苏浒浦江段，其洄游速度为 8.5～11.3 km/d，平均为 9.8 km/d。中华鲟幼鱼在长江口随潮汐上下游弋，逐步适应海水生活，并在长江口浅滩区摄食肥育，在 8—9 月陆续进入近海生活。

二、长江口幼鱼的出现时间

最近 40 年来，在人类活动和全球气候变化的影响下，中华鲟产卵场变迁和自然繁殖时间推迟，以及长江干流水文条件的改变等多种因素的叠加效应，使得中华鲟幼鱼在长江口的出现时间发生了变化。具体变化情况按照长江干流水利工程建设和运行情况分为三个时间段分述如下：

1. 1982—1992 年

该阶段反映了葛洲坝截流前后中华鲟幼鱼到达长江口的时间变化。葛洲坝水利枢纽工程于 1981 年 1 月截流，中华鲟被阻于葛洲坝下，不能溯河至上游产卵场。1982 年秋季，首次在葛洲坝下发现了中华鲟自然产卵行为。

赵燕等（1986）选择崇明陈家镇乡和裕安乡的 2 个捕鱼站作为基本抽样点，统计了 1982—1985 年的 5—8 月插网渔获物中中华鲟幼鱼的数量，记录了首次捕到中华鲟幼鱼的日期（表 9 - 2）。

表 9-2 1982—1985 年长江口中华鲟幼鱼监测数量与时间分布

(赵燕 等，1986)

年份	1982	1983	1984	1985
首次出现时间	6月6日	5月10日	5月5日	5月8日
采集持续时间	6月上旬至7月中旬	5月中旬至7月中旬	5月上旬至8月下旬	5月上旬至8月下旬
标本数（尾）	137	22	477	571

在葛洲坝截流以前，多数中华鲟繁殖亲鱼已抵达上游，至秋季性腺成熟，并于上游原产卵场繁殖。因此，1982 年春夏秋在河口地区采集到的中华鲟幼鱼，应该是在葛洲坝上游产卵场出生的。而 1985 年长江口出现的中华鲟幼鱼，则几乎全部为坝下产卵场出生的。从表 9-2 可以看出，长江上游出生的中华鲟幼鱼最早出现在长江口的时间为 1982 年 6月6日（6月上旬），而坝下产卵场出生的中华鲟幼鱼首次出现在长江口的时间均提前到了 5月上旬（5月5—10日）。

易继舫（1994）在 1987—1992 年对长江口中华鲟幼鱼进行了连续监测（表 9-3）。分析发现，中华鲟幼鱼在长江口首次出现的时间集中在每年的 5 月中旬，最早是在 1987 年的 5 月上旬；集中出现时间为 5 月下旬至 7 月上旬，以 6 月最多，占总监测数量的 83.9%；7 月中旬以后，在长江口监测到的中华鲟幼鱼逐渐减少，其中 1990—1992 年的监测中，8 月中旬在长江口已监测不到中华鲟幼鱼。

表 9-3 1987—1992 年长江口中华鲟幼鱼监测数量与时间分布

(易继舫，1994)

单位：尾

年份	5月			6月			7月			8月		合计
	上旬	中旬	下旬	上旬	中旬	下旬	上旬	中旬	下旬	上旬	中旬	
1987	1	21	98	411	180	300	67	35	10	27	11	1 161
1990	0	0	34	418	289	114	68	3	0	0	0	926
1991	0	12	110	207	417	728	0	1	2	2	0	1 479
1992	0	12	166	383	177	48	11	6	6	6	0	815
旬均	0	11	102	355	266	298	37	11	5	9	3	1 095
旬比例（%）	0	1	9	32	24	27	3	1	0	1	0	100
月均	114			918			52			12		1 095
月比例（%）	10			84			8			1		100

从上述的数据可以看出，葛洲坝水利枢纽的兴建导致中华鲟幼鱼首次到达长江口的时间发生了变化，即由建坝截流前的 6 月上旬提早至建坝截流后的 5 月上中旬，提早了近 1 个月的时间。在葛洲坝水利枢纽兴建以前，中华鲟的主要产卵场位于长江上游的屏山至宜宾江段，距离长江口超过 2 880 km，而葛洲坝截流后形成的坝下产卵场（宜昌）至长

江口的距离约为 1 700 km，产卵场下移超过了 1 000 km。因此认为，由于葛洲坝截流形成了坝下产卵场，缩短了中华鲟幼鱼降海洄游距离，使得中华鲟幼鱼抵达长江口的时间发生了提前。

葛洲坝截流以后，中华鲟幼鱼在长江口集中出现的时间一般在 6 月和 7 月，一直到 8 月中下旬还能在长江口水域发现野生中华鲟幼鱼，但数量相对较少。这表明，6 月和 7 月中华鲟幼鱼在长江口水域集中索饵肥育，8 月中旬以后逐步离开长江口向近海洄游迁移。

2. 2004—2008 年

该阶段主要反映了三峡工程开始蓄水后中华鲟幼鱼到达长江口的时间变化。2003 年 6 月，三峡工程建成并成功蓄水至 135 m 水位；2006 年汛后蓄水至 156 m，三峡工程进入初期运行期。

2004—2008 年，庄平等（2009）对长江口中华鲟幼鱼连续开展了 5 年的调查监测。分析发现，中华鲟幼鱼在长江口首次出现的时间集中在 5 月下旬；其中，2004 年和 2007 年首次出现时间分别为 5 月和 6 月的上旬（图 9 - 1）。与 1987—1992 年相比，中华鲟幼鱼在长江口首次出现的时间延迟了 10 d 左右，从 5 月的上中旬延迟到了 5 月下旬。但相比于葛洲坝截流以前的 6 月上旬，总体上还是有所提前。

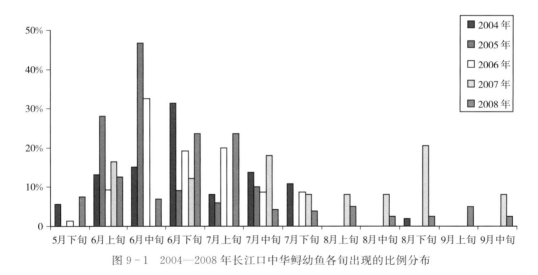

图 9 - 1　2004—2008 年长江口中华鲟幼鱼各旬出现的比例分布

从各月每网捕获中华鲟幼鱼的数量占 5—9 月总数量的比例来看，2004—2008 年，中华鲟幼鱼在长江口集中出现的时间为 6 月，占全年捕获量的 43.16%～83.92%，其次为 7 月，占 16.08%～37.44%，8 月的比例有所减少，9 月在东滩插网中只能零星捕获中华鲟幼鱼（图 9 - 2）。

从各旬所占比例来看，中华鲟幼鱼在长江口集中出现的时间为 6 月上旬至 7 月中旬，其中 2004—2006 年集中在 6 月中下旬，2007 年集中出现的时间已推迟至 7 月中旬，2008 年集中出现时间在 6 月下旬至 7 月上旬，2007 和 2008 年集中出现时间比 2004—2006 年有所推迟（图 9-1）。2004—2006 年 8—9 月在长江口崇明东滩插网中基本已不能捕获中华鲟幼鱼，但 2007 年的最高峰则出现在 8 月，占全年度的 35.29%，9 月仍占 7.84%；2008 年 8 月比例较 2007 年虽有所降低，但仍占 10.11%，9 月也占 7.58%。由此可见，2007—2008 年中华鲟幼鱼在长江口崇明东滩集中出现的时间有向后延迟的趋势，离开崇明东滩浅滩水域向深水区迁移和入海的时间可能也相应地有所延迟。

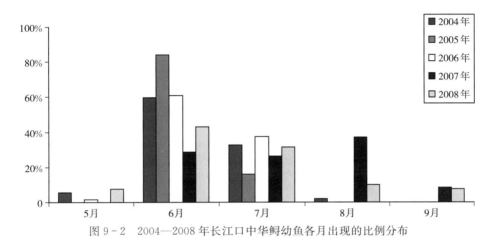

图 9-2　2004—2008 年长江口中华鲟幼鱼各月出现的比例分布

3. 2012—2018 年

该阶段主要反映了三峡工程正常运行以后中华鲟幼鱼到达长江口的时间变化。2010年 10 月，三峡工程蓄水到 175 m 高程，逐步由初期运行阶段转入正常运行阶段。

表 9-4 显示了 2012—2018 年长江口中华鲟幼鱼监测情况。从表中可以看出 2 个重大的变化：一是中华鲟出现了间断产卵繁殖现象，即 2013—2018 年间隔 1 年自然繁殖 1 次，并非连续进行；二是中华鲟幼鱼到达长江口的时间出现了新纪录（赵峰 等，2015），由原来的 5 月中下旬提早到了 4 月上中旬。

表 9-4　2012—2018 年长江口中华鲟幼鱼监测数量与时间分布

单位：尾

年份	4月			5月			6月			7月			8月		
	上	中	下	上	中	下	上	中	下	上	中	下	上	中	下
2012	0	0	0	0	8	6	54	3	6	11	4	14	5	5	8
2013	0	0	0	0	2	16	2	2	2	0	5	2	0	2	0
2015	0	1	3	15	8	18	89	10	0	158	248	87	140	0	0
2017	1	2	0	0	7	50	4	4	18	7	16	28	9	2	11
旬合计	1	3	3	15	25	90	149	19	26	176	273	131	154	9	19
比例（%）	0.1	0.3	0.3	1.4	2.3	8.2	13.6	1.7	2.4	16.1	25.0	12.0	14.1	0.8	1.7

注：1. 上、中和下分别指每个月的上旬、中旬和下旬。
　　2. 2014 年、2016 年和 2018 年在长江口均未监测到野生中华鲟幼鱼。

从长江口中华鲟幼鱼监测数量的时间分布来看（表9-4），中华鲟幼鱼在长江口出现的最为集中的时间为5月下旬至8月上旬，尽管自4月上旬至8月底均能监测到中华鲟幼鱼。2015年到达长江口的中华鲟幼鱼数量是最近10余年来最多的一年，自从4月16日发现当年第1尾中华鲟幼鱼（图9-3）后，一直持续到8月上旬在长江口均能监测到中华鲟幼鱼，且在5月下旬—6月上旬和7月上旬—8月上旬2个时间段监测到中华鲟幼鱼数量最多，分别占当年监测总量的14%和81%，也就是说当年95%左右的中华鲟幼鱼都是在这2个时间段监测到的。

图9-3　2015年长江口水域监测到当年的第一尾中华鲟幼鱼

通过对1982年以来长江口中华鲟幼鱼调查监测数据的比较分析，发现有记录的23年中（图9-4），中华鲟幼鱼首次到达长江口的时间分布为4月2次（上旬、中旬各1次）、5月15次（上旬8次、中旬3次、下旬4次）和6月3次。可见，中华鲟幼鱼首次到达长江口的时间集中在5月，与葛洲坝截流前相比提前了1个月左右。中华鲟幼鱼集中出现在长江口的时间为5月下旬至8月上旬，8月中旬以后中华鲟陆续离开长江口进入近海继续生长发育。

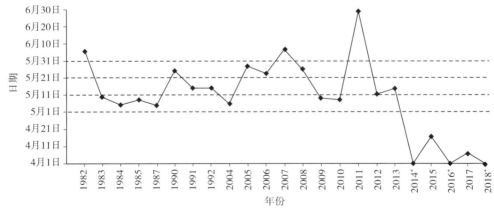

图9-4　1982—2018年中华鲟幼鱼在长江口的首次出现时间

＊表示2014年、2016年和2018年在长江口均未监测到野生中华鲟幼鱼

　　中华鲟幼鱼首次到达长江口的时间受到长江干流水利工程，尤其是葛洲坝水利枢纽和三峡工程的兴建运行的影响。有 3 个时间点尤为明显：一是 1981 年葛洲坝截流导致中华鲟产卵场下移，到长江口的距离缩短超过 1 000 km。因此，中华鲟幼鱼首次到达长江口的时间提早约 1 个月时间。二是 2003 年、2006 年和 2010 年，三峡工程 3 次大的蓄水过程直接导致中华鲟幼鱼到达长江口的时间发生推移。如图 9-4 所示，2003 年三峡工程开始蓄水并达到 135 m 高程，中华鲟幼鱼首次到达长江口的时间从 2004 年的 5 月上旬推迟至 2005 年的 5 月下旬；2006 年三峡蓄水达 156 m 高程，中华鲟幼鱼首次到达长江口的时间由 2006 年的 5 月下旬推迟至 2007 年的 6 月上旬；2010 年三峡蓄水达 175 m 高程，中华鲟幼鱼首次到达长江口的时间由 2010 年的 5 月上旬推迟至 2011 年的 6 月下旬。三是 2010 年三峡工程正式运行后，中华鲟的自然产卵繁殖发生间断现象，中华鲟幼鱼首次到达长江口的时间提前到了 4 月上旬和中旬，这是否意味着出现了距离长江口更近的产卵场（Zhuang et al，2016）或者中华鲟产生了新的适应机制呢？

　　由于三峡水库巨大的调蓄作用，下游的水文状况及时空分布节律都发生了较大变化。调蓄过程中，减少了上游的天然来水流量，导致下游的水文条件发生相应变化，尤其是水温、流速和流量等。坝下产卵场水文条件的改变直接影响到了中华鲟的自然繁殖活动（杨德国 等，2007；班璇和李大美，2007；余文公 等，2007），致使自然繁殖时间推迟（如图 9-5 所示，从 2003 年三峡工程开始蓄水前的 10 月中下旬，逐渐推迟到了 2008 年以后的 11 月中下旬），或者发生间隔繁殖现象（如 2013 年至 2018 年均为间隔 1 年繁殖 1 次）。中华鲟自然繁殖时间的延迟势必会对中华鲟幼鱼首次到达长江口的时间产生影响。同时，三峡工程所造成的流速的改变直接导致在葛洲坝下产卵场孵化的中华鲟仔鱼顺水洄游速度的改变，从而导致从产卵场洄游至长江口索饵场的时间发生改变，而更深入的影响还待以后进行研究。

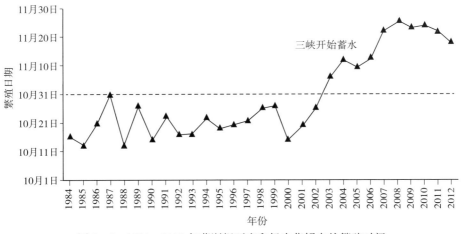

图 9-5　1984—2012 年葛洲坝下产卵场中华鲟自然繁殖时间

（Wu et al，2015）

三、长江口幼鱼的迁移分布

长江口生境的异质性高，物种时空分布也存在着较大差异和变化。为了满足生存、生长和生理调节适应等方面的需求，长江口中华鲟幼鱼也在不断地进行着迁移，从而寻找到适宜的栖息生境。

1. 昼夜活动习性

长江口为中潮河口，崇明东滩处于中潮岸段，潮汐属性为非正规半日浅海潮，昼夜有2次潮汐作用，潮汐作用十分明显，多年平均潮差为2.75 m（杨世伦 等，1999）。根据潮汐特点，长江口崇明东滩插网监测点每昼夜可收2次渔获物。对昼夜中华鲟幼鱼捕获量的统计表明，夜间中华鲟捕获量显著高于白天。以2006年为例，上海市长江口中华鲟自然保护区的抢救记录中，2个监测点共捕获中华鲟幼鱼563尾，其中白天仅捕获20尾，占总数量的3.55%，而夜间捕获量占总数量的96.45%；同期，中国水产科学研究院东海水产研究所的插网监测中，共监测到中华鲟幼鱼272尾，其中白天仅4尾，占1.47%，夜间268尾，占98.53%。

夜晚和白天捕获数量差异，或者说中华鲟幼鱼在长江口水域昼夜活动差异主要可能受到水温、光照强度、潮汐大小以及昼夜摄食节律等的影响。中华鲟幼鱼通常在长江口潮间带的浅滩一带摄食索饵，该区域水体较浅且受到潮汐影响较大，白天水温明显高于凌晨，一般要高出1～2 ℃，而且白天的光照强度也要大于夜晚，中华鲟为底层鱼类，对光照和水温较为敏感；中华鲟幼鱼具有明显的摄食节律，属于夜间摄食型鱼类，夜间00：00～06：00是摄食高峰期。同时，插网捕捞的原理就是利用潮差，涨潮时鱼类顺潮水进入插网内，退潮时鱼被插网阻隔而被捕获，因此潮水越高则进入插网的渔获物数量就越多。崇明东滩潮汐特点是从春分到秋分，夜潮大于日潮，从秋分至翌年春分，则是日潮大于夜潮。中华鲟幼鱼在崇明东滩集中停留期间夜潮大于日潮，昼夜潮汐的大小可能影响到中华鲟捕获量的大小。从插网总渔获物数量来看，其趋势与中华鲟一致，下午渔获物数量明显低于凌晨。

可见，中华鲟通常选择水温较低、光照较弱的夜间由近岸深水水域随涨潮潮水到潮间带浅水区觅食，白天则随落潮到近岸深水区域活动。

2. 在长江口的分布

易继舫（1994）通过收集标本和访问渔民，证实中华鲟幼鱼在长江口的分布为：北起崇明岛东滩东旺沙的南部，南达横沙岛东滩，西起陈家镇奚家港至长兴岛中部，东到东部近海水深3～5 m（潮间带下）的咸淡水区内；东西长约25 km，南北宽约20 km；主要集中在崇明岛东滩团结沙周围长8～10 km、宽3～5 km的范围内（图9-6）。中华鲟幼鱼于5月到达长江口后，主要停留在浅水区域摄食，同时在咸淡水区域中进行入海前的生理适应性调节；白天在水深较深的区域停留，夜晚随着涨潮到浅水区摄食，然后顺着退潮的潮水返回深水区。随着时间的推移，7月下旬后中华鲟幼鱼的分布区域也逐渐向长江口外的深水水域扩展，此时基本不到东滩的浅滩水域觅食。9月基本离开长江口，进入近海水域生长。

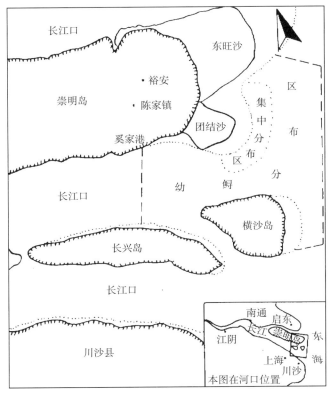

图 9-6　中华鲟幼鱼在长江口的分布范围（20 世纪 90 年代）

（易继舫，1994）

庄平等（2009）通过对 2004—2008 年团结沙和东旺沙 2 个中华鲟幼鱼资源监测点单位努力捕捞渔获量（CPUE，尾/网次）的比较发现，除 2004 年和 2007 年外，东旺沙监测点的捕获数量显著高于团结沙采样点（图 9-7），平均为团结沙监测点的 2 倍左右。东旺沙水域是中华鲟幼鱼数量最为集中的区域，其种群量大于团结沙。

中华鲟饵料生物基础的调查研究结果也表明，东旺沙所处的长江口北支水域（近崇明东滩东北侧）位于初级生产力、浮游植物、浮游动物、底栖生物、鱼类生物的生物量、栖息密度等的高值区，饵料生物基础最为丰富（庄平 等，2009），表明中华鲟幼鱼选择该水域是因为具有丰富的饵料生物基础，能够满足其摄食肥育，同时该水域的盐度变化大（盐度变化等值线最为密集），适宜于中华鲟幼鱼入海前为适应盐度而进行生理调节。

从上述数据资料分析来看，1990 年前后和 2004—2008 年相比，中华鲟幼鱼在长江口的集中分布区域发生了一定变化，由原来的团结沙水域逐渐向东旺沙水域迁移，这可能与三峡工程蓄水导致长江口冲淡水变化而造成崇明东滩盐度分布改变有关。

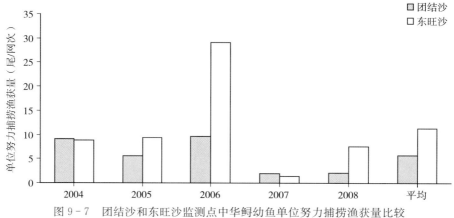

图 9-7　团结沙和东旺沙监测点中华鲟幼鱼单位努力捕捞渔获量比较

　　杨红等（2012）对影响长江口中华鲟幼鱼的各种生态因子进行统计，分析整理出栖息选择的浮游生物、底栖生物、温度和盐度 4 个关键指标，确定了其阈值和最适范围，采用栖息地适宜性指数法（HSI）进行了定量评价。以 2004—2010 年长江口崇明东滩插网监测的中华鲟幼鱼数据、水质、生物数据进行了适宜性指数法模型的验证，最后结合 2006 年夏季上海市近岸水体调查数据，运用 GIS 空间分析的技术手段，对适宜性指数法评价结果进行了分析。结果表明，中华鲟幼鱼在长江口的最适宜面积为 142 km²，适宜面积为 1 322 km²，一般适宜面积为 2 098 km²，不适宜面积为 2 884 km²；崇明东滩以及长兴岛上游和下游的北港栖息地为中华鲟幼鱼提供了适宜的栖息生境。

　　Wang 等（2018）分析了 2015 年 4 月至 8 月长江口中华鲟幼鱼的时空分布特征。研究表明，中华鲟幼鱼主要分布在长兴岛—奚家港—团结沙—东旺沙一带（样点 S3～S6），在团结沙东南、样点 S5 区域分布最多，达到了 559 尾（图 9-8a）。样点 S1、S2 和 S7 区域中华鲟幼鱼数量较少，分别仅有 6 尾、2 尾和 7 尾。4 月，在样点 S3 处发现第 1 尾中华鲟幼鱼，6—8 月样点 S4、S5 和 S6 区域监测到的中华鲟幼鱼数量最多（图 9-8b）。

　　4—5 月，中华鲟幼鱼主要分布在样点 S1～S3 区域，即长江口南支北港从东风西沙至青草沙一带水域，而 6—8 月则主要分布在样点 S4～S6 区域（图 9-8a）。根据中华鲟幼鱼在长江口的时空分布，可以看出中华鲟幼鱼的洄游路径为：进入长江口后自东风西沙（S1）经青草沙（S3）至崇明东滩的团结沙（S4 和 S5）和东旺沙水域（S6），并在团结沙和东旺沙水域停留约 3 个月时间，往返迁移进行摄食肥育和生理调节适应。

　　长江口是中华鲟江海洄游的唯一通道，是幼鱼的索饵和育幼场，在中华鲟生活史中具有十分重要的地位和作用。从现有的研究数据来看，团结沙和东旺沙一带仍然是中华鲟幼鱼的关键索饵场和栖息地，该水域也是上海市长江口中华鲟自然保护区的核心保护区，对中华鲟幼鱼的保护非常重要。中华鲟幼鱼在长江口的时空分布与变化，提示我们需要建立更为灵活和有效的保护管理策略。东风西沙至团结沙的长江口南支北港是中华鲟幼鱼洄游的重要通道，是保障幼鱼能成功进入到崇明东滩索饵场的关键生命通道，这对于保护幼鱼十分关键。因此，长江口中华鲟幼鱼的保护应该按照不同区域分时段加强动态保护管理，即在幼鱼洄游到长江口的早期阶段（4月和5月）重点保护长江口东风西沙至青草沙一带，而6—8月则重点保护团结沙和东旺沙一带近岸水域。

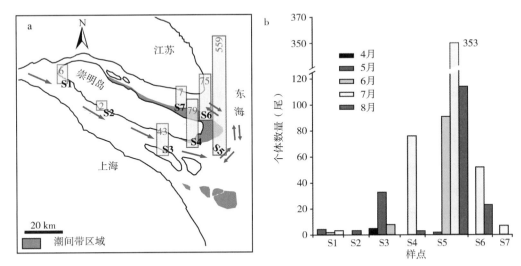

图 9 - 8　2015 年长江口中华鲟幼鱼的时空分布

a. 空间分布　b. 时间分布

3. 近海洄游与假说

中华鲟幼鱼在长江口经过 4～5 个月时间的摄食肥育，体长和体重均得到了快速生长；同时，在河口区咸淡水环境的刺激下，中华鲟幼鱼的渗透压调节机能得到发育和完善，可以适应更高的盐度环境。每年的 8 月中下旬以后，中华鲟幼鱼逐步离开长江口洄游入海继续生长发育。长江口中华鲟幼鱼入海洄游的启动因子是什么？是内源的遗传因子还是外源的环境因子起主导作用？这些科学问题都还未得到解答，值得今后深入研究。

中华鲟整个生活史中大部分时间（占到 90% 以上）生活在近海，由于受到研究方法和研究技术的限制，对于中华鲟在近海的洄游习性和栖息分布状况等还知之不多。历史上，中华鲟分布于北起黄海北部海洋岛、南至珠江和海南省万宁县近海海域，在朝鲜半岛西南部和日本九州附近海域也有分布（张世义，2001）。四川省长江水产资源调查组（1988）在分析近海渔业公司捕捞数据的基础上，认为在长江口渔场、江外渔场、舟山渔场、舟外渔场和鱼山渔场等海区，都有中华鲟分布，其中以长江口渔场和舟山渔场分布最多。王者茂（1986）报道了在山东威海、石岛一带的黄海水域也有中华鲟被捕获的记录。

上述渔业捕捞数据大体上可以反映出中华鲟在近海的洄游分布情况，但这还不足以了解近海中华鲟的洄游习性。面对当前野生种群数量日益枯竭的现状，研究和掌握中华鲟在海洋中的生活习性显得尤为重要。

2000 年以来，长江口中华鲟标志放流工作得到了逐步加强，仅 2004—2008 年的 5 年时间，利用不同标志技术在长江口放流 1～9 龄的中华鲟达 7 000 多尾（具体标志放流情况详见本书第十章相关介绍）。2006 年起，中国水产科学研究院东海水产研究所率先引进世界上最先进的洄游鱼类标志——可脱落档案式卫星标志（pop - up archival transmitting tag，简称 PAT 标志），通过引进、消化和吸收，创建了基于卫星收集和传输数据的长江口中华鲟幼鱼标志放流和评估技术，开启了中华鲟入海洄游习性的研究。

中华鲟标志放流的回捕率（通常是被渔民误捕）较低，2004 年至 2008 年标志放流的 7 000 多尾个体中仅收集到 17 尾回捕数据（详见第十章表 10 - 9）。放流后在长江口口内水域发现标志中华鲟 9 尾，其中长兴岛—横沙岛附近水域发现 6 尾，崇明东滩发现 2 尾，浦东水域发现 1 尾（图 9 - 9），这些标志鱼大多数是在放流后 10 d 以内被发现的；在海区发现的标志中华鲟有 8 尾，其中黄海 1 尾，东海 7 尾（图 9 - 9）。东海发现的 7 尾中华鲟中，舟山渔场嵊泗海域发现 3 尾，洋山水域发现 1 尾，宁波、温州和长江口外东海各发现 1 尾。分析显示，浙江沿海标志中华鲟回捕量最高，尤其是舟山渔场附近水域最为集中。放流后，中华鲟最远洄游距离长江口放流点 430 km（截至放流 65 d 后被回捕）；最东到达经度 124°15′E，直线游动距离为 320 km；洄游最北至黄海海域的 33°15′N 处。由此可见，放流后的中华鲟经过河口咸淡水环境的短期（约 10 d）适应，大部分离开长江口洄游至东海的舟山群岛一带海域（图 9 - 8）。这一结果与历史上的渔业捕捞数据比较吻合，说明东海的舟山群岛仍然是中华鲟洄游入海后的重要栖息地。

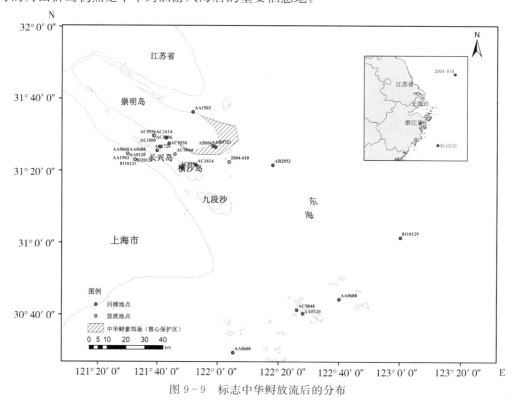

图 9 - 9　标志中华鲟放流后的分布

　　PAT 标志可以实时记录标志中华鲟的洄游路径及其温度、水深等环境因子信息，是当前研究鱼类洄游的最为先进的标志跟踪技术。从 2006 年和 2008 年的研究结果（图 9 - 10 和图 9 - 11）可以看出：中华鲟离开长江口进入东海后，既有北向游动亦有南向游动，游动方向呈现随机性。中华鲟洄游入海后沿着大陆架来回游动，分布于北起朝鲜半岛西海岸，南至我国东南沿海，经度跨度为 4°（最大经度为 125°33′47″E），纬度跨度为 9°（36°49′05″N—27°48′N）的沿海大陆架水域。陈锦辉等（2011）和王成友等（2016）也同样利用 PAT 标志技术证实了中华鲟入海后的洄游特征，认为主要分布于沿岸带 15 km 以内，水深 11～32 m 的浅海区。赵峰等（2017）从食物组成的角度分析也认为，中华鲟栖息水深不可能超过 70 m，推测舟山渔场附近中华鲟分布最为集中。综上所述，标志放流中华鲟进入海洋后的游动方向是沿着大陆架来回游动，分布于北起朝鲜半岛西海岸，南至我国东南沿海的沿海大陆架地带。

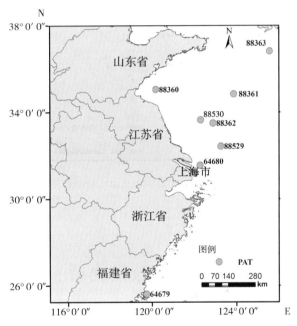

图 9 - 10　2006 年和 2008 年 PAT 标志回收位置

　　中华鲟幼鱼的降海洄游属于索饵洄游，目的是获得充足的饵料生物和生长发育所需要的适宜环境条件。2006 年，利用 PAT 标志跟踪了中华鲟沿东海大陆架向南洄游至福建沿海，继而向北洄游至黄海南部的完整洄游路径（图 9 - 11）。分析发现，中华鲟入海后的洄游路线、方向和时间等与饵料生物类群的分布、密度和迁移具有一致性，推测中华鲟入海后受到饵料生物时空分布特征影响，沿东部沿海大陆架往返洄游。结合我国东南沿海的海流特征，推测认为中华鲟洄游受到近岸沿岸流的驱动，即秋季中华鲟离开长江口进入东海近海，在沿岸流冷水团的影响下向南洄游至浙江、福建海域；第二年春季随着水温回暖，中华鲟从福建、浙江沿海开始向北洄游，经过长江口外洄游至黄渤海海域，乃至朝鲜半岛西海岸。经过夏季的高温季节，中华鲟再次在沿岸流驱动下沿东南沿海开始洄游迁移。这一假说还有待于进一步研究证实。

图 9-11　PAT 标志中华鲟的洄游路径

第二节　数量变动

1981 年葛洲坝截流后，长江上游原有的中华鲟产卵场丧失，尽管在葛洲坝下形成了新的产卵场，但面积不足原有的 1%，对中华鲟自然种群产生了极大影响。随后 30 多年来，在人类活动和全球气候变化的叠加影响下，中华鲟自然种群数量大幅度下降。虽然早在 1988 年中华鲟就被列为国家一级重点保护野生动物，对其采取了人工增殖放流等多种保护措施，但由于中华鲟生活史跨度范围大、性成熟晚，野生种群数量还在持续下降。2010 年，中华鲟被世界自然保护联盟（IUCN）列为极度濒危物种。更为严重的是，2013 年首次出现中华鲟自然繁殖中断以来，2015 年和 2017 年在现有已知的葛洲坝下产卵场仍然未监测到中华鲟自然繁殖现象。同样，2014 年、2016 年和 2018 年在长江口水域也未发现野生中华鲟幼鱼的出现。中华鲟自然种群濒临枯竭，处于灭绝的边缘。

一、调查历史

长江口是中华鲟幼鱼洄游入海的唯一通道，也是索饵肥育和入海前进行生理适应性调节的关键栖息地。长江口中华鲟幼鱼全部来自于葛洲坝产卵场繁殖的群体，时间也较为集中，属于单一均质种群，没有其他的种群补充。因此，长江口中华鲟幼鱼种群数量及其变动可以反映整个中华鲟自然种群的变动情况。

早期没有对长江口中华鲟幼鱼开展过专门的调查监测，相关情况和记载基本上都来自于渔业捕捞数据。现有的资料显示，长江口中华鲟幼鱼的专项调查工作开始于1975年（四川省长江水产资源调查组，1988）。1981年葛洲坝截流以后，中国科学院水生生物研究所、长江三峡集团中华鲟研究所、中国水产科学研究院长江水产研究所、中国水产科学研究院东海水产研究所和上海市长江口中华鲟自然保护区等单位先后对长江口水域中华鲟幼鱼开展了连续的调查监测工作。

长江口中华鲟幼鱼的调查监测位置主要集中在：一是长江口崇明东滩（图9-8a），这是中华鲟幼鱼的集中分布区，目前是上海市长江口中华鲟自然保护区范围，中国科学院水生生物所、长江三峡集团中华鲟研究所、中国水产科学研究院东海水产研究所和上海市长江口中华鲟自然保护区的相关调查监测工作均在此展开；二是常熟溆浦江段铁黄沙东侧、海虞镇望虞河口外侧水域（长江口南北支分叉口以上），中国水产科学研究长江水产研究所在此开展了10多年的调查监测工作。另外，自2012年以来，中国水产科学研究院东海水产研究所在原来崇明东滩水域调查监测的基础上，增加了崇明的东风西沙、青草沙和东旺沙等调查监测点（图9-8a），调查区域基本覆盖了中华鲟幼鱼在长江口的分布范围。

二、变动特征

1988年，长江渔业资源管理委员会在崇明建立了中华鲟幼鱼抢救站，开展了长江口中华鲟幼鱼的抢救放流工作。据统计，1988—2003年，崇明渔政站和中华鲟幼鱼抢救站共抢救中华鲟幼鱼3 545尾（抢救的为渔民误捕受伤的中华鲟幼鱼，未受伤的当即放归，不在统计之内），年抢救数量8～666尾（平均221尾），其中1997年数量最少，仅8尾，1989年最多，有666尾。1988—1992年误捕受伤的中华鲟幼鱼数量较多，1993—2000年误捕受伤的中华鲟幼鱼的数量较少，2001—2003年抢救受伤中华鲟幼鱼数量又开始呈上升趋势（图9-12）。

2002—2009年，李罗新等（2011）依托长江渔业资源管理委员会办公室设立在长江常熟溆浦江段的渔业资源监测网（定置张网），对降海中华鲟幼鱼进行了监测分析（图9-13）。中华鲟幼鱼出现最高峰在2003年，共监测到718尾；而后逐渐下降至2009年仅监测到

22尾。可见，中华鲟幼鱼种群数量下降十分严重。

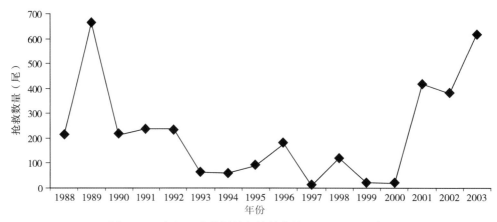

图 9-12　长江口中华鲟幼鱼抢救数量（1988—2003 年）

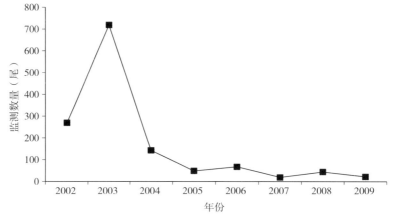

图 9-13　长江常熟溆浦江段中华鲟幼鱼的监测数量（2002—2009 年）

（李罗新 等，2011）

　　总体上，长江口中华鲟幼鱼的种群数量呈现出急剧下降的趋势（图 9-14）。从现有的数据资料来看，长江口中华鲟幼鱼种群数量变动呈现出以下几个特征：①年际间波动明显，具有一定的大小年现象。②葛洲坝截流后的 10 年间，长江口中华鲟幼鱼的监测数量保持在千尾级水平；而 2004 年以后，监测数量下降了 1/2～3/4，甚至在 2014 年、2016 年和 2018 年发生了长江口未监测到野生中华鲟幼鱼的现象。③自然产卵繁殖间断后，长江口中华鲟幼鱼种群数量出现骤增现象。综合上海市长江口中华鲟自然保护区的监测数据（未统计进图 9-14 中）以及作者团队的调查数据，2015 年的长江口中华鲟幼鱼数量达到了 3 000 尾左右，是葛洲坝截流以来监测到的最高数量。

　　常剑波（1999）采用荧光标志放流方法，估算 1997—1999 年长江口中华鲟幼鱼资源量为 3.5 万～33 万尾。危起伟（2003）采用微型线码标志（CWT）进行中华鲟标志放流回捕，估算出 1998—2001 年长江口幼鱼资源量为 18.3 万～86.5 万尾，1999 年和 2000 年

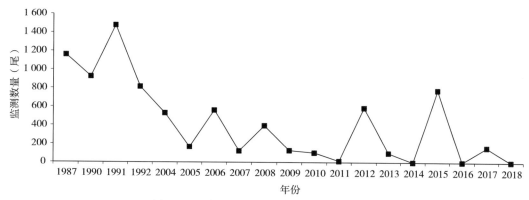

图 9-14 长江口水域中华鲟幼鱼的监测数量

人工放流个体在长江口幼鲟种群中的贡献率分别为 2.281% 和 0.997%。庄平等（2009）根据 2004—2008 年崇明东滩 2 个插网监测点误捕中华鲟数量及插网和东滩岸线的长度，推测 2004—2008 年崇明东滩中华鲟幼鱼数量为 2 440～20 702 尾。综合考虑中华鲟幼鱼在长江口的分布特征以及插网渔具的捕捞效率等因素，估算 2004—2008 年长江口中华鲟幼鱼资源总量为 1.2 万～10 万尾。

可以看出，长江口中华鲟幼鱼资源量总体下降的趋势是个不争的事实。但是，对于天然水域中华鲟种群的资源量或现存量的估算，还需要引进新的科学方法进一步加强研究，为物种保护提供基础数据和科学参考。

三、原因探讨

长江口中华鲟幼鱼的资源量受到葛洲坝下产卵场中华鲟繁育群体资源量的影响。研究显示，在 1981—1999 年的 19 年间，中华鲟幼鱼的补充群体和亲鱼的补充群体分别减少了 80% 和 90% 左右（柯福恩，1999）。从中华鲟繁育群体数量来看（图 9-15），葛洲坝截流导致中华鲟繁育群体数量直线下降，由截流初期的 2000 余尾降至 2005 年以前的 300～500 尾（王成友，2012）；此后，繁殖群体数量进一步下降，至 2012 年以后已经不足 100 尾（Wu et al，2015），近几年更是下降到了 50 尾以下的水平（2015—2017 年长江流域渔业生态公报，未发表资料）。长江口中华鲟幼鱼的数量与葛洲坝下产卵场繁育群体数量有着直接的相关关系，呈现一致性的下降趋势。

繁育群体的产卵规模及受精孵化率可直接影响到长江口中华鲟幼鱼的种群数量。据报道，三峡工程的兴建运行对中华鲟的自然繁殖造成了严重影响（危起伟，2003）。如 2003 年蓄水至 135 m 高程后，产卵规模较蓄水前有所降低，且受精率的下降尤其明显，如蓄水前 2000—2002 年受精率为 78.3%～93.4%，蓄水后的 2003—2006 年受精率下降至 28.1%～34.5%（班璇和李大美，2007）。2006 年葛洲坝蓄水至 156 m 高程后，2006

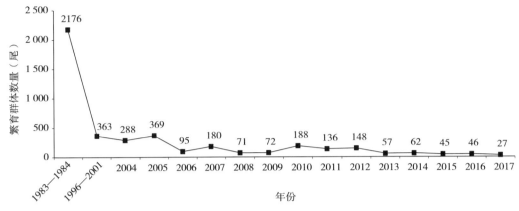

图 9-15　葛洲坝下产卵场中华鲟繁育群体数量

年的产卵规模由蓄水前 2005 年的 606.4 万粒下降至 196.5 万粒，2007 年产卵量也较低，仅 239.5 万粒（2006—2008 年长江三峡工程生态与环境监测公报，未发表资料）。由此可见，由于水利工程建设导致繁育群体数量、产卵规模以及受精率和孵化率的下降是致使长江口中华鲟幼鱼数量下降的直接原因。

随着中华鲟人工繁育技术的突破，自 1982 年以来多家科研单位持续地组织开展了人工增殖放流工作，但是人工增殖放流对于种群资源的贡献率较低。根据对人工标志放流中华鲟幼鱼的监测，1999 年和 2000 年人工放流个体在长江口中华鲟幼鱼种群中的贡献率仅为 2.281% 和 0.997%（杨德国 等，2005）；采样微卫星 DNA 指纹技术对人工增殖放流效果的研究，表明人工增殖放流全长 10 cm 的中华鲟幼鱼对长江口幼鱼种群的贡献率为 5%（Zhu et al，2002）。

第三节　遗传多样性

遗传多样性是物种多样性和生态系统多样性的基础。生物遗传多样性越丰富，该生物对外界变化的适应能力越强。研究中华鲟的遗传多样性可以反映其在鱼类进化史上的重要作用，了解种群的进化潜力，有助于对物种的濒危状况加深理解，可以为物种保护工作提供重要的参考。

一、种群遗传多样性现状与研究进展

中华鲟种群遗传多样性的相关研究工作起步较晚，20 世纪 90 年代初期，才开始了中华鲟生化群体遗传和分子群体遗传方面的研究。由于中华鲟野生种群数量稀少，属于国家一级重点保护野生动物，在实验取材上受到了极大的制约。迄今为止，许多关键的保护遗传学问题尚未解决，还缺乏深入系统的研究。

1. 蛋白质水平

1999 年，张四明等（1999）采用蛋白质电泳技术，对 55 个野生中华鲟成体样本进行遗传多样性研究，发现野生中华鲟群体的多态座位比例（P）为 3.90%，遗传杂合度（H）为 0.04，认为中华鲟在蛋白质水平上遗传变异贫乏。

2. 分子水平

随着分子标记技术的发展，随机扩增多态性 DNA（RAPD）、线粒体 DNA（mtDNA）和微卫星（SSR）标记等技术也应用到了中华鲟遗传多样性的研究之中。

（1）随机扩增多态性 DNA（RAPD） 现有利用 RAPD 技术对中华鲟遗传多样性进行研究分析的相关结果如表 9-5 所示。可以看出，中华鲟自然种群的核 DNA 遗传多样性水平较低，且呈现下降趋势。曾勇等（2007）通过与张四明等（2000）的研究结果对比分析，认为葛洲坝截流后导致中华鲟遗传多样性水平低于截流前。

表 9-5 基于 RAPD 的中华鲟遗传多样性分析

样品采集			多态位点比例（%）	个体间遗传距离*	遗传多样性	参考文献
年份	地点	数量（尾）				
1995—1997	宜昌至沙市江段	70（成鱼）	11.1	0.951 0~1.000 0（0.974）	H：0.033 4 H_0：3.609 0	张四明 等，2000
2000	长江下游	30（幼鱼）	9.9	0.017 6	H：0.026 1 H_0：2.633 2	曾勇 等，2007
2008—2009	长江口	80（幼鱼）	9.5	0.14~0.95（0.50）	H_0：2.326 2	曹波，2010

注：* 括号内为平均值；H 为考虑单态座位的遗传多样性指数；H_0 为香农遗传多样性指数。

（2）线粒体 DNA（mtDNA） 中华鲟的 D-loop 区存在数目不等的串联重复序列，从而造成个体内的 mtDNA 长度异质性和个体间的长度多态现象（Zhang et al，1999）。已有研究表明，1995—2000 年长江中野生中华鲟繁殖群体的线粒体 D-loop 区平均单倍型多样性为（0.949±010），平均核苷酸多样性为（0.011±0.006），年度间样本遗传多样性差异很小（Zhang et al，2003）。

（3）微卫星（SSR） 从目前已有的微卫星标记分析结果来看，葛洲坝截流前中华鲟自然种群的观测和期望杂合均小于截流以后，等位基因数变化不大（表 9-6），这可能与引物及其样本量有一定的关系。根据长江三峡工程生态和环境监测公报数据，2010 年以来长江口中华鲟幼鱼群体等位基因和有效等位基因数之间差异较小，平均观测杂合度和期望杂合度均无较大变化。

表9-6　基于微卫星标记的中华鲟遗传多样性分析

年份	地点	数量（尾）	等位基因数（个）	观测杂合度	期望杂合度	Hard-Weinberg遗传偏离指数	参考文献
1999—2001	葛洲坝下产卵场	60（成鱼）	6±2.4	0.52～0.57	0.59～0.75	—	（赵娜，2006）
2010—2015	长江下游及河口	♯（幼鱼）	7～9	0.88～0.99	0.77～0.87	0.05～0.28	*

注：♯表示样本数量不详；* 表示数据来源于《长江三峡工程生态和环境监测公报》。

二、间断产卵后的种群遗传多样性

2013年、2015年和2017年的繁殖季节，多家科研机构在葛洲坝下产卵场均未监测到中华鲟的自然繁殖活动；同时，2014年、2016年和2018年春季在长江口也未监测到野生中华鲟幼鱼，中华鲟自然种群出现了间断产卵现象，物种的生存与延续令人担忧。

2015年和2017年春夏季，对长江口崇明东滩及口外近海水域监测或渔民误捕的野生中华鲟幼鱼（表9-7）进行了遗传多样性分析。误捕死亡个体取背部肌肉，存活个体取鳍条（采样后立即放回野外自然水域），分别保存于无水乙醇备用。

表9-7　野生中华鲟幼鱼样本基本情况

取样时间	样品数（尾）	取样地点	体长（cm）	体重（g）
2015年5—8月	672	崇明东滩水域	8.3～37.3	4.5～340.0
2017年5—9月	158	崇明东滩水域	9.5～40.5	8.8～527.2

1. 线粒体D-loop序列分析

（1）序列变异特征　2015年和2017年共830个中华鲟幼鱼的线粒体D-loop区可比序列长度为462 bp，变异位点26个（包括插入和缺失位点），变异率为5.63%。其中，简约信息位点8个，单变异位点18个，变异多为转换和颠换，有1个插入缺失位点（图9-16）。四种碱基C、T、A和G的平均含量分别为17.54%、32.22%、26.83%和23.41%。中华鲟幼鱼线粒体D-loop的碱基组成具有较大的偏向性，C的含量明显低于其他3种碱基的含量，A+T（59.05%）含量明显高于G+C（40.95%）。

（2）单倍型分布及遗传关系　在2015年的672个样本中检测到11个单倍型，在2017年的158个样本中检测到8个单倍型（图9-17）。年度间共享单倍型有3个，占单倍型总数的18.75%。2015年度群体中拥有8个特有单倍型，其中Hap5的出现频次最高，共221个，占32.89%，Hap8和Hap11均只有1个个体。2017年度群体中拥有5个特有单倍型，其中 Hap12 出现的频次最高，共 31 个，占 19.62%。

```
                    11111111   1222222333   333344
                    5901668899 9136779234   777835
                    3791383845 6619790494   348130
Hap1                CCTTATTCTC TTTGGGACCA   GTAACC
Hap2                .....C.... C.........   ..G.T.
Hap3                .........CT C.C...G..   A.G.-.
Hap4                ........... C.........   .CG.T.
Hap5                ........... ..........   A...T.
Hap6                .......CT C..A....   A.G.-.
Hap7                .....C.... ..........   .....T
Hap8                .......C.. ..........   .....T
Hap9                T.C....... C...A..G.   ..GGT.
Hap10               ...CG..... C...A..T..   ..G...
Hap11               .......CT C.C......   A.G.-.
Hap12               ........... ..C.......   ......
Hap13               .......CT C.C...G..   A.G.-.
Hap14               ........... .......T..   ..G.T.
Hap15               .T.....T.. ..........   .....T.
Hap16               .......CT C......   A.G.-.
```

图 9-16　线粒体控制区序列的变异位点

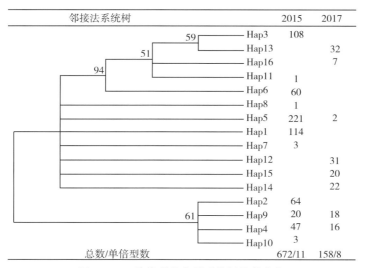

图 9-17　单倍型的分子系统树及其分布

节点数字表示大于 50% 的 Bootstrap 支持率

（3）遗传多样性和遗传结构　如表 9-8 所示，所检测的 2015 年度群体中，一共有 11 个单倍型，单倍型多样性（h）为 0.799±0.008，核苷酸多样性（π）为 0.009 3±0.005 1，平均核苷酸差异数是 4.005。而 2017 年度群体中，一共检测到 8 个单倍型，单倍型多样性（h）为 0.848±0.008，核苷酸多样性（π）为 0.012 3±0.006 6，平均核苷酸差异数是 5.081。2017 年度长江口中华鲟幼鱼的遗传多样性略高于 2015 年。

表 9 - 8　群体遗传多样性参数

年份	样本（尾）	单倍型数（个）	单倍型多样性	多态位点数（个）	核苷酸多样性	平均核苷酸差异数
2015	672	11	0.799±008	22	0.009 3±0.005 1	4.005
2017	158	8	0.848±0.008	18	0.012 3±0.006 6	5.081
总计	830	15	0.857±0.006	26	0.010 2±0.005 5	3.962

从遗传距离来看，2015 年与 2017 年长江口中华鲟幼鱼样本间的遗传距离为 0.010 2，没有明显的分化现象；各单倍型之间的平均遗传距离为 0.012 4。2 个年度样本间的 F_{st} 值为 0.083 04（表 9 - 9），基于 F_{st} 计算年度样本间的基因流 N_m 为 2.76。AMOVA 分子变异方差分析表明，长江口中华鲟幼鱼 2 个年度群体间的变异为 8.30%，群体内变异为 91.70%，群体内变异大于群体间变异。

表 9 - 9　分子变异方差分析

变异来源	自由度	平方和	变异组成	百分比（%）
群体间	1	55.224	0.206 86 V_a	8.30
群体内	829	1 893.730	2.284 35 V_b	91.70
总计	830	1 948.954	3.166 36	
F_{st}		0.083 04		

注：V_a、V_b 分别表示群体间变异和群体内变异。

2. 线粒体 CO Ⅰ 序列分析

（1）序列变异特征分析　线粒体 CO Ⅰ 序列长度为 1 050 bp，变异位点数 8 个，没有插入和缺失位点，变异百分比为 0.76%。其中，简约信息位点 5 个，单变异位点 3 个。序列中 4 种碱基的平均含量分别为：T 27.90%，C 28.00%，A 24.00% 和 G 20.10%，其中 G 的含量低于其他 3 种碱基的含量，G＋C（48.10%）略低于 A＋T（51.90%）。

从单个密码子的分布来看（表 9 - 10），第一位点表现出明显的 T 偏倚性，所占比例达 42.00%；第二位点表现出 C 的偏倚性，占 35.71%；第三位点的 G 含量比较高，占 32.57%。在 CO Ⅰ 序列里全部位点和每个密码子各自的碱基组成是不一致的。在编码的 350 个氨基酸中，存在 4 个变异位点，变异百分比为 1.14%。

表 9 - 10　CO Ⅰ 序列密码子各个位点的平均碱基含量

密码子分布	碱基对（个）	碱基组成（%）			
		T	C	A	G
第一位点	350	42.00	26.00	17.14	14.86
第二位点	350	21.43	35.71	29.98	12.88
第三位点	350	20.28	22.29	24.86	32.57
平均	—	27.90	28.00	24.00	20.10

（2）单倍型在群体中的分布　在 2015 年度群体样本中一共检测出 7 个单倍型，在 2017 年度群体样本中一共检测出 5 个单倍型（图 9 - 18）。群体间共享单倍型有 3 个，

Hap 1 拥有的频次最高，共 652 个个体拥有，占总数的 79.42%。在 6 个特有单倍型中，2015 年度群体样本中拥有 4 个特有单倍型，2017 年度样本中拥有 2 个。这些特有单倍型出现的频次都较低，其中 Hap 5、Hap 6 和 Hap 9 仅拥有 1 个个体。

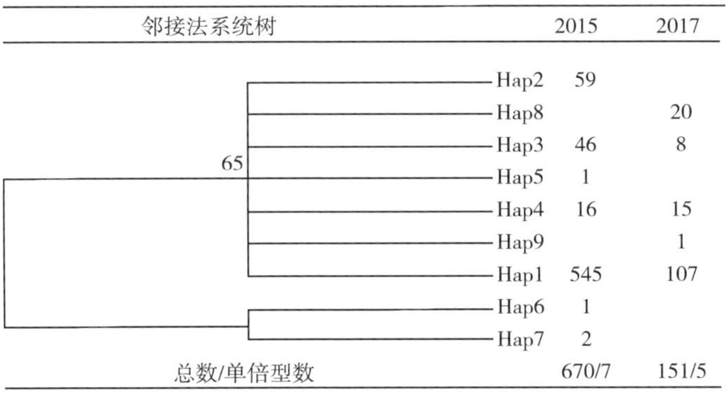

图 9-18　单倍型的分子系统树及其分布

节点数字表示大于 50% 的 bootstrap 支持率

（3）遗传多样性和遗传结构　如表 9-11 所示，2015 年度群体的样本中共检测出 7 个单倍型，单倍型多样性（h）为（0.326±0.022），核苷酸多样性（π）为（0.000 34±0.000 36）；2017 年度群体的样本有 5 个单倍型，单倍型多样性（h）为（0.471±0.045），核苷酸多样性（π）（0.000 50±0.000 47），2017 年度群体的遗传多样性略高于 2015 年度群体。

表 9-11　群体遗传多样性参数

年份	单倍型数（个）	单倍型多样性	多态位点数（个）	核苷酸多样性	Tajima's D 检验	Fu's F_s 检验
2015	7	0.326±0.022	6	0.000 34±0.000 36	−1.036 09	−3.583 27
2017	5	0.471±0.045	4	0.000 50±0.000 47	−0.491 61	−1.048 74
全部	9	0.358±0.021	8	0.000 37±0.000 38	−1.220 26	−5.384 13

2015 年度与 2017 年度群体样本间的平均遗传距离为 0.000 45，没有明显的分化；各单倍型之间的平均遗传距离为 0.001 86，单倍型之间的遗传距离大于年度群体间的遗传距离。AMOVA 分子变异方差分析（表 9-12）显示，中华鲟年度群体间的变异为 5.30%，群体内变异为 94.70%，群体内变异大于群体间变异。2 个年度样本之间的 F_{st} 值为 0.052 98，0.05＜F_{st}＜0.15，表明年度样本间具有中等程度的遗传分化，基于 F_{st} 值计算的基因流 N_m 为 4.47，年度群体间具有基因交流。

表 9-12　分子变异方差分析

变异来源	自由度	平方和	变异组成	百分比（%）
群体间	1	2.605	0.008 986 V_a	5.30
群体内	819	114.272	0.176 16 V_b	94.70

（续）

变异来源	自由度	平方和	变异组成	百分比（%）
总计	820	146.877	0.186 01	—
F_{st}			0.052 98	

注：V_a、V_b 分别表示群体间变异和群体内变异。

三、中华鲟种群遗传多样性特征

目前，中华鲟保护遗传学的相关研究还比较薄弱。中华鲟属于国家一级重点保护野生动物，自然种群濒临枯竭，实验取材上十分困难。但是，保护遗传学的研究可以帮助我们深入了解中华鲟自然种群的濒危状况、致危原因及其发展趋势，这就需要我们开拓思路、研发新的实验手段，尽快地弥补这一知识空缺，为中华鲟保护提供理论支撑。

从现有的研究工作来看，主要有以下几个结论：

一是中华鲟自然种群蛋白质水平的遗传多样性较低。长江口中华鲟幼鱼群体的线粒体 CO Ⅰ基因的多样性与其他海洋鱼类相比水平偏低。线粒体 CO Ⅰ序列是细胞色素氧化酶亚基Ⅰ的编码基因，多样性水平偏低说明其编码的蛋白质多样性水平也比较低。这也证实了中华鲟蛋白质水平遗传多样性贫乏的结论。

二是中华鲟自然种群的遗传多样性有所下降，但仍然具有较高水平。与1995—2000年野生中华鲟繁殖群体（张四明 等，2003）相比，当前中华鲟幼鱼的遗传多样性有所下降，但仍然具有较高的多样性水平。中华鲟生活周期长达几十年，生活史极其复杂。在其生活史中，个体初次性成熟的时间不同，同一世代的不同个体进行生殖洄游的时间不一致，同年到达产卵场的繁殖群体的年龄和世代结构比较复杂；在进行首次繁殖后有数年的繁殖间隔，相邻2～3年间群体的相似性很小，这样会极大地降低近交衰退的概率，这对中华鲟有效维持种群遗传多样性起到重要作用。

三是中华鲟自然种群出现了一定程度的遗传分化，但遗传变异主要来源于年度群体之内。从线粒体DNA研究结果来看，中华鲟不同年度间群体共享一定的单倍型，年度群体间具有基因交流。中华鲟作为一个单一种群，其遗传变异主要来源于年度群体内，而非年度群体间。这种遗传结构能够使中华鲟种群的遗传多样性水平得以维持，不致因某一世代繁殖受阻或数量减少而骤降，有助于维持种群的遗传多样性。

四是中华鲟种群经历了遗传瓶颈，但是中华鲟较长的生命周期特征使得遗传漂变结果不明显。中华鲟种群较低的单倍型多样性和核苷酸多样性，表明种群近期内经历了种群瓶颈效应或种群是由单一、少数系群所发生的奠基者效应形成。在近几十年内，中华鲟种群数量骤降、瓶颈效应主要由人为因素导致。某一单倍型频率高有可能是因为自然选择、遗传漂变或其他人为因素导致的，种群数量下降也可能导致这一结果。

第十章
救护放流

长江口是中华鲟溯河生殖洄游和降海索饵洄游的唯一通道，也是中华鲟幼鱼的育幼场、索饵场和洄游入海前生理调节和适应的关键栖息地，在整个生活史中具有极其重要的地位和作用，关系着中华鲟野生种群的补充和延续。然而，长江口正处于我国东南黄金海岸带和长江黄金水道的交汇处，是通江达海的航运枢纽。长江口亦是我国重要的渔场之一，有大量渔民在长江口区从事专业捕捞作业。频繁的人类活动对中华鲟构成了潜在威胁，因渔民误捕、船舶袭击和沿岸工程建设等导致中华鲟伤亡事故频频出现，对中华鲟野生种群造成了极大的负面影响。受伤中华鲟的救护及其康复后的放流工作是长江口中华鲟物种保护的重要内容之一，本章重点论述长江口中华鲟救护及其放流技术方面的研究成果。

第一节 长江口中华鲟的救护

当前，中华鲟野生资源的数量急剧衰减，每一尾都是大自然的宝贵财富。开展长江口受伤中华鲟救护工作是物种保护的主要内容之一，在一定程度上可减缓人类活动对野生资源的直接破坏。同时，通过救护工作的开展，一方面有助于了解和掌握中华鲟在长江口及其临近水域的洄游分布和受威胁状况，为物种保护提供基础数据；另一方面还可以加强中华鲟及其他珍稀濒危物种保护的宣传教育，提高渔民及广大市民的生态保护意识。因此，长江口中华鲟的救护工作应长期坚持，并进一步加强。据不完全统计，2003年以来，在长江口及其临近水域区因渔民误捕或船舶螺旋桨击打等受伤的 5 000 多尾中华鲟得到了有效救护，其中体长 1～2 m 的个体 20 余尾，2 m 以上个体 10 多尾。

一、中华鲟幼鱼的救护

(一) 中华鲟幼鱼伤亡的影响因素

1. 渔民误捕

每年 4 月中下旬至 5 月上旬，中华鲟幼鱼开始在长江口水域出现，6 月、7 月集中在崇明东滩浅滩一带进行索饵肥育，8 月末至 9 月初开始从长江口向近海洄游。中华鲟幼鱼在长江口停留 4～5 个月，同期也是刀鲚、凤鲚、中国花鲈、鲻、鲮、日本鳗鲡等多种渔业经济物种的生殖或索饵洄游期，属于长江口渔业捕捞旺季。高强度的渔业捕捞和密集的网具布设常常导致中华鲟幼鱼被误捕，容易造成伤亡。长江口中华鲟幼鱼被误捕的主要网具有：

（1）插网 曾是长江口潮间带水域的主要作业网具类型（图 10-1）。通常，渔民首先在潮间带湿地上插入竹桩，用于固定网具。涨潮前，渔民将网片挂到竹桩上。涨潮时，中华鲟幼鱼和其他经济鱼类一起随潮水进入潮间带摄食索饵。退潮后，进入网内的中华鲟幼鱼被网拦住，无法随潮水退去因而被捕获，有的甚至会挂在网片上（图10-2）。一般情况下，渔民每个潮水（约12 h）收取一次渔获物，由于间隔时间较长，被困的中华鲟幼鱼极易因脱离水体或网片挂伤导致死亡。潮间带插网长达数千米，曾是长江口中华鲟幼鱼的主要威胁因素。近年来，长江口潮间带插网已基本退出。

图10-1　长江口潮间带插网

图10-2　中华鲟幼鱼挂在网片上

　　（2）张网　又叫深水网（图10-3），是一种被动性、过滤性的渔具。张网是长江口最主要的定置渔具，主要用来捕捞刀鲚、凤鲚等经济鱼类，其作业原理是：用桩、锚等敷设在长江口具有一定水流速度的区域（通常在捕捞对象的洄游通道上），利用水流迫使捕捞对象进入网囊的网具。由于张网的选择性差，对经济种类幼鱼损害严重。近年来，定置张网（三桩）是长江口中华鲟幼鱼误捕的主要网具，可占到误捕总数的70%以上。

　　长江口水域进行渔业捕捞的网具还有鲈鱼网、地笼网和流刺网等，这些网具也会不同程度地对中华鲟幼鱼产生威胁。近年来，在国家倡导生态文明建设和长江"共抓大保护"精神的指引下，大众的生态保护理念不断深入，渔业执法力度也不断加强，长江口的非法网具逐步被取缔，保护区全年禁渔，这些措施的落实使长江口中华鲟幼鱼误捕现象得到了一定的缓解，渔民上交误捕受伤中华鲟幼鱼的意识也得到了加强，对长江口中华鲟幼鱼的保护起到了积极的作用。

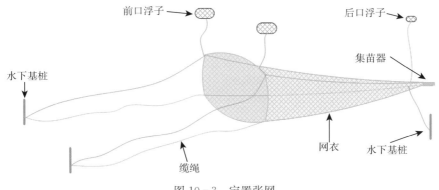

图 10-3 定置张网

2. 栖息地丧失

除了渔民误捕以外，更为严重的是，由于滩涂围垦和工程建设等侵占了长江口大量的滩涂湿地，加上环境污染等因素的累积效应，导致中华鲟幼鱼天然索饵场的面积在不断萎缩，饵料生物也受到了极大的影响，这对于长江口中华鲟幼鱼的威胁更为深远。从底质、水流、水质和饵料生物等多方面对长江口中华鲟幼鱼索饵场栖息生境进行综合评价，并与历史数据进行对比分析，建立长江口中华鲟幼鱼索饵场生境的适合度模型，切实掌握中华鲟幼鱼索饵场生境要求，对于未来长江口中华鲟幼鱼索饵场保护具有重要的指导意义。

（二）受伤中华鲟幼鱼的抢救暂养

中华鲟幼鱼出现的5—8月是长江口的高温季节，常规的室外池塘在太阳曝晒下，水温可达 30 ℃以上。然而，中华鲟的适宜生长温度为 20～25 ℃，28 ℃以上摄食量就会减少，35 ℃以上时会造成死亡。常规的室外池塘由于水体较大，水质调控和投饵饲喂等均不易管理，观察也极为不便，因此不适于作为误捕野生中华鲟幼鱼的抢救和暂养设施。

中华鲟幼鱼对水质要求较高，尤其是溶解氧，中华鲟幼鱼窒息点为 2 mg/L 左右，较一般鱼类高出很多。通常，养殖条件一般要求溶解氧高于 6 mg/L，此时摄食和生长正常；溶解氧低于 4 mg/L，摄食减少；溶解氧降至 3～3.5 mg/L 时，摄食停止；溶解氧低至 2～2.5 mg/L 时，容易窒息死亡。另外，养殖水体中的排泄物和残饵分解所产生的氨氮和非离子氨对中华鲟幼鱼也会产生很大危害，一般要求水体中氨氮浓度小于 0.5 mg/L，非离子氨浓度小于 0.02 mg/L。因此，现有的一般室内外的养殖设施难以满足野生中华鲟幼鱼，尤其是受伤中华鲟幼鱼的抢救和暂养需求。

1. 抢救暂养设施

（1）抢救暂养装置 根据中华鲟幼鱼的生态习性和需求，研发了由养殖水槽、控温装置和水过滤净化装置三部分组成的抢救暂养装置（图 10-4），满足了中华鲟幼鱼对水质条件的需求，提高了抢救成活率。具体技术参数如下：

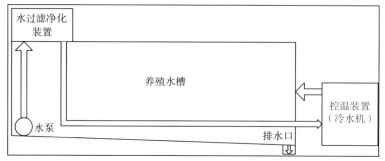

图 10 - 4　中华鲟幼鱼抢救暂养装置示意图

①抢救暂养水槽：规格 2 m×1.2 m×0.8 m，玻璃钢或 PVC 材质，内表面光滑。底部有 2% 的坡降，并在最低处设排污口一个。

②控温装置：每个养殖水槽配备一台 735 W（1HP）功率的冷水机，冷水机的进水口接在水过滤净化装置的出水口处。

③水过滤净化装置：分为 2 个部分，即生物净化装置和过滤装置，均为 PVC 材质。

生物净化装置：规格 0.4 m×0.5 m×0.3 m，里面放置生物球和复合微生物制剂，通过生物球表面生物膜起到净化水质的作用（图 10 - 5）。

过滤装置：规格 1 m×0.5 m×0.3 m，通过水槽内设置的小潜水泵将水导入过滤装置，装置内分成 4 层，分别放置过滤棉、腈纶棉、珊瑚砂和活性炭，中间用网状隔板分开（图 10 - 5）。

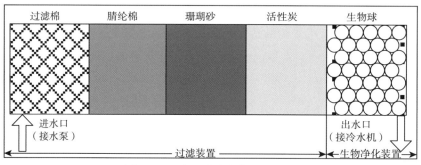

图 10 - 5　水过滤净化装置示意图

（2）室外暂养池　受伤中华鲟幼鱼抢救成活后，经过在抢救车间的暂养和驯化，逐步适应人工养殖环境。入秋后，天气转凉，室外养殖条件改善，为了减轻抢救车间的暂养压力，可将部分中华鲟幼鱼转移至室外水泥塘。水泥塘面积约 500 m²，水深 1 m，长方形，一端进水，一端排水，配备水车式增氧机 2 台。

2. 抢救流程

在收到渔民误捕报告或其他渠道得知需要抢救受伤中华鲟幼鱼的消息后，一般采取以下全部或部分抢救流程：

（1）中华鲟幼鱼运输　渔民误捕受伤中华鲟幼鱼的运输采取水上和陆上运输相结合，基本原则是选择最合适的交通运输工具，在最短的时间内运输至抢救中心。水上运输尽量采取执法船或快艇作为运输交通工具，或由渔民直接自行将鱼运至码头。水上运输时，中华鲟幼鱼的临时暂养有以下几种方式：一是在船上放置塑料桶或以船舱作为临时暂养槽，加注江水，保持水体流动；二是船上放置打包袋、冰袋和氧气瓶等用具，发现受伤中华鲟幼鱼，直接打包加冰袋密封；三是部分缺乏相应设备的渔民直接将鱼放在水桶内。根据上岸时的条件，选择汽车、电瓶车和三轮车作为陆上交通运输工具，通常采取充氧打包、泡沫箱加冰密封运输。运输时，每个打包袋装中华鲟幼鱼1尾，以免因运输过程中相互摩擦造成二次伤害。

（2）适应入池　中华鲟幼鱼运至抢救车间后，打开泡沫箱，将打包袋放入抢救观察槽内，进行5～15 min的水温适应，避免温差过大给受伤中华鲟幼鱼造成不利影响。打包袋内外温度达到平衡后，打开包装，放入增氧气头，并逐渐缓慢加入新水，使其进一步适应后放入观察槽。

（3）伤势检查　在抢救观察槽内对中华鲟幼鱼进行检查，以便根据不同伤情采取相应的救治措施。综合来看，受伤中华鲟幼鱼的伤势存在以下几种情况：

①严重缺氧，腹部朝上，两侧的鳃一张一合，呼吸困难。渔民误捕中华鲟幼鱼后，由于缺乏暂养的意识、设备和技术，在暂养和运输的过程中极易发生幼鱼缺氧的情况，几乎所有送到抢救中心的中华鲟幼鱼均有缺氧症状。

②轻微受伤，胸鳍、背鳍、腹鳍和尾鳍上叶少量充血（这种鱼通常在1～2 d后会严重充血，经抢救然后才逐渐消退）。

③体表无伤，实际腹腔内脏被挤压变形（1～2 d内死亡）。此类中华鲟幼鱼的外观症状极不明显，只能靠经验来判断——感觉腹腔空隙较大。

④鳃外盖呈血红色，因口和鳃被网丝挂住，鳃丝严重受损，较短时间内（一般在1 d内）因呼吸困难死亡。

⑤严重受伤，鳍撕裂、尾部折断、体表部分皮肤被网片划掉等，极易导致死亡。

（4）救护措施　根据鱼体受伤的实际情况，确定所要采取的救护措施和频率。采用的措施主要有以下几种：

①增氧：在抢救暂养槽中放入增氧气头，全天持续增氧，保持水体中溶解氧浓度达到6 mg/L以上，使水体溶解氧充足，促进鱼体恢复。

②消毒：将受伤中华鲟幼鱼放入食盐配制的盐水溶液（盐度10～15）中浸泡10～15 min，避免体表伤口继发感染。

③手术缝合：对体表有较大伤口和鳍条撕裂等现象的中华鲟幼鱼，对伤口进行手术缝合，以减少伤口的暴露。

④敷药：将鱼放入循环水手术槽中的担架上，在体表受伤部位涂抹外用消炎药物，外敷促进伤口愈合制剂，操作方法是先用干净毛巾将伤口处水分蘸干，再涂上药，有利

于药物的黏附和药效的发挥。

⑤注射药物：注射药物包括抗生素、维生素、能量补充剂等，按照需要进行适当配伍，胸鳍基部注射，或者在较大伤口附近注射。

⑥拌料给药：在饲料中添加促消化、抗菌消炎、提高免疫力等药物，制成药饵。根据受伤个体摄食功能恢复情况，结合喂食，投喂药饵。

⑦营养补充：视受伤个体身体机能恢复情况实施营养补充，一般在其能正常游动后即可实施。一是投喂鲜活饵料，如水蚯蚓、沼虾、弹涂鱼、梅童鱼，投喂前需进行消毒，并将饵料切成合适的大小；二是投喂配合饲料；三是对于部分长期不吃食的个体进行人工灌饵，将鲜活饵料配以药物打磨制浆后，通过导管注入鱼体胃部，每次注入量不超过鱼体重的1%。

3. 日常管理

（1）密度　通常，10～20 cm的个体，每1 m² 暂养10～15尾；20～40 cm的个体，每1 m² 暂养5～10尾。养殖过程中，根据情况及时按规格调整密度。

（2）水质　定时测定水温、溶解氧、pH、氨氮浓度等水质指标，每日换水2次，每次换水1/3～1/2，池水保持循环水过滤。如发现水温过高，则加冰降水温，溶解氧浓度过低，则加大充气量，使水温控制在25～27 ℃，溶解氧浓度在6 mg/L以上。

（3）投喂　投喂水蚯蚓等天然饵料，饵料在投喂前用盐水（盐度15）浸泡10～15 min消毒；日投饵量开始时是鱼体重的1%，待适应后加到鱼体重的2%～4%。每天投喂4次，间隔6 h，夜间应多投。投喂后注意观察吃食情况。

（4）清污　每次投喂30 min后，清除养殖池中的残饵，避免残饵败坏水质。

（5）巡池　发现死亡中华鲟幼鱼，及时捞出解剖，分析死亡原因，如发生病害，及时用药处理。

误捕中华鲟幼鱼在暂养初期极易死亡，分析原因有以下几个方面：个体较小，身体机能没有发育成熟，自愈能力和抵抗力较差，一旦受伤几乎难以存活，尤其伤势较重的个体，存活不会超过3 d；抢救期间气候条件恶劣，夏季温度高，被误捕后常会暴露于太阳光下较长时间，导致其伤势加重，难以恢复；部分渔民设施不足或救护观念不强，处置不当，导致其损伤加重或死亡；对人工环境不适应，不开口摄食，无法补充自身恢复所需营养，导致死亡；受伤后体质下降，抵抗力弱，容易感染疾病，导致死亡。中华鲟幼鱼救护相关的基础研究还比较薄弱，成为制约抢救技术改进创新的重要因素，迫切需要加强运输保活、病害防治、安全度夏和越冬以及健康诊断等方面的研究工作，为中华鲟幼鱼抢救提供理论和实践基础。

（三）受伤中华鲟幼鱼的救护技术

1. 强化培育方法

在中华鲟苗种驯化培育或受伤中华鲟幼鱼救护暂养阶段，无论采用人工配合饲料、天然饵料或混合饲料进行驯化，都会有一定比例苗种出现不摄食或摄食不良现象，进而出现相当数量的弱苗，这些弱苗体形瘦小，容易死亡，直接影响驯化培育或救护效果。针对中华鲟仔、稚、幼鱼弱苗的体质进行强化培育十分必要，在科学研究与生产实践中均具有重要意义。

利用中华鲟稚幼鱼的生理与生态特性，综合运用弱苗筛选、饵料强化、分级分池、环境调控、水质调控、食性驯化等方法，及时筛选弱苗，增加投喂水蚯蚓次数，使中华鲟苗种的体质得到强化提高。及时对中华鲟苗种进行分级分池，使其得到充足的机会去摄食饵料。推迟食性驯化至幼鱼阶段，经过定时定点驯化、饥饿刺激后逐渐减少水蚯蚓比例，使中华鲟幼鱼最终摄食人工饲料。提高中华鲟仔、稚、幼鱼培育成活率的具体做法如下：

（1）弱苗筛选 在培育池中筛选出弱苗，即挑选体形瘦小、头部较大、尾部细长、游动较慢、摄食较慢或较少、有一定厌食状况的弱苗。将具有这些特征的弱苗筛选到另外池中专门培育。弱苗筛选每天进行，发现弱苗就及时取出进行强化培育，以免死亡。

（2）饵料强化 仔鱼阶段的弱苗，开口后投喂鲜活水蚯蚓或浮游动物活饵，水蚯蚓经流水冲洗、紫外线消毒、剁碎后沿桶壁匀洒。水蚯蚓碎段依鱼苗口径增大而逐渐增加；每日投喂 9 次，上午、下午和晚上各 3 次，每次投喂量为体重的 15% 左右。稚鱼阶段的弱苗，每日投喂活水蚯蚓 6 次，上午、下午与晚上各 2 次；水蚯蚓碎段依鱼苗口径增大而逐渐增加，每次投喂量为体重的 12% 左右。幼鱼阶段的弱苗，每日投喂次数为 3 次，上午、下午与晚上各 1 次，在初始阶段仍投喂活水蚯蚓，每次投喂量为体重的 8% 左右，水蚯蚓不需要剁碎，在中华鲟幼鱼体质恢复较好后开始食性驯化，投喂水蚯蚓与人工饲料的混合饵料；水蚯蚓为中华鲟苗种的喜好饵料之一，投喂时少量多次，可促进摄食，强化提高体质。将食性驯化推迟至幼鱼阶段，因为幼鱼阶段的体质会达到较高水平，此时驯化可提高成活率。

（3）分级分池 在中华鲟仔、稚、幼鱼弱苗的培育过程中，有些苗种体质恢复较好，生长较快，摄食又多又快，需要将这些已经得到体质强化培育的苗种分级，筛选到另外的池子中。另外因摄食差异，弱苗也会因生长速度不同导致个体大小有所差异，也需要将这些弱苗分级到不同的池中进行体质强化培育。将个体相近的弱苗分至一个池子中，可避免因个体差异导致有些弱苗难以得到充足的机会去摄食饵料。放养密度随着个体生长，亦需要分池稀释。中华鲟仔鱼阶段每 1 m³ 放养 300 尾，稚鱼阶段每 1 m³ 放养 100 尾，幼鱼阶段每 1 m³ 放养 15 尾。分级分池后体质较好的苗种可及时进行食性驯化。

（4）水质调控 保证水体溶解氧浓度，大于 6.0 mg/L，温度维持在 20～22 ℃，pH 维持在 7～8，氨氮浓度小于 0.03 mg/L，透明度在 45 cm 以上。日常管理上每日换水 1/3 左右，每天清除残饵，洗刷食台并晾晒。病害可用高锰酸钾（每 1 L 水体用 1～3 mg）或福尔马林（每 1 m³ 水体用 30 g）防治。

（5）食性驯化　通过仔鱼与稚鱼阶段的体质强化培育，中华鲟的体质会达到较高水平，将食性驯化推迟至幼鱼阶段可提高成活率。每天投饵时定点定时，驯化前停止投喂水蚯蚓3d，使幼鱼处于饥饿状态，第4d定时定点投喂水蚯蚓，第5d开始又停止投喂水蚯蚓3d，使幼鱼处于饥饿状态。经过定时定点驯化、饥饿刺激后，开始人工饲料驯化过程。每天定时在设立的饵料台上进行投喂，开始全部投喂水蚯蚓，然后将人工饲料磨碎，混合在水蚯蚓中，每天逐渐减少水蚯蚓，逐渐增加人工饲料比例，直至第30d时，水蚯蚓与人工饲料各占一半。接下来10d，每天逐渐减少水蚯蚓，逐渐增加人工饲料比例。第50d时，水蚯蚓占15％，人工饲料占85％。紧接着10d用纱布挤出水蚯蚓汁，将水蚯蚓汁浇于人工饲料上，每天逐渐减少水蚯蚓汁含量，直至完全不加水蚯蚓汁。

2. 食性转化方法

食性转化是野生中华鲟幼鱼的难点问题，直接影响到受伤幼鱼的救护效果。对于大个体的中华鲟幼鱼而言，通过食性驯化，使其由摄食鲜活饵料向摄食人工饲料转变，既可以降低养殖难度，减少成本，又可以大幅提高养殖成活率。

通过救护工作实践和相关研究，形成了大个体中华鲟幼鱼食性转化方法，技术要点如下：

（1）定时定点驯化　在养殖池中架设饵料台，开始5d将总投饵量中的一半水蚯蚓置于饵料台中，另一半撒于池中；接下来10d仅将水蚯蚓置于饵料台中供中华鲟摄食，实行定点摄食驯化。每天09：00和16：00投喂饵料，对中华鲟进行定时摄食驯化。

（2）饥饿刺激　定时定点驯化完成后，停止投喂水蚯蚓3d，使中华鲟幼鱼处于饥饿状态，第4d定时定点投喂水蚯蚓，第5d开始又停止投喂水蚯蚓3d，使中华鲟幼鱼处于饥饿状态，然后开始人工饲料驯化过程。

（3）生态强化　人工饲料驯化过程中水温是递增的，每3d水温提高1℃，进行水温刺激驯化，从15℃升到25℃，共30d。人工饲料驯化过程中保持养殖池中为循环水，形成一定的水流，流速在1cm/s左右，对中华鲟幼鱼的摄食进行水流刺激驯化。

（4）饲料驯化　经过定时定点驯化、饥饿刺激后，与生态强化结合，开始人工饲料驯化。每天定时在设立的饵料台上进行投喂，开始全部投喂水蚯蚓，然后将人工饲料磨碎，混合在水蚯蚓中，每天逐渐减少水蚯蚓，逐渐增加人工饲料比例，直至第20d时，水蚯蚓与人工饲料各占一半。接下来10d，每天逐渐减少水蚯蚓，逐渐增加人工饲料比例，第30d时，水蚯蚓占15％，人工饲料占85％。紧接着10d用纱布挤出水蚯蚓汁，将水蚯蚓汁浇于人工饲料上，每天逐渐减少水蚯蚓汁含量，直至完全不加水蚯蚓汁。

（5）分级筛选　在驯化过程中，按照摄食与生长状况，定期动态地将中华鲟幼鱼分到优、中、劣3个池子中，减少个体差异导致的摄食竞争影响，可大大提高驯化成功率。

（6）养殖环境控制　食性驯化过程中保持养殖环境安静，在养殖池上方加盖遮阳网，避免强光，保持弱光环境。为避免多余的未吃完的饵料污染水质，每次投饵1h后将剩饵用虹吸管吸出。

经过定时定点驯化、饥饿刺激后开始人工饲料驯化，驯化时结合温度与水流等生态因子的综合强化以及养殖环境控制，促进中华鲟幼鱼摄食人工饲料，并且在驯化过程中动态地进行分级筛选，减少摄食的竞争压力，通过这种综合调控的食性驯化方式，驯化成功率提高至90%以上。

3. 常见疾病与防治

在中华鲟幼鱼救护的过程中，大多数个体都体质较弱，而且有些个体的体表还常常有伤口，极易导致不同疾病的发生。然而，对于中华鲟的疾病研究还相对较少（朱永久等，2005；潘连德 等，2008，2009）。近年来，在中华鲟幼鱼救护的实践中，发现细菌性烂鳃病、细菌性败血症、小瓜虫病、车轮虫病、细菌性烂鳃和胃充气并发症、肠炎是常发性、暴发性疾病，若不及时治疗，死亡率极高。将常见的几种疾病及其预防措施介绍如下：

（1）细菌性败血症

①症状。病鱼行动迟缓，摄食量下降，体表症状为腹部、口腔周围、骨板基部出血，肛门红肿，鳃丝颜色较淡；剖检有淡红色腹水，肝脏肿大呈土黄色，有坏死灶，后肠及螺旋瓣出血发炎，并充满泡沫状黏液物质。

②病原与病因。该病是由于鱼体经常被操作产生应激反应过多或鱼体受其他病害侵袭后引起的继发性感染。

③流行与危害。该病可危及各种规格的中华鲟，在管理不善、连绵阴雨天时较易发病，其来势猛、传播快、感染率高，如控制不及时，死亡率极高。

④预防与治疗。池水消毒，全池泼洒二氧化氯，每 1 m³ 水体用量为 0.3 g；内服治疗，每 100 kg 鱼每天用 2.0 g 恩诺沙星拌饵，分 4 次投喂，6 d 为一疗程。减少对鱼体不必要的操作，保持池水清洁；定期用二氧化氯（每 1 m³ 水体用 0.3 g）、聚维酮碘（每 1 m³ 水体用 0.5 g）等药物进行水体消毒，并在饲料中定期添加抗菌药物及维生素 A、维生素 E 等。

（2）肠炎

①症状。病鱼游动迟缓，食欲减退。检查可见肛门红肿，轻压腹部有黄色黏液流出；解剖可见肠壁局部充血发炎或者全肠红色，肠内无食物且积黄色黏液。

②病原与病因。在水温高于 20 ℃时，因养殖水体水质变差或鲟摄食变质饲料易发此病。该病由点状产气单胞菌（*Aeromonas punctata*）感染所致。

③流行与危害。中华鲟稚、幼鱼（250 g 以下）易染此病，若不及时治疗，常引起大量死亡。

④预防与治疗。每 100 kg 鱼每天用 2～4 g 大蒜素拌饵投喂，6～8 d 一个疗程。投喂天然饵料时一定要新鲜，投喂人工饲料时要选用颗粒大小适中、未变质的全价饲料。尽量做到定时定量投喂药饵（每 10 kg 饲料用大蒜素或黄连素 20～30 g）。

（3）水霉病

①症状。病鱼呆滞，游泳失常，食欲减退，日渐瘦弱、无力。病鱼开始时体表、鳍、鼻孔周围以及鳃盖上出现小的白色斑点，随着病情加重，在水中呈现出肉眼可见的白色或黄色棉絮状，寄生处皮肤开始肿胀、发炎或坏死。

②病原与病因。创伤后感染一种水霉菌而患病，菌毒素导致中华鲟死亡。

③流行与危害。该病流行于春秋冬季节水温较低时期（17～20℃），危害各个生长阶段的中华鲟。

④预防与治疗。清除鱼池内容易刮伤鱼体的固体物，保持池底光滑；做好池水消毒杀菌工作，每 1 L 水体用 0.03 mg 三氯异氰脲酸和 100 mg 福尔马林全池泼洒；对出现症状的鱼使用制霉菌素和抗生素联合治疗。在养殖过程中发现时，提高水体盐度或升降温处理也能达到很好的预防和治疗效果。

（4）细菌性烂鳃和胃充气并发症

①症状。病鱼腹面向上漂浮于水面，游泳异常，反应迟钝，无力，停止摄食。鳃丝发炎、肿胀、溃疡，鳃上黏液增多，导致鳃部肿胀，鳃盖张开，鳃膜不能合拢，鳃丝外露。解剖可见体腔壁炎症和淤血严重，肝脏、脾脏和肾脏有轻度炎症，胃和消化道没有内容物且胀气，胃充气尤其明显，体表正常。

②病原与病因。鳃部感染一种气单胞菌。因鳃组织病变和黏液覆盖，导致呼吸衰竭而死亡。细菌性烂鳃并发胃充气加重病情。人工饲料驯化期间，因水质恶化、鳃部损伤等原因导致病原感染。

③流行与危害。危害严重，发病后若不及时治疗，病鱼停食几日就会死亡，且死亡率高。等到出现死亡时，此病已无法治疗。该病主要危害 20 cm 以下幼鱼。

④预防与治疗。当中华鲟食量突然减少时，若看到其鳃盖膜闭合不严，鳃外露，则应立即采取以下措施：做好池水的消毒杀菌工作，用三氯异氰脲酸（每 1 L 水体用 0.03 mg）全池泼洒，每天 1 次，连续 2～3 d，或用其他外用消毒剂，如二氧化氯、溴氯海因、碘伏等，此时进行治疗尚有效；检查水处理系统是否运转正常，保持池塘水质良好；对出现典型症状的病鱼使用抗生素类药物治疗，药物治疗时要不断充氧，保证鱼体不缺氧，以减少治疗过程中的死亡。胃充气个体采用插管术，对腹部推压放气，再接 50 mL 针筒抽气，将胃内气体排出，消除症状。胃充气的危害不及烂鳃严重，应以治疗烂鳃为主。

（5）车轮虫病

①症状。病鱼体表无光泽，消瘦，游动迟缓。打开鳃部，可见鳃丝暗红色，黏液较多。镜检可见在体表和鳃上有大量车轮虫寄生。

②病原与病因。在河水或池塘水作水源的池中养殖时易感染，此病由车轮虫（*Trichodina* spp.）寄生引起。

③流行与危害。该病主要危害静水池中培育的稚、幼鱼，大量寄生时，虫体成群地

聚集在鳃的边缘或鳃丝缝隙里，破坏鳃组织，严重影响鱼的呼吸机能，使鱼死亡。

④预防与治疗。全池泼洒福尔马林（每 1 m³ 水体用 30 g）；鱼池在放苗前用生石灰（每 1 m³ 水体用 150 g）或高锰酸钾（每 1 m³ 水体用 20 g）彻底消毒；经常加注新水，保持水质清新。

（6）小瓜虫病

①症状。患病鱼体日渐消瘦，游泳能力大大降低，且浮躁不安，食欲减退。肉眼观察，病鱼体表布满白色小点，在鳃丝和鳍条下更严重。镜检体表黏液或鳃丝可见大量多子小瓜虫。

②病原与病因。该病由多子小瓜虫（*Ichthyophthirius multifiliis*）寄生引起，多发于水泥池静水饲养环境，在水温 20～25 ℃ 条件下易暴发此病。

③流行与危害。该病主要危害 15 cm 以下的中华鲟幼鱼，虫体侵袭鱼的皮肤和鳃瓣，以组织细胞为营养，引起组织坏死，阻碍呼吸，导致鱼窒息死亡。

④预防与治疗。提高池水温度至 30 ℃ 进行控制，效果较好；每 1 m³ 水体用 0.38 g 干辣椒粉和 0.15 g 生姜片混合加水煮沸后全池泼洒；鱼入池前用生石灰（每 1 m³ 水体用 150 g）或高锰酸钾（每 1 m³ 水体用 20 g）彻底消毒；增强鱼体体质，在水泥池养殖时保持一定的流水量。

二、中华鲟成体的救护

（一）中华鲟成体伤亡的影响因素

每年的 7—8 月，接近性成熟的中华鲟成体从东南沿海近海经长江口向长江中上游产卵场洄游，翌年 11—12 月，中华鲟产后亲体顺江而下，再次经过长江口洄游至东南沿海近海海域，长江口是中华鲟生殖洄游和索饵洄游的必经之路。遍布长江口水域的各类渔业捕捞工具以及繁忙的航运对中华鲟产生了极大威胁，被渔具误捕和船舶螺旋桨击打致死现象时有发生。渔具误捕和船舶螺旋桨击打是导致长江口中华鲟成体伤亡的两大主要因素。

（二）大型中华鲟救护案例

1. "1·18" 大型中华鲟救护

2007 年 1 月 18 日 11：00，横沙南侧 4 号坝处（121°55′E、31°23′N），1 尾野生中华鲟（图 10-6）被拖网作业误捕。误捕中华鲟为雌性，全长 3.35 m，体重 212 kg，推测年龄为 23 龄，受伤严重，胸鳍基部、腹部严重充血，全身大小伤口多达 27 处，且有 5 处老伤，尾柄、尾鳍、臀鳍均大面积刮伤流血，部分位置腐烂并覆着泥浆，露出鳍条骨，体表黏液损失严重，全身粗糙。由于受伤中华鲟在发现后曾被离水运输至少 40 min，造成中华鲟长时间缺氧，体质异常虚弱，濒临死亡。基础生物学测量数据（表 10 - 1）如下：

图 10 - 6 "1·18"误捕重伤中华鲟

表 10 - 1 "1·18"中华鲟的基础生物学数据

测量指标	测量值	测量指标	测量值
全长（cm）	335	背骨板数（个）	15
体长（cm）	282	侧骨板数（左、右）（个）	36、36
体重（kg）	212	腹骨板数（左、右）（个）	12、36
头长（cm）	66	鼻间距（cm）	15
头高（cm）	38	眼间距（cm）	28
胸围（cm）	123	胸鳍长（cm）	43
体高（cm）	35	尾鳍叶长（上、下）（cm）	56、30

（1）救护流程与方法

①急救处理。接到误捕报告后迅速赶赴现场，对中华鲟进行全面检查，发现中华鲟多处严重受伤，不适宜就地放生和长途运输。在没有任何施救条件的情况下，采用彩条布在小木船上搭建一个规格为 5 m×2.5 m×0.6 m 的临时抢救池，将受伤中华鲟转入其中，并清洗伤口，用干纱布将表面水吸干后，涂上止血消炎药品，配伍抗菌类药品和能量合剂从胸鳍基部进行注射。每 2 h 将抢救池水抽出 50% 再加注新鲜江水，在中华鲟鳃部放置 4 个充氧砂头，保证水质新鲜、溶解氧充足，并将小船放在趸船右边，降低风浪和过往船只造成波浪颠簸对中华鲟的不利影响。

②运输和暂养。通过水运 3 h 到达码头，将中华鲟转入规格为 4 m × 0.8 m 的特制担架，用吊车将担架吊起，5 min 空中吊运，放入特制运输箱中，箱中水位 60 cm，并在箱体前部放置 6 个充氧砂头，保证溶解氧 6 mg/L 以上，陆上运输约 1.5 h 到达救护中心，

将暂养池水抽入运输箱中，平衡水温，从 7 ℃缓慢上升到 12 ℃，使中华鲟适应暂养池水质。1 月 19 日—3 月 25 日在规格为 9 m×7.5 m×1.5 m 的暂养池中施救和康复，3 月 26 日—6 月 17 日在规格为 17.5 m×15 m×1.5 m 的养殖池中恢复自愈。

③日常管理。每天 09：00—10：00 换水，换水量 1/3～1/2，在溶解氧低于 6 mg/L 时开增氧泵进行充氧，水体泼洒药物消毒 30 min 后开增氧泵进行充氧，并加注新鲜水到正常水位，暂养池的水质状况见表 10-2。1 月 19 日—2 月 15 日每 30 min 用自动水质测定仪（YSI-650）对水温、溶解氧、pH 和盐度进行测定并记录；2 月 16 日—3 月 25 日每 3 h 对上述 4 个项目进行测定；3 月 26 日—6 月 17 日每天测定 1～4 次上述 4 个项目。

表 10-2 "1·18"中华鲟暂养池的水质情况

检测指标	测定结果（mg/L）	检测指标	测定结果（mg/L）
总硬度（$CaCO_3$）	255.2	亚硝酸盐	0.074
钙	58.23	总磷	0.508
镁	26.66	COD	2.71
碱度（$CaCO_3$）	671.06	铁	0.18
HCO_3^-	818.04	氟化物	0.57
氨氮	0.24	氯化物	420.82

④水源测定和血液生化指标测定。暂养水池水质分析用常规方法，中华鲟从尾动脉用注射针管采血，抽血后注入肝素钠抗凝玻璃采血管中，缓慢摇晃均匀，3 000r/min 离心 15 min 制备血浆，用全自动化学生化分析仪（Vitros250）测定血液 33 个生化指标，用放射性免疫法（RIA）测定雌二醇和睾酮。

⑤行为观察。1 月 19 日—2 月 15 日对中华鲟行为进行 24 h 不间断观察，2 月 16 日—3 月 25 日每 3 h 观察 1 次，3 月 26 日—6 月 17 日每天观察 1～4 次。观察内容包括：游动方向（顺时针或逆时针）、游动水层（底层、中层或表层）、游动速度 v（绕行 1 周的路程/时间）、呼吸频率 f（指鳃盖在 1 min 内张合次数，一张一合为 1 次记）、尾部摆动频率 n（1 min 内尾部左右来回摆动的次数）、游姿是否正常、有无应激反应（游速突然变化、皮肤肌肉紧张等）等。因中华鲟一直未开口摄食，整个过程没有进行饵料投喂。

（2）救护结果与分析

①创造良好的救护环境。受伤中华鲟转入暂养池后，根据其生态习性，进行了隔音遮光处理。减少人为干扰，实施封闭管理，将暂养池四角由直角改造为圆形，避免受伤中华鲟早期因不能平衡身体游动冲撞池壁而造成再次受伤，池子四周用 1.8 m 高的可移动式黑布包裹屏风挡光隔音，池顶用黑布遮光，人为制造黑暗环境，改造成"重症监护室"，有利于施救、监控和促进中华鲟康复。

②主要救护措施及效果。重伤中华鲟的救护过程可分以为 4 个阶段，即昏迷阶段、苏醒阶段、康复阶段和自愈阶段。针对在这 4 个阶段的不同状况及治疗进展，采取不同救护

措施，使其达到完全康复（表10-3）。在昏迷阶段，重伤中华鲟基本不动，考虑到水温偏低（7～12 ℃），体质虚弱，每12 h注射抗生素、维生素和能量补充剂，防治伤口和脱落黏液的表皮重复感染危及生命，增强其抵抗能力，补充能量，恢复体能，提高自身免疫力。苏醒阶段是关键，重伤中华鲟可以短距离侧身不平衡游动，鳃盖张合频率由高到低，逐渐平稳，体色转向正常，体能有所恢复，每天不平衡游动3～6次，这一阶段除了每天注射康复组剂外，最主要是在暂养池中泼洒一定浓度药品，防止真菌感染。进入康复阶段证明重伤中华鲟已脱离危险期，游泳姿势正常，速度可达0.37～0.42 m/s，体表黏液基本恢复，尾柄、臀鳍和尾鳍重新长出新皮肤，此阶段由每天注射1次康复组剂变为每4 d注射1次，最后停止打针，到2月24日外伤愈合，体力恢复。自愈阶段没有进行人为治疗，主要靠自身恢复，主要的工作是将中华鲟由67.5 m² 小暂养池转入262.5 m²的大暂养池（3月25日转入），这样有利于中华鲟自由游动，增强其康复能力，经过151 d救护，重伤中华鲟完全康复，体能测试达到放流指标。

表10-3 "1·18"中华鲟的救护措施与效果

救护阶段	救护时间	中华鲟状况	救护措施	救护效果
昏迷阶段	2007年1月18日至1月21日	静伏池底，鳃盖张合22～44次/min，但不稳定，多处伤口渗血，治疗时无力挣扎	清洗伤口，剪去坏死鳍条，涂抹药品，每12 h注射康复组剂*1次，每天加注2次新鲜水，溶解氧不低于8 mg/L	伤口开始止血，尾部偶尔摆动，背部黏液开始分泌
苏醒阶段	2007年1月22日至1月29日	间歇性侧游3～6次/d，每次游动8～16.5 m，身体不能平衡，尾部摆动无力；鳃盖张合从44次/min下降至35～22次/min，治疗时开始挣扎	涂抹药品，每天注射康复组剂，并在池水中添加药物，防止伤口和黏液脱落处滋生水霉，每天加注2次新鲜水，定期开增氧机	腹部由充血红色转为正常白色，胸鳍基部红色变浅，体表伤痕好转，腹部黏液开始分泌，中华鲟由不动转为间歇性游动
康复阶段	2007年1月30日至3月25日	游泳姿势正常，速度达到0.37～0.42 m/s；胸鳍基部仍充血，尾柄、臀鳍和尾鳍鲜红，不间断游动，鳃盖张合20～25次/min，治疗时有力挣扎	涂抹药品，注射药品种类和剂量根据中华鲟病情适当调整，并在池水中加一定浓度药物浸泡，防治水霉病，每天加注2次新鲜水，定期开增氧机	胸鳍基部充血消失，体表受损80%以上的黏液恢复，受伤部位开始生长新皮肤，腹部伤口逐渐愈合，鳃盖张合频率趋于平稳
自愈阶段	2007年3月26日至6月17日放流	鳃盖张合22～25次/min；未开口摄食，身体消瘦，游动速度缓慢均匀，为0.28～0.30 m/s	未进行治疗，由小暂养池转入规格较大的康复池，进行恢复自愈	受伤部位的伤口愈合、皮肤长出、鳍条骨被新生皮肤包裹，基本康复

注：* 康复组剂：中华鲟每1 kg体重的使用剂量为青霉素0.754 7万国际单位、硫酸链霉素0.471 7万单位、三磷酸腺苷二钠0.377 3 mg、维生素C 4.754 7 mg、维生素 B_2 0.235 8 mg和辅酶A 0.471 7 mg；用生理盐水或蒸馏水将上述药物混合，调和均匀成总量为10 mL的针剂（刘鉴毅等，2010）。

③救护期间的水质情况。整个救护过程对中华鲟暂养池水质进行了严密的监测。1月18日，长江口误捕时江水的温度为7 ℃，转入暂养池水温为12.3 ℃，1月、2月和3月的平均水温分别为（12.2±0.8）℃、（14.7±1.1）℃和（14.8±1.0）℃，水温偏低伤口愈合减慢。

这一时期采用打针、涂药和水体消毒 3 种方法，目的是一方面抑制体表伤口处细菌滋生，一方面为重伤中华鲟提供能量，该阶段是抢救的关键时期。随着气温上升，水温也随之升高，4 月为（17.3±2.8)℃，5 月上升至（21.3±0.7)℃，6 月升高到(22.7±0.6)℃（见图 10 - 7），此阶段（4—6 月）的水温在中华鲟适宜水温范围之内，对其伤口自愈非常有利。6 月 17 日实施放流，暂养池水温 23 ℃，长江口北港放流点水温 23 ℃，温度平衡，有利于中华鲟放流后对长江口水域自然水体环境的适应。暂养和康复池的水体 pH 稳定，保持在 8.0～8.7，呈碱性，有利于抑制细菌的生长繁殖，1—5 月平稳升高，由 8.3 升到 8.6，升幅达 3.4%，6 月为 8.6，接近 5 月的 pH（图 10 - 8）。暂养和康复池水体的溶解氧充足，1 月水温最低溶解氧最高，为（10.5±1.0）mg/L，2—6 月溶解氧都平稳保持在 8.5 mg/L 以上（图 10 - 9）。暂养和康复池水体为淡水，盐度在 1 左右（图 10 - 10）。

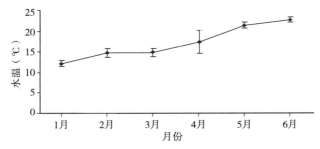

图 10 - 7 "1·18"中华鲟救护期间的水体水温变化

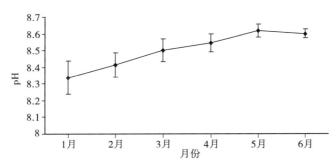

图 10 - 8 "1·18"中华鲟救护期间的水体 pH 变化

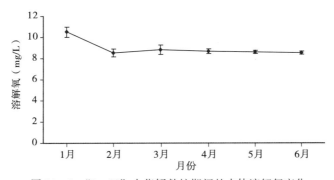

图 10 - 9 "1·18"中华鲟救护期间的水体溶解氧变化

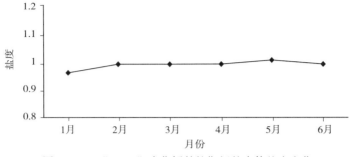

图 10-10 "1·18"中华鲟救护期间的水体盐度变化

④救护期间的鳃盖张合频率、尾部摆动频率和游泳距离。重伤中华鲟在早期鳃盖张合频率极不稳定，在 21～44 次/min，平均（33±7）次/min，表明重伤中华鲟身体极不稳定。2 月鳃盖张合频率最低，为（20±5）次/min，偶尔出现狂游现象，鳃盖不动，这可能是一种应激反应。3—6 月鳃盖张合频率逐渐平稳，在 22～25 次/min（图 10-11）。观察发现，1 月 18 日至 21 日和 23 日中华鲟没有游动，1 月 22 日以及 1 月 24 日至 30 日上午中华鲟每天游动 3～6 次，1 月 30 日 10：30 开始中华鲟持续游动，2—6 月尾部摆动频率在 21～24 次/min（图 10-12），标志着中华鲟体能、生理机能等各方面逐渐恢复正常。随着中华鲟的逐渐康复，其游动距离也在逐步增长，1 月游动距离最短，总计约100 km，此期体质虚弱，很少游动，处在昏迷阶段和苏醒阶段。在恢复正常游动后，2 月至 6 月每个月的游动距离都在 800 km 以上，集中在 1 300～1 600 km（图 10-13），在整个救护期间游动近 6 500 km。

⑤康复后的血液生化指标。经过 141 d 的救护，6 月 7 日对康复中华鲟进行了血液生化指标检测（表 10-4），为今后抢救重伤大型中华鲟积累了基础数据。

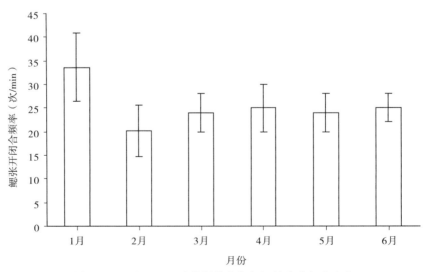

图 10-11 "1·18"中华鲟救护期间鳃的张合频率变化

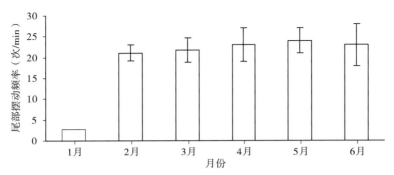

图 10-12 "1·18"中华鲟救护期间尾部的摆动频率变化

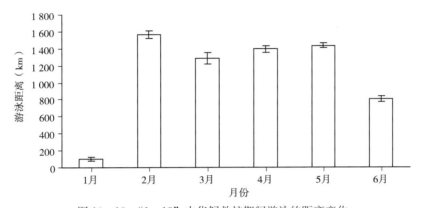

图 10-13 "1·18"中华鲟救护期间游泳的距离变化

表 10-4 "1·18"中华鲟康复后的血液生化指标

项目	结果	项目	结果
白细胞比例	0.75	高密度脂蛋白	0.41 mmol/L
总蛋白	26.5 g/L	低密度脂蛋白	0.58 mmol/L
白蛋白	11.4 g/L	空腹血糖	2.61 mmol/L
球蛋白	15.10 g/L	肌酸激酶	1 018 U/L
前白蛋白	28.7 mg/L	磷	2.49 mmol/L
谷丙转氨酶	10 U/L	钾	39.8 mmol/L
谷草转氨酶	88 U/L	钠	127.4 mmol/L
线粒体-AST	13.6 mmol/L	氯	119.4 mmol/L
乳酸脱氢酶	784.0 U/L	铁	2.7 μmol/L
血清胆汁酸	0.6 μmol/L	不饱和铁结合力	143.9 μmol/L
总胆红素	0.5 μmol/L	总铁结合力	146.6 μmol/L
肌酐	4.4 μmol/L	雌二醇	56.00~58.00 pmol/L
尿酸	4.0 μmol/L	睾酮	0.91~1.10 nmol/L
胆固醇	2.57 mmol/L	甘油三酯	5.78 mmol/L

　　⑥痊愈后放流。2007 年 6 月 17 日，主题为"拯救中华鲟，留住长江亿万年的美丽"的上海长江口"1.18"重伤大型中华鲟放流活动在长江口南支北港水域（121°45′E，31°25′N）

举行。在中华鲟背骨板上挂了 2 块标志牌，利用特制大型放流系统将痊愈后中华鲟顺利放流，证明此次大型重伤野生中华鲟救护圆满成功，为长江口中华鲟保护提供了基础资料。

（3）救护总结与经验启示　"1·18"重伤中华鲟的成功抢救，建立了完善的大型中华鲟救护规程。在发现或误捕受伤严重的大型中华鲟后，首先要将其控制以防逃走，并快速将其转移到带水船舱或网箱等安全地带，人工不断换水并充氧，保证氧气充足、水质新鲜。误捕或发现人应在第一时间通知渔政主管部门，并告知发现的时间、地点、大小和伤情等基本情况。相关部门得知信息后应立即启动抢救预案，组织专家迅速赶赴现场，查看伤情，询问过程，讨论抢救方案。同时，应及时清洗伤口，打针涂药，伤口长若超过 2 cm 应进行缝合，并视受伤部位和程度决定用药种类、剂量和注射次数，以 45°角在胸鳍基部注射，注射深度 2.5 cm。早期抢救池的面积 50～120 m² 为宜，水深 1.5 m 为宜，视鱼体大小而定，后期康复池面积 250～1 000 m²，水深 2～3 m。暂养和康复池应保证溶解氧 6 mg/L 以上，水温控制在 10～25 ℃，以 18～23 ℃ 为好。应密切监测中华鲟的行为反应，发现行为异常应及时分析原因，并调整和改进下一步处置办法。

2. "7·17"大型中华鲟救护

2007 年 7 月 17 日 17：00，上海金汇港外 5 km 处误捕 1 尾大型野生中华鲟，全长 337 cm，体长 298 cm，体重 276 kg，尾鳍上叶明显偏小。由于长时间被网片包裹，且经过高速拖运，全身有严重的网片勒伤；骨板凸出、腹部严重充血；吻端、背骨板淤血严重；尾部也有较重的刮伤。现场放生难以保证存活，并且附近水域捕捞作业强度较大，放归后仍存在被误捕风险，加之正处盛夏时节，气候炎热，水温较高，容易产生继发感染危害其生命，综合考虑决定对其实施救治。

（1）救护流程与方法

1）急救处理。接到信息后，救护小组迅速赶赴现场，对中华鲟进行全面检查，并与渔民沟通误捕情况。在现场立即清理缠绕鱼体的网片，并将其置入专用担架内进行紧急护理。护理方法为：用干净水清洗伤口，去除污物后，用纱布蘸干伤口表面水分，涂抹可黏附于鱼体的止血消炎药物，配伍抗生素、维生素和能量补充剂从胸鳍基部注射。操作期间保持中华鲟鳃部始终没入水中，救护人员随时观察呼吸情况，人为拨动水体，使其头部水体保持一定流动状态。

2）运输。采用野生水生动物救护专用槽运输，运输槽大小规格为 4 m×0.8 m×0.8 m，装配有冷水机、纯氧罐、沙滤罐和蛋白分离器。可同时满足大型中华鲟运输过程中控温、增氧和水质净化等需要，并可实时显示运输槽内的温度和溶解氧条件。运输全程水温控制在（24±0.5）℃，溶解氧保持在 9.8～22.5 mg/L。

3）救护暂养池。救护所用池塘有 2 种规格，一种规格为 9 m×7.5 m×1.5 m，主要用于前期抢救；另一种规格为 17.5 m×15 m×1.5 m，主要用于中华鲟伤势和游泳能力基本恢复后的暂养护理。上述池塘均为室内陆基水泥池，为内循环水处理养殖系统；采用过滤棉过滤水体悬浮物；用人工水草和毛刷固着硝化细菌、亚硝化细菌，降解水体氨氮、亚硝酸盐；暂养水均稳定运行1个月，各项指标符合渔业水质标准。暂养池实施封闭管理，进行了遮光、隔音处理，尽量减少人为干扰。

4）水质监测与调控。抢救初期，采用24 h值班方式进行看护，每隔15 min记录水质变化情况。监测内容包括水温、盐度、溶解氧和pH等。每隔3 d检测水体氨氮和亚硝酸盐指标，每周对池塘细菌情况进行检查。养殖用水为深井水。抢救初期，每天换水1/3。定时开启深水射流式增氧机增加水体溶解氧含量。采取如下方式进行温度和盐度的调控：

①温度调控。抢救期间正是夏季，抢救车间条件简陋，未安装控温设施，最高水温可升至30 ℃以上，需要采取相应控温措施，保障救护中华鲟安全。前期主要采用加冰降温和适当更换低温深井水的方式进行水温调控；同时实施暂养车间改造工程，车间顶部、外墙用泡沫彩钢板覆盖，救护暂养池四周用3 mm厚的PVC材质门帘隔开，形成相对封闭的区域，并在池塘边上安装大功率空调用于调控车间温度。车间改造工程完成后，主要通过空调降温和适当更换低温深井水的方式进行控制。

②盐度调控。根据捕获地盐度范围，利用速溶海水晶将暂养池水体盐度控制在8.40～8.65。进入康复阶段后，逐步对中华鲟进行淡水驯化。具体方法为：每天排放1/10海水，加注淡水，盐度降低2后稳定暂养1周，再用此方法，直至降至淡水。

5）行为观察。抢救初期，24 h连续看护，每隔15 min记录主要行为反应，主要包括游动方向、游动水层、游动速度、呼吸频率、尾摆频率以及异常反应。其中游动方向、游动水层、呼吸频率、尾摆频率等的观测方法同前。游速记录采取如下方法：中华鲟直线游动时，在其推测路径上选取参照点，记录中华鲟头部刚碰到该点至尾部刚离开该点的时间，用其全长除以记录时间即可得到其游动速度。异常行为包括突然游动、停止游动、频繁掉头等行为的突然变化。中华鲟行为基本稳定后，行为观察时间调整为2 h一次。

6）伤情诊断与治疗。主要采取表10-5所示的方法进行诊断治疗。

表 10-5 "7·17"中华鲟伤情诊断与治疗方法

方法名称	方法描述
体表观察诊断	主要观察鳃部黏液量、鳃色、皮肤表面伤口、泄殖孔状态
触摸诊断	主要检查腹部弹性，按压泄殖孔前端观察有无异物排出
镜检诊断	取鳃部黏液、排泄物内部制作水封片检查有无寄生虫
注射针剂	采用广谱抗生素与维生素和ATP配伍，混匀，胸鳍基部肌肉注射；早期每隔24 h注射一次，连续3次后改为每3 d注射一次，直至伤口恢复
离水短时药敷	操作时将中华鲟抓入担架麻醉，保证其鳃部浸润水中，伤口离水后，用通利血脉、养阴生肌的药物浸润纱布，在伤口处外敷10～15 min
创伤收口	用过氧化氢水溶液、碘酊等药物涂于伤口处，加速伤口收敛
涂抹消炎药	将伤口处水分用干净无菌毛巾蘸干，涂抹黏附性的消炎止血药膏

7）营养补充。营养补充主要是通过人工喂食或中华鲟自主摄食饲料，以补充其所需营养物质。大型野生中华鲟在人工养殖环境下自主摄食一直没有突破，成为一个难题。在中华鲟救护期间，主要采取以下 3 种方式进行人工营养补充。

①灌饲法。将梅童鱼、凤鲚和乌贼等冰鲜水产品清洗消毒后去皮，混以葡萄糖、维生素等配制的溶液，打磨成浆状饲料。操作时将中华鲟抓入担架麻醉，将灌饲管插入食道，使鱼浆或营养物质通过灌饲管灌入食道内。每次灌入量为体重的 1%。灌饲后观察记录排便情况。操作中若中华鲟有苏醒状态应立即停止灌饲，避免剧烈应激反应对其产生伤害。

②潜水导饲法。由潜水员手持塑料导管，将进行过预处理的饵料置于导管一端，随中华鲟一起游动，同时将导管饵料端慢慢通过嘴部导入中华鲟食道，待中华鲟吞咽动作结束后拔出导管。饵料包括野生鲫、鰕虎鱼、舌鳎、中国花鲈和沼虾等。

③潜水直接喂食法。操作时先将新鲜食物消毒处理，潜水员带好食物，跟随中华鲟一起游动，并将食物送至中华鲟口边，由其主动吸入。饵料同上。

（2）救护结果与分析

1）救护期间环境条件。抢救暂养期间，水温变化比较平稳，基本保持在 20～25 ℃；溶解氧始终保持在 7 mg/L 以上；淡化前水体盐度控制在 8.4～9.4，经过 3 个月淡化至淡水养殖，期间中华鲟行为稳定、未出现异常；pH 一直保持在弱碱性范围，养殖水质基本稳定，碱性水环境有利于提高鱼体抗病能力、减少细菌感染概率。暂养期间氨氮指标均小于 0.05 mg/L，亚硝酸盐指标小于 0.01 mg/L，水体菌群数符合国家渔业水质标准。

2）行为反应。

①尾部摆动频率与游泳速度。中华鲟救护暂养期间一直处于游动状态，游动速率稳定，保持在 0.5～0.6 m/s，7—12 月尾部摆动频率保持在 23～30 次/min（图 10-14）。10—12 月，中华鲟开始进食，体重有所增加。

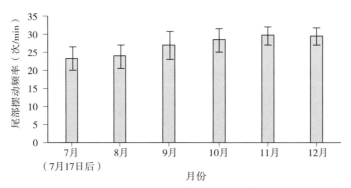

图 10-14 "7·17"中华鲟抢救期间中华鲟尾部摆动频率变化

②呼吸频率。7—9 月，鳃盖张合频率较高，达（43±5）次/min，10—12 月稳定在（40±3）次/min（图 10-15），可能与抢救期间水温较高、尾部畸形以及尾部摆动频率较快有关。

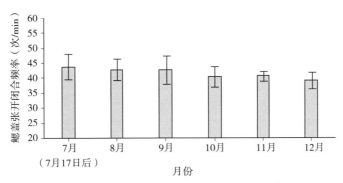

图 10 - 15 "7·17"中华鲟抢救期间的呼吸频率变化

3）诊断、治疗和康复。通过体表观察、触摸、镜检，确认"7·17"中华鲟鳃部状况良好、尿殖孔无炎症症状，腹部内部脏器无硬化现象发生，鳃、肠道无寄生虫感染。结合体外伤势，对"7·17"中华鲟的救治主要以防止伤口感染、补充能量使其自我康复为主。根据其伤势恢复情况采取不同救护措施（表 10 - 6）。

表 10 - 6 "7·17"中华鲟外伤救治过程与伤势康复情况

救护阶段	救护时间	救护措施	救护结果	救护措施调整
抗感染恢复阶段	2007 年 7 月 17 日至 2007 年 8 月 19 日	7 月 18—21 日每天使用抗感染针剂治疗技术、离水短时药敷技术、创伤收口技术、黏附消炎药技术进行治疗。7 月 21 日—8 月 19 日，改为每 3 d 治疗一次。8 月 8 日开始实施灌饲	救治 3 d 后，除背部部分伤口外，其余伤口均收口。通过该阶段治疗，中华鲟伤口已完全愈合，伤口处有新皮肤长出，但新生肌肉部位容易再次受伤。通过行为观察，中华鲟喜绕池壁游动，胸鳍常与池壁摩擦，有新的伤口出现	8 月 19 日将中华鲟转入面积更大的暂养护理池
增加营养自愈阶段	2007 年 8 月 20 日至 2007 年 9 月 15 日	此阶段一直使用灌饲方法对其进行能量补充，每 3 d 操作一次，每次灌入约 2.5 kg 营养物质。操作前后使用抗感染针剂治疗技术、离水短时药敷技术、创伤收口技术、黏附消炎药技术进行治疗	转入暂养护理池后，中华鲟游动更自由，此阶段未出现贴壁游动现象。其伤口均愈合，网片勒痕处新鲜皮肤长出，皮肤光滑、皮肤黏液增加。随着中华鲟体力增强，灌饲前抓捕操作时应激反应加大，对中华鲟恢复产生了一定影响。经检查此阶段中华鲟体重下降 10%，故认为此阶段能量补充不足	停止灌饲操作，采用导饲方法进行能量补充，增加导饲投喂量
自愈阶段	2007 年 9 月 16 日至 2007 年 12 月 17 日	停止灌饲操作和治疗，9 月 15 日开始实施潜水导饲，10 月 5 日开始潜水喂食	此阶段除锋面伤口（游动时顶水处伤口）外其余伤口均恢复。中华鲟开始主动吸食嘴边食物，摄食量增加，体重增加	调整食物组成，使营养均衡
康复暂养阶段	2007 年 12 月 17 日至 2008 年 4 月 30 日	每月进行体检	伤口完全恢复，进食量稳定，体重保持在（330±10）kg	

（3）总结与经验启示

①要正确处理中华鲟误捕事件，避免类似事件发生。本次事故是因为渔民误捕中华鲟后，未进行正确处理，造成鱼体伤害。如果海区发现有大型中华鲟入网，切不可在渔网中拖拉至岸边，应立即通知当地渔政部门或保护区，联系专业人员进行处理。通过适当的宣传教育告知渔民误捕后正常的处理方法，可以避免此类事故的再次发生。

②要积累伤势诊断和治疗的相关数据。此次救护发生在夏季，季节条件导致许多措施均需要与"1·18"中华鲟救护有所差异。目前，国内对大型中华鲟抢救的实例不多，还需要大量积累经验和实践资料才能建立合适的大型中华鲟救护技术体系。

③对水生生物健康状况的评价还未成体系，这也是水生生物保护的一个亟待研究的方向。一旦建立科学的健康评价体系，将会使水生生物物种保护工作乃至水生生物疾病防治技术进入一个新的高度。

三、存在的问题与展望

长江口是中华鲟生殖洄游和索饵洄游的"咽喉要道"和重要驿站，对于中华鲟物种保护十分重要。然而，长江口地区也是我国最发达的地区之一，社会经济高速发展，人类活动极其频繁，保护与发展问题显得尤为突出。长江口中华鲟被渔民误捕和过往船舶船桨击打致伤、致死等事件时有发生，加重了野生种群日益衰减的趋势。因此，开展长江口中华鲟救护工作需要长期坚持，并且要在救护工作的实践中不断地创新思路、总结成果，探索建立一整套针对性强的救护理论技术体系，最终实现长江口中华鲟的有效救护。

1. 加强救护理论研究与技术体系建设

自 1988 年上海崇明中华鲟暂养保护站成立以来，相关高校科研院所科研人员以及保护站工作人员在长江口中华鲟救护方面开展了积极有益的探索，积累了一定的救护经验和技术。然而，在受伤中华鲟的诊疗、救治和康复等过程中大多以经验判断为主，缺乏量化指标和标准以及详细的、有针对性的救护技术流程和操作规范。今后，在救护理论与技术方面应进一步加强研究，建立相关的标准体系和规范化流程。

2. 加强科普教育宣传与监督执法管理

渔民误捕和船桨击打是导致长江口中华鲟伤亡最为严重的两大关键因素，及时得到有效的抢救是受伤中华鲟救护成功的关键。科普宣传与监督执法是上海市长江口中华鲟自然保护区的两大重要功能，保护区管理处自 2003 年成立以来，结合中华鲟增殖放流与监督执法等活动开展了大量的科普宣传教育活动，取得了一定的成效。然而，面对当前中华鲟野生种群衰退的严峻形势以及国家长江大保护和生态文明建设的战略部署，应当进一步科学地统筹规划，扩大科普教育的宣传影响面，加强保护立法建设，提高监督执法力度和科学水平。

3. 实现个体救护和栖息生境保护并重

长江口是中华鲟生活史中的关键栖息地，生境保护对于中华鲟野生种群尤为重要。今后，在积极开展受伤个体保护的同时，加大对栖息地生境结构功能特征与变化，及其与中华鲟种群之间相互关系的调查研究，为中华鲟良好栖息环境营造与修复奠定理论与技术基础。

第二节 长江口中华鲟的放流

增殖放流是恢复水生生物资源的重要手段之一，也是拯救和保护濒危物种野生种群的重要举措。在长江口开展中华鲟放流的意义主要体现在：第一，放流是对长江口中华鲟救护工作的延续，直接补充野生种群数量，减缓了因人类活动对野生中华鲟种群造成的威胁；第二，放流技术研发拓展和丰富了水生生物资源恢复和濒危物种保护理论基础和技术；第三，放流工作的开展起到了广泛的宣传教育目的，提高了公众的生态保护意识，促进了生态文明建设。据不完全统计，截至 2017 年底，在长江口水域开展了中华鲟放流活动达 20 余次，累计放流不同规格中华鲟 15 000 余尾（含人工繁育的 F_1 代个体），其中抢救成活个体达 1 000 多尾。

一、放流策略

1. 放流个体

在遵循中华鲟生活史规律和生活特性的前提下，坚持以抢救成活的野生个体放流为主，以人工繁育个体放流为辅的基本原则，挑选救护康复效果好、体格健壮的野生中华鲟进行放流。

放流前，要对放流个体进行适应性驯化，以提高其野外生存能力。放流中华鲟大多都暂养在淡水环境中，为了增加盐度适应和调节能力，需要开展盐度驯化。一般在放流前的 15 d 开始，采用阶梯增盐法驯化（赵峰 等，2006b），即每 3 d 为一个阶段，每阶段增加盐度 4，最后驯化到盐度 20 左右。研究显示，采用阶梯增盐法驯化，盐度驯化期间无死亡，摄食和生长正常，无不良反应。另外，在放流前还要投喂虾、蟹、贝、鰕虎鱼和沙蚕等中华鲟喜食的鲜活饵料生物，开展鲜活饵料的摄食驯化，提高野外捕食能力。

2. 放流时间

研究资料表明，每年的 4—5 月，中华鲟幼鱼都会陆续到达长江口水域进行索饵育肥和入海前的适应性生理调节，9月以后基本都洄游进入东南沿海近海（庄平 等，2009；赵峰 等，2015）。然而，接近性成熟的中华鲟成体则在每年的7—8月开始经长江口向长江中上游产卵场洄游，于翌年11—12月产卵繁殖，产后亲本顺流而下，再次经长江口进入海区生活（四川省水产资源调查组，1988）。因此，从中华鲟的洄游生活史来看，5—9月均可在长江口进行中华鲟幼鱼放流。但是，6—8月为长江口地区的盛夏季节，气温较高，不利于开展放流。因此，长江口中华鲟幼鱼最佳的放流时间最好选择在8月底至9月初。对于中华鲟成体的放流应视具体情况（产前或产后），但也应避开高温季节。

3. 放流地点

调查监测显示，中华鲟幼鱼主要分布在北起崇明东旺沙南部，南至横沙岛东滩，西起陈家镇奚家港至长兴岛中部，东到近海区水深3～5 m（潮间带下）的咸淡水区，东西长约25 km，南北宽约20 km，主要集中在崇明岛东滩周围长8～10 km、宽3～5 km的范围内。随着中华鲟幼鱼的生长发育，逐渐向近海的深水区移动。因此，中华鲟幼鱼的放流应选择在长江口团结沙至东旺沙一带滩涂面积较大水域，且远离航道。

4. 放流方式

中华鲟放流采用机械化的中华鲟放流专用槽（图10-16）放流，放流专用槽集液压装置、增氧系统、玻璃放流槽和缓冲装置于一体，既能保护中华鲟的安全，又能起到观赏、体验的科普宣传效果。

图 10 - 16　利用放流专用槽（a）开展中华鲟放流（b）

中华鲟对水温和溶解氧要求较高，养殖环境下生长适宜温度为18～25 ℃，溶解氧要求6 mg/L以上（颜远义，2003）。放流中华鲟需要用车或船运输到达放流点，运输时间长，气温高，为了避免因高温和缺氧造成中华鲟体质下降和死亡的危险，放流中华鲟运输过程中须采取降温和增氧处理。1龄中华鲟幼鱼采取充氧打包、冰袋降温的运输方式，2龄及以上的大规格中华鲟则采用水箱运输、冰块降温、增氧机或者氧气瓶增氧的方式。

二、标志放流

标志后进行放流，不仅可以掌握放流中华鲟存活状况及其野外生存能力，还可以帮助我们了解中华鲟的生长发育和洄游习性等生活史特征。

（一）标志放流技术

长江口中华鲟放流时使用的标志及其方法简介如下：

1. 被动整合式雷达标志（passive integrated transponder tag，PIT 标志）

（1）简介　PIT 标志（图 10 - 17a）体积小，耐腐蚀，对鱼体伤害较小，可永久保存。PIT 标志主要由长 0.5 cm、直径 0.1 cm、重 0.1 g 的圆柱形芯片及其外层包裹的耐腐蚀且对鱼体无害的玻璃组成。PIT 标志具有唯一编码，通过专用读码器（图 10 - 17b）可以显示 16 位十进制序列码。读码器可以在水体中扫描出植入鱼体内标志的编码。植入 PIT 标志的中华鲟能被单个识别，结合体长和体重等基础信息，可以追溯和获取回捕标志放流中华鲟的生长、放流地点和时间、存活年限、洄游范围等相关信息。

（2）标志方法　PIT 标志的植入工具为针管与 PIT 标志直径相同的植入器（图 10 - 17a），植入部位为背鳍下方肌肉，PIT 标志适用于各年龄段的中华鲟。植入 PIT 标志前，使用专用读码器读取标志编码并记录，植标时将 PIT 标志装入植入器针筒内，于针尖处涂上红霉素等消毒药物，而后注射于背鳍下方的肌肉内即可（图 10 - 17c）。PIT 标志固定简便、快速，鱼体离水时间短。

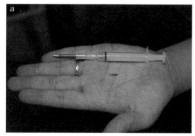

图 10 - 17　PIT 标志和植入器（a）、专用读码器（b）及其标志技术（c）

2. 体外银牌

（1）简介　体外银牌（图 10 - 18a）是固定于中华鲟骨板上用于短期标识的标志。体外银牌为自行设计，纯银材料制作以防海水腐蚀。标志牌规格为 2 cm×2 cm，固定银饰丝直径为 0.5 mm，重约 1.5 g。银牌的正反面用钢模铭刻有数字编号、放流单位和联系电话。体外银牌标志的优点在于易于识别，误捕者可以通过标志上的联系方式联系放流单位，能够快速、准确地获得标志信息；缺点在于易丢失，不具有长久性。

（2）标志方法　用手持式电钻（1 mm 钻头）将中华鲟背部第 3 块骨板横向钻穿，而后将银丝穿过银牌上的圆孔和骨板上的圆洞，用工具钳拧紧即可。

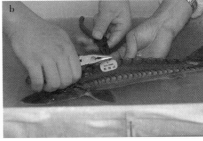

图 10 - 18　体外银牌（a）及其标志技术（b）

3. 飘带

（1）简介　飘带（图 10 - 19a）为耐腐蚀材料制成的塑料标志，由 5 cm 长、0.5 cm 宽的黄色塑料片与铁针组成。塑料片中间有一小段缺口，便于卡入鱼体肌肉或者鱼鳍上，起到固定的作用。塑料片上刻印有联系电话和标志编号。飘带标志具有操作方便、伤害小、标示明显的优点，适合于短期标志。

（2）标志方法　将铁针涂抹药膏后，刺入中华鲟背鳍基部，刺穿后用工具钳拉拔至塑料片缺口刚好卡在背鳍中，剪下铁针即可。

4. 体外芯片

（1）简介　体外芯片（图 10 - 19b）为国内研制，结合了 PIT 标志耐腐蚀、唯一编码和体外银牌标志宜于识别、可以铭刻信息的优势与特点。体外芯片可以设计成圆形、鱼体形等各种形状，颜色可以任选。该标志直径 4 cm，厚 0.2 cm，重约 3 g，中间有一个直径 0.5 cm 的圆孔，外层为耐腐蚀的塑料材料，内置芯片。芯片可以用读数器扫描识别，芯片编码为 16 位十进制序列码，外层塑料刻有放流单位、联系方式和鱼体号码等信息。

（2）标志方法　使用电钻在背部第三块骨板距骨板顶部 2 cm 处钻出 0.5 cm 深的孔，之后将涂抹有红霉素等药膏的钛合金螺丝穿过标志中心圆孔和骨板圆孔，用螺丝刀拧紧即可。由于标志的对象都是 2 龄以上中华鲟，标志时挣扎剧烈，容易造成鱼体和人员伤害，因而标志前需采取药物麻醉和电麻醉处理。药物麻醉采用 MS - 222 和丁香酚药浴麻醉，电麻醉采用 24 V 的直流电压（0.4 V/cm）。

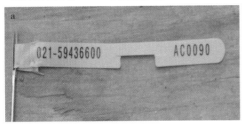

图 10 - 19　飘带（a）和体外芯片（b）

5. 可脱落档案式卫星标志（pop‐up archival transmitting tag，PAT 标志）

（1）简介　PAT 标志（图 10‐20）是由微电脑控制的记录设备，放流后每隔一段时间标志就会被激活一次，记录下来自不同传感器所记录的水压、鱼体外环境温度和光强度，并可利用当天记录下来的数据反演计算出标志鱼所在的地理位置。PAT 标志分为 2 种类型：一种只能记录温度、水深及光照强度 3 个因子，其设定的时间为 30 d 以内；一种可以记录温度、水深、光照强度及洄游路径（即经纬度）4 个因子，设定的周期可以从 1 个月至数年不等。标志时间的长短主要是根据标志电池容量及信息获取频率来决定。

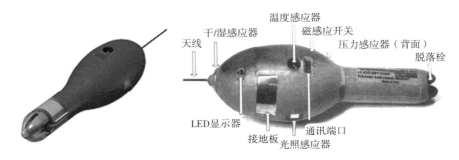

图 10‐20　可脱落档案式卫星标志标志

（2）标志方法　包括预埋式固定法和骨板固定式 2 种，技术要点如下：

预埋式固定法（赵峰 等，2010）：①预埋体制备：选用医用硅胶和钢丝作为主要材料制作标志预埋体（图 10‐21）。②预埋体植入：首先在鱼体背骨板上侧磨平，穿孔。然后在其体侧相应位置开一个长 4～5 cm 的切口，将预埋体硅胶植入体植入，将延伸线从背骨板小孔中引出。最后对切口进行缝合。中华鲟实施手术后应及时转入养护池进行观察，保证水质清新，及时观察伤口愈合情况。若发现有感染现象应及时进行消炎处理。③标志悬挂固定：悬挂前将鱼进行麻醉。首先将预埋体延伸线从标志底部孔内穿入，然后弯转后固定，根据固定点与尾鳍之间的距离确定延伸线的长度。

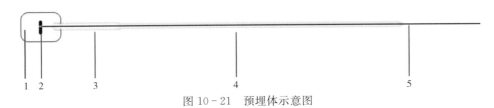

图 10‐21　预埋体示意图

1. 硅胶植入体　2. 延伸线固定块　3. 大号硅胶管　4. 小号硅胶管　5. 钢丝延伸线

骨板固定式（赵峰 等，2011）：将 PAT 标志的连接装置固定于中华鲟背部的 2 个背骨板中间，并通过鱼线、空心铝管、单孔扣具和双孔扣具进行固定，再将 PAT 标志的中间段通过鱼线、空心铝管和双孔扣具进行固定。具体步骤结合图 10‐22a 详述如下：①将第一单丝鱼线 5 由箭形标 1 的孔中穿出，一端用第一单孔扣具 8 夹紧固定。②将穿有第一单丝鱼线 5 的箭形标 1 插入中华鲟标本第二节和第三节背骨板之间。③在第一空心铝管 3 中间钻一小孔。④将钻孔的第一空心铝管 3 穿过第一单丝鱼线 5，一端贴近箭形标 1。⑤将第一单丝鱼线 5 穿过第一双孔扣具 9 的一个孔后，再穿过 PAT 标志 2 的固定孔 10，然后再穿入第一双孔扣具 9 的另一个孔后夹紧固定。⑥用微型手持电钻在中华鲟标本第二节和第三节骨板上均钻一小孔，将第二单丝鱼线 6 分别穿过第二节背骨板、钻孔的第一空心铝管 3 和第三节背骨板，在第二单丝鱼线 6 的两端分别穿入硅胶垫片 11 后用第二单孔扣具 12 夹紧固定。⑦用微型手持电钻在中华鲟标本第四节背骨板上钻一小孔，穿入第三单丝鱼线 7 后用第二双孔扣具 13 固定，使第二双孔扣具 13 贴紧第四节背骨板。⑧将第二空心铝管 4 穿入第三单丝鱼线 7，第三单丝鱼线 7 的一端穿入第三双孔扣具 14 的一个孔后，圈成圆环扣紧 PAT 标志 2，再穿入第三双孔扣具 14 的另一孔，夹紧固定（图 10 - 22b）。

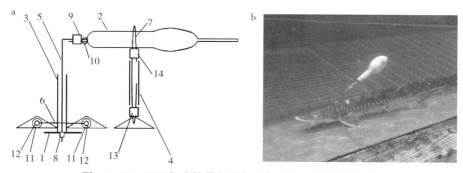

图 10 - 22　PAT 标志的骨板固定示意图（a）与效果图（b）

1. 箭形标　2. PAT 标志　3. 第一空心铝管　4. 第二空心铝管　5. 第一单丝鱼线

6. 第二单丝鱼线　7. 第三单丝鱼线　8. 第一单孔扣具　9. 第一双孔扣具　10. 固定孔

11. 硅胶垫片　12. 第二单孔扣具　13. 第二双孔扣具　14. 第三双孔扣具

无论用哪种标志固定方法，中华鲟放流前几分钟，需用重置磁石激活 PAT 标志，以保证标志正常工作。

6. 人工养殖中华鲟幼鱼群体的永久性标记

常用标志及其方法存在着标记个体少，人力、物力和财力投入大，而且还会对鱼体造成一定的损伤，影响到成活率和放流效果等问题，章龙珍等（2011）发明了一种永久性标记方法，使人工繁育中华鲟幼鱼的特定部位形成特定的形态特征，从而可以鉴别放流和野生中华鲟群体。技术要点如下：

在中华鲟胚胎发育至出膜后，将出膜后的仔鱼带水收集至培育缸中进行培育，控制培育缸的水温在 23 ℃，培育过程中增氧，保证水中充足的溶解氧（6 mg/L 以上）和良好水质条件，每 1 m² 培育数量为 3 000 尾。中华鲟鼻隔组织形成的关键时期是在出膜后的 7～10 d，由于采用高密度培育，形成鱼苗之间的相互干扰，影响这部分特定部位的鼻隔组织与下部组织接触，鼻孔表面鼻间隔无法形成，便形成了单鼻孔，单鼻孔的发生率为

50%；15 d 后，对部分已形成的鼻隔，由于相互间的摩擦或碰撞，发生鼻隔的断开，有50%形成单鼻孔，总体单鼻孔的发生率达100%需要30 d 左右。这种由培育密度影响形成单鼻孔的形态特征是永久性的，在以后的发育过程中无法再形成双鼻孔。形成的单鼻孔形式有：左边单个鼻孔，右边单个鼻孔；或者左边双个鼻孔，右边单个鼻孔；或者左右都是单鼻孔，总有一边的鼻孔发生了改变，从而达到对人工繁育群体的全部标记，达到大规模、高效、安全、永久性标记。这种标记方法避免了昂贵的费用和对设备的要求，通过鼻孔检查，可以随时判断是否是人工放流的中华鲟，便于广大的渔民掌握，准确区分人工养殖与野生中华鲟幼鱼，从而准确推断人工放流的效果。

（二）标志放流成效

2004—2008 年，连续 5 年利用 PIT、体外银牌、飘带和体外芯片 4 种标志开展了长江口中华鲟的标志放流实验研究，共标记放流 1～9 龄不同规格中华鲟 7 189 尾（表 10 - 7），其中抢救成活的野生中华鲟 870 尾，人工繁殖 F_1 代个体 6 319 尾。

表 10 - 7　标志中华鲟的生物学指标

年龄（a）	1	2	3	5	6	8	9
全长（cm）	55～80	65～115	80～140	110～175	120～190	130～200	145～220
体长（cm）	40～60	55～95	65～115	85～135	100～165	105～180	115～200
平均体重（kg）	1	6	10	20	25	34	45

2006 年和 2008 年，利用预埋体固定和骨板固定分别对 14 尾中华鲟进行了 PAT 标志，开展了标志放流研究，预设标志弹出时间为 1～6 个月（表 10 - 8）。

表 10 - 8　中华鲟 PAT 标志情况

年份	标志数量（尾）	年龄（a）	全长（cm）	体长（cm）	体重（kg）	回收数量（尾）
2006	6	3	98～110	82～93	5.5～6.6	3
2008	8	9	175～192	143～162	38.3～45.8	6

1. 标志回收率

①常规标志。标志放流的 7 189 尾个体中，共计回捕或被发现 17 尾，回捕率为 0.2%（表 10 - 9）。回捕个体包括 1 尾抢救放流的野生个体，11 尾人工繁育的 F_1 代 1 龄个体和 5 尾人工繁育的 F_1 代 2 龄或以上个体。放流后 1 个月内回捕或者发现的标志中华鲟有 10 尾，占到总回捕数的 59%；1 个月以后回捕或者发现了 7 尾中华鲟，都发生在海洋中。标志回捕最短时间仅为 1 d，最长时间为 162 d。这说明放流初期人为捕捞是放流中华鲟损失的主要因素之一。

表 10 - 9 2004—2008 年长江口中华鲟放流及回捕统计

序号	放流日期	回捕日期	年龄（a）	标志类型	标志号码
1	2004 年 9 月 26 日	2004 年 11 月 10 日	1	体外银牌	2004 - 010
2	2005 年 9 月 19 日	2005 年 9 月 20 日	5	体外银牌	AA1503
3	2005 年 9 月 19 日	2005 年 11 月 29 日	1	体外银牌	AA0120
4	2005 年 9 月 19 日	2005 年 12 月 1 日	3	体外银牌	AA0600
5	2005 年 9 月 19 日	2005 年 12 月 8 日	1	体外银牌	AA0688
6	2006 年 8 月 6 日	2006 年 10 月 1 日	2	体外银牌	AB2053
7	2006 年 8 月 6 日	2006 年 8 月 8 日	1	体外银牌	AB0065
8	2006 年 8 月 6 日	2006 年 8 月 11 日	1	体外银牌	AB0721
9	2006 年 8 月 6 日	2006 年 8 月 12 日	1	体外银牌	AB1321
10	2007 年 4 月 22 日	2007 年 4 月 24 日	1	飘带	AC1726
11	2007 年 4 月 22 日	2007 年 4 月 27 日	1	飘带	AC1000
12	2007 年 4 月 22 日	2007 年 4 月 28 日	1	飘带	AC0996
13	2007 年 4 月 22 日	2007 年 4 月 30 日	1	飘带	AC0936
14	2007 年 4 月 22 日	2007 年 5 月 6 日	1	飘带	AC1614
15	2007 年 6 月 17 日	2007 年 7 月 9 日	1	体外银牌	AC9044
16	2008 年 11 月 1 日	2009 年 1 月 4 日	9	体外芯片	8110131
17	2008 年 11 月 1 日	2009 年 3 月 11 日	9	体外芯片	8110129

②PAT 标志。投放的 14 枚标志中，成功回收了 9 枚标志信息，标志信息回收率为 64.3%。其中，2006 年标志 6 枚回收 3 枚，2008 年标志 8 枚回收 6 枚。较之常规标志技术，中华鲟 PAT 标志具有较高的信息回收率。

2. 标志适用性

标志类型及其固定方法与标志对象和标志目的具有非常密切的关系。中华鲟处于极度濒危状态，生命周期长，生活史复杂，面对野生种群数量急剧下降的趋势，开展放流是恢复野生资源的重要手段之一。目前，中华鲟放流中所使用的标志及其固定方法均有效可行，达到了预期目标。

鉴于中华鲟的生活史特征及其资源状况，建议在今后的标志放流中选择 PIT 标志和 PAT 标志为主。从前期的研究来看，PIT 标志和 PAT 标志在中华鲟标志上具有无可比拟的优势。PIT 标志适用于不同规格和生长阶段个体，且长期有效，对鱼体基本无损伤。PAT 标志在中华鲟的生活史研究上优势突出，标志回收率高，信息量大，可不经过回捕标志鱼而获得相关信息。但是，研究也发现，PAT 标志脱落时间比预设时间普遍提前，另外回收标志的存储信息还相当有限，有的甚至还不足 50%。今后在 PAT 标志小型化、固定技术及其信息的存储和传输技术方面还需要加强研究。

三、放流中华鲟的适应力

放流中华鲟能够适应野外生存环境、正常摄食生长是人工放流成功的重要标志。葛洲坝截流以后，每年均开展不同规模、不同规格中华鲟的放流活动。然而，对于放流中华鲟在野外环境下的适应力方面的研究还相对较少。

1. 长江口放流中华鲟的适应力分析

2004—2008 年开展长江口中华鲟标志放流后，从洄游分布、摄食能力和生长状况等方面对回捕个体进行了研究分析。

（1）洄游分布　常规标志放流回捕的 17 尾个体中，在长江口口内水域回捕 9 尾，近海海域回捕 8 尾。长江口口内水域的回捕个体都是在放流后 10 d 内被误捕的，放流 1 个月后，在长江口水域再未发生标志中华鲟回捕事件，推测放流中华鲟可能洄游迁移至近海海域。从海区回捕个体的年龄组成来看，包括了放流的所有年龄段。PAT 标志放流的结果也显示，长江口标志放流的中华鲟全部进入近海海域。标志中华鲟放流后在长江口及其近海的洄游分布情况详见本书第九章第一节，在此不再赘述。

（2）摄食能力　回捕的标志中华鲟被误捕死亡后，解剖发现放流中华鲟已经开始摄食野生的鲜活饵料生物。其中，2005 年放流的 1 尾 5 龄中华鲟在放流后的第二天在外高桥滩涂上被发现。经检查，该标志鱼外部无明显伤痕，消化道内有少量泥沙，胃内发现 2 根枯枝，长度分别为 5.7 cm 和 3.8 cm，直径分别为 0.7 cm 和 0.3 cm，总重量为 3.0 g。据此推测，该标志中华鲟放流后，顺水由放流地点向长江口外游动，到达外高桥水域，涨潮时到滩涂上觅食，退潮后由于恰逢大潮，致使在滩涂上搁浅，由于离水缺氧，加上被发现后没有及时采取相应的救护措施，导致缺氧死亡。从胃含物来看，该中华鲟放流进入野外环境后具有摄食欲望和行动，只是捕食能力较差，还未能有效捕食鲜活生物饵料。

对嵊泗列岛海域误捕中华鲟的胃含物分析发现，该标志中华鲟消化道中的食物总重为 7.74 g，胃充塞度 2 级。在贲门胃前部有 2 尾被消化程度很高的鱼的残体，其中 1 尾舌鳎，另 1 尾不能辨认；贲门胃后部有 2 尾虾，其中 1 尾为葛氏长臂虾（0.46 g），另 1 尾为脊尾白虾（0.37 g）；幽门胃中有 1 尾较大的脊尾白虾（5.18 g），6 只蟹的残肢；瓣肠中还有一块不完整蟹躯体（图 10 - 23）。在 2007 年 4 月 22 日放流的 1 龄中华鲟（放流 2天后误捕死亡）胃中也发现了 2 个 1 cm 壳宽的河蚬，且河蚬肉还未消化完。

以上证实，人工繁育或抢救暂养的中华鲟放流到野外环境后，能够在短期内激发捕食本性，逐渐恢复野外捕食能力。同时证明，放流前采用鲜活饵料摄食驯化有助于提高长江口放流中华鲟对野外环境的适应能力。

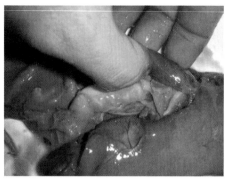

图 10-23　误捕中华鲟胃中的食物

（3）生长状况　比较发现，放流中华鲟在海区中均有不同程度的生长，体长增加率为 4%～50%，集中在 5% 左右，而体重增加率为 11%～234%，集中在 25% 左右（表 10-10）。这说明人工繁育的中华鲟放流后在自然海域中能够摄食生长，具备了适应野外环境的生存能力。

表 10-10　放流中华鲟的生长情况

序号	放流后天数（d）	体长（cm）				体重（g）			
		放流	回捕	增加率	SGR_L	放流	回捕	增加率	SGR_W
1	80	38	57	50%	0.51	507	1 695	234%	1.51
2	71	41	43	5%	0.07	440	549	25%	0.31
3	64	171	178	4%	0.06	27 500	35 000	27%	0.38
4	130	182	191	5%	0.04	33 450	37 000	11%	0.08

注：SGR_L 和 SGR_W 分别为体长和体重特定生长率，计算公式分别为：$SGR_L = \dfrac{\ln L_{末} - \ln L_{初}}{t}$ 和 $SGR_L = \dfrac{\ln W_{末} - \ln W_{初}}{t}$，其中 $L_{末}$、$W_{末}$、$L_{初}$ 和 $W_{初}$ 分别为回捕时体长、体重和放流时体长、体重，t 为放流后至回捕时的天数。

2. 长江中游放流中华鲟的适应力分析

2014 年 4 月 13 日，2014 年长江三峡中华鲟放流活动共计放流 2 龄子二代中华鲟（2011 年繁殖）2 000 尾，整体规格超过 70 cm。放流中华鲟均采用了 PIT 标志、声呐标志和 T-bar 标志 3 种标志方法。2014 年 4 月 29 日，在长江口水域发现第 1 尾放流中华鲟，此后又陆续监测到放流中华鲟 7 尾，共计 8 尾。放流中华鲟到达长江口的时间为 4 月 29 日至 5 月 14 日。

（1）洄游分布　从 2014 年 4 月 13 日放流到 4 月 29 日首次在长江口发现放流中华鲟，时间跨度在半个月左右，在时间和空间分布上并无显著规律（图 10-24）。放流中华鲟从宜昌江段游至长江口最快耗时 17 d，按宜昌到长江口约 1 600 km 计算，其游泳速度约为 94 km/d；到 5 月 14 日为止，发现的 8 尾放流中华鲟的平均游泳速度约为 70 km/d。

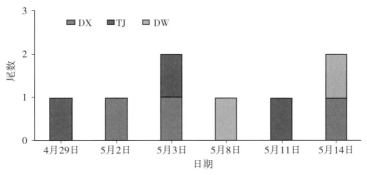

图 10-24　2014 年长江中游放流中华鲟在长江口的时空分布

DX. 东风西沙　TJ. 团结沙　DW. 东旺沙

（2）摄食生长　对渔民误捕死亡的 4 尾放流中华鲟进行解剖，发现其主要食物有河蚬和底栖鱼类（表 10-11，图 10-25）。结合其洄游速度和摄食情况，可以初步推测放流中华鲟在进入自然水域后，以极快的速度向河口水域降海洄游，而在洄游至长江口前摄食状况普遍不好。

表 10-11　2014 年长江中游放流中华鲟的摄食状况

序号	性别	性腺发育成熟	性腺质量（g）	摄食等级	摄食情况				肥满度
					种类	数量（尾）	质量（g）	长度（cm）	
1	♀	Ⅱ	1.92	Ⅳ	河蚬	42	15.71	1.4	0.58
2	♂	Ⅱ	0.60	Ⅱ	短吻红舌鳎	1	5.15	11.3	0.78
3	♂	Ⅱ	1.89	Ⅰ	木炭	1	0.39	—	0.66
					不可辨虾	—	4.97	—	
4	♂	Ⅱ	0.92	Ⅱ	短吻红舌鳎	1	2.67	11.0	0.72

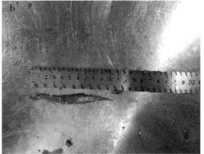

图 10-25　2014 年长江中游放流中华鲟摄食的饵料生物

四、存在的问题与展望

长江口独特的地理位置和自然条件以及在中华鲟生活史中所处的特殊地位，决定了在长江口开展中华鲟放流具有其独特的优越性和优点。放流中华鲟幼鱼避免了从中游至下游的长途跋涉，从而也避免了在此过程中所要面对的各类威胁，保障放流个体的最大成活，可以直接增加中华鲟野生种群数量。然而，对于洄游性鱼类而言，在非产卵场区域增殖放流后放流个体性成熟后能否洄游至产卵场繁殖呢？尽管存在着不同的科学观点，但这仍是世界上悬而未决的难题之一，也是长江口中华鲟（尤其是人工培育个体）放流成败与否的关键决定因素。因此，今后应该加强以下工作：

第一，突破思路，创新研究方法和技术，加强对中华鲟整个生活史周期的系统研究，尤其是进一步深入研究并查明中华鲟的洄游习性与生境需求，为科学放流和保护奠定理论基础和技术支撑。

第二，统筹规划，坚持以开展长江口救护中华鲟的人工放流为主导，开展集中攻关，不断改进和完善受伤中华鲟的抢救与康复、放流前适应性驯化、放流效果评估等配套技术，切实提高长江口中华鲟的放流成活率。

第三，加强监管，科学规划好放流前后的监督管理和调查监测工作，加强对渔业生产和从业人员的监管和宣传力度，规范作业区域，同时要加大对放流中华鲟的调查监测力度，切实保障放流效果。

第十一章
保护管理

野生动物资源的保护与管理主要有三个途径，即就地保护、易地（迁地）保护和离体保存。简单来讲，就地保护就是在原产地对保护对象及其栖息生境采取保护措施，易地保护是指将保护对象从原产地迁出到人工可控环境中从而实施保护，而离体保存仅是保护野生动物的可遗传物质。自然保护区是国际公认的就地保护的最有效形式。当前，中华鲟的保护还是以就地保护为主，迁地保护和离体保护为辅。本章介绍了上海市长江口中华鲟自然保护区概况及其影响因素，梳理了目前中华鲟保护管理中存在的问题，提出了对策建议，并对今后中华鲟的保护进行了展望。

第一节 保护区概况

2012 年，上海市长江口中华鲟自然保护区批准成立，这是继湖北省宜昌中华鲟自然保护区（1996 年）和江苏省东台中华鲟自然保护区（2000 年）之后成立的第 3 个省级中华鲟自然保护区。

一、自然概况

长江口是中华鲟唯一的洄游通道，也是幼鱼索饵肥育和顺利完成入海前生理调节的关键栖息地，在该水域中华鲟幼鱼的时空分布最为集中、栖息时间最长，也最易受到伤害。同时，长江口也是其他水生生物重要的洄游通道和产卵育幼场所。

1. 位置范围

上海市长江口中华鲟自然保护区（以下简称"保护区"）位于长江口第一大岛、我国第三大岛屿——崇明岛的东滩，中心点距离上海市中心直线距离约 78 km。保护区北起八滧港，南起奚家港，由崇明岛东滩已围垦的外围大堤与吴淞标高 −5 m 等深线围成（图 11 - 1）。其范围可以 A、B、C、D、E、F 六点连线所围区域表示，这六点的地理位置为：A 点是 31°37′N、121°50′E；B 点是 31°33′N、122°05′E；C 点是 31°29′N、122°06′E；D 点是 31°25′N、122°00′E；E 点是 31°25′N、121°52′E；F 点是 31°28′N、121°47′E。

2. 功能区划

保护区总面积为 696.46 km²，其中，核心区面积 209.22 km²，以崇明浅滩为西边界，界线曲折，另三边分别被缓冲和实验区包围；缓冲区面积 294.56 km²，以保护区西侧的滩涂湿地为主，通过核心区南侧的长条区域与保护区东侧的缓冲区连为一体；实验区面积 192.68 km²，分为南北两块，临近长江口南北的航道（图 11 - 2）。三个功能区布置合理紧凑，功能区分明确。

2008 年，保护区被列入《国际湿地公约》的"国际重要湿地名录"（Shanghai Yan-gtze Estuarine Wetland Nature Reserve for Chinese Sturgeon），从而成为我国水生野生动物保护区中的第一块国际重要湿地。

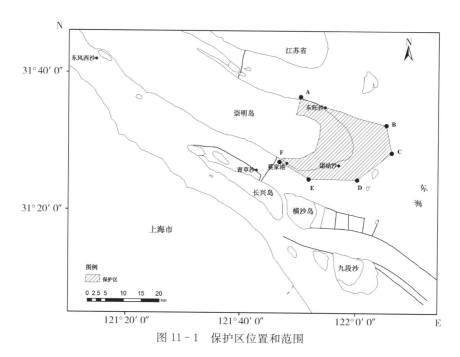

图 11-1 保护区位置和范围

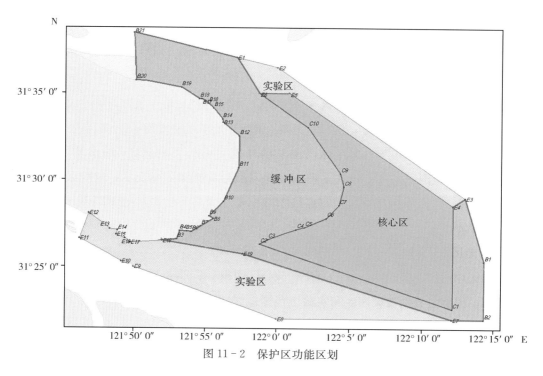

图 11-2 保护区功能区划

3. 生境特征

保护区地处亚热带季风气候区，气候暖湿，冬冷夏热，四季分明，降水充沛且季节分配比较均匀。年平均气温 15.7 ℃，年平均日照时数 1 900 h，年平均无霜期 254 d，年平均降水量 1 083 mm，年平均湿度为 80%，年平均蒸发量 1 400 mm，年平均雾日 50 d，年平均风速 3.7 m/s。

保护区地处长江入海口，东临大海，西接长江，水量充沛；属于中潮岸带，是长江口北港和北支水道落潮流和崇明岛影区缓流的堆积地貌区，属涨势向东和向北的淤涨岸，主要为潮下滩。底质主要有细沙、粉沙质细沙、细沙质粉沙、粉沙和黏土质粉沙等多种类型，土壤多为沙质土。

保护区主要受长江径流、潮汐和风暴潮控制，属非正规半日浅海潮，多年平均潮差 2.80 m，最大涨潮差 4.62 m，最大落潮差 4.85 m。水深在 5 m 以内，年均水温 17.2 ℃，8 月最高。波浪以风浪为主，涌浪次之。水体营养物质丰富，水质良好，pH6.6～8.4，盐度 0.5～15.0，DO 6.6～10.1 mg/L，COD 1.2～2.8 mg/L，无机氮 0.07～0.27 mg/L。

保护区涉及潮滩和潮下带，生境独特，水生生物资源极其丰富。保护区水域记录到浮游植物 6 门 92 属 203 种，包括硅藻门 50 属 139 种、绿藻门 20 属 31 种、甲藻门 7 属 16 种、蓝藻门 12 属 13 种、裸藻和黄藻各 2 种。保护区内的动物主要有鱼类、节肢动物、软体动物、腔肠动物、环节动物和棘皮动物等。共监测到鱼类 43 科 105 种，其中软骨鱼类 1 种，硬骨鱼类 104 种；节肢动物 83 种；软体动物 9 种；腔肠动物 3 种；环节动物 8 种；棘皮动物 2 种。

二、影响因素

长江口地理独特、交通便利、资源丰富，历来是人类重要的聚居地。在利用长江口生态系统服务功能的同时，人类活动势必对区域生态系统的结构和功能产生影响或者干扰。中华鲟自然保护区位于长江口核心地带，是区域生物多样性最丰富的地区之一，也是典型的生态敏感区和脆弱区。保护区不仅承受着长江口生态环境变化和人类活动带来的影响，同时也承受着整个长江流域生态环境恶化和人类活动的直接或间接影响。

1. 自然因素

（1）生境特殊性　保护区地处长江口崇明东滩，由滩涂植被区、潮间带光滩区和潮下带水域共同构成，属于典型的河口湿地，具有生态脆弱性和敏感性的特点。由于长江来水来沙和河口潮汐的共同作用，保护区的湿地一直处于动态变化过程之中。本地区湿地的最大特点就是演替过程单一，群落结构相对简单，稳定性不高。这样一种湿地生境十分容易遭受人类活动的破坏。

（2）物种脆弱性　保护区的主要保护对象——中华鲟，具有生活史长、洄游距离长、性成熟晚、对产卵条件要求高、自然繁殖死亡率高以及摄食能力较低等特点，致使物种十分脆弱，已处于极度濒危状态。据统计，当前葛洲坝下产卵场产卵群体年平均已不足50尾，且在2013年、2015年和2017年出现自然繁殖中断现象。

（3）水质　长江口汇集长江干流上游来水，同时也是流域污染物的聚集区，导致长江口出现富营养化，主要污染物是无机氮和活性磷酸盐。河口区水体由于受透光性的影响，即使具有很高的营养负荷，也不会有藻类的大暴发，但却容易引发口外海域的赤潮，造成鱼、虾、贝类等的死亡。富营养化除了引发赤潮之外，还可能导致河口及附近水域的水体氧亏，甚至是缺氧，水体的氧亏通常导致相应水域群落结构的破坏，大部分活动能力弱的自游生物幼体、底栖生物以及各种固着生物都会因缺氧而死亡。

保护区以及长江口水域还面临着咸水入侵的危害，由于长江径流量减少和潮汐的作用，盐度高的海水逐步向河口内推进，咸淡水交汇区越来越靠近岸边，导致淡水生物生存空间不断萎缩，加速长江口水生生态与湿地生态的退化。咸水入侵也使中华鲟幼鱼的栖息环境受到影响。

（4）生物多样性　在过度捕捞和环境污染等影响下，长江口生态系统全面衰退。目前，长江口水域生物资源退化严重，浮游生物、底栖生物和鱼类群落结构发生显著变化，物种大幅减少，生物群落结构趋向简单，生物多样性明显下降。经济水生生物产量和补充量明显下降，主要的经济鱼类中国花鲈、刀鲚、长吻鮠等大多数已经形成不了渔汛，而凤鲚、蟹苗、鳗苗三大渔汛的产量也在减少（庄平 等，2006）。

长江口水域生物多样性下降的同时，外来种入侵的风险也在不断增大。滩涂的互花米草入侵以及2014年长江中上游库区万吨鲟逃逸事件等均是长江口生物入侵的典型案例。外来种入侵将严重破坏生态平衡，已经成为河口生物多样性降低的重要原因之一（庄平 等，2006）。

2. 人为因素

（1）滩涂围垦　长期以来，长江口滨海湿地对上海市经济发展起着重要作用。近50年来，崇明岛进行了多次大规模的围垦，尤其是近年来随着工程技术的发展，围垦由原来的高滩围垦发展为中低滩围垦，围垦强度越来越大，致使滩涂湿地的面积逐年变小，1987—2002年崇明岛滩涂湿地面积减少了75.78%。滩涂湿地是许多生活在潮间带的水生动物不可替代的栖息地，也是许多大型鱼类幼鱼期的重要摄食场所，还是一些鱼类的产卵繁殖场所。湿地的丧失也意味着一些水生动物栖息地的丧失，对一些终生生活在潮间带的水生动物来说，滩涂湿地的丧失便是物种灭绝的开始。

（2）水利工程　长江中下游重大水利工程包括中游江湖隔绝和围湖造田、长江上游梯级水电开发等。江湖隔绝和围湖造田等工程的影响减少了整个流域水生生物的资源量和生物的多样性，也间接影响到长江口的水生生物资源，尤其是河口淡水区的鱼类资源会受到明显影响（庄平 等，2006；杨桂山 等，2009）。长江上游梯级水电开发工程的运行会显著改变长江口径流固有的时空节律，对河口鱼类和水生生物产生显著的负面影响（余卫鸿，2007；施炜刚 等，2009）。

除了长江中下游重大水利工程外，长江口深水航道、洋山港国际航运中心、青草沙水库等工程的建设规模之大世界上少见，建设过程中大量船舶和水下施工产生的噪声，会对水生生物产生负面影响。水下爆破产生的震动可以波及影响的范围极大，工程建设也会给水生生物栖息地造成直接破坏。水下建筑物建成后，会改变固有水流的流场结构和营养盐及其他化学物质的循环，对鱼类的行为和生长产生直接或间接的影响（荆雷，2008）。

（3）水域污染　长江口及其近岸水域，水质劣于国家四类海水质量标准的已超过 60%，是中国近海污染最为严重的区域。上海市中度污染和严重污染的海域主要出现在长江口，且其沿岸主要排污口附近海域污染亦十分严重，长江口区域的前颌间银鱼（Hemisalanx prognathus）产卵场由于污水口的影响而消失。研究显示，长江口及其邻近海域营养盐从 20 世纪 60 年代以来增加了 7～8 倍，使这一地区沿岸海域水质普遍呈富营养化状态，导致赤潮频发，20 世纪 60—70 年代东海区域发生赤潮的频率为每 5～6 年出现 1 次，90 年代为每年出现 5～6 次，到了 2000 年，一年就出现了 13 次，2001 年为 32 次，2002 年则达到了 51 次（周名江 等，2003）。

长江口黄金水道在为经济建设和社会发展做出重要贡献的同时，生态环境的压力也在不断增大，表现为突发性水上事故迭起。随着长三角区域对外开放的扩大，海上运输日趋繁忙，加之东海油气勘探、开发和生产以及海底通讯光缆、输电、输油、输水和排污等各种管线的不断铺设，导致各类海事案件增多，溢油和有毒物品泄漏事故时有发生，对海洋和近岸环境的威胁愈来愈大（庄平 等，2006）。

（4）过度捕捞　保护区水域曾经是蟹苗、鳗苗、刀鲚和凤鲚等许多重要经济鱼类及其苗种资源的主要产区，酷捕滥捞导致渔业资源严重衰退。遍布长江的各类插网、张网、流刺网、底拖网和滚钩等渔业捕捞工具以及电鱼、毒鱼、炸鱼等非法捕鱼方式，都是长江珍稀水生生物的潜在直接杀手，对中华鲟、长江江豚（Neophocaena asiaeorientalis）等大型水生生物的威胁更为明显。近年来大型中华鲟被网具误捕、船舶螺旋桨击打致死现象时有发生，仅2007 年就发生了 10 多起大型中华鲟的伤亡事故，这对于亲本资源已经急剧濒危的中华鲟来说无疑是雪上加霜。

3. 社会因素

（1）法律法规　目前我国与保护区相关的法律法规有《中华人民共和国水法》《中华人民共和国环境保护法》《中华人民共和国渔业法》《中华人民共和国海洋环境保护法》《中华人民共和国自然保护区条例》等，但有些法律与保护区管理的衔接有待完善。2006年国务院批准实施《中国水生生物资源养护行动纲要》，将水生生物资源养护纳入到国家行动计划之中，对水生生物多样性的保护具有良好的推动作用。《上海市长江口中华鲟自然保护区管理办法》作为保护区管理的法规依据，为保护区的有效管理提供良好的法规

保障，但是随着工作不断深入，新情况、新问题不断涌现，在实际工作中凸显出了法律效力的不足。

（2）综合管理　采用流域综合管理是世界各国实践经验的总结和水资源与水环境管理的大趋势。尽管我国的流域管理在过去 50 年取得了长足的进步，《中华人民共和国水法》《中华人民共和国防洪法》《取水许可和水资源费征收管理条例》已经确定了"国家水资源实行流域管理和行政区管理相结合的管理体制"，并且明确了流域管理部门的主要职责，但是流域管理部门与地方水行政管理部门的关系仍旧没有完全理顺。

保护区所处的崇明岛是一个农业县，经济不发达。崇明东滩地区更是当地最不发达地区，当地居民主要以从事农业种植养殖和渔业捕捞为主，对自然资源的依赖性很大。随着人口的增长和社区经济的发展，人类活动增加，尤其是水产捕捞业，对保护区的自然生态环境的压力越来越大。加上当地居民放牧大量耕牛、肉牛和其他牲畜，以及对潮滩的贝类、螺类无节制的挖掘，给滩涂湿地造成极大破坏（操文颖 等，2008）。

长江口作为我国传统的渔场，吸引很多渔民前来生产作业，尤其在蟹苗、鳗苗渔汛季节，长江口更是聚集大量来自江浙地区的渔船。这些渔民流动性极强，以无序的生产方式捕捞长江口的苗种和幼鱼，资源破坏十分严重。由于外来渔民多以船为家，随处流动，不容易控制，管理难度大。

（3）保护意识　由于长期的生活习惯和意识，当地居民或渔民进入保护区作业的现象时有发生，在保护区的滩涂上放牧、砍伐芦苇等湿地植被、向保护区水域倾倒排放污染物的现象仍然存在。尽管通过社区宣传教育和封区管理等工作，当地居民逐步理解建立保护区的重要性和意义，但还需要提高社区民众的保护意识，加强保护知识的宣传。

第二节　问题与建议

近 10 多年来，长江口中华鲟的保护工作得到了广泛关注和重视，在基础生物学研究、受伤个体的救护与放流、科普教育宣传和保护区建设管理等方面取得了很大的进展，对中华鲟的物种保护起到了积极的推动作用。但是，中华鲟自然种群数量下降的趋势仍然未得到有效遏制。随着社会和生态环境的日益变化，中华鲟保护中出现了一些新情况、新问题和新需求，这就需要我们及时地梳理归纳，找准问题并提出切实可行的对策和建议，以推进物种保护工作，拯救这一濒危物种，维护水域生态平衡。

一、存在的问题

长江口的独特地理位置和生境特点使其在中华鲟生活中发挥着十分重要的作用。长江口所处的长三角地区是我国社会经济发展最快的地区，区域社会经济与自然保护的协调问题、流域与海区环境变化的叠加影响以及保护区执法与综合管理等问题突出，直接影响着中华鲟的有效保护。具体来看，在长江口中华鲟及其栖息生境的保护管理方面存在着以下亟待解决的问题：

1. 综合管理方面

（1）法律法规滞后、效力不足　2005年3月9日由上海市政府第66次常务会议通过，并于2005年3月15日由上海市人民政府第48号令颁布的《上海市长江口中华鲟自然保护区管理办法》（下称《办法》）作为《中华人民共和国自然保护区条例》的下位法，继承了其立法理念与目的，过于侧重对保护区的行政管理，将立法目的定位于加强自然保护区的建设、管理和保护自然环境、自然资源管理，从而轻视整个生态系统的完整性。《办法》实施10多年来，随着社会的不断发展和生态环境的不断变化，保护区的工作出现了很多新变化、新问题。例如，保护区已被纳入国际重要湿地名录，因时间关系，《办法》的现有规定中必然缺乏湿地保护的相关内容，自然没有考虑到国际重要湿地保护的特殊性，无法完全满足实际需求，无法完全保护自然保护区。

《办法》属于地方性规章，由于采用规章的立法选择也决定了立法技术上主要以原则性的规定和基础的保护制度为主，已有的内容也相对粗糙，不够具体、细致和全面，对于一些问题采用了模糊处理的形式。因为模糊，所以最大的问题就是很多条文在运用中的操作性不强。就法律效力层级而言，作为地方政府规章的《办法》必须服从于地方性法规。在具体的实践执法活动中，一旦保护区管理处与其他行政部门产生管理内容上的重合和矛盾，只要对方依据的是高于《办法》的地方性法规，保护区的管理机构就必须在相关职权上予以退让或回避，严重限制了保护工作的完整性和流畅性。《办法》已经不能够满足保护区保护工作的实际需要，亟须考虑对现有规章进行完善总结并上升为地方性法规。

（2）管理综合性不足、力量薄弱　目前来看，保护区周边水域的水工建设、航道疏浚、航运、污染和捕捞等人类活动的干扰程度仍在不断地发展。长江流域水污染的叠加效应可导致河口区中华鲟幼鱼出现畸形，甚至致死；滩涂围垦和航道整治等破坏了中华鲟的关键栖息地，密集的航运占据了中华鲟大量的洄游空间并经常导致中华鲟机械损伤；渔业过度捕捞和非法捕捞，常导致中华鲟误捕而造成伤亡；养殖逃逸或其他途径导致的生物入侵，直接或间接地影响着中华鲟的生存与栖息生境的变化。而这些人类活动属于长江中下游流域性的共性生态问题，涉及多个部门协作的生态问题，需要联合多个部门进行综合整治才能取得实效，相关的配套能力建设和管理制度均需要进一步加强。

同时，上海长江口中华鲟自然保护区作为省级自然保护区，常常在协调地区经济发展过程中不断让步，需要及时提升保护区的级别，使保护区的功能完整性得到有效保护。

2. 科技支撑方面

（1）生活史和生境需求尚未完全探明　中华鲟的生命周期长、洄游分布广，生活史十分复杂。在几代科研工作者长期不懈的坚持努力下，基本掌握了中华鲟繁殖群体的洄游分布规律、自然繁殖生态和种群遗传特征等生活史信息，但是对于中华鲟幼鱼及其入海后至性成熟前这一阶段的时空分布、洄游习性、摄食生态和栖息生境需求等方面的研究还相对较少，资料数据缺乏影响了对中华鲟的有效保护。另外，在中华鲟人工建群、迁地保护和遗传资源保存等方面也应该加强基础理论和应用技术研究，拓展中华鲟保护途径和方法。

长江口是长江的"汇"、东海的"源"，受到流域和海区环境变化的叠加影响。长江上游梯级水电工程的兴建，改变了长江口径流固有的时空分布，打乱了长江口咸潮变化的节律，改变了水和泥沙输运原有的季节性与年际变化的格局。另外，全球气候变化、水域污染等也会对长江口生态环境产生深远的影响。上述影响因子及其叠加效应，都将会对中华鲟及与其生活在一起的鱼类产生影响，导致物种生活史和群落结构发生一系列适应性的变化，同时对长江口整个生态系统也会产生影响。这些科学问题都值得深入地研究和探讨。

（2）调查监测和救护技术体系有待完善　中华鲟洄游分布状况尚不完全清楚，尤其是在长江口及其入海以后的洄游分布信息相对缺乏。而且，在人类活动与气候变化等因素影响下，中华鲟的洄游习性及其规律也在不断发生着改变。另外，在中华鲟亲鱼生殖洄游和幼鱼索饵洄游的过程中，常常会因为渔业捕捞、航运和污染事故等因素出现误捕、致伤甚至致死的现象，无疑是对日益减少的种群雪上加霜。目前，除3个省级中华鲟自然保护区将中华鲟作为重点保护对象，并配置相关监测和救护设施外，其他江段及沿海区域虽然也设有水生生物自然保护区，但缺乏资源和信息的共享及联动机制，从而导致受伤中华鲟不能及时得到救护造成资源损失。因此，建立覆盖中华鲟全生活史周期和全洄游路径的监测和救护网络，研究完善相关监测和救护技术、数据信息共享技术体系等显得尤为迫切。

（3）长江口生境和关键栖息地亟待修复　长江中上游水利工程的兴建、水域污染等人类活动的加剧，除了对中华鲟产卵场位置、范围以及生境条件产生严重影响以外，也影响着长江口中华鲟索饵育幼场生境条件。另外，长江口所处的长三角地区是我国社会经济发展最为迅速区域，区域社会经济发展与自然保护之间的矛盾也日益突出。长江口不仅受到污染、航运和滩涂围垦等人类活动的影响，同时，流域与海域环境变化的叠加影响也在河口区汇集。中华鲟在长江口的索饵育幼栖息地日益减少，饵料生物组成和群落结构已发生明显改变，导致长江口中华鲟幼鱼的食物组成发生改变，索饵场环境容纳量明显降低，不利于中华鲟幼鱼的摄食生长与资源补充，亟须提高和改善现有关键栖息地的生境适合度。

中华鲟幼鱼入海后在海水中集中分布范围及其生境需求尚未完全清楚。但是，中华鲟一生中有90%以上的时间是生活在海洋中的，对于中华鲟物种的生存和延续具有举足轻重的作用。因此，面对当前日益减少的自然种群，探明中华鲟在海洋中的关键栖息地范围和生境条件，研究并建立有效的保护技术和管理方案显得迫在眉睫。

3. 科教宣传方面

保护区与当地经济发展存在着一定的矛盾。保护区所处的崇明岛是一个农业县，农业是当地的支柱产业。保护区附近的居民主要以从事农业种植养殖和渔业捕捞为主，群众生活水平不高，对自然资源的依赖性很大。设立保护区就必须占用该地方的土地和资源，直接对当地社区经济，甚至居民的基本生存产生不利影响。同时，随着人口的增长和社区经济的发展，水产捕捞活动对保护区的自然生态环境的压力越来越大。除此之外，渔民进入保护区作业的现象时有发生，向保护区水域倾倒排放污染物的现象还存在。

保护野生动物是全社会共同的责任和义务。虽然中华鲟保护是政府相关部门的本职工作，但是缺乏社会公众的理解和支持，保护效果势必会大打折扣。

二、对策与建议

1. 加强法制建设，提高立法层次和质量

当前，我国还没有一部完善的水生生物资源保护的法律法规，而相关法律如《中华人民共和国水法》《中华人民共和国环境保护法》《中华人民共和国渔业法》《中华人民共和国海域使用管理法》等对水生生物资源保护的法律规定或是太过简单与笼统，或根本就没有涉及水生生物保护。一个完善的水生生物资源保护的法律机制应该包括生物资源问题预防机制、生物资源调查机制、生物资源开发约束和激励机制、补偿机制、生物资源监督管理机制等几个方面。我国还是很多有关国际公约的缔约国，必须认真履行国际公约，广泛开展国际交流与合作。在认真履行《生物多样性公约》《国际湿地公约》和《濒危野生动植物种国际贸易公约》等国际公约的同时，应加强相关保护的法制建设，建立与之相适应的国内法律法规，维护国家生态环境保护的权益，切实推进生态文明建设，树立生态保护国际形象。

上海市人民政府颁布实施的《上海市长江口中华鲟自然保护区管理办法》多年来为保护区的依法管理和科学保护提供了强有力的保障。但随着社会经济的不断发展和保护区工作的不断深入，以及中华鲟自然保护区的特殊性，决定了应将现行的地方政府规章提升到地方性法规，以提高自然保护区综合性立法的法律效力，充分体现地方性特色。在立法中，需要提高地方自然保护区立法的质量，提高立法的可操作性；需要形成政府、相关部门、公众、科研单位、非政府组织团体积极参与的合作型管理机制，消除现行立法间的冲突，做到自然保护区各相关行政主管和管理部门间的统一和协调。例如，中华鲟自然保护区是位于崇明东滩湿地的一个完整的生态系统，对于中华鲟保护区范围内的滩涂，若依据《上海市滩涂管理条例》将保护区内的滩涂使用审批权交给现行行政主管部门上海市水务局，将极不利于保护区管理处开展保护工作，因此应当改变现有状态，即坚持土地所有权不改变的情况下，将自然保护区内的滩涂使用审批权交由保护区管理处的上级单位，即上海市农业农村委员会行使，保护区管理处则负责受理相对人申请、审查项目可行性报告、召开听证、依据听证结果决定是否上报批准。在制定高层次的地方立法时，对《办法》中管理机构和行政的权责不明晰，禁止行为的范围不明确、影响管理处日常工作的部分，应当结合保护区管理处多年的保护和管理经验，积极扩充和完善现有《办法》中的规定，建立完整的功能区管理制度、审核批准制度、行为禁止制度、执法处罚制度等。尤其在执行执法处罚制度时，还应当从严执法，明确法律责任，提高处罚标准，提高违法者违法成本，加强执法力度，更有利于自然保护区的保护。

2. 实施综合管理，加强执法队伍建设

长江流域上下游之间、流域各组成要素之间的相互影响和相互联系构成了流域的整体性。中华鲟作为流域的旗舰物种，是流域生态系统的组成部分，更是流域生态健康的指示种。目前，长江流域相关的管理部门有十几个（如长江水利委员会、长江流域渔政监督管理办公室和长江流域水资源保护局等），沿江还有几十个各级地方政府，由于各机构或部门的职能单一，管理方法和手段不同，现有管理法规在部门之间的协调性不足，在管理目标和机制上可能还存在着冲突，使得综合管理和保护措施难以有效实施。从国外的成功经验来看，保护好中华鲟物种及其栖息生境，建立国家层面的、涉及多部门的整个流域尺度的管理机构和综合管理模式值得借鉴（张婷婷 等，2017；王思凯 等，2018）。例如，在长江整个流域的尺度上建立"长江保护委员会"，由国务院领导任主任，国家相关部委、沿江省市政府、专家学者共同参与组成。设立委员会办公室，作为具体负责处理日常事务和协调各方利益的常设机构。同时，明确流域管理机构的职能，确立权威，如政策法规制定、环境影响评价、沿江重点项目以及重大事项的审批责权以及立项和资金管理等。

长江口的保护工作也同样需要加强各相关部门的协调机制、区域联动的保护和修复机制。同时，在具体的保护措施和手段上应该做到：完善中华鲟自然保护区条件、基础设施和管理设施等能力建设；制定切实可行的执法措施，加强执法队伍建设和执法力度，增加执法投入；严格执行保护区的封区管理，减少各种人类活动对现有保护区的干扰，维持保护区功能完整性；根据中华鲟幼鱼的时空分布特征，强化保护区域和范围以及时间的动态管理；参照国家级自然保护区管理，并尽快将保护区升级为国家级自然保护区，提高保护效力。

3. 加强基础研究，提升保护技术水平

开展科学研究是实现中华鲟物种有效保护和科学保护的基础性工作。长江口水域环境因子复杂，生物组成多样，受到长江干流及近海相互作用及其叠加影响显著，在许多领域需要加强调查研究。

加强中华鲟基础生物学和生态学研究。研发建立先进的调查研究与监测技术体系，查明中华鲟洄游习性、摄食生态、生理调节和栖息地的选择利用等科学问题，着重明确生活史中各阶段的洄游习性和路径，确定各个生命阶段的关键栖息地和栖息生境需求、胁迫因子及其不利影响，建立标准化的中华鲟种群和生活史及关键栖息生境信息集成系统，为保护的有效管理提供理论基础和依据。

重视关键栖息地修复和生境保护。在长江口临近水域要加强水体污染的综合治理、生态脆弱区生态系统功能的恢复重建、生态系统功能综合评估与技术评价体系和海上突发事件应急处理等的研究工作。通过技术措施，改善、修复或重建中华鲟栖息生境条件，提高生境适合度，为中华鲟创造良好的栖息生境条件。

4. 加强科教宣传，提高公众参与度

野生动物保护是涉及公众的事业，需要公众广泛参与，这早已成为世界各国的共识。保护区建设，除了需要政府重视和加大投入外，还要充分地唤起民众的保护意识，要发动全社会力量保护中华鲟及其生存的环境。

充分利用中华鲟的抢救放流活动以及其他一些专题活动，大力开展宣传和社区教育。发挥宣传媒体的作用，普及中华鲟保护的科学知识。通过受伤中华鲟的认养、抢救和保护中华鲟志愿者等活动，广泛吸引公众参与中华鲟的保护工作。通过"中华鲟保护救助联盟"这一平台，充分挖掘和利用与中华鲟保护相关的社会资源，制订详细保护计划和任务，建立专业化科普队伍，通过多方力量共同参与，为中华鲟拯救行动提供强有力的支撑保障。

三、展望

长江拥有独特的生态系统，分布着丰富的生物资源，被誉为我国渔业的摇篮和鱼类基因宝库，对于推动长江经济带绿色发展和保障国家生态安全具有不可替代的作用。中华鲟作为长江中的旗舰物种，是研究鱼类演化的重要参照物，能够反映长江生态系统的健康程度，具有生态风向标作用。

党中央、国务院高度重视长江流域水生生物保护工作，党的十八大将生态文明建设纳入中国特色社会主义事业"五位一体"的总体布局。2016 年 1 月和 2018 年 4 月，习近平总书记两次主持召开推动长江经济带发展座谈会，强调要共抓长江的大保护。为抓好长江水生生物保护工作，农业农村部坚持问题导向，聚焦关键环节，采取多项措施对长江水生生物进行保护，实施了多项保护行动：一是深化保护工作的顶层设计，探索长江保护的新机制。农业农村部会同生态环境部和水利部等有关部门印发《重点流域水生生物多样性保护方案》的同时，组织编制长江珍稀水生生物保护工程建设规划，并研究起草了关于加强长江水生生物保护工作的意见，努力为保护长江水生生物提供更有利的政策支撑。先后与交通运输部签署共同开展长江大保护的合作框架协议，与三峡集团公司签署修复向家坝库区渔业资源及珍稀特有物种合作框架协议。整合资源，动员社会力量共同加强长江大保护。二是组织开展渔业资源与环境常规监测，加强珍稀物种的保护。利用不同渠道统筹开展渔业资源与生态环境的常规调查，编制发布长江流域渔业生态公报，为有关部门和科研单位提供基础数据，严把涉水生生物保护区专题审查关口，从源头防控工程建设的不利影响。发布并实施中华鲟拯救行动计划，加强推进中华鲟陆海陆接力保护中心建设，推动现有省级中华鲟保护区晋升国家级。三是不断完善禁渔期制度，加大执法力度。调整长江禁渔期制度，扩大禁渔范围，延长禁渔时间。2018 年 1 月 1 日起在长江流域 332 个水生生物保护区逐步实行全面禁捕，推动长江流域重点水域实现合理期限的全面禁捕，努力让长江水生生物得以休养生息。

"共抓大保护，不搞大开发"正成为全社会的共识。2016 年，中华鲟保护救助联盟正式成立，许多科研院所、海洋水族馆、养殖企业以及公益组织和国际 NGO 组织等成为会员，积极投身到中华鲟的保护救助和科教宣传的行列，都在为中华鲟的保护贡献着力量。

我们相信，在全社会的共同关注和努力下，中华鲟的保护工作必然会取得积极的成效。保护中华鲟就是保护我们自己。

参 考 文 献

班璇，李大美，2007. 大型水利工程对中华鲟生态水文学特征的影响 [J]. 武汉大学学报（工学版），40（3）：10-13.

曹波，2010. 长江口中华鲟种群多样性及其生境研究 [D]. 上海：上海海洋大学.

柴毅，谢从新，危起伟，等，2007. 中华鲟视网膜早期发育及趋光行为观察 [J]. 水生生物学报，31（6）：920-922.

常剑波，1999. 长江中华鲟繁殖群体结构特征和数量变动趋势研究 [D]. 武汉：中国科学院水生生物研究所.

陈锦辉，庄平，吴建辉，等，2011. 应用弹式卫星数据回收标志技术研究放流中华鲟幼鱼在海洋中的迁移与分布 [J]. 中国水产科学，18（2）：437-442.

封苏娅，赵峰，庄平，等，2012. 中华鲟幼鱼鳃丝 $Na^+/K^+-ATPase$ α 亚基渗透调节的分子机制初步研究 [J]. 水产学报，36（9）：1386-1391.

冯广朋，庄平，章龙珍，等，2009. 人工养殖中华鲟幼鱼摄食不同饵料的转化效率与生长特性 [J]. 生态学杂志，28（12）：2526-2531.

冯广朋，庄平，赵峰，等，2007. 不同盐度驯养中史氏鲟血清激素浓度的变化 [J]. 上海海洋大学学报，16（4）：317-322.

冯琳，章龙珍，庄平，等，2010. 铅在中华鲟幼鱼不同组织中的积累与排放 [J]. 应用生态学报，21（2）：476-482.

顾孝连，2007. 长江口中华鲟（*Acipenser sinensis* Gray）幼鱼实验行为生态学研究 [D]. 上海：上海海洋大学.

顾孝连，庄平，章龙珍，等，2008. 长江口中华鲟幼鱼对底质的选择 [J]. 生态学杂志，27（2）：213-217.

顾孝连，庄平，章龙珍，等，2009. 长江口中华鲟幼鱼趋光行为及其对摄食的影响 [J]. 水产学报，33（5）：778-783.

郝嘉凌，宋志尧，严以新，等，2007. 河口海岸潮流速分布模式研究 [J]. 泥沙研究（4）：34-41.

何大仁，蔡厚才，1998. 鱼类行为学 [M]. 厦门：厦门大学出版社.

何绪刚，2008. 中华鲟海水适应过程中生理变化及盐度选择行为研究 [D]. 武汉：华中农业大学.

侯俊利，陈立侨，庄平，等，2006. 不同盐度驯化下史氏鲟幼鱼鳃氯细胞结构的变化 [J]. 水产学报，30（3）：316-312.

侯俊利，庄平，冯琳，等，2009a. 铅暴露与排放对中华鲟幼鱼血液中 ALT、AST 活力的影响 [J]. 生态环境学报，18（5）：1669-1673.

侯俊利，庄平，章龙珍，等，2009b. 铅暴露致中华鲟（*Acipenser sinensis*）幼鱼弯曲畸形与畸形恢复 [J]. 生态毒理学报，4（6）：807-815.

胡光源，李育东，石振广，等，2005. 三种鲟鱼盐度驯化试验 [J]. 黑龙江水产，109：1-3，12.

黄琇，余志堂，1991. 中华鲟幼鲟食性的研究［A］. 长江流域资源、生态、环境与经济开发研究论文集［C］. 北京：科学出版社：257－261.

柯福恩，1999. 论中华鲟的保护与开发［J］. 淡水渔业，29（9）：4－7.

李大勇，何大仁，刘晓春，1994. 光照对真鲷仔、稚、幼鱼摄食的影响［J］. 台湾海峡，13（1）：26－31.

连展，魏泽勋，王永刚，等，2009. 中国近海环流数值模拟研究综述［J］. 海洋科学进展，27（2）：250－265.

梁旭方，1996. 中华鲟吻部腹面罗伦氏囊结构与功能的研究［J］. 海洋与湖沼，27（1）：1－5.

梁旭方，何大仁，1998. 鱼类摄食行为的感觉基础［J］. 水生生物学报，22（3）：278－284.

林浩然，1999. 鱼类生理学［M］. 广州：广东高等教育出版社.

林小涛，许忠能，计新丽，2000. 鲟鱼仔、稚、幼鱼的生物学及苗种的培育［J］. 淡水渔业，30（6）：6－9.

刘长发，陶澍，龙爱民，2001. 金鱼对铅和镉的吸收蓄积［J］. 水生生物学报，25（4）：344－349.

刘鉴毅，庄平，章龙珍，等，重伤大型中华鲟快速康复组剂：ZL200810033172.3［P］. 2010－10－13.

楼允东，2006. 组织胚胎学［M］. 北京：中国农业出版社.

鲁雪报，肖慧，张德志，等，2009. 中华鲟幼鱼循环饥饿后的补偿生长和体成分变化［J］. 淡水渔业，39（3）：64－67.

罗刚，庄平，章龙珍，等，2008. 长江口中华鲟幼鱼的食物组成及摄食习性［J］. 应用生态学报，19（1）：144－150.

马境，2007. 中华鲟和施氏鲟胚后发育及生长研究［D］. 上海：上海海洋大学.

毛翠凤，庄平，刘健，等，2005. 长江口中华鲟幼鱼的生长特征［J］. 海洋渔业，27（3）：177－181.

母昌考，王春琳，2003. 鱼类必需脂肪酸营养研究现状［J］. 饲料工业，24（6）：44－46.

潘连德，刘健，陈锦辉，等，2008. 中华鲟细菌性烂鳃病和胃充气并发症的临床诊断和控制［J］. 水产科技情报，35（5）：258－260.

潘连德，刘健，陈锦辉，等，2009. 中华鲟主要病害临床诊断及控制技术［J］. 渔业现代化，36（6）：29－33.

潘鲁青，吴众望，张红霞，2005. 重金属离子对凡纳滨对虾组织转氨酶活力的影响［J］. 中国海洋大学学报（自然科学版），35（2）：195－198.

屈亮，庄平，章龙珍，等，2010. 盐度对俄罗斯鲟幼鱼血清渗透压、离子含量及鳃丝 Na^+/K^+-ATP 酶活力的影响［J］. 中国水产科学，17（2）：243－251.

全为民，沈新强，2004. 长江口及邻近水域渔业环境质量的现状及变化趋势研究［J］. 海洋渔业，26（2）：93－98.

沈竑，徐韧，彭立功，等，1994. 铜对鲫鱼血清生化成分的影响［J］. 海洋湖沼通报（1）：55－61.

四川省长江水资源调查组. 1988. 长江鲟类生物学及人工繁殖研究［M］. 成都：四川科学技术出版社.

宋炜，宋佳坤，2012. 西伯利亚鲟仔稚鱼胚后发育的形态学和组织学观察［J］. 中国水产科学，19（5）：790－798.

汤保贵，陈刚，张健东，等，2007. 饵料系列对军曹鱼仔鱼生长、消化酶活力和体成分的影响［J］. 水生生物学报，31（4）：479－484.

童燕，陈立侨，庄平，等，2007. 急性盐度胁迫对施氏鲟的皮质醇、代谢反应及渗透调节的影响［J］. 水产学报，31（Suppl.）：38-44.

汪锡钧，吴定安，1994. 几种主要淡水鱼类温度基准值的研究 [J]. 水产学报，18（2）：93-100.

王成友，2012. 长江中华鲟生殖洄游和栖息地选择 [D]. 武汉：华中农业大学.

王成友，杜浩，刘猛，等，2016. 厦门海域放流中华鲟的迁移和分布 [J]. 中国科学：生命科学，46（3）：294-303.

王凡，赵元凤，吕景才，等，2007. 水生生物对重金属的吸收和排放研究进展 [J]. 水利渔业，27（6）：1-3.

王念民，刘建丽，王炳谦，等，2006. 施氏鲟仔鱼眼的组织学观察 [J]. 水产学杂志，19（1）：20-25.

王者茂，1986. 中华鲟在海中生活时期的食性初报 [J]. 海洋渔业，8（4）：160-161.

危起伟，2003. 中华鲟繁殖行为生态学与资源评估 [D]. 武汉：中国科学院水生生物研究所.

吴贝贝，赵峰，张涛，等，2015. 中华鲟幼鱼鳃上氯细胞的免疫定位研究 [J]. 上海海洋大学学报，24（1）：20-27.

吴常文，朱爱意，赵向炯，2005. 海水养殖杂交鲟耗氧量、耗氧率和窒息点的研究 [J]. 浙江海洋学院学报（自然科学版），24（2）：100-104.

伍献文，杨干荣，乐佩琦，1963. 中国经济动物志：淡水鱼类 [M]. 北京：科学出版社：12-16.

线薇薇，朱鑫华，2002. 体重和温度对褐牙鲆标准代谢的影响 [J]. 应用生态学报，13（3）：340-342.

肖慧，2012. 中华鲟保护研究探索历程 [J]. 中国三峡，1：22-29.

肖慧，李淑芳，1994. 一龄中华鲟生长特征研究 [J]. 淡水渔业，24（5）：6-13.

辛鹏举，金银龙，2008. 铅的毒性效应及作用机制研究进展 [J]. 国外医学（卫生学分册），2：70-74.

徐雪峰，2006. 中华鲟消化系统的发育及消化酶活性变化的研究 [D]. 武汉：华中农业大学.

杨德国，危起伟，陈细华，等，2007. 葛洲坝下游中华鲟产卵场的水文状况及其与繁殖活动的关系 [J]. 生态学报，27（3）：862-869.

杨德国，危起伟，王凯，等，2005. 人工标志放流中华鲟幼鱼的降河洄游 [J]. 水生生物学报，29（1）：26-30.

杨明生，熊邦喜，黄孝湘，2005. 匙吻鲟人工繁殖 F_2 的早期发育 [J]. 华中农业大学学报，24（4）：391-393.

杨瑞斌，谢从新，樊启学，2008. 仔稚鱼发育敏感期研究进展 [J]. 华中农业大学学报，27（1）：161-165.

杨世伦，姚炎明，贺松林，1999. 长江口冲积岛岸滩剖面形态和冲淤规律 [J]. 海洋与湖沼，30（6）：764-769.

姚志峰，章龙珍，庄平，等，2010. 铜对中华鲟幼鱼的急性毒性及对肝脏抗氧化酶活性的影响 [J]. 中国水产科学，17（4）：731-738.

易继舫，1994. 长江中华鲟幼鲟资源调查 [J]. 葛洲坝水电（1）：53-58.

殷名称，1991. 鱼类早期生活史研究与其进展 [J]. 水产学报，15（4）：348-358.

殷名称，1995. 鱼类生态学 [M]. 北京：中国农业出版社.

虞功亮，刘军，许蕴，等，2002. 葛洲坝下游江段中华鲟产卵场食卵鱼类资源量估算 [J]. 水生生物学报，26（6）：591-599.

余文公，夏自强，于国荣，等，2007. 三峡水库水温变化及其对中华鲟繁殖的影响 [J]. 河海大学学报（自然科学版），35（1）：92-95.

曾勇，危起伟，汪登强，2007. 长江中华鲟遗传多样性变化 [J]. 海洋科学，31（10）：67-69.

张建明，郭柏福，高勇，2013. 中华鲟幼鱼对慢性拥挤胁迫的生长、摄食及行为反应 [J]. 中国水产科学，20（3）：592-598.

章龙珍，姚志峰，庄平，等，2011. 水体中铜对中华鲟幼鱼血液生化指标的影响 [J]. 生态学杂志，30（11）：2516-2522.

章龙珍，庄平，刘鉴毅，等，2012. 人工养殖中华鲟幼鱼群体永久性标记方法：ZL200910053556.6 [P]. 2010-06-13.

章龙珍，庄平，张涛，等，2018. 中华鲟幼鱼人工繁殖群体与自然繁殖群体鼻孔及骨板差异研究 [J]. 海洋渔业，40（5）：560-570.

张胜宇，2002. 鲟鱼规模化养殖关键技术 [M]. 南京：江苏科学技术出版社.

张世义，2001. 中国动物志（硬骨鱼纲 鲟形目 海鲢目 鲱形目 鼠鱚喜目）[M]. 北京：科学出版社.

张四明，邓怀，危起伟，等，1999. 中华鲟天然群体蛋白质水平遗传多样性贫乏的初步证据 [J]. 动物学研究，20（2）：95-98.

张四明，邓怀，晏勇，等，2000. 中华鲟随机扩增多态性 DNA 及遗传多样性研究 [J]. 海洋与湖沼，31（1）：1-7.

赵峰，王思凯，张涛，等，2017. 春季长江口外近海中华鲟的食物组成 [J]. 海洋渔业，39（4）：427-432.

赵峰，杨刚，张涛，等，2016. 淡水和半咸水条件下中华鲟幼鱼鳃上皮泌氯细胞的形态特征与数量分布 [J]. 海洋渔业，38（1）：35-41.

赵峰，张涛，侯俊利，等，2013. 长江口中华鲟幼鱼血液水分、渗透压及离子浓度的变化规律 [J]. 水产学报，37（12）：1795-1800.

赵峰，庄平，Boyd Kynard，等，2010. 应用于中华鲟的 pop-up 标志固定方法 [J]. 动物学杂志，45（5）：68-71.

赵峰，庄平，李大鹏，等，2008a. 盐度对施氏鲟和西伯利亚鲟稚鱼的急性毒性 [J]. 生态学杂志，27（6）：929-932.

赵峰，庄平，章龙珍，等，2006a. 盐度驯化对史氏鲟鳃 Na^+/K^+-ATP 酶活力、血清渗透压及离子浓度的影响 [J]. 水产学报，30（4）：444-449.

赵峰，庄平，章龙珍，等，2006b. 不同盐度驯化模式对施氏鲟生长及摄食的影响 [J]. 中国水产科学，13（6）：945-950.

赵峰，庄平，章龙珍，等，2008b. 施氏鲟不同组织抗氧化酶对水体盐度升高的响应 [J]. 海洋水产研究，29（5）：65-69.

赵峰，庄平，张涛，等，2015. 中华鲟幼鱼到达长江口时间新记录 [J]. 海洋渔业，37（3）：288-292.

赵娜，2006. 基于微卫星标记的中华鲟繁殖群体遗传学分析与人工繁殖对自然幼鲟群体的贡献评估 [D]. 武汉：中国科学院研究生院（水生生物研究所）.

赵燕，黄琇，余志堂，1986. 中华鲟幼鱼现状调查 [J]. 水利渔业（6）：38-41.

赵振山，高贵琴，1996. 鱼类必需脂肪酸研究进展 [J]. 饲料研究，12：12-15.

周昂，陈定宇，夏玲，1993. 铅、镉对黄鳝血清中三种酶活性的影响 [J]. 四川师范学院学报（自然科学版），4：354-357.

周贤君，解绶启，谢从新，等，2006. 异育银鲫幼鱼对饲料中赖氨酸的利用及需要量研究 [J]. 水生生物学报，30（3）：247-255.

周应祺，2011. 应用鱼类行为学 [M]. 北京：科学出版社.

朱永久，危起伟，杨德国，等，2005. 中华鲟常见病害及其防治 [J]. 淡水渔业，35（6）：47-50.

朱元鼎，张春霖，成庆泰，1963. 东海鱼类志 [M]. 北京：科学出版社：90-94.

庄平，李大鹏，张涛，等，2017. 鲟鱼环境生物学——生长发育及其环境调控 [M]. 北京：科学出版社.

庄平，刘健，王云龙，等，2009. 长江口中华鲟自然保护区科学考察与综合管理 [M]. 北京：海洋出版社.

庄平，罗刚，张涛，等，2010. 长江口水域中华鲟幼鱼与6种主要经济鱼类的食性及食物竞争 [J]. 生态学报，30（20）：5544-5554.

庄平，章龙珍，罗刚，等，2008. 长江口中华鲟幼鱼感觉器官在摄食行为中的作用 [J]. 水生生物学报，32（4）：475-481.

Kynard B，危起伟，柯福恩，1995. 应用超声波遥测技术定位中华鲟产卵区 [J]. 科学通报，40（2）：172-174.

Adams S R，Hoover J J，Killgore K J，1999. Swimming endurance of juvenile pallid sturgeon, *Scaphirhynchus albus* [J]. Copeia，3：802-807.

Allen P J，Cech J J，2007. Age/size effects on juvenile green sturgeon, *Acipenser medirostris*, oxygen consumption, growth, and osmoregulation in saline envoirnments [J]. Environmental Biology of Fishes，79（3-4）：211-229.

Allen P J，Cech J J，Kültz D，2009. Mechanisms of seawater acclimation in a primitive, anadromous fish, the green sturgeon [J]. Journal of Comparative Physiology B，179（7）：903-920.

Allen P J，Hodge B W，Werner I，et al，2006. Effects of ontogeny, season, and temperature on the swimming performance of juvenile green sturgeon (*Acipenser medirostris*) [J]. Canadian Journal of Fisheries and Aquatic Sciences，63（6）：1360-1369.

Altinok I，Galli S M，Chapman F A，1998. Ionic and osmotic regulation capabilities of juvenile Gulf of Mexico sturgeon, *Acipenser oxyrinchus de sotoi* [J]. Comparative Biochemistry and Physiology，120A（4）：609-616.

Atli G，Canli M，2007. Enzymatic responses to metal exposures in a freshwater fish *Oreochromis niloticus* [J]. Comparative Biochemistry and Physiology Part C：Toxicology & Pharmacology，145（2）：282-287.

Beamish R，Noakes D，McFarlane G，et al，1998. The regime concept and recent changes in Pacific salmon abundance [C] // Myers K. North Pacific Anadromous Fish Commission Technical Report. Vancouver：1-3.

Bemis W E，Grande L，1992. Early development of the actinopterygian head. I. External development and staging of the paddlefish *Polyodon spathula* [J]. Journal of Morphology，213（1）：47-83.

Bemis W E，Kynard B，1997. Sturgeon rivers：An introduction to Acipenseriform biogeography and life history [J]. Environmental Biology of Fishes，48（1-4）：167-183.

Billard R，Lecointre G，2001. Biology and conservation of sturgeon and paddlefish [J]. Reviews in Fish Biology and Fisheries，10 (4)：355 - 392.

Birstein V J，Doukakis P，DeSalle R，1999. Molecular phylogeny of Acipenserinae and black caviar species identification [J]. Journal of Applied Ichthyology，15 (4 - 5)：12 - 16.

Boeuf G，Payan P，2001. How should salinity influence fish growth [J]. Comparative Biochemistry and Physiology Part C：Comparative Pharmacology，130 (4)：411 - 423.

Bookstein F L，1989. Principal warps：thin - plate splines and the decomposition of deformations [J]. IEEE Transactions on Pattern Analysis and Machine Intelligence，11 (6)：567 - 585.

Brett J R，1979. Environmental factors and growth [C] //Hoar W S，Randall D J，Brett J R. Fish Physiology，Vol. Ⅷ. London：Academic Press：599 - 675.

Brosse L，Lepage M，Dumont P，2000. First results on the diet of the young Atlantic sturgeon *Acipenser sturio* L，1758 in the Gironde estuary [J]. Boletin Instituto Espanol de Oceanografia，16 (1 - 4)：75 - 80.

Buddington R K，1983. Digestion and feeding of the white sturgeon，*Acipenser fransmontanus* [D]. California：University of California，Davis.

Carlson R L，Lauder G V，2011. Escaping the flow：boundary layer use by the darter *Etheostoma tetrazonum* (Percidae) during benthic station holding [J]. Journal of Experimental Biology，214 (7)：1181 - 1193.

Carmona R，García - Gallego M，Sanz A，et al，2004. Chloride cells and pavement cells in gill epithelia of *Acipenser naccarii*：ultrastructure modifications in seawater - acclimated specimens [J]. Journal of Fish Biology，64 (2)：553 - 566.

Cataldi E，Ciccotti E，Dimarco P，et al，1995. Acclimation trials of juvenile Italian sturgeon to different salinities：morpho - physiological descriptors [J]. Journal of Fish Biology，47 (4)：609 - 618.

Cinier C C，Petit - Ramel M，Faure R，et al，1999. Kinetics of cadmium accumulation and elimination in carp *Cyprinus carpio* tissues [J]. Comparative Biochemistry and Physiology Part C：Pharmacology Toxicology and Endocrinology，122 (3)：345 - 352.

Crossin G T，Hinch S G，Farrell A P，et al，2004. Energetics and morphology of sockeye salmon：effects of upriver migratory distance and elevation [J]. Journal of Fish Biology，65 (3)：788 - 810.

Dawkins R，1977. The selfish gene [M]. New York：Oxford University Press.

de laTorre F R，Salibián A，Ferrari L，2000. Biomarkers assessment in juvenile *Cyprinus carpio* exposed to waterborne cadmium [J]. Environmental Pollution，109 (2)：277 - 282.

Drucker E G，1996. The use of gait transition speed in comparative studies of fish locomotion [J]. American Zoologist，36 (6)：555 - 566.

Evans D H，Claiborne J B，2005. The physiology of fishes (Third edition) [M]. Boca Raton：CRC Press.

Evans D H，Piermarini P M，Choe K P，2005. The multifunctional fish gill：dominant site of gas exchange，osmoregulation，acid - base regulation，and excretion of nitrogenous waste [J]. Physiological Review，85 (1)：97 - 177.

Feng G P，Zhuang P，Zhang Z，et al，2010. Effects of temperature on oxidative stress biomarkers in juvenile Chinese sturgeon (*Acipenser sinensis*) under laboratory conditions [J]. Advanced Materials Research，

343 - 344：497 - 504.

Filho D W，Giulivi C，Boveris A，1993. Antioxidant defences in marine fish - I. Teleosts [J]. Comparative Biochemistry and Physiology Part C：Comparative Pharmacology，106（2）：409 - 413.

Foskett J K，Logsdon C D，Turner T，et al，1981. Differentiation of the chloride extrusion mechanism during seawater adaptation of a teleost fish，the cichlid *Sarotherodon mossambicus* [J]. Journal of Experimental Biology，93（1）：209 - 224.

Fuiman L A，1983. Growth gradients in fish larvae [J]. Journal of Fish Biology，23（1）：117 - 123.

Gerking S D，1994. Feeding ecology of fish [M]. San Diego：Academic Press.

Gilliam J F，Fraser D F，1987. Habitat selection under predation hazard：test of a model with foraging minnows [J]. Ecology，68（6）：1856 - 1862.

Gisbert E，Williot P，Castelló - Orvay F，1999. Behavioural modifications in the early life stages of Siberian sturgeon（*Acipenser baerii*，Brandt）[J]. Journal of Applied Ichthyology，15（4）：237 - 242.

Goering P L，1993. Lead - protein interactions as a basis for lead toxicity [J]. Neurotoxicology，14：45 - 60.

Grisham M B，McCord M，1986. Chemistry and cyotoxicity of reactive oxygen metabolites [C] //Taylor A E，Matalon S，Ward P. Physiology of Oxygen Radicals. Maryland：American Physiological Society：1 - 18.

He X，Lu S，Liao M，et al，2013. Effects of age and size on critical swimming speed of juvenile Chinese sturgeon *Acipenser sinensis* at seasonal temperatures [J]. Journal of Fish Biology，82（3）：1047 - 1056.

He X，Zhuang P，Zhang L，et al，2009. Osmoregulation in juvenile Chinese sturgeon（*Acipenser sinensis* Gray）during brackish water adaptation [J] . Fish Physiology and Biochemistry，35（2）：223 - 230.

Heerdena D V，Vosloo A，Nikinmaa M，2004. Effects of short - term copper exposure on gill structure，metallothionein and hypoxia - inducible factor - 1α（HIF - 1α）levels in rainbow trout（*Oncorhynchus mykiss*）[J]. Aquatic Toxicology，69（3）：271 - 280.

Heming T A，Buddington R K，1988. Yolk sac absorption in empbryonic and larval fishes [C] //Hoar S，Randall D J. Fish Physiology. San Diego：Academic Press：407 - 446.

Hilton E J，Grande L，Bemis W E，2011. Skeletal anatomy of the shortnose sturgeon，*Acipenser brevirostrum* Lesueur，1818，and the systematics of sturgeons（Acipenseriformes，Acipenseridae）[J]. Fieldiana Life and Earth Sciences，3：160 - 168.

Hochachka P W，Somero G N，2002. Biochemical adaptation [M]. New York：Oxford University Press.

Hoover J J，Collins J，Boysen K A，et al，2011. Critical swimming speeds of adult shovelnose sturgeon in rectilinear and boundary - layer flow [J]. Journal of Applied Ichthyology，27（2）：226 - 230.

Huang P P，Lee T H，2007. New insights into fish ion regulation and mitochondrion cells [J]. Comparative Biochemistry and Physiology Part A：Molecular & Integrative Physiology，148（3）：479 - 497.

Imsland A K，Folkvord A，Jónsdóttir Ólöf D B，et al，1997. Effects of exposure to extended photoperiods during the first winter on long - term growth and age at first maturity in turbot（*Scophthalmus maximus*）[J]. Aquaculture，159（1 - 2）：125 - 141.

Jatteau P，1998. Bibliographic study on the main characteristics of the ecology of Acipenseridea larvae [J]. Bulletin Francais de la Peche et de la Pisciculture，71：445 - 464.

Johnson J H，Dropkin D S，Warkentine B E，et al，1997. Food habits of Atlantic sturgeon off the central New Jersey coast [J]. Transactions of the American Fisheries Society，126 (1)：166 - 170.

Jonz M G，Nurse C A，2006. Epithelial mitochondria - rich cells and associated innervation in adult and developing zebrafish [J]. Journal of Comparative Neurology，497 (5)：817 - 832.

Jørgensen S V，2010. Ecotoxicology：A Derivative of Encyclopedia of Ecology [M]. Boston：Academic Press.

Karan V，Vitorović S，Tutundžić V，et al，1998. Functional enzymes activity and gill histology of carp after copper sulfate exposure and recovery [J]. Ecotoxicology and Environmental Safety，40：49 - 55.

Karlsen H E，Sand O，Karlsen H E，et al，1987. Selective and reversible blocking of the lateral line in freshwater fish [J]. Journal of Experimental Biology，133 (1)：249 - 262.

Kasumyan A O，1999. Olfaction and taste senses in sturgeon behaviour [J]. Journal of Applied Ichthyology，15 (4 - 5)：228 - 232.

Kasumyan A O，2007. Paddlefish Polyodon spathula juveniles food searching behaviour evoked by natural food odour [J]. Journal of Applied Ichthyology，23 (6)：636 - 639.

Keenleyside M H A，1979. Diversity and adaptation in fish behavior [M]. Berlin，Heidelberg，New York：Springer - Verlay.

Kempinger J J，1996. Habitat，growth，and food of young Lake sturgeons in the Lake Winnebago system，Wisconsin [J]. North American Journal of Fisheries Management，16 (1)：102 - 114.

Klingenberg C P，Badyaev A V，Sowry S M，et al，2001. Inferring developmental modularity from morphological integration：analysis of individual variation and asymmetry in bumblebee wings [J]. American Naturalist，157 (1)：11 - 23.

Krayushkina L S，Kiseleva S G，Mosiseyenko S N，1976. Functional changes in the thyroid gland and the chloride cells of the gills during adaptation of the young Beluga sturgeon *Huso huso* to a hypertonic environment [J]. Journal of Ichthyology，16 (5)：834 - 841.

Kuroshima R，1987. Cadmium accumulation and its effect on calcium metabolism in the girella *Girella punctata* during a long term exposure [J]. Bulletin of the Japanese Society of Scientific Fisheries，53：445 - 450.

Kynard B，1998. Twenty - two years of passing shortnose sturgeon in fish lifts on the Connecticut River：What has been learned? [C] //Jungwirth M，Schmutz S，Weiss S. Fish migration and fish bypasses. Surrey：Fishing News Books：255 - 266.

Kynard B，Parker E，Parker T，2005. Behavior of early life intervals of Klamath River green sturgeon，*Acipenser medirostris*，with a note on body color [J]. Environmental Biology of Fishes，72 (1)：85 - 97.

LeBreton G T O，Beamish F W H，1998. The influence of salinity on ionic concentrations and osmolarity of blood serum in lake sturgeon，*Acipenser fulvescens* [J]. Environmental Biology of Fishes，52 (4)：477 - 482.

Liao J，Lauder G V，2000. Function of the heterocercal tail in white sturgeon：Flow visualization during steady swimming and vertical maneuvering [J]. Journal of Experimental Biology，203 (23)：3585 - 3594.

Lushchak V I，Bagnyukova T V，2006. Temperature increase results in oxidative stress in goldfish tissues. 1. Indices of oxidative stress［J］. Comparative Biochemistry and Physiology Part C：Toxicology and Pharmacology，143（1）：30－35.

Ma J，Zhuang P，Kynard B，et al，2014. Morphological and osteological development during early ontogeny of Chinese sturgeon（*Acipenser sinensis* Gray，1835）［J］. Journal of Applied Ichthyology，30（6）：1212－1215.

Martínez－Àlvarez R M，Morales A E，Sanz A，2005. Antioxidant defenses in fish：Biotic and abiotic factors［J］. Reviews in Fish Biology and Fisheries，15（1）：75－88.

McEnroe M，Jr Cech J J，1985. Osmoregulation in juvenile and adult white sturgeon，*Acipenser transmontanus*［J］. Environmental Biology of Fishes，14（1）：23－30.

McHenry M J，Lauder G V，2006. Ontogeny of form and function：Locomotor morphology and drag inzebrafish（*Danio rerio*）［J］. Journal of Experimental Biolog，267：1099－1109.

McKenzie D J，Cataldi E，Marco P D，et al，1999. Some aspects of osmotic and ionic regulation in Adriatic sturgeon *Acipenser naccarii* Ⅱ：morpho－physiological adjustments to hyperosmotic environments［J］. Journal of Applied Ichthyology，15（4－5）：61－66.

McKenzie D J，Cataldi E，Romano P，et al，2001. Effects of acclimation to brackish water on the growth，respiratory metabolism，and swimming performance of young－of－the－year Adriatic sturgeon（*Acipenser naccarii*）［J］. Canadian Journal of Fisheries and Aquatic Sciences，58（6）：1104－1112.

Messaoudi I，Deli T，Kessabi K，et al，2009. Association of spinal deformities with heavy metal bioaccumulation in natural populations of grass goby，*Zosterisessor ophiocephalus* Pallas，1811 from the Gulf of Gabès（Tunisia）［J］. Environmental Monitoring and Assessment，156（1－4）：551－560.

Moyle P B，Cech J J Jr，2003. Fishes：An introduction to ichthyology［M］. London：Benjamin Cummings.

Natochin Y V，Lukianenko V I，Kirsanov V I，et al，1985. Features of osmotic and ionic regulations in Russian sturgeon（Acipenser gueldenstaedtii Brandt）［J］. Comparative Biochemistry and Physiology，80（3）：297－302.

Newman M C，2010. Fundamentals of ecotoxicology［M］. Boca Raton：CRC Press.

Novelli E L B，Marques S F G，Burneiko R C，et al，2002. The use of the oxidative stress responses as biomarkers in Nile tilapia（*Oreochromis niloticus*）exposed to in vivo cadmium contamination［J］. Environment International，27（8）：673－679.

Osse J W M，Boogaart J G M，1999. Dynamic morphology of fish larvae，structural implications of friction forces in swimming，feeding and ventilation［J］. Journal of Fish Biology，55（sA）：156－174.

Palanivelu V，Vijayavel K，Ezhilarasibalasubramanian S，et al，2005. Influence of insecticidal derivative（Cartap hydrochloride）from the marine polychaete on certain enzyme systems of the fresh water fish *Oreochromis mossambicus*［J］. Journal of Environmental Biology，26（2）：191－196.

Parihar M S，Dubey A K，1995. Lipid peroxidation and ascorbic acid status in respiratory organs of male and female freshwater catfish Heteropneustes fossilis exposed to temperature increase［J］. Comparative Biochemistry and Physiology Part C: Pharmacology, Toxicology and Endocrinology, 112 (3): 309 - 313.

Parihar M S, Javeri T, Hemnani T, et al, 1997. Responses of superoxide dismutase, glutathione peroxidase and peduced glutathione antioxidant defenses in gill of the freshwater catfish (*Heteropneustes fossilis*) to short - term elevated temperature [J]. Journal of Thermal Biology, 22 (2): 151 - 156.

Peake S J, 2004. Swimming and respiration [C] //LeBreton G T O, Beamish F W H, McKinley R S. Sturgeons and Paddlefish of North America. Dordrecht: Kluwer Academic Publishers, 27: 147 - 166.

Peake S J, 1999. Substrate preferences of juvenile hatchery - reared Lake sturgeon, *Acipenser fulvescens* [J]. Environmental Biology of Fishes, 56 (4): 367 - 374.

Pitcher T J, Hart P, 1982. Fisheries ecology [M]. London: Croom Helm.

Puvanendran V, Brown J A, 2002. Foraging, growth and survival of Atlantic cod larvae reared in different light intensities and photoperiods [J]. Aquaculture, 214 (1 - 4): 131 - 151.

Qu Y, Duan M, Yan J, et al, 2013. Effects of lateral morphology on swimming performance in two sturgeon species [J]. Journal of Applied Ichthyology, 29 (2): 310 - 315.

Quinn M C J, Veillette P A, Young G, 2003. Pseudobranch and gill Na^+/K^- - ATPase activity in juvenile Chinook salmon, *Oncorhynchus tshawytscha*: developmental changes and effects of growth hormone, cortisol and seawater transfer [J]. Comparative Biochemistry and Physiology Part A: Molecular & Integrative Physiology, 135 (2): 249 - 262.

Rabosky D L, Santini F, Eastman J, et al, 2013. Rates of speciation and morphological evolution are correlated across the largest vertebrate radiation [J]. Nature Communications, 4 (6): 1958 - 1967.

Radenac G, Fichet D, Miramand P, 2001. Bioaccumulation and toxicity of four dissolved metals in Paracentrotus lividus sea - urchin embryo [J]. Marine Environmental Research, 51 (2): 151 - 166.

Rodríguez A, Gallardo M A, Gisbert E, et al, 2002. Osmoregulation in juvenile Siberian sturgeon (*Acipenser baerii*) [J]. Fish Physiology and Biochemistry, 26 (4): 345 - 354.

Rohlf F J, 1993. Relative warp analysis and an example of its application to mosquito wings [C] //Marcus L F, Bello E, García - Valdecasas A. Contributions to morphometrics. Madrid: Museo Nacional de Ciencias Naturales: 131 - 159.

Russo T, Pulcini D, Bruner E, et al, 2009. Shape and size variation: growth and development of the dusky grouper (*Epinephelus marginatus* Lowe, 1834) [J]. Journal of Morphology, 270 (1): 83 - 96.

Schwalme K, Mackay W C, Lindner D, 1985. Suitability of vertical slot and Denil fishways for passing north - temperate, nonsalmonid Fish [J]. Canadian Journal of Fisheries and Aquatic Sciences, 42 (11): 1815 - 1822.

Simensen L M, Jonassen T M, Imsland A K, et al, 2000. Photoperiod regulation of growth juvenile Atlantic halibut (*Hippoglossus hippoglossus* L) [J]. Aquaculture, 190 (1): 119 - 128.

Sogard S M, Olla B L, 2000. Endurance of simulated winter conditions by age - 0 walleye pollock: effects of body size, water temperature, and energy stores [J]. Journal of Fish Biology, 56 (1): 1 - 21.

Spokas E G, Spur B W, Smith H, et al, 2006. Tissue lead concentration during chronic exposure of *Pimephales promelas* (fathead minnow) to lead nitrate in aquarium water [J]. Environmental Science &

Technology, 40 (21): 6852 – 6858.

Stebbing A R, 1982. Hormesis – The stimulation of growth by low levels of inhibitors [J]. Science of the Total Environment, 22 (3): 213 – 234.

Suresh A V, Lin C K, 1992. Tilapia culture in saline waters: a review [J]. Aquaculture, 106 (3 – 4): 201 – 226.

Tsai J, Hwang P P, 1998. Effects of wheat germ agglutinin and colchicine on microtubules of the mitochondria – rich cells and Ca^{2+} uptake in tilapia (*Oreochromis mossambicus*) larvae [J]. Journal of Experimental Biology, 201 (15): 2263 – 2271.

Vaglio A, Landriscina C, 1999. Changes in liver enzyme activity in the teleost *Sparus aurata* in response to cadmium intoxication [J]. Ecotoxicology and Environmental Safety, 43 (1): 111 – 116.

Vecsei P, Peterson D L, 2004. Sturgeon ecomorphology: a descriptive approach [C] //LeBreton G T O, Beamish F W H, McKinley R S. Sturgeons and Paddlefish of North America. Dordrecht: Kluwer Academic Publishers: 103 – 133.

Vogel S, 1994. Life in moving fluids [M]. Princeton: Princeton University Press.

Wang S K, Xu C, Wang Y, et al, 2017. Nonlethal sampling for stable isotope analysis of juvenile Chinese sturgeon (*Acipenser sinensis*): Comparing δ^{13}C and δ^{15}N signatures in muscle and fin tissues [J]. Journal of Applied Ichthyology, 33 (5): 877 – 884.

Wang S K, Zhang T, Yang G, et al, 2018. Migration and feeding habits of juvenile Chinese sturgeon (*Acipenser sinensis* Gray 1835) in the Yangtze Estuary: Implications for conservation. Aquatic Conservation: Marine and Freshwater Ecosystems, 28 (6): 1329 – 1336.

Wassersug R J, 1976. A procedure for differential staining of cartilage and bone in whole formalin – fixed vertebrates [J]. Stain Technology, 51 (2): 131 – 134.

Webb J F, 1989. Gross morphology and evolution of the mechanoreceptive lateral – line system in teleost fishes [J]. Brain, Behavior and Evolution, 33 (1): 34 – 53.

Webb P W, Weihs D, 1986. Functional locomotor morphology of early life – history stages of fishes [J]. Transactions of the American Fisheries Society, 115 (1): 115 – 127.

Weis J S, Weis P, 1998. Effects of exposure to lead on behavior of mummichog (*Fundulus heteroclitus* L.) larvae [J]. Journal of Experimental Marine Biology and Ecology, 222 (1 – 2): 1 – 10.

Whitehead M W, Thompson R P, Powell J J, 1996. Regulation of metal absorption in the gastrointestinal tract [J]. Gut, 39 (5): 625 – 628.

Wicklund A, Runn P, Norrgren L, 1988. Cadmium and zinc interactions in fish: effects of zinc on the uptake, organ distribution, and elimination of 109Cd in the zebrafish, *Brachydanio rerio* [J]. Archives of Environmental Contamination and Toxicology, 17 (3): 345 – 354.

Williams D M B, Wolanski E, Andrews J C, 1984. Transport mechanisms and the potential movement of planktonic larvae in the central region of the Great Barrier Reef [J]. Coral Reefs, 3 (4): 229 – 236.

Wu J M, Wang C Y, Zhang H, et al, 2015. Drastic decline in spawning activity of Chinese sturgeon *Acipenser sinensis* Gray 1835 in the remaining spawning ground of the Yangtze River since the construction of hydrodams [J]. Journal of Applied Ichthyology, 31: 839 – 842.

Zhang S M, Deng H, Wang Y P, et al, 1999. Mitochondrial DNA Length Variation and Heteroplasmy in Chinese Sturgeon (*Acipenser sinensis*) [J]. Acta Genetica Sinica, 26 (5): 489 – 496.

Zhang S M, Wang D Q, Zhang Y P, 2003. Mitochondrial DNA variation, effective female population size and population history of the endangered Chinese sturgeon, *Acipenser sinensis* [J]. Conservation Genetics, 4 (6): 673 – 683.

Zhang W, Feng H, Chang J, et al, 2008. Lead (Pb) isotopes as a tracer of Pb origin in Yangtze River intertidal zone [J]. Chemical Geology, 257 (3 – 4): 257 – 263.

Zhao F, Qu L, Zhuang P, et al, 2011. Salinity tolerance as well as osmotic and ionic regulation in juvenile Chinese sturgeon *Acipensersinensis* exposed to different salinities [J]. Journal of Applied Ichthyology, 27 (2): 231 – 234.

Zhao F, Wu B, Yang G. et al, 2016. Adaptive alterations on gill Na$^+$/K$^+$ – ATPase activity and mitochondrion – rich cells of juvenile Acipenser sinensis acclimated to brackish water [J]. Fish Physiology and Biochemistry, 42 (2): 749 – 756.

Zhao F, Zhuang P, Zhang L, et al, 2010. Changes in growth and osmoregulation during acclimation to saltwater in juvenile Amur sturgeon, *Acipenser schrenckii* [J]. Chinese Journal of Oceanology and Limnology, 28 (3): 603 – 608.

Zhao F, Zhuang P, Zhang T, et al, 2015. Isosmotic points and their ecological significance for juvenile Chinese sturgeon *Acipenser sinensis* [J]. Journal of Fish Biology, 86 (2): 1416 – 1420.

Zhu B, Zhou F, Cao H, et al, 2002. Analysis of genetic variation in the Chinese sturgeon, *Acipenser sinensis*: estimating the contribution of artificially produced larvae in a wild population [J]. Journal of Applied Ichthyology, 18 (4 – 6): 301 – 306.

Zhuang P, Kynard B, Zhang L, et al, 2002. Ontogenetic behavior and migration of Chinese sturgeon, *Acipenser sinensis* [J]. Environmental Biology of Fishes, 65 (1): 83 – 97.

Zhuang P, Zhao F, Zhang T, et al, 2016. New evidence may support the persistence and adaptability of the near – extinct Chinese sturgeon [J]. Biological Conservation, 193: 66 – 69.

作者简介

赵　峰　1978 年 10 月生，山东德州人。博士，研究员，中国水产科学研究院中青年拔尖人才，上海市农业领军人才，中国水产学会首届中国水产青年科技奖获得者。现任中国水产科学研究院东海水产研究所河口渔业实验室主任。主要从事水生生物学、保护生物学和恢复生态学研究，先后主持国家和省部级科研项目 30 余项，发表论文 80 余篇（其中，SCI 收录 25 篇），参编专著 10 部，获国家授权发明专利 18 项，获国家科学技术进步奖二等奖 1 项、省部级科学技术进步奖 12 项。